Klassische Texte der Wissenschaft

Herausgeber
Prof. Dr. Dr. Olaf Breidbach
Prof. Dr. Jürgen Jost

Die Reihe bietet zentrale Publikationen der Wissenschaftsentwicklung der Mathematik und Naturwissenschaften in sorgfältig editierten, detailliert kommentierten und kompetent interpretierten Neuausgaben. In informativer und leicht lesbarer Form erschließen die von renommierten WissenschaftlerInnen stammenden Kommentare den historischen und wissenschaftlichen Hintergrund der Werke und schaffen so eine verlässliche Grundlage für Seminare an Universitäten und Schulen wie auch zu einer ersten Orientierung für am Thema Interessierte.

Bernd Lukasch

Herausgeber

Otto Lilienthal

Der Vogelflug als Grundlage
der Fliegekunst

Herausgeber
Bernd Lukasch
Otto-Lilienthal-Museum
Anklam, Germany

Mathematics Subject Classification (2010): 01A55, 01A55, 76-03, 76-06, 76G25

ISBN 978-3-642-41811-2   ISBN 978-3-642-41812-9 (eBook)
DOI 10.1007/978-3-642-41812-9

Die Deutsche Nationalbibliothek verzeichnet diese Publikation in der Deutschen Nationalbibliografie; detaillierte bibliografische Daten sind im Internet über http://dnb.d-nb.de abrufbar.

Springer Spektrum

Inhaltsverzeichnis

Part I

Kommentar zu Otto Lilienthal:
„Der Vogelflug als Grundlage der Fliegekunst. Ein Beitrag zur Systematik der Flugtechnik"

KREISENDE STORCHFAMILIE.

Als Otto Lilienthals Buch „*Der Vogelflug als Grundlage der Fliegekunst – Ein Beitrag zur Systematik der Flugtechnik*" zum Ende des Jahres 1889 erscheint (Abb. 1.1), ist sein Inhalt keineswegs eine Überraschung, hatte Lilienthal seine Untersuchungen des Vogelfluges und seine darauf aufbauenden Luftkraft-Messungen, die zur Grundlage seiner Flugphysik wurden, doch bereits in drei zusammenhängenden Vorträgen 1888 und 1889 vor dem *Deutschen Verein zur Förderung der Luftschifffahrt* vorgestellt. Über die Vorträge war in der Vereinszeitschrift zusammenfassend berichtet worden[1] und damit war der Inhalt dem hauptsächlichen potentiellen Leserkreis wenigstens im deutschsprachigen Raum bekannt und avisiert. Das Protokoll zu einem der Vorträge vermerkt: „Das Interesse des Vereins an den interessanten Versuchen der Herren Lilienthal findet auf Antrag des Vorsitzenden Ausdruck durch Erheben von den Sitzen"[2]. Auch das Vortragsmanuskript ist erhalten.[3]

Der Verweis auf die „Versuche der Herren Lilienthal" bezieht den Bruder des Autors, den ein Jahr jüngeren Gustav Lilienthal (1849–1933) ein, auf den auch im Untertitel des

---

[1] Otto Lilienthal: „Der Kraftaufwand beim Vogelfluge und sein Einfluss auf die Möglichkeit des freien Fliegens", Vortrag am 29.10.1888 vor dem „Verein zur Förderung der Luftschiffahrt" in Berlin, Protokoll veröffentlicht in „Zeitschrift für Luftschifffahrt" (**ZL**), 7. Jg. Heft 11, S. 349–352, diese und folgende Artikel sind im online-Archiv des Otto-Lilienthal-Museums (**OL**) zugänglich: museumnet. lilienthal-museum.de/objekta.aspx?id=323 (**id** 323); Fortsetzung: „Der Kraftaufwand beim Vogelflug", gehalten am 18. Februar, Protokoll ebenda, 8. Jahrgang, S. 123, Digitalisat: id 324 und am 15. April 1889, Protokoll ebenda S. 245 f., Digitalisat: id 325.

[2] **ZL** 1888, S. 352.

[3] handschriftliches Manuskript in sieben Schreibheften: Deutsches Museum München (**DM**), HS 6252. Es handelt sich offenbar um ein Diktat oder eine Stenografie-Transkription nicht von der Hand Lilienthals.

B. Lukasch (Hrsg.), *Otto Lilienthal*, Klassische Texte der Wissenschaft,
DOI 10.1007/978-3-642-41812-9_1, © Springer-Verlag Berlin Heidelberg 2014

Abb. 1.1 Bucheinband der ersten Auflage

Buches ausdrücklich hingewiesen ist: „Auf Grund zahlreicher von O. und G. Lilienthal ausgeführter Versuche, bearbeitet von Otto Lilienthal, Ingenieur und Maschinenfabrikant in Berlin", heißt es dort. Der Anteil Gustav Lilienthals an den flugtechnischen Forschungen ist in der Vergangenheit kontrovers diskutiert worden. Die Brüder bildeten seit frühesten Kindertagen ein kreatives, sich gegenseitig ergänzendes und inspirierendes Paar. Dies trifft auf erste noch kindliche Flugversuche ebenso zu, wie auf die späteren systematischen Experimente. Erhalten sind zum Beispiel Messprotokolle, die durch die acht Jahre jüngere Schwester Marie aufgezeichnet wurden. In diesen sind die jeweils von Otto und Gustav während der Messung an Versuchstragflächen abgelesenen und der Schwester zugerufenen Messwerte, die entscheidende Quintessenz des Buches, unter den Kolumnenüberschriften „Otto" und „Gustav" oder „O" und „G" notiert.[4]

---

[4] **DM** HS 6264a,b.

Auch lange nach Otto Lilienthals Tod nimmt Gustav Lilienthal in hohem Alter die flugtechnischen Arbeiten an Flügelprofilen und besonders zur Nachahmung des Flügelschlages wieder auf und stirbt 83-jährig auf dem Weg zu den Arbeiten an seinem „großen Vogel" auf dem Flugplatz Berlin-Johannisthal. An den entscheidenden praktischen Flugversuchen, die auf die Veröffentlichung des Buches folgten und die letztlich verantwortlich für die Popularität Otto Lilienthals waren, war Gustav jedoch nur sporadisch beteiligt. Die Partnerschaft der Brüder bezieht sich auf die Gesamtheit des vielseitigen und facettenreichen Lebenswerks beider, das alles andere als auf die Flugtechnik beschränkt oder konzentriert ist. Für das Gebiet der Flugtechnik ist die Darstellung der alleinigen Urheberschaft Otto Lilienthals mit dem Hinweis auf die Beteiligung des Bruders an den zu Grunde liegenden Versuchen, wie sie Otto Lilienthal auf dem Titelblatt formulierte, auch aus heutiger Sicht die zutreffende Beschreibung.[5]

Interessant ist die Parallele zu dem Bruderverhältnis von Wilbur (1867–1912) und Orville Wright (1871–1948),[6] denen im Jahre 1903 mit der aerodynamischen Steuerung und der Motorisierung der nächste entscheidende Schritt zum heutigen Flugzeug gelingt. Die Brüder Wright waren ein noch enger zusammenarbeitendes Geschwisterpaar mit einem ebenfalls früh versterbenden älteren und wissenschaftlich führenden Bruder, den der jüngere um mehr als drei Jahrzehnte überlebt. Auch im Falle der Wrights führt der jüngere nach dem Tod des älteren das gemeinsame Werk fort, ohne an die gemeinsamen Erfolge anknüpfen zu können. Für die entscheidende Phase der Verwirklichung des ersten tatsächlich weltweit erfolgreichen Serien-Motorflugzeugs ist die heute so beschriebene gemeinsame Urheberschaft der Brüder Wright aber zutreffend.

Otto Lilienthal, der alleinige Autor, dokumentiert mit seinem Buch vor allem eine Zäsur in seinen flugtechnischen Arbeiten. Für ihn sind mit der Veröffentlichung die Vorarbeiten zur Verwirklichung des Menschenfluges abgeschlossen. Das theoretische physikalische Rüstzeug sieht er mit seinem Buch geschaffen und damit die Möglichkeit zum Übergang zur praktischen Anwendung der Erkenntnisse, zu tatsächlichen Flugversuchen. Diesen Übergang markiert Lilienthal mit einer in sich geschlossenen Darstellung der Physik des Tragflügels. Folgerichtig schließt das Buch mit dem Kapitel „Die Konstruktion der Flugapparate" in dem die Gesichtspunkte zusammengestellt sind, „nach denen die Konstruktion der Flugapparate zu erfolgen hätte, wenn die in diesem Werke veröffentlichten Versuchsresultate berücksichtigt werden, und die demzufolge entwickelten Ansichten richtige sind."[7] Es ist dies das persönliche Programm Lilienthals für die weitere Arbeit. Tatsächlich sollte dieses Programm nach weniger als zwei Jahren zum praktischen Erfolg, zu reproduzierbaren Gleitflügen Lilienthals und in der Folge zur bis heute andauernden Entwicklung der Luftfahrt mit Flugzeugen führen.

---

[5] Eine detailreiche Darstellung des Bruderverhältnisses ist enthalten in der Biografie von Manuela Runge und Bernd Lukasch: „Erfinderleben", Berlin 2005/2007.

[6] siehe z. B.: Crouch, Tom D.: „The Bishop's Boys. A Life of Wilbur and Orville Wright." New York/ London 1989.

[7] VF S. 178.

In einem Artikel, der kurz nach dem frühen Tod Wilbur Wrights postum veröffentlicht wird, hat dieser die Arbeit Lilienthals umfassend gewürdigt. Der Übergang von der Theorie zur Praxis ist dabei besonders hervorgehoben. Wilbur Wright schreibt: „Von allen, die das Problem des Fliegens im 19. Jahrhundert behandelten, war Otto Lilienthal zweifelsfrei der Bedeutendste. Seine Größe wurde in jeder Phase der Aufgabe offenbar. [...] Als Forscher war er unter seinen Zeitgenossen ohne Konkurrenten. [...] Seine diesbezüglichen Arbeiten allein würden reichen, Lilienthal in die erste Reihe zu stellen, aber es verbleibt noch, auf seinen größten Beitrag hinzuweisen. Lilienthal war der tatsächliche Begründer des ‚Experimentierens vor der Tür'. Es ist wahr, dass Gleitversuche Hunderte von Jahren vor ihm stattfanden und dass im 19. Jahrhundert Cayley[8], Spencer[9], Wenham[10], Mouillard[11] und viele andere erwähnt werden, die Gleitversuche unternahmen, aber ihre Erfolge waren so gering, dass nichts von Gewicht resultierte. Lilienthal verfolgte die Unternehmungen so hartnäckig und intelligent, dass, ungeachtet dessen, dass sein Tod und der von Pilcher[12] seine Methode für einige Zeit zum Stillstand brachten, seine Anstrengungen zum größten Erfolg wurden, der von allen Arbeitsgruppen des 19. Jahrhunderts geleistet wurde. [... Wo auch] immer seine Grenzen lagen, er war ohne Zweifel der Größte der Vorläufer, und die Welt steht tief in seiner Schuld.“[13]

Bemerkenswert ist neben dem Inhalt des Buches sein Stil. Es ist das besondere Anliegen Lilienthals, mit physikalischer Exaktheit die naturwissenschaftlichen Grundlagen des Phänomens Fliegen darzustellen und sich damit von einer großen Zahl vermeintlicher Flugpioniere abzugrenzen, die physikalische Größen in eigener Interpretation verwenden und auf den Vogel- und möglichen Menschenflug anwenden. Lilienthal selbst spricht nicht von Physik, sondern von Mechanik, als deren zuständige Teildisziplin. In einem Artikel schreibt er: „Die unerquicklichen Streitschriften flugtechnischer Heisssporne vermehrten die Fachliteratur um eine Unzahl unfruchtbarer Gedanken. Unwissenheit, Rechthaberei und Dünkel verliehen der ganzen flugtechnischen Literatur einen unvortheilhaften Charakter. [...] Zum Überfluss trieb daneben der Laie seine Gefühlsmechanik und suchte sich die Flugvorgänge auf seine Art zu erklären. Natürlich musste dies Alles gedruckt werden.“[14] Im einführenden Kapitel über den Vogelflug heißt es deshalb: „Die Fliegekunst ist also ein Problem, dessen wissenschaftliche Behandlung vorwiegend die Kenntnis der Mechanik

---

[8] Sir George Cayley (1773–1857), englischer Ingenieur und Flugpionier.

[9] Charles Green Spencer (1837–1890) und andere, englische Familie von Flug- und Luftschiffpionieren.

[10] Francis Herbert Wenham (1824–1908), englischer Marineingenieur, konstruierte 1871 den vermutlich ersten Windkanal.

[11] Louis Pierre-Marie Mouillard (1834–1897), französischer Ingenieur, Flugpionier und Autor des Buches „L'empire de l'air“ (Das Reich der Lüfte, 1881).

[12] Percy Sinclair Pilcher (1866–1899) mit Lilienthal in Verbindung stehender englischer Flugpionier, starb ebenfalls bei einem Flugunfall.

[13] Wright, Wilbur: „Otto Lilienthal“, Aero Club of America Bulletin, Vol. 1 1912 Nr. 8, S. 20 f., vom Autor ins Deutsche übertragen.

[14] Lilienthal, Otto: „Ueber die Mechanik im Dienste der Flugtechnik“, in: „Zeitschrift für Luftschiffahrt“ (ZL) 1892 Heft 7/8, S. 181.

voraussetzt. Die hierzu erforderlichen Überlegungen sind jedoch verhältnismäßig einfacher Natur und es lohnt sich, zunächst einen Blick auf die Beziehungen der Fliegekunst zur Mechanik zu werfen."[15]

Andererseits möchte Lilienthal die von ihm bereits in Vorträgen geübte Allgemeinverständlichkeit des Themas nicht verlassen. Er hält seine Untersuchungen zur Möglichkeit des Menschenflugs nicht nur für populär und für ein Thema von allgemeinem Interesse. Vielmehr ist er überzeugt, dass die Möglichkeit des freien Fluges zur „Veränderung all unserer Zustände" führen würde, schreibt er in einem visionären Brief im Jahr 1894. In diesem prophezeit er sowohl den „weltumspannenden Luftverkehr", als auch den „ewigen Frieden" als vermeintliche Wirkungen des Erfolges seiner Bestrebungen.[16] Das auch als das von Luft- und Raumfahrt bezeichnete Jahrhundert hat er damit zutreffend vorausgesehen, allerdings mit deutlich abweichendem Schwerpunkt in seinen Wirkungen. Der tatsächlichen Verwirklichung des weltumspannenden Luftverkehrs steht der massenweise Einsatz als den Krieg geradezu revolutionierende Waffe gegenüber. Als „Missionar des Menschenflugs" bezeichnet Wilbur Wright Otto Lilienthal in dem genannten Artikel im Jahr 1912.[17] Die Wrights selber sehen allerdings realistischer bereits vor allem das Militär als potentiellen Kunden ihrer Erfindung.

Passend zu Lilienthals ferner Vision und zum angestrebten breiten Leserkreis beginnt das Buch in poetischer Weise mit Sätzen, die kaum auf den folgenden physikalischen Inhalt hindeuten. „Alljährlich, wenn der Frühling kommt, und die Luft sich wieder bevölkert mit unzähligen frohen Geschöpfen, wenn die Störche, zu ihren alten nordischen Wohnsitzen zurückgekehrt, ihren stattlichen Flugapparat, der sie schon viele Tausende von Meilen weit getragen, zusammenfalten, den Kopf auf den Rücken legen und durch ein Freudengeklapper ihre Ankunft anzeigen, wenn die Schwalben ihren Einzug gehalten, und wieder in segelndem Fluge Straße auf und Straße ab mit glattem Flügelschlag an unseren Häusern entlang und an unseren Fenstern vorbei eilen, [...] dann ergreift auch den Menschen eine gewisse Sehnsucht".[18] Noch viele Zeilen länger ist der erste Satz eines Buches, dessen folgender Inhalt aus Kräftediagrammen und physikalischen Formeln besteht. Auch später kommt Lilienthal auf diesen Stil zurück. In Kap. 38 unterbricht ein sieben-strophiges Gedicht den sachlichen Text. Es wird eingeleitet mit den Zeilen: „Fast möchte man dem Eindrucke Raum geben, als sei der Storch eigens dazu geschaffen, um in uns Menschen die Sehnsucht zum Fliegen anzuregen und uns als Lehrmeister in dieser Kunst zu dienen."[19] Das Gedicht ist ein Monolog des Storches gegenüber seinem „Erforscher". Auch am Anfang des Buches ist ein Aquarell von Lilienthals Hand aufwändig eingebunden, welches den Titel „Kreisende Storchfamilie" trägt.

Lilienthals Absicht ist im Vorwort dargestellt: „Ich habe die Absicht gehabt, nicht nur für Fachleute, sondern für jeden Gebildeten ein Werk zu schaffen, dessen Durcharbeitung

---

[15] VF S. 7.

[16] Lilienthal, Otto: Brief an Moritz v. Egidy in Berlin, vermutlich 1894, DT Sammlung Feldhaus Nr. 52.

[17] Wright, Wilbur: „Otto Lilienthal", a. a. O.

[18] VF S. 1.

[19] VF S. 148 f.

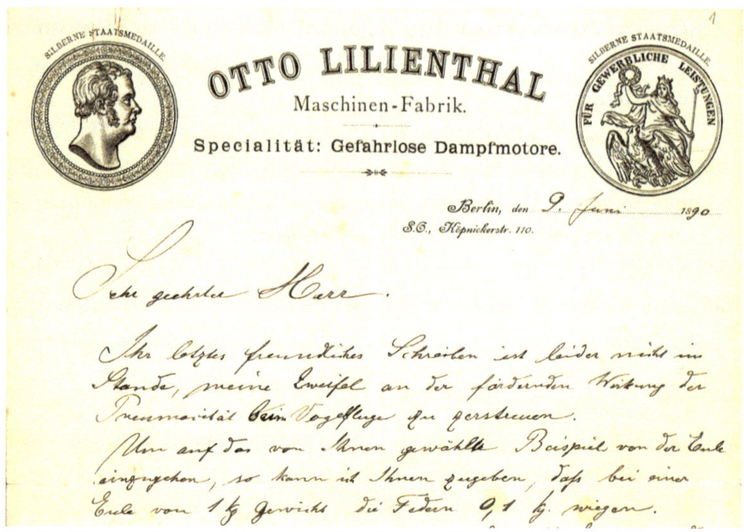

Abb. 1.2 Flugtechnische Korrespondenz Lilienthals auf dem Briefbogen seiner Maschinenfabrik. Brief an den Mitgründer des Wiener flugtechnischen Vereins August Platte (1831–1903), einem scharfen Kritiker von Lilienthals Ergebnissen[20]

die Überzeugung verbreiten soll, daß wirklich kein Naturgesetz vorhanden ist, welches wie ein unüberwindlicher Riegel sich der Lösung des Fliegeproblems vorschiebt.“[21] Darunter soll der Charakter der exakten Darstellung der physikalischen Grundlagen jedoch nicht leiden. „Wenn hierdurch denjenigen, welche an den täglichen Gebrauch der Mathematik und Mechanik gewöhnt sind, die Darstellung vielfach etwas breit und umständlich erscheinen wird, und diesen Lesern eine knappere Form wünschenswert wäre, so bitte ich im Interesse der Allgemeinheit um Nachsicht“, schreibt er.[22]

Heute gilt das Buch als die wichtigste flugtechnische Veröffentlichung des 19. Jahrhunderts. Wohl niemand hat es intensiver studiert und versucht, die Ergebnisse auch quantitativ zu verifizieren, als die Gebrüder Wright. Wilbur Wright nennt es 1901 „ein wunderbares Buch“[23] und nach vielen Jahren eigener Arbeit bezeichnet er es als „für 20 Jahre das Beste, was gedruckt vorlag“.[24]

Mit 80 Holzschnitten und 8 lithographischen Tafeln wird in dem Buch das bis heute gültige Konzept der physikalischen Beschreibung des künstlichen Flügels, der Tragfläche

---

[20] OL Inv.-**id** 9399.

[21] **VF** S. IV.

[22] **VF** S. V.

[23] Wright, Wilbur: Brief an Octave Chanute vom 2. November 1901, in: McFarland, Marvin W. (Hrsg.): „The Papers of Wilbur and Orville Wright“, McGraw-Hill 1953, Vol. 1, S. 145.

[24] Wright, Wilbur: „Otto Lilienthal“, a. a. O.

entworfen. Lilienthal beschreibt Vorstellungen zu den zu Grunde liegenden Strömungsvorgängen und entwickelt eine Terminologie der Tragflügel-Aerodynamik. Diese münden in dem Prinzip, die Luftkräfte am Tragflügel in zwei Komponenten zu zerlegen, den Auftrieb und den Widerstand, von Lilienthal als „hebender" und „hemmender" Luftwiderstand bezeichnet. Beide gemeinsam in einem Diagramm in Abhängigkeit vom Anstellwinkel darzustellen, das ist die Grundlage des sogenannten „Polardiagramms", Gegenstand von sechs der lithographischen Tafeln am Schluss des Buches. Die auch „Lilienthal-Polare" genannte Darstellung ist bis heute Grundlage der Beschreibung der Luftkräfte am Tragflügel und dient der Charakterisierung von Tragflügelprofilen. Die Darstellung ist die grafische Antwort auf das von Lilienthal mit der Formel „Alles Fliegen beruht auf Erzeugung von Luftwiderstand, alle Flugarbeit besteht in Überwindung von Luftwiderstand"[25] beschriebene physikalische Problem des Fluges. Es macht quantitativ ablesbar, welche Flügelprofile bei welchen Anstellwinkeln das angestrebte Ziel eines großen Auftriebs bei geringem Widerstand, das heißt geringer erforderlicher Flugarbeit erreichen.

Dass Lilienthals Buch heute als Ursprungswerk der Flugzeugentwicklung gesehen wird, ist jedoch besonders der Tatsache geschuldet, dass sein Autor dem im Buch veröffentlichten Programm folgend, nur zwei Jahre später tatsächlich zum erfolgreichen „ersten Flieger" wird. Die spätere Aufmerksamkeit für das Buch ist eher auf diese Flugpraxis Lilienthals zurückzuführen, die auf das Erscheinen des Buches folgte, als auf das Buch selbst.

Berichte von den Flügen erlangten international eine große Verbreitung. Das ist besonders einer großen Zahl spektakulärer Fotografien zu danken, die nicht nur durch das abgebildete Geschehen sensationell waren, sondern auch technisch durch die so genannte „Momentfotografie" gerade erst möglich geworden waren. Berlin war durchaus ein Zentrum dieser Entwicklung. Alle Urheber der heute 135 bekannten, während der Flugversuche aufgenommenen Fotografien sind namentlich bekannt.[26] Zu ihnen gehören der Pionier der Augenblicksfotografie Ottomar Anschütz (1846–1907), dessen Schlitzverschluss in der Berliner *Optischen Anstalt C. P. Goerz*[27] über viele Jahre exklusiv hergestellt wird ebenso wie Richard Neuhauss (1855–1915), der Herausgeber der *Photographischen Rundschau*.[28]

Andererseits dürfte die weltweite Aufmerksamkeit in Zeitungen und in den noch jungen „illustrierten" Zeitschriften in dem von Lilienthal zutreffend beschriebenen, als tiefe menschliche Sehnsucht empfundenen Interesse an der Fähigkeit „fliegen zu können wie die Vögel" begründet sein. Für die neuen illustrierten Wochenzeitschriften waren Bilder des fliegenden Mannes verständlicher Weise ein attraktives Motiv.

Interessant ist, dass nahezu gleichzeitig, ebenfalls im Jahr 1889, von einer ebenfalls namhaften Persönlichkeit der Luftfahrtgeschichte ein Buch nahezu identischen Titels veröffent-

---

[25] VF S. 33.

[26] Ein Katalog aller bekannten Fotografien ist auf der Internetpräsenz des Otto-Lilienthal-Museums verfügbar: lilienthal-museum.de/olma/barchi.htm.

[27] Anschütz, Ottomar: „Photographische Kamera." Kaiserliches Patentamt, Patentschrift (**DRP**) No. 499191 vom 27. Nov. 1888.

[28] „Photographische Rundschau. Zeitschrift für Freunde der Photographie." (seit 1887).

licht wird. Der spätere Luftschiffpionier August von Parseval[29] nennt seine erste Veröffentlichung „Die Mechanik des Vogelflugs".[30] Lilienthal selbst übernimmt unter dem Kürzel „O.
L." eine Rezension des Buches in der populärwissenschaftlichen Zeitschrift *Prometheus*:
„Hoch überragt dieses Werk das gewöhnliche Niveau, auf dem sich die grössere Zahl der
flugtechnischen Schriften bewegt. Die rein theoretische Behandlung des Vogelfluges und
des Fliegeproblemes ist wohl kaum folgerichtiger und klarer zu denken, als der Verfasser
sie bringt"[31], schreibt er.

Auch eine direkte Korrespondenz zwischen Lilienthal und Parseval ist erhalten. Am
15. September 1889 schreibt Lilienthal: „Trotzdem ich Ihre Arbeit als neueste auf diesem
Gebiete mir sobald als thunlich beschaffte, war es mir doch nicht mehr möglich, derselben
in meinem Werke Erwähnung zu tun, weil die Drucklegung derselben so gut wie vollendet
war. Ich muß mich daher darauf beschränken, Ihnen hierdurch meine Freude kund zu tun
über die vielseitige Übereinstimmung unserer Ansichten in der Flugfrage."[32] Etwas weiter
vorn heißt es: „Da ich eigentlich nicht einmal eine Erwähnung der von uns für die Hauptprinzipien beim Fliegen erkannten mechanischen Grundzüge an irgend einer Stelle der
Literatur vorfand, so konnte ich mich auch weder in meinen Vorträgen noch in meinem
Werke auf die vorhandene flugtechnische Literatur beziehen."

Parseval antwortet am 2. Oktober: „Leider war es mir nicht möglich, Ihren Vortrag, über
den die Zeitschrift für Luftschifffahrt unterm 18. Februar referierte, mit zu verwerten, da
meine Schrift zu der Zeit schon im Druck war."[33] Und am 4. Dezember, nachdem ihm Lilienthal sein Buch offenbar gesandt hatte: „Hochgeehrter Herr! Ihre Schrift ‚Der Vogelflug
als Grundlage der Fliegekunst' habe ich mit großem Interesse und Vergnügen gelesen. Die
große Übereinstimmung beider Werke in den wichtigsten Grundsätzen ist sehr erfreulich
und gibt uns beiderseits eine gewisse Sicherheit, das Richtige getroffen zu haben, besonders
aber mir, der ich ohne praktische Versuche lediglich auf Naturbetrachtungen und wissenschaftliche Deduktionen meine Schlüsse aufbaute."[34]

Damit hat Parseval den entscheidenden Unterschied beider Schriften treffend benannt.
Lilienthal setzt seine Untersuchung des Vogelflugs in Beziehung zu einem umfangreichen
Messprogramm und lässt sein Werk in Prinzipien zur Konstruktion eines praktischen
Flugapparates münden. Im analytischen Teil finden sich zahlreiche Übereinstimmungen.

---

[29] August von Parseval (1861–1942), Konstrukteur der nach ihm benannten Parseval-Luftschiffe (ab
1901).

[30] Parseval, August von: „Die Mechanik des Vogelflugs", Verlag von J. F. Bergmann Wiesbaden 1889.

[31] O. L.: Bücherschau. „A. von Parseval. Die Mechanik des Vogelfluges.", in: „Prometheus" (PR) 1889
Vol. 11, S. 175.

[32] Lilienthal, Otto: Brief an August v. Parseval vom 15. September 1889, **DT** Sammlung Feldhaus
Nr. 4. Transkription veröffentlicht in „Otto Lilienthal's Flugtechnische Korrespondenz" (**FK**), Otto-
Lilienthal-Museum Anklam 1993, S. 149 f.

[33] Parseval, August von: Brief an Otto Lilienthal vom 2. Oktober 1889, **DT** Sammlung Feldhaus Nr. 5,
Transkription veröffentlicht in **FK** a. a. O. S. 150 f.

[34] Parseval, August von: Brief an Otto Lilienthal vom 4. Dezember 1889, **DT** Sammlung Feldhaus
Nr. 11, Transkription veröffentlicht in **FK** a. a. O. S. 152.

Ganz ähnlich zum Fazit Lilienthals heißt es bei Parseval im Schlusswort: „Als wichtigstes Resultat der ganzen Untersuchung können wir noch einmal aussprechen: Die auf unrichtige Berechnungen fußende, weit verbreitete pessimistische Ansicht bezüglich der Ausführbarkeit der Flugmaschine ist nicht zutreffend; vielmehr kann die Möglichkeit des dynamischen Fluges ohne übertrieben grossen Arbeitsaufwand nicht geleugnet werden. Die Hauptschwierigkeit dürfte nicht in der Konstruktion des Motors liegen, bei dem uns eine umfangreiche Erfahrung zur Seite steht, sondern im Bau des eigentlichen Flugapparates".[35]

Lilienthal antwortet am 8. Dezember auf Parsevals Brief mit der Formulierung „daß Ihre Arbeit mir mehr Achtung einflößt als die gesamte vorher vorhandene flugtechnische Literatur, in welchem Sinne ich auch einer an mich ergangenen Aufforderung zu einem Referat über Ihr Werk im ‚Prometheus' entsprach."[36]

Die erst langsam wachsende Aufmerksamkeit für Lilienthals Buch ist vor allem in den auf die Veröffentlichung folgenden Arbeiten Lilienthals begründet. Erst mit Lilienthals Flügen und dem damit verbundenen Interesse an seiner praktischen Vorgehensweise steigt auch das Interesse an den von ihm gelegten experimentellen Grundlagen.

Im Jahr 1905 erscheint Lilienthals Buch auf Initiative des Moskauer Mathematikers und späteren Aerodynamikers Nikolai Jegorowitsch Schukowski (1847–1921) in russischer Übersetzung. Schukowski hatte bereits im Jahre 1896 einen Flugapparat von Lilienthal für die Moskauer Universität erworben. Das Buch wird in mehreren Fortsetzungen in den Jahren 1905 und 1906 in der Zeitschrift der russischen technischen Gesellschaft abgedruckt.[37]

Im Jahr 1910 erscheint eine **zweite veränderte Auflage** des Buches in Deutschland. Im Vorwort schreibt Gustav Lilienthal: „Zwanzig Jahre sind seit dem Erscheinen der ersten Auflage verstrichen. Ganz langsam führte sich dasselbe ein, bis die Fachleute den Wert des Inhalts schätzen lernten".

Gustav Lilienthal hat dem Buch zwei zusätzliche Kapitel hinzugefügt. Einerseits musste der Tatsache der auf das Erscheinen der ersten Auflage folgenden erfolgreichen Flugpraxis Lilienthals Rechnung getragen werden. Andererseits sollte das Buch den aktuellen Stand der Flugzeugentwicklung des Jahres 1910 widerspiegeln. Deshalb ist dem Buch das Kapitel „Die Entwicklung" vorangestellt. Auf 24 Seiten wird Lilienthals Flugtechnik in den Jahren 1891 bis 1896 behandelt. Das Aquarell wurde durch ein Portrait Otto Lilienthals ersetzt und einige handschriftliche stilistische Korrekturen, die Otto Lilienthal in einem persönlichen Exemplar bereits vorgenommen hatte, wurden berücksichtigt (Abb. 1.3).

---

[35] Parseval, August von: „Die Mechanik des Vogelflugs", a. a. O. S. 138.

[36] Lilienthal, Otto: Brief an August v. Parseval vom 8. Dezember 1889, Stiftung Preußischer Kulturbesitz, Transkription veröffentlicht in FK a. a. O. S. 153.

[37] „Записки Императорского Русского Технического Общества – печатное издание Русского технического общества" (Schriften der Hohen Russischen Technischen Gesellschaft), Heft 6 ff. Der Titel ist identisch, jedoch mit dem veränderten Untertitel „… Versuche der Brüder O. u. G. Lilienthal, Ingenieure und Maschinenbauer in Berlin." „Переветъ: Е. С. Федоров, предложение къ запискамъ Императорского русского технического общества" (Übersetzer: E. S. Fedorow). Ein Reprint erschien 2002, eine Neuauflage im gleichen Jahr.

Abb. 1.3 Otto Lilienthal, Portrait, veröffentlicht in der zweiten Auflage

Als Anhang enthält das Buch jetzt das Kapitel mit dem Titel „Nachtrag. Gleitflieger und Flugmaschinen, verglichen mit unseren Messungen." Die zahlreichen nachfolgenden Auflagen reproduzieren jedoch fast alle wieder die Originalausgabe.

Die dritte Auflage erscheint 1938 als Faksimile der ersten Auflage mit den erwähnten handschriftlichen Ergänzungen Lilienthals. Auf dem Schutzumschlag heißt es: „Die Faksimile-Wiedergabe eines bedeutenden Originalwerkes ist in dieser Form für ein technisches Buch wohl erstmalig." Das Vorwort schreibt der deutsche Aerodynamiker Ludwig Prandtl (1875–1953). Weitere Auflagen erscheinen im Jahr 1943 und Neu- bzw. Nachdrucke dieser in den Jahren 1965 und 1977. Der letzte enthält ein Geleitwort von Theodor Heuss: „Der literarische Vortrag des Buches ist eine eigentümliche Mischung von nüchterner Beobachtung, vorsichtiger Umschreibung der Ergebnisse und dem durchwärmten Pathos eines Enthusiasten. Die Fachleute, Mechaniker und Physiker, sollten es lesen, überprüfen, die neugestellten Fragen weiterdenken und dem Versuch unterwerfen; aber Otto Lilienthal meinte, da er selber von dieser Sache so besessen war, es würde auch eine allgemeinere Teilnahme an seinem Bemühen zu gewinnen sein. Wird nicht auf allen Schulen die Geschichte von Dädalus und Ikarus gelesen? Doch das Buch weckte 1889 kaum ein Echo."[38] Auch danach sind weitere Nachdrucke und Neuauflagen erschienen. Der inzwischen traditionsreiche Oldenbourg-Verlag, der Herausgeber der zweiten Auflage war, stellt 1996, zum 100. Todestag Lilienthal, eine Facsimile-Ausgabe seiner zweiten Auflage aus dem Jahr 1910 her.

---

[38] übernommen aus: Heuss, Theodor: „Deutsche Gestalten. Studien zum 19. Jahrhundert." Tübingen 1951.

Zur Geschichte des Buches

2

Entstehungsgeschichte

Das flugtechnische Lebenswerk Otto Lilienthals ist eine interessante Mischung aus Passion und Profession. Einerseits lassen sich seine flugtechnischen Ambitionen bis in die früheste Jugend zurückverfolgen. Geschichten über kindliche und jugendliche Experimente sind überliefert. Die Ergebnisse von Versuchen, die die Brüder als 17- und 16-jährige unternehmen, finden noch nach über 20 Jahren Eingang in das Buch.[39] Aber erst nach dessen Erscheinen beginnt die intensive und spektakuläre Phase tatsächlicher praktischer und erfolgreicher Flugübungen, die 7 Jahre später zu Otto Lilienthals Unfalltod führen.

Andererseits bleibt die Flugtechnik für Otto Lilienthal zeitlebens nur eine unter zahlreichen Bestrebungen, die mit großem Engagement verfolgt werden. Im Zentrum seiner beruflichen Laufbahn steht der Maschinenbau mit vielfältiger Wechselwirkung zu Lilienthals flugtechnischen Arbeiten. In den zwanzig Jahren zwischen seiner Ausbildung zum Maschinenbauingenieur und der Veröffentlichung des Buches als Inhaber einer eigenen Maschinenbaufabrik finden die experimentellen Arbeiten, die Grundlage des Buches sind, im Wesentlichen in nur zwei umfangreichen Versuchszyklen in den Jahren 1874 und 1888 statt.

Die erste bekannte flugtechnische Veröffentlichung Lilienthals ist ein Vortrag, gehalten vor dem Gewerbeverein in Potsdam im Dezember 1873. Lilienthal spricht über die „Theorie des Vogelflugs". Das Manuskript ist erhalten geblieben. Der Vortrag hat den Charakter eines wissenschaftlichen Programms. Lilienthal befasst sich besonders mit der Kritik des Ballons und mit der Notwendigkeit zum Studium des Vogelflugs. Er führt Flügelschlag-Modelle vor. Lilienthal verweist auf die „Aeronautical Society of Great Britain", der die Brüder Lilienthal beigetreten waren und auf das Fehlen eines solchen Vereins in Deutschland: „Die Fliegekunst ist wenig geeignet, nach der Art des Schießpulvers erfunden zu werden. Aus diesem Grunde ist es eben schade, dass gerade die Engländer und nicht die mehr theoretischen Deutschen auf den Gedanken verfielen, einen Aeronautischen Verein zu gründen", führt

---

[39] S. 41 ff: „In den Jahren 1867 und 1868 … "

B. Lukasch (Hrsg.), *Otto Lilienthal*, Klassische Texte der Wissenschaft,
DOI 10.1007/978-3-642-41812-9_2, © Springer-Verlag Berlin Heidelberg 2014

er aus.[40] Mit seinem Vortrag stellt sich der junge und unbekannte Berliner Ingenieur gegen nahezu die gesamte Fachwelt auf dem Gebiete der Luftschifffahrt in Deutschland und umreißt damit bereits sein späteres flugtechnisches Lebenswerk. Er schätzt ein: „Die Erfahrung hat gelehrt, wie sehr man durch überraschende Resultate auf dem Gebiete der Erfindungen getäuscht werden kann. Man kann wohl sagen, daß sich Luftschiffer heute eine Klasse von Menschen nennt, welche einen Luftballon besteigt, um die Neugierde der Menge zu ihrem Vortheile auszunutzen. Die mit dem Luftballon anzustellenden physikalischen Versuche hatten sich bald erschöpft. Ob die Luftschiffahrt das Schicksal des Ballons theilen wird oder nicht, das muß die Zeit uns lehren."[41]

Der auch als „Reichskanzler der Physik" bezeichnete Hermann von Helmholtz (1821–1894) hatte erst kurz zuvor in völligem Gegensatz zu Lilienthals Einschätzung auf einer Gesamtsitzung der *Königlich Preußischen Akademie der Wissenschaften* festgestellt, dass „es kaum als wahrscheinlich zu betrachten [ist], daß der Mensch auch durch den allergeschicktesten flügelähnlichen Mechanismus, den er durch seine eigene Muskelkraft zu bewegen hätte, in den Stand gesetzt werden würde, sein eigenes Gewicht in die Höhe zu heben und dort zu halten."[42] Das aus rein theoretischen Erwägungen abgeleitete Theorem über die Ähnlichkeit von Strömungen war eine von daher sogar richtungweisende Einschätzung, sie steht jedoch in anscheinend grundsätzlichem Widerspruch zu Lilienthals Auffassung. Lilienthal kontert in der *Zeitschrift für Luftschiffahrt* im Jahr 1893 im Bericht über seine erfolgreichen Flüge süffisant: „man hat von Staatswegen durch eine besonders gelehrte Kommission feststellen lassen, daß der Mensch ein für alle mal nicht fliegen könne …".[43]

Selbst in der im Jahr 1895 in der Berliner Akademie von Emil du Bois-Reymond (1818–1896) gehaltenen Gedenkrede auf Helmholtz spielt Lilienthal und das Theorem, das eine theoretische Vorwegnahme der späteren Reynoldszahl zur Vergleichbarkeit von Strömungen ist, noch eine Rolle. Du Bois-Reymond formuliert: „Neuere Versuche von Hrn. S. P. Langley und Hrn. O. Lilienthal über den Luftwiderstand wenig geneigter ebener Flächen bei starker horizontaler Bewegung lassen jedoch diesen Schluss [Helmholtz' Aussage zur Unmöglichkeit des Menschenflugs] vorläufig noch als nicht ganz unbedenklich erscheinen."[44]

Während Lilienthal sein Konzept für die Untersuchungen und die zugehörige Messmethodik schon in den 70-er Jahren erdacht und umgesetzt hat, wird das Versuchsprogramm anlässlich der geplanten Veröffentlichung mit neu geschaffenem Instrumentarium wiederholt und bestätigt. Lilienthal beschreibt sein Vorgehen ausführlich in einem Brief an

---

[40] **DM** HS 6256. Transkription veröffentlicht unter **id** 322.

[41] ebenda.

[42] Helmholtz, Hermann von: „Über ein Theorem, geometrisch ähnliche Bewegungen betreffend, nebst der Anwendung auf das Problem, Luftballon zu lenken." In: „Monatsberichte der Königlich Preußischen Akademie der Wissenschaften zu Berlin", Verlag der Königlichen Akademie der Wissenschaften 1874, S. 509.

[43] Lilienthal, Otto: „Die Tragfähigkeit gewölbter Flächen beim praktischen Segelfluge." In: ZL 12. Jg. 1893, S. 260.

[44] „Physiker über Physiker II." Akademie-Verlag Berlin 1979, S. 90.

August Platte, einem der Gründer des Wiener Flugtechnischen Vereins und entschiedenem Kritiker Lilienthals: „Der Inhalt meines Werkes weist so viel Neues und Abweichendes von den gewöhnlichen Annahmen und Anschauungen auf, daß ich von vornherein auf den vielseitigsten Widerspruch rechnen durfte. Letzteres war aber auch der Grund, weshalb ich nicht früher mit den gefundenen Resultaten an die Öffentlichkeit trat, als bis das gesamte Material in abgerundeter Form sich geben ließ und meiner Ansicht nach die Folgerichtigkeit des einen Resultates aus dem anderen hervorging. Bis vor etwa fünf Jahren waren aber bereits die hauptsächlichsten Ergebnisse unserer Forschungen festgestellt, nachdem wir etwa 20 Jahre lang den Haupttheil unserer gesamten freien Zeit seit unseren Studienjahren dem Flugproblem gewidmet hatten, als ich bei Gründung meines eigenen Heimes in Lichterfelde bei Berlin die Vorkehrungen traf, um die gesamten Fundamentalversuche noch einmal mit neuen besseren Apparaten und im größeren Maßstabe im zweckdienlichen Zusammenhang von neuem wieder in Gemeinschaft mit meinem Bruder durchzuführen, damit eine möglichst scharfe Controle über das bereits Gefundene stattfindet."[45]

Jedoch dürften Lilienthal in den 1870-er Jahren auch die finanziellen Mittel gefehlt haben, das Buch herauszubringen. Offenbar musste Lilienthal auch 1889 die Kosten für den Druck des Buches selbst übernehmen und *R. Gaertners Verlagsbuchhandlung* übernahm lediglich den Vertrieb des Buches. Erhalten ist eine Rechnung des Xylographischen Ateliers Robert Franke an Lilienthal, in dem diesem für die Herstellung von 59 Holzschnitten 359 Mark und 40 Pfennige in Rechnung gestellt werden.[46] Für die genannte Geschäftsbeziehung spricht ebenfalls eine erhaltene Abrechnung des Verlages mit Lilienthal aus dem Jahre 1893.[47] Lilienthal erhält für den Jahresabsatz von 20 verkauften Exemplaren 100 Mark (Abb. 2.1). Abzüglich weiterer vier Exemplare, die der Autor selbst erhalten hat, beträgt der „gegenwärtige Vorrath" 820 Exemplare, was einem Großteil der Auflage entspricht. Das Autorenhonorar von fünf Mark ist vermutlich ein hoher Anteil des Verkaufspreises des Buches, der, wenn überhaupt, möglicherweise nur um einen Unkostenbeitrag des Verlages höher gelegen haben dürfte. Für das erwähnte Buch von Parseval ist ein Verkaufspreis von ebenfalls 5 Mark überliefert.[48]

Es ist davon auszugehen, dass ein beträchtlicher Teil der Auflage von Lilienthal selbst abgegeben und verschickt wurde. Bestätigungen des Empfangs übersandter Exemplare sind aus dem November 1889 erhalten. Am 10. November 1889 bedankt sich Wilhelm Angerstein, der Redakteur der *Zeitschrift für Luftschiffahrt* für „die gütige Übersendung Ihrer vortrefflichen Schrift über den Vogelflug".[49] Eine Rezension erscheint in seiner Zeitschrift

---

[45] Lilienthal, Otto: Brief an August Platte vom 5. Mai 1890. **DM** Sondersammlungen HS 6259, Transkription veröffentlicht in **FK** a. a. O. S. 156 ff.

[46] Rechnung des Xylographischen Ateliers von Robert Franke Berlin an Otto Lilienthal vom 31. Oktober 1889, handschriftlich auf gedrucktem Rechnungsbogen, **OL** Inv.-id 9278-1-007-6.

[47] Brief auf Firmenbriefbogen „Gaertners Verlagsbuchhandlung" an Otto Lilienthal vom 19. August 1893, **OL id** 7024.

[48] O. L.: Bücherschau. „A. von Parseval. Die Mechanik des Vogelfluges." a. a. O.

[49] **OL** Inv.-id 9278/1/007/1 und andere.

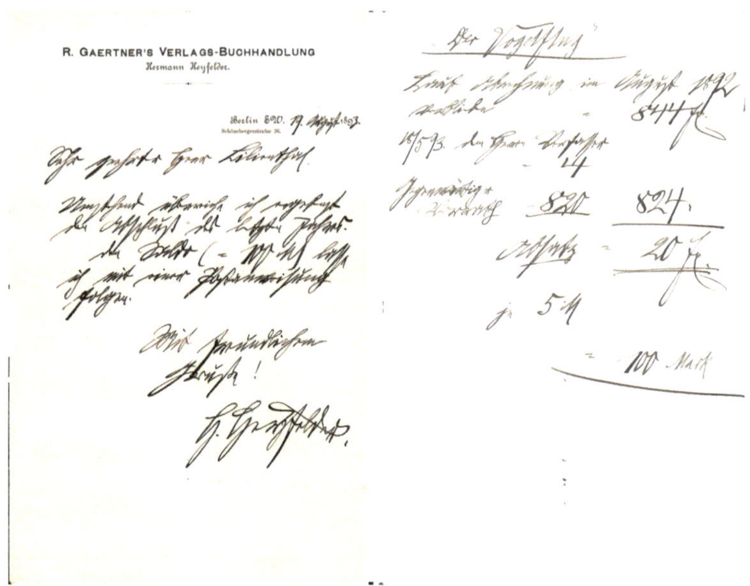

Abb. 2.1 Autorenabrechnung mit Otto Lilienthal auf Briefbogen von „Gaertners Verlagsbuchhandlung" vom 19. August 1893[50]

im Dezemberheft, verfasst von Karl Müllenhoff, dem Vorsitzenden des Vereins. In der Rezension heißt es: „Nun lassen sich aber, das zeigten die zahlreichen Untersuchungen der Mathematiker und Physiker, die so ausserordentlich komplizirten Widerstände am bewegten Vogelflügel nicht am Studiertische berechnen; nur der Versuch [...] konnte wirklich brauchbare, praktisch anwendbare Ergebnisse liefern. Das Verdienst, derartige Versuche zuerst angestellt zu haben, gebührt dem Ingenieur O. Lilienthal. Durch seine während eines Zeitraumes von 23 Jahren fortgesetzten systematischen Experimente [...] ist eine Lücke ausgefüllt, die schon seit langer Zeit empfunden war. [...] Die Darstellung ist in dem Lilienthal'schen Werke durchweg ganz allgemein verständlich. Möge diese Arbeit in weiten Kreisen das Interesse finden, das sie verdient."[51] Im *Prometheus*, in dem Otto Lilienthal das verwandte Buch von Parseval besprochen hatte, erschien keine Rezension des Buches.

Lilienthals hauptsächliches Betätigungsfeld jedoch lag auf einem ganz anderen Gebiet. Sein Lebensunterhalt und auch die wirtschaftliche Grundlage der späteren flugtechnischen Arbeiten entspringt seiner 1883 gegründeten Maschinenfabrik[52], deren Existenz auf seinen

---

[50] **OL** Inv.-**id** 9278/1/007/7.

[51] ZL Literarische Besprechungen, 1889 Heft 12, S. 286.

[52] Die Geschichte der Fabrik ist von Karl-Dieter Seifert ausführlich dargestellt in: „Otto-Lilienthal-Museum Anklam. Der Dampfmotor des Flugpioniers. Leichte Wanddampfmaschine Nr. 137, 1889. Dampfkessel- und Maschinenfabrik Otto Lilienthal, Berlin, Köpenicker Straße 110/113." Kulturstiftung der Länder, Land Mecklenburg-Vorpommern, „Patrimonia" Nr. 271, 2004.

Abb. 2.2 Verkaufsanzeige für Lilienthals Flugapparate[53]

patentierten gefahrlosen Dampfkesseln und Kleindampfmaschinen beruht. Aber selbst diese haben einen anteiligen Ursprung in Lilienthals flugtechnischen Bestrebungen. In einem Vortrag im Jahr 1886 stellt er den gemeinsamen gedanklichen Ansatz der von seiner Firma angebotenen Kleinmotoren und der von ihm angestrebten und im Modell verwirklichten leichten Flugmotoren deutlich heraus.[54]

Später wird die Maschinenfabrik auch zur ersten tatsächlichen Flugzeugfabrik der Welt. Die ab 1894 in der Fabrik in Serie gebauten „Normalsegelapparate" wurden im Wesentlichen durch Paul Beylich (1874–1965), einem jungen und eigens für den Bau der Flugzeuge und als Helfer bei den Flugversuchen angestellten jungen Schlosser hergestellt. Beylich wird deshalb auch gern als „Erster Flugzeugmechaniker der Geschichte" bezeichnet. Die im Namen der Fabrik angebotenen und verkauften Apparate aus Weidenholz und Baumwollstoff

---

[53] Moedebeck, Hermann: „Taschenbuch für Flugtechniker und Luftschiffer", Verlag M. Krayn, Berlin 1895, Inseratenteil im Anhang, unpagin.

[54] Lilienthal, Otto: „Über leichte Motoren und ihre Verwendung für die Luftschiffahrt", Vortrag am 5. Juni 1886 im Berliner „Verein zur Förderung der Luftschiffahrt", Sitzungsbericht veröffentlicht in ZL 1886, a. a. O. S. 222 ff. Darin heißt es: „… stellte sich der Vortragende im Jahre 1871 einen Dampfmotor her, der bei einem Gewicht von 1500 g eine Leistung von 1/4 Pferdekraft besass. Dieser Apparat ist ganz analog den durch den Vortragenden für die Zwecke der Industrie gebauten Motoren."

waren jedoch völlig untypische Produkte innerhalb der Warenpalette der Firma und ihr Verkauf wird das Betriebsergebnis auch wohl kaum positiv beeinflusst haben.

Lilienthal hielt Patente auf seine Flugapparate, darunter in den USA, und erhält 1896 von dort ein attraktives Angebot zur Unterrichtung von Flugschülern auf von ihm zu liefernden Flugapparaten. Dieses Vorhaben wird jedoch auf Grund der Berliner Gewerbeausstellung im Jahre 1896, auf der die Maschinenbaufirma Lilienthals mit Dampfkesseln und -maschinen präsent ist, verschoben und durch seinen Unfalltod dann endgültig vereitelt.[55]

Der Autor

Die Karriere Otto Lilienthals als Inhaber einer innovativen Berliner Maschinenbaufabrik, als auf verschiedenen Gebieten aktiver Ingenieur und Erfinder und letztlich als herausragende Persönlichkeit auf dem Gebiet der Technikgeschichte des Flugzeugs war diesem keineswegs vorgezeichnet.

Otto Lilienthal wird am 23. Mai 1848 in der Kleinstadt Anklam in der Provinz Pommern, unweit der Ostseeküste und des Stettiner Haffs geboren. Der Vater hat einen Tuchhandel, einen Laden für Stoff und Konfektion, die Mutter hat in Berlin und Dresden Gesang studiert, kehrt mit Ihrer Eheschließung aber nach Anklam zurück ohne ihre Ausbildung zum Beruf zu machen.[56] Otto Lilienthal ist das erste von acht Kindern der Familie. Fünf der Geschwister sterben im Säuglings- oder Kindesalter. Nur Otto, sein ein Jahr jüngerer Bruder Gustav und die acht Jahre jüngere Schwester Marie (1856–1912) wachsen heran. Lilienthal beschreibt diese Erfahrung als ältestes Kind 40 Jahre später in einer Familienchronik: „Ungesunde Wohnverhältnisse, besonders das Schlafen in dunklen, luftlosen Kammern (mit Schwamm im Fußboden) und unverständige medizinale Behandlung mögen dazu beigetragen haben, die kleinen Wesen unter die Erde zu bringen. Nichts ist mehr geeignet, eine ernste Lebensauffassung zu wecken, als wenn man seine kleinen Geschwister, mit denen man so manches Mal im frohen Spiele sich ergötzte, kalt und und bleich, mit weißen Gewändern geputzt, von Blumen umgeben im Kindersarge liegen sieht. Ich werde sie alle nie vergessen!

Mir war also mein ein Jahr jüngerer Bruder Gustav und die neun Jahre jüngere Schwester Marie geblieben. Mein Bruder Gustav war und ist mein zweites ‚Ich‘. Nicht nur, daß wir von früher Jugend alle Freude und alles Leid gemeinsam theilten, alle dummen Streiche und vernünftigen Ideen gemeinsam ausführten, nicht nur, daß wir in gleicher Weise des segensreichen Einflusses unserer vorzüglichen Mutter theilhaftig wurden, sondern auch

---

[55] Lilienthal, Otto: Brief an James Means, Mitbegründer der Boston Aeronautical Society, vom 17. April 1896, Original im National Air and Space Museum Washington, Smithsonian Institution Washington D. C. Transkription veröffentlicht in FK a. a. O. S. 139 f.

[56] ausführliche Biografien: Gerhard Halle: „Otto Lilienthal. Der erste Flieger.“ Berlin und Düsseldorf 1936/1956/1976; Werner Schwipps: „Lilienthal. Die Biografie des ersten Fliegers.“ Gräfelling 1986; Manuela Runge und Bernd Lukasch: „Erfinderleben. Die Brüder Otto und Gustav Lilienthal.“ Berlin 2005/2007 u. a.

unsere weitere Selbsterziehung steuerte der gleichen Weltanschauung zu. Viele größere Unternehmungen wurden von uns gemeinsam betrieben."[57]

Schon bald nach ihrer Gründung gerät die Familie in finanzielle Schwierigkeiten. Das Geschäft des Vaters geht schlecht, er muss sein Haus verkaufen. Die Eltern beschließen ihr Glück in Amerika zu suchen. Es kommt jedoch nicht zu der geplanten Ausreise, da der Vater 1861 nur 43-jährig stirbt. Die Mutter bleibt mit vier unmündigen Kindern zurück. In einem Brief an ein Freundin, deren Familie offenbar die Auswanderungspläne mit den Lilienthals teilte, schreibt die Mutter viele Jahre später: „Sie beide zogen ja dann mit frischer Unternehmungslust über den Ocean und haben dort ein glückliches Betätigungsfeld gefunden. Wir, mit unseren kleinen Kindern, konnten nicht so leichten Herzens Ihnen in eine ungewisse Zukunft folgen. Zwar litt mein Mann schwer unter der Enge und Unfreiheit jener Zeit; aber trotzdem liebte er seine alte Heimat so stark, daß er in den ersten Jahren an eine Auswanderung nicht denken mochte. Sie wissen ja, wie er sich endlich doch dazu entschloß, in der neuen Welt sein Glück zu versuchen, wobei Sie und Ihr lieber Mann uns so freundlich die Wege ebnen wollten. Gott hat ihn vorher sterben lassen; die Wege des Ewigen sind unerforschlich, und so will ich vertrauen, daß es so das Beste für uns war."[58]

Mit Unterstützung ihrer Verwandtschaft gelingt es der Mutter, den Kindern eine Ausbildung zu ermöglichen. Otto Lilienthal verlässt das Anklamer Gymnasium im Alter von 16 Jahren nach der Obertertia und besucht für zwei Jahre die Provinzial-Gewerbeschule in Potsdam, wohnt dort bei einer Tochter aus der ersten Ehe des Großvaters, einer Halbschwester der Mutter. Der ausgezeichnete Abschluss der Schule ermöglicht ihm ein Studium an der *Berliner Gewerbeakademie*, dem Vorläufer der heutigen *Technischen Universität*. Mit einem Praktikum bei der Maschinenbaufirma von Louis Schwartzkopff in Berlin erfüllt er eine weitere Voraussetzung für ein Maschinenbaustudium. Seine Lebenssituation ist die eines sogenannten „Schlafburschen", eines Untermieters mit Teilzeitanspruch auf eine Bettstelle. Erst die spätere Bewilligung eines Stipendiums verbessert seine finanzielle Situation. Diese ist für ihn so befriedigend, dass er sein Einkommen für ausreichend hält, auch seinem Bruder ein Studium an der Berliner Bauakademie zu ermöglichen. Beide Brüder teilen sich jetzt ihre Unterkunft, die sie mehrfach wechseln müssen. Zu den gemeinsamen Ambitionen und Projekten gehören ausdrücklich auch die fortgesetzten flugtechnischen Experimente.

1870 schließen die Schulen und entlassen ihre Studenten als so genannte „Einjährig-Freiwillige" in den Deutsch-Französischen Krieg. Otto Lilienthal hat sein Studium beendet und nimmt vom 22. Juli 1870 bis zum 22. Juli 1871 unter anderem an der Belagerung von Paris teil.[59] Der Bruder Gustav muss nicht zum Militär. Jedoch hat er sein Studium nicht beendet als die Schule schließt. Er nimmt das Studium später nicht wieder auf.

---

[57] Otto Lilienthal: „Haus- und Familienchronik", vermutlich 1894 begonnen, **DM** Sammlung Kopfermann.

[58] Lilienthal, Caroline: Brief an Weidner vom Oktober 1871, Familienbesitz, veröffentlicht in FK S. 90, Digitalisat: **id** 1102.

[59] „Garde-Corps Garde Füsilier Regiment 4. Compagnie Militair-Paß des überzähligen Unteroffiziers Otto, Karl, Wilhelm Lilienthal." OL Inv.-**id** 9299/1/033/3.

Beruflich gehen die Brüder zwar unterschiedliche Wege, finden aber immer wieder zu gemeinsamen Projekten zusammen. Das spiegelt sich auch in den zahlreichen Erfindungen und Patenten wieder, die teilweise aus triftigen Gründen auf den jeweils anderen angemeldet werden oder auch in gemeinsame Unternehmungen münden.

1871 findet Otto Lilienthal zunächst eine Anstellung bei der Dampfmaschinenfabrik von M. Weber in der Chausseestraße, im folgenden Jahr als Konstruktionsingenieur bei der etablierten Maschinenfabrik von C. Hoppe. Sie gehört zu den ältesten Fabriken für Dampfmaschinenbau und war wie Borsig, Schwartzkopff, Weber und Egells im Maschinenbauviertel in der Berliner Oranienburger und Rosenthaler Vorstadt, dem Berliner „Feuerland" beheimatet. Das Viertel, ganze zwei Kilometer vom Berliner Schloss entfernt, war die Wiege der Berliner Schwerindustrie und des deutschen Maschinenbaus überhaupt. Hunderte Dampflokomotiven wurden hier gebaut. Das erst um 1900 errichtete Verwaltungsgebäude von Borsig in der Chausseestraße ist noch heute zu besichtigen.

Für Otto Lilienthal wird sowohl beruflich als auch privat zunächst aber eine Bergbaumaschine der Firma Hoppe von Bedeutung. Als junger Ingenieur wird er zur Erprobung derselben in die Kohlengruben der Königlich-Sächsischen Steinkohlenwerke Zauckerode im Plauenschen Grund geschickt. Später werden die Gemeinden des Reviers zum heutigen Freital in der Nähe von Dresden zusammenwachsen. Eine Schrämmaschine dient zum Schlitzen des Flözes um den Abbau der Kohle mit Hammer und Meißel zu erleichtern. Quartier nimmt Lilienthal bei dem Obersteiger Hermann Fischer, der ihn auch anleitet. Dessen Tochter Agnes wird zwei Jahre später Lilienthals Frau. Die Hochzeit findet in der Döhlener Kirche, ebenfalls im Plauenschen Grund statt.

Aber auch beruflich wird die Schrämmaschine wichtig für Lilienthal. Erst kürzlich ist im Sächsischen Landesarchiv in Dresden die Akte aus dem ehemaligen Bergarchiv aufgefunden worden, die einen umfangreichen Briefwechsel zwischen Hoppe, dem Bergbaudirektor Förster und beiden Brüdern Lilienthal enthält.[60] Sie offenbart eine erstaunliche Konstellation. Offenbar erfüllt die Hoppesche Maschine nicht die an sie gestellten Erwartungen. Dafür arbeitet Otto Lilienthal an der Idee einer völlig anderen Ausführung der Maschine, einer leichten, nur durch Muskelkraft getriebenen Schrämmaschine, die Försters Interesse findet. Auch der Bruder Gustav nimmt unter Tage an deren Erprobung teil[61] und lässt die Maschine auf seinen Namen patentieren.[62] Das verwundert nicht, geht der junge Ingenieur mit seiner Erfindung doch in Konkurrenz zu seinem Arbeitgeber. Später führt Otto Lilienthal den Briefwechsel mit Förster jedoch selbst. Er erprobt in der Folge beide Maschinen, seine und die von Hoppe in verschiedenen Bergbaugebieten, am erfolgreichsten offenbar

---

[60] „No. 60 Acta Maschinenanlagen zur Anwendung comprimirter Luft betreffend" Vol. 1 1028. Sächs. Landeshauptarchiv Dresden Steinkohlenwerk Zauckerode Nr. 242, Transkription: **OL id 4085**.

[61] Lilienthal, Gustav: „Otto Lilienthal. Das Charakterbild eines zu früh Verstorbenen." In: „Flug. Amtliches Organ des Deutschen Fliegerbundes." 10. August 1917, S. 75–77, hier S. 75 f.

[62] Lilienthal, Gustav: „Verbesserungen an Schrämmaschinen mit Messerscheibe." Königlich Sächsisches Patent Nr. 4771, eingereicht am 1. Oktober 1877.

in den Salzbergwerken von Wieliczka in Galizien unweit von Krakau, deren Schächte heute zum Weltkulturerbe gehören.[63]

Viele Jahre später schreibt Otto Lilienthal ein Theaterstück, dessen Handlung deutlich autobiographische Züge trägt.[64] In diesem ist es der erste wirtschaftliche Erfolg eines jungen Unternehmers, der es diesem gestattet nun um die Hand seiner Braut anzuhalten. Tatsächlich enthält der Schriftwechsel mit Förster einen Brief Lilienthals der nur drei Tage nach seiner Hochzeit datiert ist, in dem Lilienthal berichtet, dass „gerade in Wieliczka, wohin in nächster Woche 7 fertige Hand-Schrämmaschinen abgehen, während eine neue schon geliefert ist, ein [...] durchschlagender Erfolg stattfindet".[65] Auch die musikalische Braut des Unternehmers, die dieser beim Gesang kennengelernt hat, trägt deutlich die Züge von Lilienthals Ehefrau Agnes. Im Theaterstück hat die Brautwerbung aber dramatischere Züge. Hier lieferte außerdem die ebenfalls mit einer bedeutenden Erfindung verbundene Brautwerbung des Bruders Gustav die Vorlage. Es ist die Erfindung eines Baukastens aus künstlichen Sandsteinen, die später als Anker-Steinbaukasten zu Weltruhm gelangte und als Urahn allen Konstruktionsspielzeugs gelten kann.[66] Der eigentliche Erfinder ist Gustav Lilienthal, vereint der Baukasten doch dessen wichtigste Ambitionen Architektur, Pädagogik und künstlerische Formenlehre. Allerdings ist Otto Lilienthal gleichberechtigter Partner, besonders was die technische Umsetzung der Herstellungsverfahren betrifft. Es handelt sich buchstäblich um eine Wohnzimmer- oder Dachkammererfindung der Brüder. Als die erfolgreiche Vermarktung der Idee jedoch kurzfristig nicht gelingt, nehmen die inzwischen verschuldeten Brüder auf Vermittlung von Gustav Lilienthals Arbeitgeber, des Kunst- und Heilpädagogen Jan Daniel Georgens (1823–1886), ein Kaufangebot an. Es kommt von Friedrich Adolf Richter (1847–1910), dem Inhaber der pharmazeutischen Anker-Werke in Rudolstadt in Thüringen. Den geringen verbleibenden Erlös von je 500 Mark benutzt der enttäuschte Gustav Lilienthal um mit der Schwester Marie nach Australien auszuwandern.[67] Otto steckt das Geld in seine Dampfkessel- und Dampfmaschinenentwicklungen. Der zwar geringe Erlös wird so doch für beide Brüder zum entscheidenden Startkapital.

Damit ist die Geschichte des Steinbaukastens jedoch nicht zu Ende. Durch den raffinierten und engagierten Unternehmer Richter wird der Anker-Steinbaukasten zu einem großen

---

[63] Lilienthal berichtet in der genannten Akte an Förster über seine Erfolge in Wieliczka. Aus Galizien sind außerdem mehrere Briefe an seine Braut bekannt, z. B. vom 24. Februar 1878. **DM** Sammlung Kopfermann. Digitalisat: **id** 1129.

[64] Lillienthal, Otto: „Moderne Raubritter. Bilder aus dem Berliner Leben. Nach wahren Begebenheiten für die Bühne bearbeitet von Otto Lilienthal. Als Manuskript gedruckt. Für sämtliche Bühnen im ausschließlichen Debit von Kühling & Güttner in Berlin" (ursprünglich aufgeführt unter dem Pseudonym C. Pohle).

[65] „No. 60 Acta Maschinenanlagen", a. a. O. Blatt 176–178, Brief Otto Lilienthals an Bergmeister Förster vom 14. Juni 1878.

[66] Hardy, George F.: „Richters Anker-Steinbaukasten." o. J., Digitalisat: www.ankerstein.ch/downloads/CVA/Buch-PC.pdf.

[67] Lilienthal, Anna und Gustav: „Die Lilienthals", Stuttgart und Berlin 1930, S. 31.

Erfolg. Unzutreffenderweise meldet Richter den Kasten nach dem Kauf der Idee allerdings als seine Erfindung zum Patent an.[68]

Gustav bleibt fünf erfolgreiche Jahre in Australien, dann kehrt er nach Deutschland zurück. Möglicherweise ist der Plan, mit neuen Ideen abermals ein Geschäft um den Steinbaukasten aufzubauen der entscheidende Grund für die zunächst nur vorübergehend geplante Rückkehr. Über einen Strohmann ist eine neue, von Otto Lilienthal entwickelte Maschine zur Herstellung der Steine patentiert.[69] Die Maschine arbeitet in Otto Lilienthals Maschinenfabrik. Gustav Lilienthal nimmt ein Patent auf eine neue Rezeptur der künstlichen Steine[70], die in der Fabrik des Bruders hergestellt werden. Ein amerikanisches Patent hatten die Brüder bereits mit dem Verkauf an Richter gemeinsam angemeldet.[71] Das neuerliche Baukastengeschäft führt zu einem langwierigen und teuren Rechtsstreit mit Richter, in den auch Otto Lilienthal involviert ist.[72]

Gustav Lilienthal verbringt ein Jahr in Frankreich und England zur Einführung seines neuen Baukastens, während die gerichtliche Auseinandersetzung mit Richter bereits läuft. Der Erfolg und damit ein gesichertes Einkommen ist für Gustav Lilienthal auch die Voraussetzung, um um die Hand seiner Braut, der Arzttochter Anna Rothe anhalten zu können. Diese Zeit und der letztliche Sieg Richters im Baukastenstreit gehört zu den besonders genau bekannten im Leben beider Brüder, da Gustav Lilienthal während seines einjährigen Aufenthaltes im Ausland seiner Braut viele hundert Seiten mit detaillierten Berichten schreibt. Der Briefwechsel ist erhalten und Otto Lilienthal, der Bote im Briefverkehr der heimlich Verlobten, ist natürlich häufig Thema der Briefe.[73] Sowohl in dem erwähnten Theaterstück als auch in der Realität müssen sich die jungen Unternehmer der Spitzfindigkeiten raffinierter und skrupelloser Geschäftsleute erwehren, ihre Brautwerbung findet aber trotzdem ein erfolgreiches und glückliches Ende.

Nach der von Richter erwirkten Unterlassung der Baukastenproduktion entwickelt Gustav Lilienthal erfolgreich einen so genannten *Modellbaukasten*, der die Grundidee des späteren Stabil- oder Metallbaukastens vorweg nimmt. Auch die Patente und die Firma für dessen Produktion laufen bis zum Tod Otto Lilienthals auf dessen Namen als *Otto Lilienthal Modellbaukastenfabrik* unter verschiedenen Adressen.

---

[68] Richter, Friedrich Adolf: „Verfahren zur Herstellung von künstlichen Steinen", **DRP** Nr. 13770, Nichtigkeitserklärung des Reisgerichts vom 1. 10. 1887.

[69] Lenglet, Viktor (Paris): „Neuerung an Maschinen mit rotirendem Tisch, von unten wirkenden Stempeln und auf- und zuklappenden Formdeckeln zum Pressen von Steinen." **DRP** Nr. 30903, eingereicht am 7. August 1884.

[70] Lilienthal, Gustav: „Verfahren zur Herstellung einer plastischen Masse, bestehend aus Aetzstrontian, Casein und gepulvertem Marmor oder Kalkstein." **DRP** Nr. 412337 vom 7. November 1886, sowie weitere Patente in Österreich, Frankreich und den USA.

[71] Lilienthal, Gustav und Otto: „Composition Toy Building-Block", United States Patent Office No. 233.780, eingereicht am 18. September 1880. Das Patent enthält den Hinweis: „Assignors to Friedrich Adolf Richter".

[72] Runge, Manuela und Lukasch, Bernd: Erfinderleben a. a. O. S. 133 ff.

[73] **OL Inv.-id**: 9515.

Otto Lilienthal hatte auf seinem Fachgebiet, dem des Maschinenbaus, 1881 erste Patente auf Dampfmaschinen und -kessel genommen, die zur Grundlage seiner späteren eigenen Fabrik wurden.[74] Wann Lilienthal seine Anstellung bei Hoppe aufgab, oder ob er als selbstständiger Ingenieur für die Firma arbeitete, hat sich bis heute nicht ermitteln lassen. Denn erst 1883 gründet er in der Köpenicker Straße im Südosten Berlins seine eigene Maschinenbaufabrik. Bis dahin lässt er die auf seinen Namen patentierten Maschinen und Ausrüstungen in der Werkstatt von Heinrich Seidel in der Berliner Linienstraße herstellen. Seidel berichtet darüber nach Lilienthals Tod in der populärwissenschaftlichen Zeitschrift *Prometheus*: „Theile, [die Lilienthal] zu Hause mit seinem Werkzeug nicht machen konnte, wurden in meiner Werkstätte ausgeführt."[75] Dazu gehören auch die Werkzeuge zur Herstellung der künstlichen Steine für die Baukästen.

Die Maschinenfabrik Otto Lilienthal ist mit dem patentierten gefahrlosen Schlangenrohrkessel und fundamentfreien Kleindampfmaschinen, die sich für die Wandmontage eignen, der Anbieter von Maschinenkraft für kleinere Unternehmer ohne eigenes Fabrikgebäude, denen dadurch die Aufstellung herkömmlicher Dampfkessel versagt war. Noch auf der großen Gewerbeausstellung 1896 in Berlin wird dem so genannten Lilienthalschen Kleinmotor eine große Zukunft vorausgesagt. Eine Kraftmaschine, zuverlässig, sicher und von handhabbarer Größe, so werden die Vorzüge der Lilienthalschen Maschinen beschrieben, Vorzüge die man den Verbrennungsmotoren noch nicht zutraute. Elektromotoren benötigten noch Generatoren, die wiederum von Dampfmaschinen angetrieben werden mussten.

Die Maschinenfabrik Otto Lilienthal war unter der Ausstellernummer 2479 auf der Gewerbeausstellung vertreten. Der große Messestand präsentiert Dampfmaschinen, gefahrlose Dampfkessel, schmiedeeiserne Riemenscheiben, ein Nebelhorn, welches regelmäßig demonstriert wird, und eine Schiffsmaschine mit Schlangenrohrkessel. Als Spezialität der Maschinen- und Dampfkesselfabrik werden komplette Dampfanlagen, Dampfheizungen und Transmissionen genannt.[76] Für seine Akkordsirene hatte Lilienthal eine *silberne Staatsmedaille für gewerbliche Leistungen* erhalten, die im Kopf seines Firmenbriefbogens abgebildet ist. Die Ausstellung fand vom ersten Mai bis zum 15. Oktober 1896 im Treptower Park statt. Mit einem Areal von 900.000 m^2 war sie größer als vorangegangene Weltausstellungen. Dass sie nicht diesen Titel trug, lag an der anfänglichen Ablehnung des Kaisers und ihrer letztlichen Ausrichtung durch den *Verein Berliner Kaufleute und Industrieller*.[77]

Lilienthal hatte die Einladung zur Ausrichtung einer Flugschule in den Vereinigten Staaten mit seiner Teilnahme an der Gewerbeausstellung als Begründung abgesagt. Er erlebte das Ende der Ausstellung nicht mehr. Sein tödlicher Flugunfall ereignet sich am neunten August. Noch im Juni hatte er im Hörsaal des Chemiegebäudes der Ausstellung einen Vortrag über

---

[74] Lilienthal, Otto: Neuerungen an Dampfkesseln. **DRP** Nr. 16103, eingereicht am 9. April 1881.

[75] Seidel, Heinrich: Brief an die Redaktion der Zeitschrift Prometheus, veröffentlicht in **PR** Nr. 370, 1897, S. 69. Digitalisat: **id** 4152.

[76] Spezialkatalog der Berliner Gewerbe-Ausstellung 1896, S. 72.

[77] Bezirksamt Treptow von Berlin (Hrsg.): „Die verhinderte Weltausstellung. Beiträge zur Berliner Gewerbeausstellung 1896." Reihe „Berliner Debatte", Berlin 1996.

„Praktische Flugversuche" gehalten. Die Ausstellungsnachrichten berichteten darüber. „In der Stadt Berlin lebt eine sehr interessante Persönlichkeit, die man den ‚fliegenden Mann' nennt. Das ist der Ingenieur Otto Lilienthal. Der Beiname ‚der fliegende Mann' ist Herrn Lilienthal vom Auslande beigelegt worden, wo man mit Bewunderung seine Versuche verfolgt und sie in ihrem vollen Umfange würdigt. Und in Wirklichkeit ist Herr Lilienthal vorläufig der einzige Constucteur, dem es gelungen ist, praktisch nachzuweisen, dass der mechanische Flug möglich ist und dass die Flugtechnik voraussichtlich eine grosse Zukunft hat.

Herr Otto Lilienthal ist wie er in einem ungemein fesselnden und anregenden Vortrag über seine ‚praktischen Flugversuche' ausführt, gewissermaßen von den Uranfängen ausgegangen. Er war so klug und vorsichtig, nicht eine complizierte, himmelstürmende Flugmaschine zu construiren, sondern zunächst einen scheinbar einfachen Apparat herzustellen[. …] Der Flug durch die Luft soll nach der Schilderung des Herrn Lilienthal dem Fliegenden ein unbeschreiblich angenehmes Gefühl bereiten. Herr Lilienthal hofft darum, dass das Fliegen bald ebenso ein Sport der jungen Leute werden dürfte, wie das Radfahren und Segeln.

Und erst dann, wenn die Versuche als Sportübungen immer zahlreicher werden und immer neue Erfahrungen und Verbesserungen im Gefolge haben[, …] dann kann auch vielleicht der grosse Moment kommen, von der [sic!] die Menschheit seit jeher geträumt hat. Der Mensch wird sich in die Lüfte erheben und frei wie der Vogel in den Höhen dahinschweben […] daheim auf der Erde und sicher hochoben in den Regionen der eilenden Wolken."[78]

Wie eine Illustration zeigt, präsentiert er den Zuhörern einen seiner Flugapparate im Original. Zu dieser Zeit ist die Berliner Maschinenfabrik bereit zur ersten Flugzeugfabrik der Geschichte geworden. Etwa ein Dutzend Flugapparate sind im Namen der Firma verkauft worden. Neun Käufer sind bekannt und einige der verkauften Apparate sind bis heute erhalten. 1895 war in Moedebecks Taschenbuch für Flugtechniker und Luftschiffer die erste Verkaufsanzeige für ein Flugzeug erschienen (Abb. 2.2).[79]

Es war Lilienthals Vorstellung, auf der Gewerbeausstellung einen kombinierten Flughügel mit Ballonhalle aufzubauen. Ein Entwurf für ein entsprechendes Ausstellungsgebäude ist erhalten.[80] Dazu kam es jedoch nicht. Zwei Monate nach Lilienthals Vortrag vermelden die Berliner Zeitungen den Unfalltod Lilienthals.

Nach Lilienthals Tod führt die Fabrik in ihrem Logo das Bild eines Flugapparats. Dieses dient aber nur als Hinweis auf den bekannten Firmengründer der noch einige Jahre weitergeführten Firma. In der Fabrik verschwinden alle Spuren des Flugzeugbaus sofort nach Lilienthals Tod.[81]

---

[78] „Officielle Ausstellungs-Nachrichten, Organ der Berliner Gewerbeausstellung 1896", Nr. 56 vom 12. Juni 1896, S. 11 f.

[79] Moedebeck, Hermann: „Taschenbuch für Flugtechniker und Luftschiffer", a. a. O. Hermann Moedebeck (1857–1910) verfasste zahlreiche Arbeiten über Luftschifffahrt und gehörte im „Verein zur Förderung der Luftschiffahrt" zu den führenden Mitgliedern.

[80] Lilienthal, Otto: Entwurf für ein Ausstellungsgebäude **DM TZ 04078-005**.

[81] Beylich, Paul: Brief an Franz Maria Feldhaus vom 12. Oktober 1932, **OL**. Teilnachlass Beylich U103_15.

Der Gründung der Fabrik im Jahre 1883 in der Köpenicker Straße 110 im Südosten Berlins waren offensichtlich bereits erfolgreiche Verkäufe der patentierten Schlangenrohrkessel und Dampfmaschinen vorausgegangen. Nur wenige Dokumente geben Aufschluss über die Gründung und Entwicklung des Unternehmens. 1885 schreibt Otto Lilienthal, kurz vor der Rückkehr seines Bruders nach Deutschland, an seine Schwester in Neuseeland: „Da mein Geschäft so flott geht und viel abwirft, kann es Gustav hier natürlich auch nicht schlecht gehen. Ich habe die Hoffnung, daß ich und Gustav in einiger Zeit so weit sein werden, daß wir uns irgendwo ohne ein bestimmtes Geschäft niederlassen können und uns mit allerhand Erfindungen beschäftigen, so namentlich auch mit dem Fliegen. Hierdurch ist natürlich zunächst nichts zu verdienen und man muß von seinen Zinsen leben. Das ist so ungefähr das Ideal, auf das wir lossteuern werden. Die Versuche auf dem großen Brachfelde hinter Charlottenburg, bei denen Du auch geholfen hast, werden dann vielleicht auch zu Ehren und Geltung kommen."[82] Und wenig später ergänzt er: „Meine freundliche Fabrik habe ich Ostern verdoppelt und jetzt verdreifacht. Ich kann jetzt 36 Mann beschäftigen, habe allerdings erst 15 Leute. Das Inventarium, welches mir schuldenlos gehört, beträgt ca. 15.000 Mark in der Fabrik; dasselbe werde ich bald auf 20.000 Mark bringen. Der Umsatz war bis jetzt in diesem Jahre 54.000 Mark gegen 29.000 Mark in den ersten fünf Monaten des vorigen Jahres, also fast das Doppelte. Ich bin also stark in der Steigerung begriffen. Ich habe zwei große Säle im Parterre und einen sehr hellen Keller, ferner ein großes zweifenstriges Bureau."[83]

Ab 1891 mietet Lilienthal zusätzliche Räume in der Köpenicker Straße 113 und produziert in beiden benachbarten Fabrikadressen. Erst 1894 zieht er mit der gesamten Fabrik in die Nummer 113 um. Etwa zu dieser Zeit wird die Firma auch zur Flugzeugfabrik. Seit 1. April 1893[84] arbeitet der damals 18-jährige Paul Beylich in der Fabrik. Er wird zum alleinigen „Flugzeugmechaniker", ist zuständig für den Bau der Flugapparate und es findet nach seinen Aussagen fortan kein Flug mehr statt, bei dem er nicht zugegen ist.[85]

Aber auch unabhängig von ihren innovativen Maschinenbauprodukten und der Serienproduktion eines Flugapparates ist Lilienthals Maschinenfabrik ein bemerkenswertes Unternehmen. Erhalten ist eine Bekanntmachung der Fabrik vom 12. März 1890. In dieser teilt Lilienthal seinen Angestellten Folgendes mit: „Um das Interesse meiner Arbeiter an dem Geschäftsbetriebe zu heben und ihnen Gelegenheit zu bieten, ihr Einkommen durch eigenes Zuthun entsprechend ihren Leistungen zu vermehren, beabsichtige ich, unter Fortfall der Accordarbeiten, Beibehaltung der jetzigen Lohnsätze und der bisherigen Fabrik-Ordnung eine Betheiligung derselben am Reingewinn des Geschäftes und zwar zunächst in Höhe von 25% desselben einzuführen."[86]

---

[82] Lilienthal, Otto: Brief an Marie Squire (Schwester Otto Lilienthals), undat. (1885), Familienbesitz, Transkription veröffentlicht in FK S. 100 f., Digitalisat: id 1137.

[83] Lilienthal, Otto: Brief an Marie Squire vom 7. Juni 1885, Transkription veröffentlicht in FK S. 103, Digitalisat: id 1138.

[84] Beylich nennt an anderer Stelle auch den 1. Mai 1894 als Eintrittsdatum.

[85] Teilnachlass Paul Beylich, OL Inv.-id: 9048a.

[86] Teilnachlass Otto Lilienthal, OL Inv.-id. 9278/3/007/1, Digitalisat: lilienthal-museum.de/olma/ l4106_ge.htm.

Die Maßnahme gehört zu einer Reihe sozialer, kultureller und unternehmerischer Aktivitäten beider Lilienthal-Brüder, die Otto Lilienthal in der erwähnten Familienchronik als „die gleiche Weltanschauung" beschreibt. Diese sieht die technische Revolution als Mittel zur Schaffung des Freiraumes und der Voraussetzungen zur Lösung der so genannten „sozialen Frage". Zwei Ideenkreise sind es, die beide Lilienthal-Brüder in den 1890-er Jahren stark beeinflussen. Einer ist der des Sozialethikers Moritz von Egidy (1847–1898). Mit seiner Schrift „Ernste Gedanken" hatte Egidy 1890 zu einem einigen Christentum der Tat aufgerufen fand eine schnell wachsende Anhängerschaft.[87][88] Die Erstausgabe des Heftes mit Bemerkungen Gustav Lilienthals befindet sich in dessen Nachlass.[89] Über die kulturellen und sozialen Auswirkungen des Flugzeugs äußert sich Otto Lilienthal in einem Brief an Egidy im Jahr 1894. Er schreibt: „Mit Begeisterung habe ich oft Ihren Worten gelauscht, in denen Sie die Grenzen nicht als Trennung, sondern als die Verbindung der Länder bezeichneten. Auch ich habe mir die Beschaffung eines Kulturelementes zur Lebensaufgabe gemacht, welches Länder verbindend und Völker versöhnend wirken soll. Unser Kulturleben krankt daran, daß es sich nur an der Erdoberfläche abspielt. Die gegenseitige Absperrung der Länder, der Zollzwang und die Verkehrserschwerung ist nur dadurch möglich, daß wir nicht frei wie der Vogel auch das Luftreich beherrschen.

Der freie, unbeschränkte Flug des Menschen, für dessen Verwirklichung jetzt zahlreiche Techniker in allen Kulturstaaten ihr Bestes einsetzen, kann hierin Wandel schaffen und würde von tief einschneidender Wirkung auf alle unsere Zustände sein.

Die Grenzen der Länder würden Ihre Bedeutung verlieren, weil sie sich nicht mehr absperren lassen; die Unterschiede der Sprachen würden mit der zunehmenden Beweglichkeit der Menschen sich verwischen. Die Landesverteidigung, weil zur Unmöglichkeit geworden, würde aufhören, die besten Kräfte der Staaten zu verschlingen, und das zwingende Bedürfnis, die Streitigkeiten der Nationen auf andere Weise zu schlichten als den blutigen Kämpfen um die imaginär gewordenen Grenzen, würde uns den ewigen Frieden verschaffen."[90]

Der zweite Ideenkreis geht auf den in Wien und Budapest tätigen österreichischen Nationalökonomen, Journalisten und Publizisten Theodor Hertzka (1845–1924) zurück. Dieser veröffentlichte ebenfalls 1890 einen im Untertitel „sociales Zukunftsbild" genannten utopischen Roman mit dem Titel „Freiland".[91] Er beschreibt darin ein Wirtschafts- und Gesellschaftsmodell, das man heute als „Freiwirtschaftslehre" bezeichnet. Hertzka erklärt im Vorwort, dass die gewählte Romanform der Ernsthaftigkeit des dargestellten Gesell-

---

[87] Egidy, Moritz von: „Ernste Gedanken." Verlag von Otto Wiegand, Leipzig 1890, Reprint der Ausgabe von 1902: Kessinger Legacy Reprints, o. J.

[88] Hugler, Klaus: „Ich habs gewagt – Moritz von Egidy", Verein zur Förderung antimilitaristischer Traditionen in der Stadt Potsdam e.V. 1998.

[89] Nachlass Gustav Lilienthal, Landesarchiv Berlin E-Rep 200-54.

[90] Lilienthal, Otto: Brief an Moritz von Egidy, undatiert, vermutlich Anfang 1894, **DT** Feldhaus-Archiv Nr. 52, Digitalisat: **OL id:** 506.

[91] Hertzka, Theodor: „Freiland – ein soziales Zukunftsbild", Leipzig 1890, Digitalisat (Auszug): lilienthal-museum.de/olma/hertzka.htm.

schaftmodells keinen Abbruch tut, sondern nur dazu dient, der Theorie einen breiteren Leserkreis zu öffnen. Die Idee einer „Marktwirtschaft ohne Kapitalismus" sieht sich dabei deutlich als Alternative zur marxschen Theorie.

Der deutsche Nationalökonom, Soziologe und akademische Lehrer Ludwig Erhards Franz Oppenheimer (1864–1943) schreibt in seinen Lebenserinnerungen: „Ich wurde überzeugter Sozialist – in Bezug auf das Ziel! Aber die sozialdemokratische, marxische Lösung des Problems war mir nicht überzeugend. [...] Jedenfalls war mir die Konzeption dieses ‚Zukunftsstaates', der das ganze Leben seiner Bürger von einer Zentralstelle aus beherrscht, im tiefsten Grunde meines Herzens zuwider, und ich suchte nach einer anderen Lösung. [... Theodor] Hertzka hatte bekanntlich in seinem Roman ‚Freiland' das Gedankenbild eines neuartigen Sozialismus entworfen, der dem autoritären Sozialismus der Marxisten die Spitze bot; eine Gesellschaft, in der die rationelle Gleichheit ohne Verzicht auf die wirtschaftliche und bürgerliche Freiheit als erreicht geschildert wurde. Überall in Deutschland und Österreich hatten sich Gruppen junger Leute gebildet, die entschlossen waren, dieses Ideal zu verwirklichen. [...] Außerdem gehörte z. B. noch der Miterfinder des ersten Flugzeuges, der Bruder Otto Lilienthals, Gustav, zu der Gruppe dieser ‚Freiländer', wie sie sich nannten, und Otto selbst erschien des öfteren in ihren Sitzungen."[92] Gustav Lilienthal engagiert sich in verwandten Projekten, baut mit seinen Patenten Häuser in der Siedlungsgenossenschaft *Eden* (Oranienburg) und gründet eine eigene Genossenschaft, die ebenfalls noch heute existierende *Freie Scholle* in Berlin-Reinickendorf. *Freilandweg* und *Egidystraße* zeugen noch heute vom Geist des Siedlungsgründers.

In den überlieferten Zeugnissen über die Maschinenfabrik Otto Lilienthals spiegeln sich die Reformideen gleichfalls wieder. Das erwähnte Theaterstück Lilienthals beschreibt einen Unternehmer, der die Züge des alter ego Otto Lilienthals trägt. Der junge Unternehmer äußert gegenüber einem Geschäftspartner, der den Preis der Produkte drücken will: „25 bis 30 Mark muss ein eingeübter zuverlässiger Arbeiter die Woche verdienen, das ist das mindeste, was eine Arbeiterfamilie braucht, und wenn ich diesen Verdienst meinen Arbeitern nicht verschaffen kann, dann danke ich dafür, Arbeitgeber zu sein."[93]

Überliefert ist auch der Bericht eines jungen Mitarbeiters, der die Arbeitsatmosphäre in der Fabrik wie folgt schildert: „Von seinen Arbeitern wurde Otto Lilienthal allseitig verehrt. Es strömte eine Güte und Menschenfreundlichkeit von ihm aus, die ihm die Herzen seiner Mitarbeiter zufliegen ließ. Er hatte für jeden ein freundliches Wort, seine Arbeiterschaft und er schienen eine große Familie zu sein. Politische Meinungsverschiedenheiten waren, soweit ich es beobachten konnte, nicht vorhanden."[94]

Auch Lilienthals Flugversuche spielen in dem Bericht eine interessante Rolle: „Eines Tages, in der Frühstückspause, kam das Gespräch auf die Flugversuche Lilienthals. So sehr Lilienthal von seinen Arbeitern als tüchtiger Maschineningenieur und Könner anerkannt

---

[92] Oppenheimer, Franz: „Mein wissenschaftlicher Weg", in Felix Meiner (Hrsg.): „Die Volkswirtschaftslehre der Gegenwart in Selbstdarstellung", Band 2 Leipzig 1929, S. 82.

[93] Lilienthal, Otto: „Moderne Raubritter" a. a. O. 1. Bild, 1. Szene, S. 6.

[94] Wehr, Gerhard: „Als Volontär bei Otto Lilienthal", in „Luftwelt", 1. Jg. 1934, Heft 11, S. 208.

Abb. 2.3 Otto Lilienthal mit der Belegschaft seiner Maschinenfabrik[95]

wurde, so abfällig, beinahe spöttisch wurde von diesen Menschen über seine Flugversuche geurteilt. Ein alter Arbeiter, der eine Bohrmaschine bediente, bezeichnete es sogar als Vermessenheit und Herausforderung Gottes, der die Strafe folgen müsse."[96]

Der junge Volontär bittet Lilienthal bei einer Gelegenheit, auch bei seinen Flugversuchen helfen zu dürfen und erfährt eine unerwartete Ablehnung: „Der mir gegenüber so freundliche Mann wies mein Ansinnen mit einer Schroffheit, der ich ihn bis dahin nicht fähig gehalten hatte, zurück. […] ‚Das ist meine ureigenste Angelegenheit, in die mir niemand hereinreden, niemand helfen soll. Das mache ich mit mir allein aus. Wie kommen Sie überhaupt auf diese Idee? Sie sind zu mir gekommen, um Maschinenschlosser zu lernen. Das andere, was ich in meinen Mußestunden mache, geht keinen von meinen Leuten etwas an.'"[97]

Eine besonders schillernde und ungewöhnliche Episode im Leben des Ingenieurs Otto Lilienthal ist sein Engagement für das Theater. Es ist wesentlich umfangreicher und auch älter, als das von ihm verfasste Theaterstück. Vermutlich geht es auf einen Geschäftsvorgang

---

[95] **OL id** 12082, Foto: Böhme, W. K., 1887.

[96] Wehr, Gerhard: „Als Volontär bei Otto Lilienthal" in „Luftwelt" 1. Jg. 1934, Heft 11, S. 208.

[97] Wehr, Gerhard: „Als Volontär bei Otto Lilienthal" in „Luftwelt" 1. Jg. 1934, Heft 14, S. 268.

zurück, eine nicht zufriedenstellend beglichene Rechnung für einen an das Berliner *Ostend-Theater* gelieferten Dampfkessel.[98] Allerdings wird auch über Lilienthals Verehrung für eine Schauspielerin des Theaters berichtet.[99] Jedenfalls kommt es im Ergebnis des nicht abgeschlossenen Handels nicht zum Streit sondern im Gegenteil zu Lilienthals Beteiligung am Theaterunternehmen. Von einem theatralisch in Szene gesetzten Schwur von Max Samst, dem Direktor, Otto Lilienthal und dem Schauspieler Richard Oeser aus dem Jahr 1892 ist eine Fotografie überliefert.

Das *Ostend-Theater* befindet sich nur einige Straßenzüge von Lilienthals Fabrik entfernt, auf dem anderen Spreeufer. Es wird von Samst und Lilienthal mit finanzieller Unterstützung des letzteren zum „Nationaltheater" und zu einer „Volksbühne" umgewandelt. Kunst und Kultur gehören zum Leben, auch für seine Arbeiter, so meinte Lilienthal. Für 10 und 20 Pfennige muss auch für sie ein Theaterbesuch erschwinglich sein.

Lilienthal und Samst sehen ihr Projekt als von staatlichem Interesse an und verfassen einen Brief an das *Preußische Ministerium der Geistlichen, Unterrichts- und Medizinalangelegenheiten* mit der Anfrage, ob das Projekt des *Ostend-Theaters* unterstützenswert sei. Sie schreiben: „Ein Hohes Ministerium hat in der Absicht, den Einfluß der Bühne zur sittlichen Erziehung für die breiteren Volksschichten nach Möglichkeit zu bewirken, dem Vernehmen nach die Errichtung eines auch für die ärmeren Klassen zugänglichen Volkstheaters in Erwägung gezogen. Die unterzeichnete Direction gestattet sich, hierdurch veranlaßt, das Interesse des Hohen Ministeriums auf ein Unternehmen zu lenken, welches ebenfalls einem ähnlichen gemeinnützigen Zwecke dient und für welches, obwohl es als erster derartiger Versuch dasteht, bereits gewisse praktische Erfahrungen vorliegen.

Angeregt durch eine Broschüre von W. Meyer[100] ‚Das Zehnpfennig-Theater als künftige Volksbühne', welche zur geneigten Einsicht beigefügt ist, wurde im October vorigen Jahres am hiesigen Nationaltheater der Versuch gemacht, größere classische Bühnenwerke von Goethe, Schiller, Lessing, Kleist, Shakespeare, Körner usw. gegen Parquetpreise von 10, 20 und 30 Pfennige dem unbemittelten Volke zugänglich zu machen. Der Erfolg war ein derartiger, daß die Direction sich veranlaßt sah, seit dieser Zeit allwöchentlich mehrere Vorstellungen classischer Werke zu den genannten billigen Preisen zu veranstalten. Nicht allein der Umstand, daß aus den meist für diese Abende ausverkauften Häusern ein wirkliches Bedürfniß sich ergab, sondern die Haltung des fast ausschließlich der ärmeren Bevölkerung angehörenden Publicums selbst gab die Veranlassung, diese Volksvorstellungen zu einer dauernden Einrichtung des gerade so recht im Herzen der ärmeren Stadttheile Berlins gelegenen Nationaltheaters zu erheben. [...] Es ist noch zu erwähnen, daß seit Beginn der ersten Versuche, also seit etwa 9 Monaten am Nationaltheater 110 Volksvorstellungen classischer Bühnenwerke stattfanden, welche von ca. 100.000 Personen aus der ärmeren Bevölkerungsschicht besucht waren.

---

[98] Kassner, Carl: „Erinnerungen an Lilienthal", in „Jahrbuch der deutschen Luftwaffe 1939", Verlag von Breikopf & Härtel in Leipzig, S.162.

[99] Samst, Max: „Lilienthal", DT Sammlung Feldhaus, Akte 452, Bl. 259.

[100] Meyer-Förster, Wilhelm: „Vom Schreibtisch und aus dem Atelier. Auf den Rhinower Bergen. Eine Erinnerung an Otto Lilienthal." Velhagen & Klastings Monatshefte, 24. Jg. 1909, S. 544.

Abb. 2.4 Otto Lilienthal als Schauspieler[101]

Die Direction des Nationaltheaters erlaubt sich nun, einem Hohen Ministerium im weiteren Verfolg einer Bestrebung, den weitesten Schichten des Volkes den erzieherischen Einfluß guter Bühnenwerke zugänglich zu machen, Ihre Dienste ganz ergebenst anzubieten."[102]

Zu der erhofften Unterstützung kommt es jedoch nicht. Es ist keine Antwort bekannt, auch keine abschlägige. Hätte es eine Unterstützung gegeben, hätte sich das in den Originalquellen (z. B. Samst) aber sicher niedergeschlagen.

Lilienthal steht auch selbst auf der Bühne. Eine Fotografie zeigt ihn in der Rolle eines Zigeunerhauptmanns in dem Volksstück „Preciosa" (Abb. 2.4).[103] 1896 hat sein eigenes Theaterstück „Moderne Raubritter" Premiere. Zunächst wählt er den Mädchennamen seiner Mutter C. Pohle als Pseudonym. Später erscheint es unter Lilienthals Namen und wird unter verschiedenen Stücktiteln auch als „So wird es gemacht" und „Gewerbeschwindel" aufgeführt.

---

[101] **OL id** 12081, Foto: Kliemeck, 1893.

[102] Brief der Direction des Nationaltheaters, Max Samst und Otto Lilienthal, an das Preußische Ministerium der Geistlichen, Unterrichts- und Medizinalangelegenheiten vom 17. Juli 1893, Staatsbibliothek Berlin, Sammlung Darmstätter Acc.1915.2.

[103] Wolff, Pius Alexander: „Preciosa. Schauspiel in vier Aufzügen", Halle 1901.

Zu dieser Zeit ist Otto Lilienthal nur noch tagsüber Berliner. Nach Vorstellungen, die sein Bruder Gustav aus Australien mitgebracht hat, hatte er sich ein einstöckiges Landhaus mit großem Garten in dem heute eingemeindeten Ort Lichterfelde bauen lassen, in das er mit seiner Familie 1886 einzog. In dem Vorort war in den letzten Jahren die erste Villenkolonie des Deutschen Reiches entstanden. Der Hamburger Unternehmer Johann Anton Wilhelm von Carstenn (1822–1896) hatte verschuldete Rittergüter bei Berlin erworben um das Projekt einer architektonisch geschlossenen Siedlung für repräsentatives Wohnen im Grünen zu verwirklichen.[104] Zur Anlage gehörte neben der vorhandenen Verkehrsanbindung nach Berlin eine regelmäßige Anordnung von Straßen und Plätzen und ein Geschäftszentrum. Befördert wurde das Projekt auch durch den von Carstenn initiierten Bau der Hauptkadettenanstalt in Lichterfelde. Von dieser zum Bahnhof Lichterfelde der Anhalter Bahn, dem heutigen Bahnhof Lichterfelde Ost fuhr ab 1881 die erste elektrische Straßenbahn der Welt im Normalbetrieb. Später siedelte auch Gustav Lilienthal in Lichterfelde und baute hier zahlreiche seiner eigenwilligen und heute viel beachteten Villen im englischen Tudorstil. Auch das Wohnhaus Gustav Lilienthals ist erhalten, während das Haus Otto Lilienthals heute vollständig verändert ist.

Das Lichterfelder Haus bot der Familie Otto Lilienthals nicht nur eine angenehme Wohnumgebung, bei seinem Bau war auch an die flugtechnischen Ambitionen gedacht worden. Es hatte eine große Werkstatt für den Flugzeugbau. Im Garten des Hauses war ein großer Rasenplatz für Versuche vorhanden. Dort wurde ein Podest errichtet, auf dem die ersten Flugzeugkonstruktionen getestet und von dem die ersten Sprünge unternommen wurden.

In der vornehmen und auf Repräsentation bedachten Villenkolonie wurde das schlichte Haus Lilienthals jedoch als Fremdkörper empfunden. Anna Rothe, die Braut Gustav Lilienthals beschreibt ihren Eindruck in einem Brief: „Es ist ganz reizend dort und kann die Meinung der Vorübergehenden, die die verschiedensten Gleichnisse an dem Häuschen zerbrechen, das innen wohnende Behagen nicht stören."[105]

Die lange Liste von Wohnadressen Otto Lilienthals, die sicher nicht einmal vollständig bekannt sind, endet in Lichterfelde. Begonnen hatte Lilienthals Aufenthalt in Berlin mit dem wenig attraktiven Status eines Schlafburschen, eines Bettgängers, wie man in Österreich sagt. Erst als sich Lilienthals finanzielle Situation durch die Bewilligung eines Stipendium verbessert, holt er seinen Bruder nach Berlin und wohnt nun mit ihm zusammen an verschiedenen Adressen.

1872 wollen sie auch ihre Mutter, ihre Schwester und die ebenfalls bei der Mutter wohnende Großmutter nach Berlin holen und die Familie wieder zusammenführen.[106] Sie suchen nach einer geeigneten Wohnung. Der Verkauf des Hauses in Anklam soll die für die

---

[104] Wolfes, Thomas: „Die Villenkolonie Lichterfelde: Zur Geschichte eines Berliner Vorortes (1865–1920)", Technische Universität Berlin, Institut für Stadt- und Regionalplanung: Arbeitshefte des Instituts für Stadt- und Regionalplanung, Reihe Planungsgeschichte Heft 58, 1997.

[105] Rothe, Anna: Brief an Gustav Lilienthal vom 6. November 1886, **OL** Inv.-**id** 1608/20, Digitalisat: **id** 1142.

[106] Lilienthal, Caroline: Brief an Gustav Lilienthal vom 4. September 1871, **DM** BN 46936 f, Transkription: **id** 1101.

Miete nötigen Mittel erbringen. Möglicherweise übernimmt sich die Mutter bei der Herrichtung des Anklamer Hauses. Sie stirbt nach kurzer Krankheit. Otto Lilienthal notiert: „Unsere Mutter starb, als wir im Begriff waren, sie zu uns nach Berlin zu nehmen und ihr das zu vergelten, was sie [für] uns gethan hatte. Unser Häuschen in Anclam war bereits von ihr verkauft aber nur meine Großmutter und Schwester konnten zu uns nach Berlin ziehen."[107] In den erhaltenen Vormundschaftsakten, die ja für die Schwester noch weiter geführt werden, ist die Auflösung des Anklamer Vermögens detailliert dokumentiert.[108] Die Brüder unterschreiben 1872 mit „O. Lilienthal, Ingenieur und G. Lilienthal, Architekt, Albrechtstraße 12a."[109]

Die Großmutter starb 1877, die Schwester ging ein Jahr darauf als Lehrerin nach Dublin. Noch im selben Jahr 1878 heiratet Otto Lilienthal. Es ist leicht vorstellbar, dass das Verhältnis der seither so eng verbundenen Brüder durch die Hochzeit Otto Lilienthals und den Einzug der Ehefrau in die gemeinsame Wohnung zu einer Veränderung im Brüderverhältnis führte, die von Gustav schmerzlich empfunden wurde. Auch das mag, neben dem gescheiterten Steinbaukasten-Geschäft, Anteil an Gustav Lilienthals Entschluss gehabt haben, sein Glück in Australien zu suchen, wohin er 1880 gemeinsam mit der Schwester Marie auswandert.

1883 wird der Familie Lilienthal das erste Kind geboren, der Sohn Otto. „Otto II" nennt ihn der Vater auf einer Zeichnung. Vier Kinder bringt Agnes Lilienthal zur Welt, zwei Jungen und zwei Mädchen. 1883, mit der Gründung der Fabrik, zieht die Familie in die Köpenicker Straße 126, nur wenige Hausnummern von der Fabrikadresse entfernt. Die jüngste Tochter Frida Elise Helene kommt am 3. August 1887 schon im eigenen Haus in Lichterfelde zur Welt.

Der erste Flieger

Erstaunlich ist, wie sich die flugtechnischen Ambitionen Otto Lilienthals durch sein gesamtes Leben ziehen, ohne dass sie jemals ganz im Zentrum seiner Tätigkeiten standen oder stehen konnten. Neben überlieferten kindlichen Versuchen finden die Ergebnisse von Flügelschlagexperimenten, die die Brüder während ihrer Studienzeit durchführten, bereits Einzug in das Buch.[110] In ihrer Berliner Wohnung bauen die Brüder an motorisierten Flugmodellen. Auch an der Gewerbeakademie werden Otto Lilienthals Flugversuche bekannt, wie er später selbst berichtet: „Der vornehmste Vertreter des mathematischen Lehrstuh-

---

[107] Lilienthal, Otto: Familienchronik, a. a. O.

[108] „Acta des Königl. Kreisgerichts zu Anclam, betreffend die Vormundschaft für die Kinder des hier am 8. April 1861 verstorbenen Kaufmanns Gustav Carl Friedr. Lilienthal, angefangen 13. April 1861." OL Inv.-id: 9139.

[109] ebenda Blatt 57.

[110] Versuche mit dem heute „Altwigshagen-Apparat" genannten Flügelschlag-Experimentiergerät, Altwigshagen ist ein Dorf, 20 km südlich der Geburtsstadt Anklam, siehe VF S. 43.

les an der Berliner Gewerbeakademie in den sechziger Jahren[111] hörte von einem meiner Commilitonen, dass ich – man hatte mir schon damals einen entsprechenden Scherznamen beigelegt – mich mit flugtechnischen Arbeiten beschäftige. Der Professor liess mir sagen, es könne ja nicht schaden, wenn ich mir mit solchen Berechnungen die Zeit vertriebe, ich möchte aber um Himmelswillen kein Geld für solche Sachen ausgeben. Der Professor wusste nämlich nicht, dass das Letztere sich ganz von selbst verbot."[112]

Auch aus dem Kriegsdienst schreibt Otto an seinen Bruder über flugtechnische Beobachtungen. In einem Feldpostbrief aus St. Denis bei Paris heißt es: „Dir sind ja alle meine Versuche bekannt und diese habe ich jetzt einmal zu Papier gebracht und die Beobachtungen noch hinzugefügt die ich spläther machte. Dadurch bin ich zu eigenthümlichen Schlußfolgerungen gelangt und genauere Rechnungen haben dann ergeben, daß ich das Ziel meiner Wünsche vollständig erreicht habe. Endlich bin ich dahin gelangt, anzugeben, was den Vogel zum fliegenden Individuum macht."[113]

Zwei Jahre später, 1873, hält der junge Ingenieur seinen ersten flugtechnischen Vortrag. Kurz darauf beginnen die systematischen quantitativen Untersuchungen zu Größe und Richtung der Kräfte an Flügelflächen, die Grundlage des Buches und der bis heute gültigen physikalischen Beschreibung der Eigenschaften von Tragflächen sind.

Auffällig ist, dass Lilienthal, von kindlichen Versuchen abgesehen, bis zur Veröffentlichung seines Buches keine Experimente mit manntragenden Modellen, keine eigentlichen Flugversuche unternahm. Das 1889 veröffentlichte Buch stellt also die entscheidende Zäsur in Lilienthals Weg zum praktischen Menschenflug dar. Unmittelbar nach seiner Veröffentlichung setzt Lilienthal seine Erforschung des Fliegens mit der Erprobung tatsächlicher Flugapparate mit Dimensionen, wie sie sich aus den Ergebnissen des Buches für den Transport eines Menschen als erforderlich ergeben, fort. Er folgt dem im letzten Kapitel des Buches dargestellten Programm. Das Buch stellt den Abschluss der theoretischen und experimentellen Vorarbeit dar und den Übergang in das praktische Flugprogramm, das ihn in wenigen Jahren zum weltbekannten „ersten Flieger" werden lässt, und bis zu seinem Unfalltod im Jahr 1896 und darüber hinaus bis ins folgende Jahrhundert zur international unangefochtenen Autorität der Flugtechnik.

Erst auf der Grundlage des geschlossenen Systems physikalischer Grundlagen, wie Lilienthal es mit seinem Buch geschaffen glaubte, machte er sich an die praktische Umsetzung der gewonnenen Erkenntnisse, die ihn im Jahr 1891 zum ersten tatsächlich erfolgreichen Flugpionier der Geschichte werden lassen. In mehreren Tausend praktischen Flügen in den folgenden fünf Jahren bis zu seinem tödlichen Absturz wurde er zur einzigen Person seiner Zeit, die in der Lage war, sich sicher und wiederholbar mit einem Fluggerät, das schwerer als Luft war, in die Luft zu erheben und nach einer überflogenen Strecke von etwa 80 Metern

---

[111] gemeint ist der Mathematiker Elwin Bruno Christoffel (1829–1900).

[112] Lilienthal, Otto: „Die Tragfähigkeit gewölbter Flächen beim praktischen Segelfluge", in ZL 1893, S. 259–272, hier S. 260, Digitalisat: **id** 344.

[113] Lilienthal, Otto: Feldpostbrief an Gustav Lilienthal vom 12. März 1871, **DM**, veröffentlicht in: **FK** a. a. O., Digitalisat: **id** 1081.

Abb. 2.5 Flug Otto Lilienthals in den Rhinower Bergen[114]

an seinem Fliegeberg in Lichterfelde und nach über 250 Metern in seinem Fluggelände bei den Orten Stölln und Rhinow wieder sicher zu landen (Abb. 2.5).

Dazu brauchte er einen Absprungpunkt der höher lag als der Landepunkt, da der kontinuierliche Höhenverlust zum Aufrechterhalten der Fluggeschwindigkeit, zur Kompensation der „hemmenden Komponente" des Luftwiderstands erforderlich war. Lilienthal beschreibt dies klar als nur ersten Schritt seiner Flugpraxis: „Fliegen heißt", so führt er aus, „sich mit einer Flugmaschine vom Boden in die Luft erheben. Das können wir nicht! Fliegen heißt ferner, von einer Bergspitze zu einer anderen, gleich hohen durch die Luft sich bewegen. Auch das können wir nicht! Fliegen heißt aber auch: sich von der Spitze eines Hügels ins Thal durch die Luft herablassen. Und das können wir! Hierbei haben wir Gelegenheit zu lernen und zu üben und schließlich auch die beiden anderen Arten, das horizontale und das aufsteigende Fliegen nach und nach auszubilden und somit wirklich zu erfinden."[115]

Ist es besonders das analytische und systematische Vorgehen, welches den praktischen Flugversuchen vorausging, das Lilienthal von seinen Zeitgenossen unterscheidet und

---

[114] **OL id** 12273, Foto: Krajewski, 1893.

[115] Lilienthal, Otto: „Über die Grundlagen der Flugtechnik", Vortrag vor dem Architekten-Verein zu Berlin im November 1894, dokumentiert in „Berliner Börsenzeitung" Nr. 523 vom 7. November 1894, S. 4, Digitalisat: **id** 212.

schließlich zum Erfolg führt, verlässt er diesen Weg mit den begonnenen Flugversuchen weitgehend. Von Grundlagenexperimenten zum Flügelschlag abgesehen, experimentiert er nun ausschließlich am fertigen Flugapparat. Die Ergebnisse der zahlreichen konstruktiven Varianten und Veränderungen an seinen Flugzeugen werden ausschließlich an den praktischen Flugergebnissen beurteilt. Zu Detail- oder Laborexperimenten kommt Lilienthal in den Jahren seiner praktischen Flüge mit wenigen Ausnahmen nicht wieder zurück. Die Steigerung seiner Flugleistungen versteht er als sportliche Aufgabe, als Trainingsprogramm. Die konstruktive Weiterentwicklung der Fluggeräte sollte sich aus Erfahrungen während des Trainings ergeben. Ausschließlich im Rahmen der Entwicklung eines Antriebs für seine Fluggeräte, für den Lilienthal einen Flügelschlagmechanismus als Mittel der Wahl ansah und erprobte, kam er zu Grundlagenexperimenten mit nicht-fliegenden Versuchsapparaturen zurück.[116]

Im letzten Kapitel vor dem Schlusswort des Buches, im Kapitel 41, beschreibt Lilienthal „die Konstruktion der Flugapparate", wie er sie sich nach dem Abschluss der theoretischen Vorarbeit als nächsten Schritt vornimmt, „wenn die in diesem Werke […] entwickelten Ansichten richtige sind."[117]

Es folgen 30 „Hauptgesichtspunkte", in denen die wichtigsten Grundsätze enthalten sind, nach denen Otto Lilienthal sein auf das Buch folgende Flugprogramm aufbauen wird, darunter in Punkt eins die Feststellung, dass die Konstruktion „brauchbarer Flugvorrichtungen" nicht notwendig über den Motorflug erfolgen muss. Es folgt die Erkenntnis, dass die Muskelkraft des Menschen ohne die Hilfe des natürlichen Windes nicht ausreicht, um einen Flugapparat in der Luft zu halten. Nach Lilienthals Messungen im natürlichen Wind wäre aber die Beherrschung des Windes mit einer Stärke von 10 Metern in der Sekunde ausreichend, um in den dauerhaften Segelflug zu gelangen. Das Flugtraining auch bei stärkerem Wind wird Lilienthals Programm bleiben und bildet möglicherweise auch die Ursache für seinen tödlichen Flugunfall.

Es folgen die quantitativen Angaben zur erforderlichen Flügelgröße, zum Flügelquerschnitt und zur Flügelform. Es werden zwei grundsätzliche Formen für die Flugmodelle vorgeschlagen, wobei die Auswahl der geeigneteren Sache der praktischen Erfahrungen sein soll. Eine orientiert sich an der Form der Raubvögel mit gefiederten Flügelspitzen, die zweite mit schlank auslaufenden Flügelspitzen an der Form der Seevögel. Beide Formen finden in Lilienthals Flugzeugkonstruktionen ihren Niederschlag. Letztere bildete bereits die Vorlage für die vereinheitlichte Form seiner Messflächen für alle Luftkraftexperimente.

Steuer- und Stabilisierungsorgane wie die Schwanzflosse sieht Lilienthal zunächst nicht vor. Diese hätte eine „für die Tragewirkung untergeordnete Bedeutung" heißt es in Punkt 12. Die letzten zehn Gesichtspunkte beschäftigen sich mit der Umsetzung des Flügelschlages am künstlichen Flügel.

---

[116] Lilienthal, Otto: „Rotierender Versuchsapparat mit Cycloiden-Bewegung", Zeichnungssatz zur Herstellung einer rotierenden aerodynamischen Wage für Auftriebsmessungen an rotierenden Schlagflügeln, **DM TZ** 04078.022.

[117] Siehe **VF** S.178.

Abb. 2.6 Otto Lilienthal mit kleinen Flügelschlagapparat[118]

Lilienthal wird alle in den „Gesichtspunkten" dargelegten Grundsätze in seinem praktischen Flugprogramm aufgreifen. Die ersten Konstruktionen manntragender Flugapparate sind nicht überliefert. Erste Fotografien gibt es aus dem Jahr 1891, dem Jahr der ersten erfolgreichen Flüge, die über Sprünge von einem im Garten aufgestellten Sprungbrett hinausgehen. Die Konstruktionen der Jahre 1891 und 1892 folgen der vorgeschlagenen „zugespitzten Form der Seevögel". Der spätere Übergang zu einer breiteren Form hat keine aerodynamischen Gründe, sondern ist eine Folge des ab 1893 eingeführten zusammenfaltbaren Grundprinzips fledermausartiger Flügel und des sich daraus ergebenden völlig anderen konstruktiven Aufbaus.

Die gefiederten Flügelspitzen finden sich dann in den zwei verschiedenen, ab 1893 erprobten Flügelschlagapparaten mit motorischem Antrieb wieder (Abb. 2.6).

Lilienthal sieht mit der Veröffentlichung des Buches die physikalischen Grundlagen als ausreichend entwickelt und damit den Zeitpunkt für den Übergang von der Theorie zur Praxis für gekommen. In einem Vortrag im Jahr 1891 sagt er: „Für die Studierstube und die elementaren Versuche erschöpft sich hiermit nach und nach der Stoff und es gilt, mit den erworbenen Kenntnissen hinauszutreten in die Natur, hinaus in Luft und Wind und die entwickelten Theorien an den nach ihnen construirten Flugapparaten zu erproben, und zwar in dem Elemente, für welches sie erdacht und gemacht wurden.

---

[118] **OL id** 12181, Foto: Anschütz, 1894.

Indem nun die Entdeckung der Gesetze des activen Fluges und die Herleitung anwendbarer Theorien den ersten Theil der gesammten flugtechnischen Bestrebungen ausmachen, hat sich hieran die Construction und Ausführung von Flugapparaten. sowie die Veranstaltung praktischer Flugversuche als zweiter Theil der erfinderischen Thätigkeit auf dem Gebiete der Flugtechnik anzuschliessen."[119]

Aus dem Jahr 1890 ist ein Versuchsprotokoll erhalten, welches ein offenbar im Buch nicht vorhergesehenes Problem bei der Handhabung der Flugapparate beschreibt. Es gelingt Lilienthal zunächst nicht, die mehrere Quadratmeter großen Flügel zu beherrschen. Bereits bei geringeren Windstärken, als den von ihm im Buch als erforderlich angegebenen, verliert Lilienthal schon im Stand die Gewalt über den Apparat. Die planvollen Experimente und ihre akribische Auswertung waren sportlicher Betätigung mit geradezu artistischen Anforderungen gewichen.

In dem genannten Versuchsprotokoll schreibt Otto Lilienthal: „Es konnten mit der Flugmaschine nur Stehübungen gemacht werden. [...] Wenn ein Flügel erst zu hoch gekommen war, so war man nicht imstande, denselben wieder nieder zu drücken, sondern mußte dem Wind nachgeben, um ein Zerbrechen der Flügel zu verhüten. Dabei drehte sich das ganze System herum, sodaß der Wind von hinten unter die Flügel blies und den Apparat umkippte, sodaß man auf den Kopf zu stehen kam.

Ein Laufen gegen die Wind war unmöglich, weil es nicht gelang, das Gleichgewicht zu erhalten."[120] Lilienthal vermerkt im Protokoll eine denkbare Lösung: „Es schien, daß das Gleichgewicht dadurch selbständig aufrecht erhalten werden könne, wenn ein vertikaler Schwanz den Apparat beständig genau in den Wind einstellen würde."

Warum oder für wen Lilienthal das Ergebnis des Versuchs in so ausführlicher Weise darlegt, ist nicht bekannt. Er beschreitet bei kommenden Versuchen erfolgreich den angegebenen Lösungsweg und fügt dem Apparat eine wie eine Wetterfahne arbeitende vertikale Schwanzflosse hinzu, die den Apparat selbstständig gegen den Wind ausrichtet. Später ergänzt er eine horizontale Fläche zum gekreuzten Leitwerk aus Höhen- und Seitenflosse, wie es auch im heutigen Flugzeugbau die klassische Grundform bildet.

Bei diesen Versuchen sieht sich Lilienthal mit heute als „Flugmechanik" bezeichneten Fragestellungen konfrontiert, die in seinem Buch noch an keiner Stelle thematisiert sind. Der Inhalt des Buches beschränkt sich auf die Untersuchung der Auftriebserzeugung durch Tragflügel, der Tragflügel-Aerodynamik und kann als ihr Geburtswerk gelten. „Der Vogel fliegt," formuliert Lilienthal im Schlusswort, „weil er mit geeignet geformten Flügeln in geeigneter Weise die ihn umgebende Luft bearbeitet."[121] Er überführt die aerodynamische Problemstellung der Auftriebserzeugung, der Optimierung des Flügels mit seinem Polardiagramm der Luftkräfte in eine mess- und vergleichbare physikalische Größe. Die Einbindung dieser den erforderlichen Auftrieb erzeugenden Komponente in das Gesamtsystem des Flugzeugs ist als Problem noch nicht thematisiert und daher nicht Gegenstand des Buches.

---

[119] Lilienthal, Otto: „Über Theorie und Praxis des freien Fluges", In **ZL** 10.Jg. Heft 7/8, S.153–164.

[120] Lilienthal, Otto: Versuchsprotokoll vom 1. Juli 1890, **DM** HS 6273, Digitalisat: **id** 12997.

[121] **VF** S. 185.

Abb. 2.7 Gustav Lilienthal in seinem Schlagflügelapparat, 1928 in Berlin-Tempelhof[122]

Während der ersten Versuche die nicht nur keine Erfolge zeitigten, sondern eine eher akrobatische denn wissenschaftliche Herausforderung darstellten, endet auch die aktive Mitarbeit des Bruders Gustav an den praktischen Flugversuchen. Er nimmt die Arbeit am Flugproblem erst in hohem Alter, lange nach Otto Lilienthals Tod mit Arbeiten zu Flügelprofilen und zum Schlagflügelantrieb wieder auf, ohne an die Erfolge seines Bruders anknüpfen zu können (Abb. 2.7).[123]

Die Steuerung des Flugzeugs stellt sich Lilienthal als eher sportliche Anforderung vor. Er sieht das Erlernen der Steuerung des Flugapparates als Training der Geschicklichkeit. An verschiedenen Stellen vergleicht er das Fliegen mit dem Fahrrad fahren. In seinem Vortrag über die „Theorie und Praxis des freien Fluges" heißt es: „Die Uebung also ist es, die wir beim Fliegen eben so gut gebrauchen als beim Gehen, Schwimmen, Reiten, Schlittschuhlaufen u. s. w."[124] Und er begründet diese Ansicht durch Vergleich mit dem modernen Fahrrad: „Nun stelle man sich aber vor, es wäre vor der praktischen Entwickelung des Zweiradfahrens Jemand mit einer richtigen Theorie klar und deutlich hervorgetreten. Hätte man dadurch

---

[122] **OL id** 12414, Foto: „Klinke & Co.", 1928.

[123] Gustav Lilienthal betreibt eine umfangreiche Vortragstätigkeit, schreibt mehrere Bücher und arbeitet auf den Flugplätzen Tempelhof und Johannisthal bis zu seinem Tod ein einem Flugapparat mit Flügelschlag und Benzinmotor.

[124] Lilienthal, Otto: „Über Theorie und Praxis des freien Fluges", a. a. O. S. 158.

das Problem des Zweiradfahrens für gelöst betrachtet? Nimmer mehr! Unbedingt musste erst der praktische Versuch den Ausschlag geben.

Ebenso stehen wir jetzt mit der in ihren Hauptzügen entwickelten Flugtheorie höchstens auf halbem Wege zur gänzlichen Lösung des Flugproblems. Jetzt ist es Sache der Praktiker, dort anzuknüpfen, wo die Theorie augenblicklich steht und neuen Stoff für eine gedeihliche Weiterentwickelung der ganzen Frage zu liefern."[125]

Die Einführung der vertikalen Flosse, von Lilienthal als „Schweif" bezeichnet, ermöglicht ihm, das Flügelpaar mit einer Spannweite von sieben bis zehn Metern Spannweite zu beherrschen. Die zweite, die horizontale Höhenflosse ist nur für eine einseitige Wirkung konzipiert. Sie befindet sich bis 1893 zwischen Flügelpaar und Schweif und hängt an Schnüren, so dass sie widerstandslos nach oben klappen kann. Lediglich beim Absinken des Anstellwinkels der Flügel erzeugt sie ein „pitch up", ein Moment zur Erhöhung des Anstellwinkels, um „Oberwind", wie Lilienthal einen negativen Anstellwinkel der Flügel nennt, zu vermeiden. Erst 1893 werden beide Flossen zum Kreuzleitwerk vereint.

Dabei ist zwar eine bis heute klassische Flugzeuggeometrie entstanden, jedoch haben die Leitwerke keine aktive Steuerfunktion. Sie sind keine Ruder, sondern lediglich Flossen, passive Steuerflächen. Das Prinzip der Steuerung der Lilienthalschen Flugapparate ist das des heutigen Hängegleiters, die Steuerung durch Gewichtsverlagerung. Mit der durch das Vorbild Vogel inspirierten Position des Piloten nahezu im Schwerpunkt des Fluggerätes beschränkt sich die Gewichtsverlagerung allerdings hauptsächlich auf das Gewicht des Unterkörpers, der Beine. Diese Anfangsbedingungen Lilienthalscher Flugtechnik behält er während seiner sechs Jahre währenden Flugpraxis, in denen Tausende von Einzelflügen mit etwa 10 verschiedenen Fluggeräten stattfinden, im Wesentlichen bei. Die Lilienthalsche Flugpraxis ist zu einem guten Teil eine Balance-Übung. Sie besteht im Erlernen und Trainieren der Erhaltung des Gleichgewichts des fliegenden Apparates durch schnelle und intensive Beinbewegungen.

Bei zwei Flugapparaten des Jahres 1895 weicht Lilienthal von dieser Technik ab. Einerseits trainiert er mit zwei verschieden großen Doppeldeckern. Der Grund ist der folgende: Er möchte die Flügelfläche und damit die Tragwirkung erhöhen ohne dabei die Spannweite zu vergrößern, da eine größere Spannweite eine noch größere Hebelwirkung der durch die Schwerkraftsteuerung zu kompensierenden Luftkräfte hervorruft. Damit wird das Verhältnis zu den durch seine Beinbewegungen erzielbaren Drehmomenten zur Korrektur von Flügelausschlägen noch schlechter und der Flugapparat noch schwieriger zu beherrschen.

Der Ausweg ist eine zweite parallele Tragfläche, durch die sich die tragende Fläche vergrößert, ohne dass die Spannweite größer wird. Ein Nebeneffekt des Doppeldeckers ist die Verlagerung des Schwerpunktes unter den Auftriebsmittelpunkt, wodurch eine bessere Flugstabilität und damit eine für Lilienthal überraschend gute Handhabbarkeit des Apparates resultiert. Lilienthal baut seinen ersten Doppeldecker durch Ergänzung des so genannten „Sturmflügels". Diesen Apparat hatte Lilienthal offenbar gebaut, um sich mit kleinerer Flügelfläche stärkerem Wind auszusetzen. Der Sturmflügelapparat ist als einziger Apparat

---

[125] ebenda S. 157.

Abb. 2.8 Lilienthal mit dem kleinem Doppeldecker am Fliegeberg in Lichterfelde[126]

aus dem Besitz Lilienthals erhalten geblieben. Die vier anderen, ebenfalls stark restauriert erhaltenen Apparate entstammen alle der Serienproduktion des so genannten „Normalsegelapparates" und gelangten von den Käufern später an Museen. Ausgerechnet von diesem einzigen erhaltenen von Lilienthal selbst geflogenen Flugapparat existiert kein Foto im Fluge. Vermutlich waren die Versuche Lilienthals mit diesem Apparat wenig erfolgreich, so dass er diesen bald zur Grundlage des kleinen Doppeldeckers machte. Von diesem sind allerdings eine Reihe schöner Fotografien von mehreren Fotografen erhalten (Abb. 2.8).

Wahrscheinlich waren die überraschend guten Flug- und Steuereigenschaften des ersten Doppeldeckers der Grund dafür, dass Lilienthal auch das Serienmodell, seinen *Normalsegelapparat* zum Doppeldecker erweiterte. Ein Großteil der bekannten Fotografien aus dem Jahr 1895 zeigt Flüge mit den Doppeldeckern und auch die wenigen 1896 von dem Amerikaner Wood aufgenommenen Bilder zeigen die zweite, größere der beiden Doppeldecker-Konstruktionen.[127]

Ebenfalls 1895 erprobt Lilienthal an einem „Versuchsapparat" verschiedene Steuerorgane, darunter eine Verwindungssteuerung, wie sie die Gebrüder Wright später als Vorstufe des Querruders einführten. Außerdem sind bewegliche Widerstandsflächen auf den Tragflächenenden fotografisch belegt (Abb. 2.9), die die Funktion eines Seitenruders erfüllten.

---

[126] **OL id** 12213, Foto: Regis, 1895.

[127] Aus dem Jahr 1895 sind 55 Fotografien bekannt. Eine vollständige Übersicht ist verfügbar unter: lilienthal-museum.de/olma/ba1895.htm.

Abb. 2.9 Otto Lilienthal mit dem „Versuchsgerät von 1895". Gut sichtbar sind die Widerstandsflächen mit Seitenruder-Funktion und das vergrößerte Leitwerk. Ohne anliegende Strömung sind die patentierten Vorflügel geöffnet.[128]

Eine dritte Abänderung des klassischen Aufbaus betraf eine Ansteuerung des Schweifes, der diesen ebenfalls zum Seitenruder machte. Wahrscheinlich sind die Steuerelemente nicht gleichzeitig installiert worden und wurden wohl auch getrennt erprobt.[129]

Die vierte und auffälligste Veränderung an dem Versuchsgerät von 1895 patentierte Lilienthal. Das Patent versteht sich als Ergänzung zu dem bereits 1893 patentierten Flugapparat[130]: Im Patenttext heißt es: „Bei dem unter Nr. 77916 geschützten Flugapparat hat sich der Uebelstand gezeigt, daß, wenn der Apparat die Luft unter sehr spitzem Winkel durchschneidet, die Vorderkante infolge der gewölbten Flächenform Druck von oben erhalten kann. Dadurch wird ein stabiles Durchsegeln der Luft gefährdet, und der Apparat aus seiner Flugrichtung gedrängt. Um dieses zu vermeiden, wird die vordere Flächenpartie derart beweglich gemacht, daß dieselbe um die Vorderkante drehbar sich nach unten richten kann."[131]

---

[128] **OL id** 12165, Foto: Preobrashenski, 1895.

[129] Die Funktionen des Apparates wurden unter Auswertung des Schrifttums und vorhandener Fotografien rekonstruiert von Nitsch, Stephan: „Vom Sprung zum Flug. Der Flugtechniker Otto Lilienthal." Brandenburgisches Verlagshaus Berlin 1991, S. 76 ff.

[130] „Flugapparat", **DRP** Nr. 77916 v. 3. 9. 1893. Digitalisat: **id** 15118.

[131] „Flugapparat", **DRP** Nr. 84417 v. 29. 5. 1895, Digitalisat: **id** 8039.

Offenbar reicht die Hebelwirkung der 1894 bereits auf die Position des Seitenleitwerks nach hinten verschobenen horizontalen Fläche trotzdem nicht aus, um wirksam den von Lilienthal gefürchteten „Oberwind" zu verhindern. Gerät Lilienthal in eine Flugposition mit zu geringem Anstellwinkel, wandert der Staupunkt, der Neutralpunkt zwischen Ober- und Unterströmung auf die Oberseite des Flügels. Geschieht dies, drückt die Strömung die Vorderkante weiter nach unten und Lilienthal muss sein Körpergewicht nach hinten verlagern. Der Steuerausschlag, den er durch die ruckartige Bewegung des Unterkörpers nach hinten erreicht, ist offenbar nicht ausreichend, um den Flugzustand zu stabilisieren. Je größer die Flügelfläche wird und je größer die Luftkräfte durch Wind und Fluggeschwindigkeit werden, als desto unzureichender erweisen sich die durch die Verlagerung der Beine erzielbaren Korrekturmomente.

Das vertikale Leitwerk hat Lilienthal bereits durch Aufsetzen von Weidenstreben deutlich vergrößert, der Vorflügel stellt eine drastische Unterstützung der Höhenflosse dar. Im Falle des unfreiwilligen Absinkens des Anstellwinkels führt der auf den Vorflügel wandernde Staupunkt zum Aufklappen der im Normalflug nur durch die Strömung geschlossen gehaltenen Flügelklappen. Der Anstellwinkel des verbliebenen Restflügels vergrößert sich sofort um mehrere Grad, so dass der Apparat wieder in eine stabile Fluglage gebracht werden kann. In dieser schließt sich der Vorflügel selbstständig wieder. Dieses Steuerorgan ist für Lilienthal so grundlegend, dass er darauf ein Patent beansprucht.

An dem „Versuchsgerät von 1895" genannten Gerät erprobt Lilienthal Systeme zur Steuerung um die drei Achsen des Flugzeugs: die Flügelverwindung zur Steuerung um die Längsachse, die Widerstandsflächen und die Schweifansteuerung für die Bewegung um die Hochachse und die Vorflügelklappe zur Beeinflussung der Neigung um die Querachse. Der Schritt von der Schwerpunktsteuerung zur Dreiachssteuerung des Flugzeugs ist bei Lilienthal jedoch nicht der Schritt zum Flugzeug, wie ihn ein knappes Jahrzehnt später die Gebrüder Wright vorgenommen haben. Bei Lilienthal sind die Steuerorgane lediglich als Hilfsmittel zur Unterstützung der Schwerkraftsteuerung angelegt. Die Ansteuerung erfolgt bezeichnenderweise über einen Hüftring, der bei der Bewegung des Unterkörpers zwangsweise mit ausgelenkt wird (Abb. 2.10).

Lilienthal hat damit die Entwicklung zum über drei Achsen gesteuerten Flugzeug vorweggenommen, aber nicht als Konzept verfolgt. Lilienthals Flugprinzip war das des heute als Hängegleiter bezeichneten Konzepts. Den Schritt zur vollständigen Abkehr von der Steuerung durch Gewichtsverlagerung, vom Prinzip des Hängegleiters zur aerodynamischen Steuerung um drei Raumachsen, zum Flugzeug im heutigen Sinne, gingen die Gebrüder Wright ab 1899.

Interessant ist, dass in der Entwicklung des Segelflugs nach dem ersten Weltkrieg Hängegleiter wieder eine Rolle spielten, bis sich das heutige dreiachsgesteuerte Segelflugzeug durchsetzte.[132]

---

[132] Besonders der Hängegleiter von Willy Pelzner erlangte als für 250 Reichsmark und auch als Bauplan vertriebenes Segelflugzeug eine große Verbreitung. 1920 bis 1921 gewann Pelzner mit seinem dem Lilienthal-Doppeldecker ähnelnden Flugapparat erste Preise, 1921 mit einer Gesamtflugdauer von 38 Minuten den Rhön-Segelflug-Wettbewerb.

Abb. 2.10 Rekonstruktion des Versuchsgerätes von 1895. Ansicht von unten: Hebelsystem welches von den Weidenbügeln, die sich beidseits des aus dem Gleiter hängenden Körpers befinden, angesteuert wird.[133]

Vor der Entwicklung in Deutschland waren es allerdings erneut die Gebrüder Wright, die für über zehn Jahre Rekordhalter im Segelflug waren. Im Jahr 1911 kehrten Sie, auch unter dem Eindruck zahlreicher Flugunfälle mit Wright-Maschinen, zum motorlosen Flug zurück. Am Ort ihrer ersten Flüge, auf den *Outer Banks* vor der Atlantikküste *North Carolinas,* wollten sie sich motorlos erneut mit Experimenten zur Flugzeugsteuerung befassen. Am 24. Oktober 1911 blieb Orville Wright neun Minuten und 45 Sekunden in der Luft. Dabei flog er ohne Streckengewinn auf der Stelle, im Hangaufwind der Küstendüne. Diese Flugzeit war für über zehn Jahre Weltrekord. Es spricht viel dafür, dass Lilienthal bei seinem tödlichen Absturz am 9. August 1896 in ähnlicher Weise Langsamflugversuche in stärkerem Wind ausführte. Die dabei fehlende Kontrolle über die Strömungsgeschwindigkeit am Flügel könnte Ursache des Absturzes gewesen sein.

Eine noch erstaunlichere Wiedergeburt erlangte das Prinzip Hängegleiter in den 1960-er und 1970-er Jahren. Sie geht auf die Erfindung des Amerikaners Francis Melvin Rogallo (1912–2009) zurück, der das Prinzip durch eine geniale Vereinfachung revolutionierte. Er patentierte 1948 einen Fesseldrachen, dessen Grundtyp bereits die später „Rogalloflügel" genannte Segelform aus lediglich einer quadratischen, zunächst ohne feste Bauteile aufge-

---

[133] OL Foto: Nitsch, 1989.

Abb. 2.11 Hängegleiter vom Rogallo-Typ am Startplatz[134]

spannten Segelfläche besaß.[135] Am späteren frei fliegenden Hängegleiter (Abb. 2.11) wurde
die Segelfläche durch vier Streben stabilisiert. Der kennzeichnende, so genannte Nasenwinkel, die Spitze des Segels, in der zwei Seitenholme und der Mittelholm zusammenstoßen
ist kleiner als 90 Grad, wodurch das Segel überlappt und sich in der Strömung nach oben
bläht. Dadurch entsteht die für den Auftrieb entscheidende Flügelwölbung.[136]

Rogallo arbeitete bis in die 1970-er Jahre bei der NASA. Nachdem die US-amerikanische
Raumfahrtorganisation die Arbeiten am Rogallo-Flügel 1965 eingestellt hatte, wurde durch
den Australier John Dickenson (geb. 1934) mit dem A-Frame, dem Steuertrapez (Abb. 2.11),
die zweite entscheidende Neuerung für den Grundtyp des Flugdrachens, das Prinzip einer
einfachen und wirkungsvollen Steuerung des wiedergeborenen Hängegleiters entwickelt.

Der Hängegleiter der 1970-er Jahre kam der Lilienthalschen Idee, mit einem einfachen
Flügel vogelgleich das Luftreich zu beherrschen so nah, wie keine Entwicklung davor. Aber

---

[134] historischer Hängegleiter vom Rogallo-Typ am Startplatz Pfeffelbach des „Drachenflugclubs Saar“.
Der Pfeffelbacher Günther Burghardt (im Bild) hat seit den 1980-er Jahren eine heute im Otto-Lili-
enthal-Museum befindliche Sammlung historischer Hängegleiter aufgebaut. **OL** Inv.-id. 9283, Foto:
Wittig, 2000.

[135] „Gertrude Sugden Rogallo and Francis Melvin Rogallo: Flexibile Kite“, US Patent Office 2,546,078,
eingereicht am 23. November 1948.

[136] Pointer, Dan: „Handbuch des Drachenfliegers“, Luftfahrtverlag Axel Zuerl, Steinebach-Wörthsee
1976.

auch der neue Hängegleiter ging abermals den Weg zum dreiachsgesteuerten Fluggerät. Aus der Idee der Motorisierung des Hängegleiters, zunächst durch einen am Segel angebauten Motor, später durch ein Cockpit mit drei Rädern, auf dem sich Pilot und Motor befanden, wurde das Ultraleichtflugzeug. Mit den neuen Materialien des Drachenfliegens entstanden wieder Flugzeuge, leichte, durch Ruder gesteuerte Konstruktionen aus Aluminium und Kunststoff.

Betrachtet man die Entwicklung der Flugleistungen Lilienthals, so fällt auf, dass er die Beherrschung des Gleitfluges und die Möglichkeit 250 Meter hangabwärts zu fliegen bereits 1893 erreicht hatte und in den Folgejahren nicht weiter steigerte. Für sein weiteres Vorgehen beschreibt er drei nächste Ziele. In einem Vortrag[137] nennt er erstens die Verlängerung der Gleitflüge durch Flügelschläge mit Motorkraft. Dazu baut er zwei Apparate. Der zweite ist im Sommer 1896 fertiggestellt, wurde aber wohl nicht mehr geflogen. Er kam nach Lilienthals Tod in den Besitz des österreichischen Flugpioniers Ignatz (Igo) Etrich (1879–1967), ist aber heute nicht mehr erhalten. Von dem ersten Apparat gibt es zahlreiche Flugbilder seiner motorlosen Erprobung und auch ein Foto mit eingebautem Motor.

Eine zweite Zielstellung ist das Training zur Beherrschung größerer Windstärken, da es nach Lilienthals Berechnungen bei einer Windgeschwindigkeit von 10 Metern pro Sekunde gelingen sollte, in den dauerhaften Segelflug zu kommen.

Eine dritte Zielstellung gilt der Optimierung des Flügelprofils. Lilienthal hält seine Messmethodik jedoch nicht für empfindlich genug für die Durchführung weitergehender Messungen. Auch hier setzt er auf die statistische Auswertung praktischer Flüge. Er will eine große Zahl von Modellen mit im Detail unterschiedlichen Flügelprofilen von erhöhten Punkten starten und ihre Flugzeiten statistisch erfassen.[138] Über die tatsächliche Durchführung derartiger Experimente ist aber nichts bekannt.

In den sechs Jahren seiner Flugpraxis hat Lilienthal mindestens zehn verschiedene Flugzeugkonstruktionen erprobt und mehr als 20 Flugzeuge sind nach seinen Plänen, in den letzten Jahren als Produkt seiner Maschinenfabrik, entstanden. In Tausenden von Gleitflügen hat er die sichere Steuerung seiner Hängegleiter erlernt. Die virtuose Beherrschung seines Flugapparates demonstriert er gern durch das Kunststück der Landung auf nur einem Bein.[139] Tatsächliche Erfolge in der Motorisierung seiner Flugapparate und in der Verbesserung der Steuerung, der Flugmechanik, blieben jedoch seinen Nachfolgern vorbehalten.

---

[137] Lilienthal, Otto: „Fliegesport und Fliegepraxis.“ In: **PR** 1896 S. 145–148 und S. 169–173, Digitalisat: lilienthal-museum.de/olma/l2058.htm.

[138] Lilienthal, Otto: „Über die Ermittlung der besten Flügelformen“. In: **ZL** 1895 S. 237–245, Digitalisat: **id** 358, hier S. 244.

[139] Lilienthal, Otto: „Ueber den Segelflug und seine Nachahmung.“ In: **ZL** 1892, Heft 11, S. 277–281, Digitalisat: **id** 410, hier S. 281.

„Missionar des Menschenflugs" – eine Auswahlbibliografie

Wilbur Wright nennt Otto Lilienthal einen „Missionar des Menschenflugs." „Der Prozess des menschlichen Fluges wurde von ihm so ernsthaft, so attraktiv und so überzeugend dargeboten, dass es für jedermann schwer war, der Versuchung zu widerstehen, es selbst zu versuchen," schreibt er 1912.[140]

Lilienthal hat seine Flugpraxis regelmäßig fotografisch dokumentieren lassen. Die große Zahl von über 130 Fotografien, die während der Flugversuche entstanden sind, ist sensationell, da es sich bei der so genannten Augenblicksfotografie um eine gerade entstandene Technik handelte und einer der Lilienthal-Fotografen, Ottomar Anschütz (1846–1907), ein herausragender Pionier dieser Technik ist.[141] Lilienthal nutzt die Fotografien in Vorträgen und Artikeln. Vor dem *Deutschen Verein zur Förderung der Luftschiffahrt,* dem Lilienthal seit 1886 angehört, berichtet er regelmäßig über seine Flugversuche. Er hält zahlreiche Vorträge und publiziert seine Ergebnisse auch in der populärwissenschaftlichen Zeitschrift *Prometheus.*[142]

Zur Bibliographie Lilienthals gehören zwei Monografien, neben dem vorliegenden Buch über den Vogelflug sein bereits erwähntes, 1896 verfasstes Theaterstück. Der Enkel Lilienthals Klaus Kopfermann vermutet, Lilienthal beabsichtigte in Fortsetzung des theoretischen Buches über den Vogelflug ein weiteres über seine praktische Flugtechnik zu schreiben. Kopfermann hat eine solche Publikation aus den zahlreichen flugtechnischen Artikeln Lilienthals zusammen gestellt.[143] Dafür, dass Lilienthal eine solche Publikation beabsichtigte, gibt es einen Anhaltspunkt. In einer unter vermischten stenographischen Aufzeichnungen erhaltenen unvollendeten Manuskriptseite findet sich der Absatz: „So wie das früher herausgegebene Werk den Elementarversuchen und theoretischen Entwicklungen galt, so sollen in dem vorliegenden Werke praktische Experimente erörtert werden, welche als eigentliche Flugversuche bereits bezeichnet werden können."[144]

17 flugtechnische Vorträge Otto Lilienthals sind bekannt, teilweise sind sie die Grundlage der über 30 vorliegenden Artikel. Verschiedene erscheinen außerdem in französischer, englischer und russischer Übersetzung. Der überwiegende Teil der Veröffentlichungen betrifft die Flugtechnik. Nur wenige der Vorträge und Artikel betreffen Lilienthals hauptsächliches Betätigungsfeld, den Maschinenbau.[145]

---

[140] Wright, Wilbur: „Otto Lilienthal". a. a. O. [Übersetzung: Lukasch].

[141] Lukasch, Bernd: „Die Kunst zu fliegen – nach dem Leben aufgenommen von Ottomar Anschütz", in „Leuchtfeuer", Wiederstedt 2009, S. 110 ff.

[142] **PR.**

[143] Kopfermann, Klaus (Hrsg.): „Otto Lilienthal. Über meine Flugversuche 1889–1896. Ausgewählte Schriften." VDI-Verlag Düsseldorf 1987/88.

[144] **DM** HS 6279, zitiert nach: Heinzerling/Trischler a. a. O. S. 227.

[145] Lilienthal, Otto: „Gefahrloser Dampfkessel für Kleingewerbe", in: „Glasers Annalen für Gewerbe und Bauwesen" Nr. 151 vom 1. Oktober 1883, S. 141–145; Lilienthal, Otto: „Das Nebelhorn", in **PR** 1890, S. 292–294 oder Lilienthal, Otto: „Über Kesselexplosionen" in **PR** 1893, S. 395–397.

In den Jahren 1890 bis 1895 verfasst Lilienthal außerdem mehrere Buchbesprechungen, Rezensionen und Mitteilungen in der *Zeitschrift für Luftschiffahrt* und im *Prometheus*, die mit „L." und „O. L." unterzeichnet sind.

Zwischen 1877 und 1895 meldet Lilienthal zahlreiche Patente in verschiedenen Ländern an. Diese wiederum betreffen hauptsächlich den Maschinenbau, nur vier die Flugtechnik. Eine Übersicht ist im Anhang angegeben. Auch diese Gewichtung zeigt deutlich die besondere Stellung, die Lilienthals flugtechnische Arbeiten in seiner kreativen Ingenieurstätigkeit einnehmen. Seine Innovationen auf dem Gebiet des Maschinenbaus sind für ihn unternehmerisch verwertbare Ingenieursleistungen. Die adäquate Veröffentlichung für diesen Zweck ist das Patent. Obwohl er auch seine Flugzeuge patentiert und verkauft, ist sein Herangehen auf diesem Gebiet nicht das des Ingenieurs und Unternehmers, sondern das des Forschers, des Wissenschaftlers, dessen Ziel nicht die Sicherung, sondern die Verbreitung seiner Erkenntnisse und die breite Kommunikation ist. Auch in dieser Beziehung kann der Schritt von Lilienthals Flugapparaten zum Flugzeug der Gebrüder Wright betrachtet werden, und zwar als Schritt vom Forschungsgegenstand zum marktfähigen technischen Produkt.

Die flugtechnischen Vorträge und Artikel Lilienthals gestatten einen breiten Einblick in seine Flugpraxis. Allerdings bestehen gerade über die letzten Flugapparate und flugtechnischen Absichten Lilienthals nur ungenaue Vorstellungen, da sie nicht mehr Gegenstand detaillierter Veröffentlichungen geworden sind. Das kann einerseits dadurch begründet sein, dass die Versuche noch zu keinem Abschluss, zu keinem publizierbaren Ergebnis geführt hatten. Lilienthals Anspruch war es, mit abgeschlossenen Arbeiten und deren prüfbaren Ergebnissen an die Öffentlichkeit zu treten, um sich deutlich von den zahlreichen unproduktiven flugtechnischen Arbeiten und Veröffentlichungen ohne praktische Relevanz abzugrenzen.[146] Nachdem Lilienthal 1895 sein Zusatzpatent auf das Steuerorgan „Vorflügel" genommen hat, ist auch denkbar, dass er Arbeiten des letzten Jahres für Patent-würdig hielt und deshalb von vorzeitigen Berichten absah.

Lilienthal kündigt in einem Brief an den US-amerikanischen Luftfahrtexperten James Means im April 1896 die Änderung seiner Flugmethode an, welche die zweite Tragfläche der seit dem Vorjahr so erfolgreichen Doppeldecker überflüssig machen soll.[147] Auf welche konkreten Arbeiten sich diese sicher ernst zu nehmende Ankündigung bezieht, ob Lilienthal auf ein neues Konzept zur Steuerung seiner Flugapparate setzt, ob er vor der Verwirklichung des Segelflugs durch die Beherrschung kräftigerer Winde steht, oder ob er deutliche Erfolge mit seinem Motorflugzeug erwartet, ist bis heute nicht klar. Auf alle drei Aktivitäten gibt es Hinweise.

Im August 1896 ist Lilienthals neues Motorflugzeug, der *Große Flügelschlagapparat* erprobungsbereit. Der Apparat wurde nach Lilienthals Tod von dem österreichischen Flugpionier Igo Etrich übernommen und ist fotografisch belegt. Das spricht dafür, dass sich der Apparat bereits zur Erprobung auf dem Fliegeberg befand, da die in der Fabrik befindlichen

---

146 Lilienthal, Otto: „Über meine diesjährigen Flugversuche" a. a. O.

147 Lilienthal, Otto: Brief an James Means vom 17. April 1896, a. a. O.

Apparate vernichtet wurden.[148] Andererseits schreibt Lilienthal an Means: „Ich arbeite jetzt an einem Flugapparat, bei dem die Stellung der Flügel während des Fluges derart verändert werden kann, daß das Gleichgewicht nicht durch Verlagerung des Körpergewichts, sondern durch Verstellung der Flügelflächen mit den Händen erfolgt. Nach meiner Meinung bedeutet dies einen großen Schritt vorwärts, denn die Sicherheit wird sich dadurch erhöhen. Ich werde wohl dadurch von der doppelten Segelfläche wieder abkommen, weil die Gründe, welche mich zu der doppelten Fläche führten, dann verschwinden.“[149] Bereits 1895 hatte Lilienthal an seinem „Versuchsgerät“ ja verschiedene die Schwerkraftsteuerung ergänzende Systeme erprobt, darunter den patentierten Vorflügel. Es gibt jedoch einige Hinweise, dass das Versuchsgerät die Grundlage des erhalten gebliebenen großen Flügelschlagapparates bildete.[150]

Paul Beylich, Lilienthals Flugzeugmonteur, berichtet aber von einem weiteren neuen großen und aufwändigen Apparat, der, fast fertiggestellt, nach Lilienthals Tod im Heizkessel der Fabrik verbrannt wurde.[151] Beylich spricht ausdrücklich von mehreren Flugapparaten, die sich noch in Bau befanden.[152] Stephan Nitsch, der sich intensiv mit Lilienthals Flugzeugbau beschäftigt hat und zahlreiche Nachbauten angefertigte, rekonstruierte aus überlieferten Skizzen einen Gelenkflügelapparat mit beidseitig bespannten Tragflächen.[153]

Bezieht sich die Bemerkung Lilienthals andererseits auf neue Erfolge seiner Flugpraxis, enthält ein Artikel aus dem Oktober 1895 einen entsprechenden Hinweis. Lilienthal schreibt in Bezug auf den Motorflug: „Die zeitraubende Verbesserung der zu Letzterem erforderlichen maschinellen Einrichtungen hat mich aber zu bestimmten Resultaten noch nicht gelangen lassen. Dagegen bin ich mit dem Winde im letzten Sommer auf einen etwas vertrauteren Fuss gekommen.“[154] Wenige Zeilen davor hat er seine Absicht erläutert: „Die schwebenden Vögel sind in jeder Beziehung unser Vorbild. Wenn es uns gelingt, in die Einzelheiten der Flügelform, der Flügelstellung und vor allem der Ausnützung des Windes einzudringen, dürfen wir auch hoffen, dass wir schliesslich das Schweben und Kreisen der Vögel nachbilden können. Einmal bin ich bemüht, meine Erfolge im Durchsegeln der Luft mit unbeweglichen Apparaten dadurch auszudehnen, dass ich die Bewältigung immer stärkerer Winde einübe, um dadurch womöglich in den dauernden Schwebeflug hineinzukommen.“

---

[148] Beylich, Paul: Brief an Franz Maria Feldhaus, a. a. O.: „Als ich nach zwei Tagen des Todesfluges, die ich durch Vernehmungen von meiner Arbeitsstätte abgehalten war, dieselbe betrat, sah ich zu meinem Entsetzen, dass auch alles, alles was zum Flugzeugbau gehörte und vorhanden, verschwunden war. Selbst ein neuer, nach wochenlanger Arbeit entstandener, mit verschiedenen Neuerungen versehener Apparat war auf Anordnung Gustav Lilienthals zerschlagen und unter dem Fabrikkessel verbrannt worden.“

[149] Lilienthal, Otto: Brief an James Means vom 17. April 1896, a. a. O.

[150] Löffler, Leonhard, private Mitteilung.

[151] Beylich, Paul: Brief an Franz Maria Feldhaus vom 12. Oktober 1932 a. a. O.

[152] Beylich, Paul: Brief an Paul Schauer vom 23. März 1932, OL U103_17.

[153] Nitsch, Stephan: „Vom Sprung zum Flug“ a. a. O. S. 100 ff.

[154] Lilienthal, Otto: „Ueber die Ermittelung der besten Flügelformen.“ In: ZL Heft 10, S. 237 ff.

Diese Absicht würde erklären, warum Lilienthal 1896 von seinem Fliegeberg in Lichterfelde wieder in das natürliche und anspruchsvollere Fluggelände aus dem Jahr 1893 im Ländchen Rhinow, circa 80 Kilometer nordwestlich von Lichterfelde, zurückkehrt. Außerdem mag sein tödlicher Unfall eben mit dieser neuen Strategie seines Flugtrainings in Zusammenhang stehen.

Lilienthal hatte in Tausenden Flügen in gleichmäßigem Wind von bis zu 7 Metern pro Sekunde routiniert erlernt, die horizontale Fluglage und die Geschwindigkeit seines Flugapparates durch Gewichtsverlagerung zu beeinflussen. Die Fluggeschwindigkeit sorgte in Abhängigkeit von der Windstärke für die nötige Strömungsgeschwindigkeit am Flügel. In stärkerem und böigem Wind geht der direkte Zusammenhang zwischen Fluggeschwindigkeit des Apparates und Strömungsgeschwindigkeit am Flügel jedoch verloren. Die Gefahr verstärkt sich, in einem kurzzeitig abschwellenden Wind die notwendige Strömungsgeschwindigkeit zu unterschreiten und in einen überzogenen Flugzustand mit folgendem Strömungsabriss zu geraten. Dieses Szenario deckt sich mit den Darstellung des Absturzes durch Paul Beylich.[155]

Jenseits der Aktivitäten des letzten Jahres lassen sich die flugtechnischen Arbeiten Lilienthals in den davor liegenden Jahren über die große Zahl seiner Veröffentlichungen recht geschlossen rekonstruieren.

vor 1891

Der bereits erwähnte erste bekannte flugtechnische Vortrag Lilienthals aus dem Jahr 1873 trug den Titel „Theorie des Vogelflugs". Dieser beinhaltet sein später verfolgtes, wissenschaftliches Programm und enthält die Kritik der aktuellen Luftfahrtforschung, deren Schwerpunkt auf Luftfahrt nach dem Prinzip „leichter als Luft", auf dem Ballon liegt.[156]

Der ebenfalls erwähnte Vortrag „Über leichte Motoren und ihre Verwendung für die Luftschiffahrt" aus dem Jahr 1886 stellt gewissermaßen Lilienthals Antrittsvortrag im Berliner *Verein für Luftschiffahrt* dar, dem er im selben Jahr beigetreten war. Lilienthal spricht hauptsächlich über seine lange zurückliegenden Versuche mit motorgetriebenen Flugmodellen und über seine leichten Dampfmotoren, da seine flugtechnischen Experimente in der Zeit der Gründung und Entwicklung seiner Maschinenfabrik schon seit längerer Zeit ruhten. Mit dem Beitritt zum Verein sieht er jetzt, drei Jahre nach der Gründung seiner Firma offenbar wieder Gelegenheit, sich mit dem Fliegen zu beschäftigen. Das Protokoll der Sitzung vermerkt: „Herr Dr. Müllenhoff dankte dem Vortragenden für seine Mittheilungen und gab der Hoffnung Ausdruck, dass Herr Ingenieur Lilienthal Gelegenheit finden werde, seine zur Zeit unterbrochenen Experimente von Neuem aufzunehmen; durch einen Bericht über die Versuche werde er die Interessen des Vereins in der wirksamsten Weise fördern,

---

[155] Beylich, Paul: Rundfunkinterview, 1940, zitiert in: Haanen, Karl Theodor: „Sonnenstürmer. Otto Lilienthal und sein Erbe. Der Kranich." Essen 1941, S. 60 f.
[156] Lilienthal, Otto: „Theorie des Vogelflugs". **DM** HS 6256.

zumal wenn es sich als thunlich herausstellte, die Experimente in der Sitzung selbst auszuführen." Lilienthal stellt sich der anschließenden Diskussion und „stellte eine weitere mit Demonstrationen verbundene Mittheilung für die Folgezeit in Aussicht."[157] Interessanter Weise vermerkt das Protokoll, dass Müllenhoff selbst im Anschluss an Lilienthals Vortrag über das Flugverhalten von Pflanzensamen spricht. Er demonstriert unter anderem einen tropischen Zanonia-Samen, der als schwanzloser Nurflügler eine große Flugstabilität aufweist. Zwei Jahrzehnte später wird diese Flügelform Vorbild für die erfolgreichen Gleiter und Flugzeuge von Igo Etrich.

Die angekündigte folgende Mitteilung besteht aus drei Vorträgen, dem ersten im Oktober 1888, deren Vorbereitung mit der Ausarbeitung des Manuskripts für das vorliegende Buch zusammenfällt.[158]

In einem ersten populärwissenschaftlichen Artikel in der gerade gegründeten Zeitschrift *Prometheus* fasst Lilienthal 1890 das entschlüsselte Geheimnis des Vogelfluges unter dem Titel „Der Flug der Vögel und des Menschen durch die Sonnenwärme"[159] zusammen. Die Zeitschrift erscheint mit dem Jahrgang 1890 ab Oktober 1889 als „Illustrirte Wochenschrift über die Fortschritte der angewandten Naturwissenschaften" und „durchdrungen von dem Gedanken, dass alle Gebildeten ein Interesse daran haben, regelmässig Kenntniss zu nehmen von den Fortschritten der Naturwissenschaften und ihrer Anwendungen", wie es im Vorwort heißt.[160]

Lilienthal stellt ausführlicher als im vorliegenden Buch seine Messungen zur aufsteigenden Richtung des Windes dar. Er schließt von dieser, als Grundlage des Vogelflugs dargestellten Erscheinung auf den möglichen Menschenflug mit den Worten: „Die grösste Genugthuung aber liegt für uns in der Thatsache, dass mit der Grösse der Vögel auch deren Segelfähigkeit zunimmt, und dass gerade die grossen, schweren Raub- und Seevögel, sowie die meisten grossen Sumpfvögel, die im Marabustorch ein recht beträchtliches Gewicht erreichen, dass diese schweren Thiere am besten auf den eigentlichen Segelflug sich verstehen und uns Menschen, die wir doch noch schwerer sind, als diese genannten Segler, eine gewisse Anwartschaft verleihen, durch geschickte Flügelconstruction auch des anstrengungslosen Schwebefluges theilhaftig zu werden."[161]

Diese heute eingetroffene Prophezeiung und der Titel des Artikels lassen vermuten, dass Lilienthal hier die zutreffende Erklärung des Thermiksegeln gelingt. Allerdings beschreibt er in diesem Artikel nicht die durch die Sonne hervorgerufenen thermischen Aufwinde, die tatsächlich der Grund für die kreisend segelnden Vögel sind. Vielmehr sieht er, wie auch im Buch dargestellt, eine im statistischen Mittel um einige Grad aufwärts gerichtete Kom-

---

[157] Lilienthal, Otto: „Über leichte Motoren und ihre Verwendung für die Luftschiffahrt", a. a. O. S. 223.

[158] Lilienthal, Otto: „Der Kraftaufwand beim Vogelfluge und sein Einfluss auf die Möglichkeit des freien Fliegens" und „Der Kraftaufwand beim Vogelflug", a. a. O.

[159] Lilienthal, Otto: „Der Flug der Vögel und des Menschen durch die Sonnenwärme". In: **PR** 1891 S. 35–39.

[160] **PR** 1890, S. 2.

[161] Lilienthal, Otto: „Der Flug der Vögel und des Menschen durch die Sonnenwärme", a. a. O. S. 38.

ponente des Windes als Grundlage des Segelflugs. Bei Lilienthal wird die Sonnenwärme als Ursache des Windes und dieser als Voraussetzung des Segelfluges dargestellt, nicht aber als Ursache lokal begrenzter thermischer Aufwinde im Sinne heutiger Beschreibung des Thermiksegelns.

Auch vor dem einflussreichen *Verein zur Beförderung des Gewerbefleißes in Preußen* stellt Lilienthal ausführlich die im Buch veröffentlichten Ergebnisse dar.[162]

Nach der mit seinem Buch abgeschlossenen Vorarbeit beginnt Lilienthal mit dem Bau und der Erprobung manntragender Flugapparate. Über seine Versuche berichtet er regelmäßig im *Verein für Luftschiffahrt*, zuerst am 16. März 1891. Das Protokoll vermeldet: „Der Vortragende entwickelt ein Programm, nach welchem ein Uebergang von der Flugtheorie zur Flugpraxis vermittelt werden könne. Er hat hierbei zunächst nur den persönlichen Kunstflug im Auge, und schlägt vor, den abwärts geneigten Segelflug zu üben, als die einzige Flugart, deren Möglichkeit unbestritten ist, und die mit verhältnismässig geringen Mitteln bewirkt werden kann."[163] Der Vortrag wird im Vereinsorgan abgedruckt.[164]

Lilienthal berichtet über erste Versuche nach dem im Buch vorgezeichneten Plan. Offensichtlich ist er mit seinen Erfolgen unzufrieden: „Der freie Flug bildet ein Arbeitsfeld für menschlichen Fleiss, welches wie kaum ein anderes sich dadurch auszeichnet, dass der Erfolg in so ungünstigem Verhältnisse zur aufgewandten Mühe steht. […] Der Uebergang zur Fliegepraxis ist demnach ein nothwendiges Bindeglied in dem Aufbau unseres ganzen Wissens über die Fliegekunst." Lilienthal vergleicht das Fliegen mit dem Schwimmen und Fahrrad fahren, um festzustellen: „Auch das Schwimmen hat eine ausgeprägte Theorie. […] Der des Schwimmens Unkundige, dem diese Theorie auf dem Trockenen möglichst gründlich angelernt wird, würde aber höchst wahrscheinlich ertrinken, wenn er in die Lage käme, seine theoretischen Kenntnisse zur Rettung seines Lebens zum ersten Male praktisch zu verwerthen."[165]

Wenige Monate später, im Dezember 1891, kann Lilienthal dann den im vorangegangenen Vortrag noch vermissten Erfolg vermelden, den der Franzose Ferdinand Ferber (1862–1909) später den Beginn des Menschenflugs nennt.[166]

Lilienthal führt aus: „Es kommt ausserordentlich genau darauf an, in welcher Neigung man die Flugfläche gegen den anströmenden Wind hält. Richtet man die Fläche zu sehr auf, so wird man vom Winde zurückgetrieben und ist nicht im Stande, sich gegen den Wind zu bewegen, neigt man die Vorderkante der Fläche auch nur um ein Weniges zu tief, so drückt der Wind von oben auf die Fläche und der Absturz ist unvermeidlich. Nur bei längerer Uebung gelangt man dahin, beim Springen von einer Anhöhe gegen den Wind die

---

[162] Lilienthal, Otto: „Über die Möglichkeit des Freien Fluges", Vortrag vor dem Verein zur Förderung des Gewerbefleißes, Berlin, 2. Juni 1890, in: „Verhandlungen des Vereins zur Beförderung des Gewerbefleisses in Preußen", 69. Jg. 1890, S. 114–127, Digitalisat: **id** 7033.

[163] **ZL** 10.Jg. Heft 7/8, S. 200.

[164] ebenda, S.153–164, Digitalisat: **id** 1003.

[165] ebenda, S. 157.

[166] Ferber, Ferdinand: „L'Aviation. Ses Débuts – Son Déveleppment." Paris, Nancy 1908.

Gefahrlosigkeit aufrecht zu erhalten. Hat man dieses aber erreicht, was namentlich durch Anbringung einer horizontalen Schwanzfläche sehr gefördert wird, so lassen sich höchst interessante und lehrreiche Exercitien mit einer solchen Flugfläche im Winde ausführen. Das Endresultat an dieser Versuchsstelle bestand nun darin, dass an der höchsten vorhandenen Absprungstelle von 5–6 Metern ein etwa 20–25 Meter langer Sprung durch die Luft sich ausführen liess und zwar sowohl bei Windstille als auch bei Winden verschiedener Stärke."[167]

Welch sportliche Herausforderung die Versuche darstellten, ist kurz vorher dargestellt: „Wiederholt wurde ich durch unvorhergesehene Windstösse mehrere Meter hoch vom Erdboden gehoben, und konnte einem unglücklichen Absturz mit dem sich überschlagendem Apparate nur dadurch vorbeugen, dass ich mich aus dem gehobenen Apparate bei Zeiten herabfallen liess."[168]

1892

Ein Jahr später veröffentlicht Lilienthal nochmals einen Artikel mit mechanischen Grundlagen, wobei er sich auf sein Buch bezieht. Es sind wohl die zahlreichen Einsendungen, die er als Mitglied der technischen Kommission des Vereins zu beurteilen hat, die nicht nur die Erkenntnisse seines Buches sondern auch die darin dargestellten mechanischen Grundlagen ignorieren, die ihn zu dem Artikel bewegen. „Für die Flugtechnik interessirt sich ja so Mancher, dessen klarer Verstand das Problem segensreich fördern könnte. Aber der einfache gesunde Menschenverstand reicht hier leider allein nicht aus; ohne das nothwendigste wissenschaftliche Handwerkzeug dazu ist aller Eifer und aller Mutterwitz meist schlecht angebracht", schreibt er. „Aus diesem Grunde hatte ich auch in meinem Werke über den ‚Vogelflug als Grundlage der Fliegekunst' die Beziehungen der Mechanik zur Flugtechnik, so gut es in kurzen Worten thunlich war, besprochen, um gleich in den ersten Capiteln eine Anregung zur weiteren Vertiefung in diese für alle flugtechnischen Arbeiten unumgängliche Wissenschaft zu geben. Ich bin aber überzeugt, dass die meisten Leser schnell hierüber hinweg geblättert haben werden, und mehr nach Bildern suchten, die ihrer Phantasie den gewünschten Impuls geben sollten. Doch ohne gründliche Kenntniss der Mechanik lässt sich in der Flugtechnik nichts leisten. Die Mechanik ist auch für den nur trocken, der sie nur so von Weitem kennt. Zum Glück bedarf man, um richtige flugtechnische Berechnungen vornehmen zu können, nur der Kenntniss der elementarsten mechanischen Begriffe, diese aber muss man gründlich kennen, um sich vor Irrthümern zu hüten."[169]

Auch im Herbst 1892 trägt Lilienthal im Verein wieder über seine praktischen Flugversuche vor. Er kann jetzt über 60 Meter weite Flüge berichten. „Einige von Herrn Kassner

---

[167] Lilienthal, Otto: „Ueber meine diesjährigen Flugversuche", in: ZL 1891, Heft 12, S. 286–291, hier S. 289, Digitalisat: lilienthal-museum.de/olma/l2026.htm.

[168] ebenda.

[169] Lilienthal, Otto: „Ueber die Mechanik im Dienste der Flugtechnik", a. a. O., S. 183.

hergestellte und der Versammlung vorgelegte Momentphotographien zeigten, wie der Experimentator von einem circa 8 m hohen und steilen Abhange durch die Luft segelt."[170] Zum Vortrag erscheint im Oktoberheft der Vereinszeitung auch ein umfangreicher Artikel mit dem Titel „Ueber den Segelflug und seine Nachahmung".[171] Lilienthal erwähnt hier auch bereits das Fluggelände seiner erfolgreichen Flüge im folgenden Jahr: „Die Umgebung Berlins ist leider arm an guten Uebungsstellen für den Segelflug. Das Ideal des letzteren bildet ein nach allen Seiten abfallender sandiger Hügel von wenigstens 20 m Höhe, der den Absprung nach jeder Richtung gestattet. Für diejenigen, welche sich angeregt fühlen sollten, ebenfalls den Segelflug zu üben, sei bemerkt, dass zwischen Rathenow und Neustadt an der Dosse ein Landstrich liegt, das so genannte Ländchen Rhinow, welches die gewünschten Berge in großer Auswahl enthält."[172]

Eine Kurzfassung dieses Artikels erscheint 1893 auch bereits in den USA unter dem Titel „Soaring and its Imitation" in der Rubrik *Aeronautics* im *The American Engineer and Railroad Journal*.[173]

1893

Im Jahr 1893 beschäftigt sich Lilienthal in einem Artikel ausführlich mit den leichten Flügelschlagmotoren des australischen Ingenieurs und Luftfahrtpioniers Lawrence Hargrave (1850–1915).[174] Hargrave flog 1894 als erster Australier mit einem Gespann aus mehreren von ihm entwickelten Kastendrachen.

Im Novemberheft der *Zeitschrift für Luftschiffahrt* erscheint wiederum Lilienthals fliegerische Jahresbilanz.[175] Der Artikel wird ebenfalls in den USA und in Frankreich veröffentlicht.[176]

Lilienthal kann mit Befriedigung über geradezu riesige Fortschritte berichten. Fotos zeigen ihn in den Rhinower Bergen hoch über der Landschaft dahin fliegen. Auf weiteren Fotografien ist ein neues Berliner Fluggelände zu sehen, seine „Fliegestation", ein Absprungturm, der seinen Anforderungen aber schon bald nicht mehr genügt und im folgenden Jahr durch den „Fliegeberg" in Lichterfelde ersetzt wird. „Es ist das dritte Mal,

---

[170] „Protokoll der am 17. October 1892 abgehaltenen (135.) Sitzung des Deutschen Vereins zur Förderung der Luftschiffahrt", in: ZL 1892 Heft 12, S. 322.

[171] Lilienthal, Otto: „Ueber den Segelflug und seine Nachahmung", a.a.O.

[172] ebenda, S. 281.

[173] „The American Engineer and Railroad Journal" 1893 Heft 7, S. 342.

[174] Lilienthal, Otto: „Die Flugmaschinen des Mr. Hargrave", ZL 1893 Heft 5, S. 114–118, Digitalisat: id 400.

[175] Lilienthal, Otto: „Die Tragfähigkeit gewölbter Flächen beim praktischen Segelfluge", a.a.O.

[176] Lilienthal, Otto: „The Flying Man. The Carrying Capacity of Arched Surfaces in Sailing Flight." als Appendix in Chanute, Octave: „Progress in Flying Machines" 1894, S. 276–290 und in „Aeronautics" 1894, S. 92–96, sowie als „Essais de Planement dans l'air" in „L'Aéronaute" 1894, S. 10–19, Digitalisat: id 381.

dass ich in dieser Zeitschrift einen Jahresbericht über meine persönlichen Schwebeflüge bringen kann, und zwar stehe ich dieses Mal am Abschluss einer Versuchsperiode, während welcher ich mir die Aufgabe gestellt hatte, aus gewölbten Tragflächen bestehende Apparate zu construiren, mit denen man von erhöhten Punkten möglichst weit, also unter möglichst schwacher Neigung stabil und gefahrlos bei mittelstarken Winden durch die Luft dahinsegeln kann."[177]

Lilienthal beschreibt die Erfahrung des Fliegens im Hangaufwind, der ihn höher trug, als er gestartet war. Er begründet nochmals seine aufrechte Flughaltung, die für seinen Schutz bei den noch unsicheren Flügen unerlässlich ist: „Vor der Hand scheint es mir nicht rathsam, den Körper in eine gestreckte Lage zu bringen, weil die Beine zum Laufen, Springen, Lenken und Landen jederzeit bereit sein müssen. Später wird man vielleicht hierzu übergehen können." Neben der Übung des Fluges in kräftigerem Wind ist die Verlängerung des Fluges durch motorische Flügelschläge sein nächstes Ziel. „Eine Dampfmaschine, welche ich zum Bewegen der Flügel für meine demnächstigen Versuche bereits vollendete, wiegt für halbstündige Arbeitsdauer eingerichtet bei einer Leistung von 2 HP mit allen Nebentheilen 20 kg."[178]

„Die Tragfähigkeit gewölbter Flächen beim praktischen Segelfluge" ist seine Jahresbilanz überschrieben. Bereits der Titel drückt aus, dass Lilienthal zu Recht die Erforschung der Eigenschaften des gewölbten Tragflächenprofils als Durchbruch zu seinen Erfolgen ansieht. Unverständlich ist ihm die geringe internationale Resonanz auf diese Ergebnisse: „Unsere Erwartung, dass nach Veröffentlichung unserer Resultate, welche doch die Behandlung des Flugproblems in ganz anderem Lichte erscheinen lassen mussten, sehr bald Proben auf die Richtigkeit der von uns angebahnten neuen Gesetze gemacht werden würden, hat sich insofern nicht erfüllt, als unsere Ergebnisse bis auf die neuere Zeit vereinzelt dastanden[. ...] Als es bekannt wurde, dass Seitens der französischen Regierung die Mittel zur Vornahme von Luftwiderstandsversuchen gewährt seien, suchte ich den Vorsitzenden der betreffenden Commission zu bewegen, bei diesen Untersuchungen nicht blos ebene Platten, sondern auch gekrümmte Flächen zu berücksichtigen, indem ich ihm ein Exemplar meines Werkes übersandte und an der Hand meiner Diagramme auf die vortheilhaften Widerstandserscheinungen am gewölbten Flügel hinwies.

Herr Hureau de Villeneuve[179] bedankte sich darauf für das erhaltene Buch, erklärte dasselbe für sehr interessant, lehnte jedoch seine Verwendung für die Berücksichtigung hohler Versuchsflächen ab. Seine Gründe hierfür lauten in wörtlicher Uebersetzung: ‚Ich betrachte die Flügel vor allen Dingen als Treiborgane für grosse Geschwindigkeit, und wenn diese Geschwindigkeit erhalten ist, so kann man die zum Tragen nothwendige Kraft vernachlässigen. Dieses habe ich gezeigt, indem ich mechanische Vögel mit ungewölbten Flügeln construirte, welche sehr schnell fliegen und sich sehr gut schwebend halten. Ich bemühe

---

[177] Lilienthal, Otto: „Die Tragfähigkeit gewölbter Flächen beim praktischen Segelfluge", a. a. O. S. 259.

[178] ebenda S. 270.

[179] Abel Hureau de Villeneuve (1833–1898), Generalsekretär der „Société de Navigation Aérienne" und Herausgeber der Zeitschrift „L'Aéronaute"

mich, die Flügel so eben zu machen als ich kann, denn je ebener die Flügel sind, desto mehr Geschwindigkeit erhält man.'

Nach dieser Aeusserung scheint vorläufig wenig Aussicht zu sein, dass die unter Beihülfe der französischen Regierung im Interesse der Aeronautik veranstalteten Versuche der Flugtechnik wesentlichen Nutzen gewähren werden. Ebenso ist es lebhaft zu bedauern, dass die mit so viel Mühe und Kosten veranstalteten umfangreichen Versuche des Professor Langley[180] sich auch nur auf die Widerstände ebener Flächen erstrecken, für welche schon längst Resultate vorhanden sind, die für alle in der Praxis vorkommenden Fälle ausreichen."[181]

Mit seinem Bericht sieht Lilienthal die Phase der Erprobung des motorlosen Gleitfluges als weitgehend abgeschossen an, wie seine Ankündigung von motorisierten Flügen zeigt. Bemerkenswert ist die Tatsache, dass Lilienthal seine Flugleistungen in den folgenden drei Jahren bis zu seinem tödlichen Absturz nicht mehr wesentlich steigern wird.

Auch im *Prometheus* erscheinen mehrere Artikel Lilienthals. Ein zweiteiliger Bericht über Lilienthals Flugtechnik trägt den Titel „Zur Flugfrage"[182] und folgt in populärerer Form inhaltlich den Artikeln in der *Zeitschrift für Luftschiffahrt*. Der zweite Teil erscheint gekürzt als „The Problem of flying" im *Smithsonian Report* für 1893, dem Jahresbericht der US-amerikanischen Wissenschaftsorganisation.[183]

Unter der Überschrift „Praktische Erfahrungen beim Segelfluge" berichtet Lilienthal in einem ebenfalls zweiteiligen Artikel über die verschiedenen Richtungen in der Flugtechnik vom Insektenflug bis zum Ballon.[184] Der zweite Teil setzt den Bericht über die eigenen Arbeiten aus „Zur Flugfrage" fort. Dieser Teil erscheint als „Practical Experiments in Soaring" ebenfalls im *Smithsonian Report*.[185]

---

[180] Samuel Pierpont Langley (1834–1906), Sekretär der US-amerikanischen Wissenschaftsorganisation „Smithonian Institution", beschäftigte sich mit Aerodynamik und mit praktischen Flugversuchen und galt bis zu den Flügen der Gebrüder Wright als führende Persönlichkeit in der Verwirklichung des Motorflugs.

[181] Lilienthal, Otto: „Die Tragfähigkeit gewölbter Flächen beim praktischen Segelfluge", a. a. O. S. 261 f.

[182] Lilienthal, Otto: „Zur Flugfrage", in: **PR** 1893, S. 753–756 und 769–774, Digitalisate: **id** 378 und **id** 379.

[183] Lilienthal, Otto: „The Problem of Flying", in: „Annual Report of the Board of Regents of the Smithonian Institution, showing the Operations, Expenditures, and Condition of the Institution to July 1893", 1894, S. 189–194, Digitalisat: **id** 380.

[184] Lilienthal, Otto: „Praktische Erfahrungen beim Segelfluge", in: **PR** 1894, S. 161–162 und S. 182–186, Digitalisate: **id** 376 und 377.

[185] Lilienthal, Otto: „Practical Experiments in Soaring", in: „Annual Report of the Board of Regents of the Smithonian Institution", a. a. O. S. 195–199, Digitalisat: **id** 375.

1894

„Allgemeine Gesichtspunkte bei der Herstellung und Anwendung von Flugapparaten"[186] heißt ein Artikel Lilienthals, der auch als Sonderdruck unter dem Titel „Die Flugapparate"[187] erscheint. Er enthält wiederum eine Darstellung des bisher Erreichten und eine Abwägung der Konzepte des Antriebs durch Hubschrauben, durch Schaufelräder oder Flügelschläge. Auch dieser Artikel erscheint in französischer Übersetzung.[188]

1894 hält Lilienthal populäre Vorträge auch bei anderen Vereinigungen, die in den jeweiligen Verbandsorganen veröffentlicht werden, so vor dem *Berliner Architekten-Verein*[189] und vor der *Polytechnischen Vereinigung*[190]. Der Bericht im *Polytechnischen Centralblatt* berichtet von der Versammlung am 15. November 1894 „Damenabend", dass der Vorsitzende die Sitzung mit den Worten eröffnet: „Ich glaube ganz bestimmt, dass sich so viele Herren gerade zu heute gemeldet haben, weil sie angemeldet sein wollten in Gegenwart der Damen, die heute so zahlreich erschienen sind. (Heiterkeit.) […] Wir hatten erst vor einigen Wochen die Ehre, die Damen in unserer Gesellschaft zu begrüssen; wenn wir nun schon wieder gewagt haben, Sie zu bitten, uns den Abend zu widmen, so geschah es in der Hoffnung, dass der heutige Herr Vortragende Ihre Aufmerksamkeit im Fluge gewinnen werde; wir hofften Sie dadurch zu locken, dass er uns und Ihnen Flügel wachsen liesse. […] Ich ertheile nunmehr Herrn Ingenieur Lilienthal das Wort zu seinem Vortrage: ‚Ueber die Geheimnisse des Vogelfluges'."[191]

Lilienthal spricht sowohl über die physikalischen Grundlagen als auch über seine Flugpraxis. In Bezug auf die beeindruckenden vielfach publizierten Momentfotografien bemerkt er: „Zum Schluss möchte ich Sie noch bitten, das von mir Erreichte nicht für mehr zu halten, als es an und für sich ist. Auf den Photographien, wo Sie mich hoch in der Luft dahinfliegen sehen, macht es den Eindruck, als wäre das Problem schon gelöst. Das ist durchaus nicht der Fall. Ich muss bekennen, dass es noch sehr vieler Arbeit bedarf, um dieses einfache Segeln in den dauerhaften Flug des Menschen zu verwandeln. Das bisher Erreichte ist für den Flug des Menschen nichts anderes, als die ersten unsicheren Kinderschritte für den Gang des Mannes bedeuten."[192]

Vor dem Architektenverein beschreibt er besonders die methodische Schwierigkeit des Fliegenlernens und der Beherrschung der dabei entstehenden Gefahren. Das Problem be-

---

[186] In: ZL 1894, S. 143–155.

[187] Lilienthal, Otto: „Die Flugapparate. Allgemeine Gesichtspunkte bei deren Herstellung und Anwendung." Berlin 1894, Digitalisat: **id** 13701.

[188] Lilienthal, Otto: „Principes généraux a considerer dans la construction et l'emploi des appareils de vol", in: „L'Aeronaute" 1894, S. 270.

[189] Lilienthal, Otto: „Über die Grundlagen der Flugtechnik", in: „Deutsche Bauzeitung" 1894, S. 566–568.

[190] Lilienthal, Otto: „Über die Geheimnisse des Vogelflugs", in „Polytechnisches Centralblatt", 17. Dezember 1894, S.59–62, Digitalisat: **id** 372.

[191] ebenda, S. 59.

[192] ebenda, S. 62.

stehe darin, „dass man das Fliegen nur lernen kann, wenn man es übt, dass man aber das Fliegen ohne den Hals zu brechen nur üben kann, wenn man das Fliegen versteht! Darum ist eben bis heute die Flugfrage noch nicht gelöst."[193]

Im *Prometheus* heißt ein entsprechender Artikel „Weshalb ist es so schwierig, das Fliegen zu erfinden?"[194] Auch dieser Artikel erscheint ebenfalls in englisch.[195]

1895

In Artikeln des Jahres 1895 treten soziale und kulturelle Aspekte des Fliegens in Lilienthals Fokus. Deutlich wird der Einfluss der Ideenkreise des Sozialethikers Moritz von Egidy und des Nationalökonomen Theodor Hertzka auf beide Brüder, die sich in verschiedenen Reformprojekten engagieren. „Ja, wenn mit dem Fliegen sich bereits Geld verdienen ließe, möchte wohl mancher seine Gleichgültigkeit gegen die Rätsel des Fluges verlieren. Aber die größte Triebfeder des technischen Fortschritts, die Spekulation, vermag hier noch nicht erfolgreich ihren Hebel einzusetzen", schreibt Lilienthal.[196] Er vergleicht den Menschenflug mit der sich stürmisch entwickelnden Elektrizitätstechnik: „Wie die Geier über das Beuteaas herfallen, […] so stürzen sich heute die Aftererfinder und ausbeutenden Industriellen auf einen großen genialen Gedanken."

Lilienthal glaubt, der erfolgversprechendste Weg zur Weiterentwicklung der Flugtechnik führe über die Entwicklung eines Volkssports. Am 21. Juni hält Lilienthal in der *Allgemeinen Ausstellung für Sport, Spiel und Turnen* einen Vortrag mit dem Titel: „Die Fliegekunst als ein Zweig des Turnens".[197] Den Einführungsvortrag zur Ausstellung, in der Lilienthal seinen *Normalsegelapparat* präsentiert, hatte am 7. Juni Moritz von Egidy gehalten. Sein Vortrag „Turnen, Spiel und Sport sind Elemente der Volkserziehung"[198] und Lilienthals Vortrag sind im Ausstellungskatalog abgedruckt.

Im gleichen Jahr publiziert Hermann Moedebeck sein „Taschenbuch für Flugtechniker und Luftschiffer". Der Offizier in der Luftschiffabteilung war führendes Mitglied im *Verein zur Förderung der Luftschiffahrt*. Bereits 1886 war das erste Buch Moedebecks, das „Handbuch der Luftschiffahrt mit besonderer Berücksichtigung ihrer militairischen Verwendung" erschienen. Im neuen Handbuch hält jetzt auch die Flugtechnik Einzug. Lilienthal schreibt

---

[193] Lilienthal, Otto: „Über die Grundlagen der Flugtechnik", a. a. O. S. 568.

[194] In: **PR** Heft 261, 1894 (im Band 1895), S. 7–10.

[195] Lilienthal, Otto: „Why is artifical flight so difficult of invention?", in: „The American Engineer and Railroad Journal" 1894, S. 575–578.

[196] Lilienthal, Otto: „Das Flugproblem", in: „Naturwissenschaftlich-Technisch-Soziale Korrespondenz", zitiert nach: „Die Luftflotte" 1911, S. 38–39.

[197] In: „Sport, Spiel und Turnen. Führer durch die Allgemeine Ausstellung für Sport, Spiel und Turnen im Alten Reichstagsgebäude, Berlin W. Leipziger Straße 4. 1. Juni bis 31. August 1895", S. 27–29, Digitalisat: **id** 11981.

[198] Egidy, Moritz von: „Turnen, Spiel und Sport sind Elemente der Volkserziehung." In: „Sport, Spiel und Turnen …", a. a. O. S. 11–12.

das Kapitel 9 zu diesem Thema. In einem erhaltenen Briefwechsel zwischen Moedebeck und Lilienthal, wird eine geeignete Definition der von Lilienthal praktizierten Technik erörtert.[199] Das Kapitel erhält dann den Titel „Der Kunstflug".[200] Dieser wird folgendermaßen definiert: „Kunstflug bedeutet willkürliches Fliegen eines Menschen mittels eines an seinem Körper befestigten Flugapparates, dessen Gebrauch persönliche Geschicklichkeit voraussetzt. [...] Am leichtesten zu regieren ist ein Apparat, welcher zum Fliegen eines einzigen Menschen dienen soll. [...] Die Stabilität beim Vorwärtsfliegen ist Übungssache."[201] Es folgt die Behandlung der Flügelprofile und eine Anleitung zum persönlichen Kunstfluge, in der Lilienthal seine Übungen als allgemeingültiges Trainingsprogramm vorstellt. In der ersten Auflage des Buches ist die Verkaufsanzeige für Lilienthals Normalsegelapparate enthalten (Abb. 2.2). Es erscheinen zahlreiche Auflagen bis 1923, 1907 das „Pocket-Book of Aeronautics" als „authorised english edition" in London und New York mit dem Aufsatz Lilienthals als Kapitel 11: „Artificial Flight".

Auch im *Prometheus* propagiert Lilienthal die Etablierung eines Flugsports, ganz ähnlich, wie die tatsächliche Entwicklung des Segelflugs in den 20-er Jahren des 20. Jahrhundert bei den legendären Segelflugwettbewerben in der Rhön ablief.[202] „Es kommt also darauf an, eine Methode aufzufinden, welche die gefahrlose Veranstaltung von Flugversuchen gestattet und gleichzeitig als interessante Unterhaltung sportlustiger Männer sich verwerthen lässt. [...] Unbeschreiblich ist der Reiz, den solche Flüge gewähren, und eine gesundere Bewegung im Freien sowie ein mehr anregender Sport sind wohl nicht denkbar. Der Wetteifer bei diesen Uebungen muss nothgedrungen zu einer steten Vervollkommnung der Apparate führen, gerade so, wie wir dies z. B. bei den Fahrrädern erlebt haben."[203] Lilienthal beschreibt die eigenen Erfahrungen, die zu einer stetigen Vervollkommnung seiner Apparate führten. „Meine Experimente erstrecken sich besonders nach zwei Richtungen. Einerseits bin ich bemüht, meine Erfolge im Durchsegeln der Luft mit unbeweglichen Apparaten dahin auszudehnen, dass ich die Ausnutzung immer stärkerer Winde einübe, um dadurch womöglich in den dauernden Schwebeflug hineinzukommen. Andererseits suche ich den dynamischen Flug durch Flügelschläge zu erreichen, die durch einfache Zuthat zu meinen Schwebeflügen eingeführt werden. Die dazu erforderlichen maschinellen Einrichtungen, welche auch nur durch Umwandlungen eine gewisse Vollkommenheit erreichen können, gestatten mir noch nicht, abgeschlossene Resultate bekannt zu machen." Lilienthal beherrscht jetzt Windstärken bis 7 m/s. „Dennoch aber gewann ich die Überzeugung, dass [...] irgend etwas geschehen müsse, um die Lenkbarkeit und leichtere Handhabung der Apparate zu vervollkommnen."[204] Er beschreibt seine Erfolge mit dem Übergang zu Doppeldeckern. Bei

---

[199] Lilienthal, Otto: Brief an Moedebeck vom 18. Juli 1894, **OL Inv.-id**: 9170, Digitalisat: **id** 518.

[200] Lilienthal, Otto: „Der Kunstflug", in „Moedebecks Taschenbuch zum praktischen Gebrauch für Flugtechniker und Luftschiffer", 1895, hier 3. Auflage, S. 592–600, Digitalisat: **id** 366.

[201] ebenda, S. 592.

[202] Lilienthal, Otto: „Fliegesport und Fliegepraxis" a. a. O.

[203] ebenda, S. 146 f.

[204] ebenda, S. 147 f.

10 m/s Windgeschwindigkeit kann er vom Startpunkt ohne Anlauf abheben. „Am Gipfel-
punkt einer solchen Fluglinie kommt der Apparat zuweilen längere Zeit zum Stillstand, so
dass ich oben in der Luft mit den Herren, die mich zu fotografiren wünschen […] über die
zur Aufnahme geeignete Stellung verhandeln kann."[205] Mit Bezug auf das Buch von Samuel
Pierpont Langley „The Internal Work of the Wind"[206] beschreibt er geradezu seherisch die
künftige Segelflugpraxis: „Mein Bestreben […] ist darauf gerichtet, […] kreisend den stark
hebenden Windpartien [zu] folgen."[207] Er endet mit einem Aufruf zur Vergrößerung seines
Fliegeberges durch private Geldmittel: „Sowohl von Staats wegen in Moskau als auch von
privater Seite in Boston beschäftigt man sich lebhaft mit der Bildung einer Station für private
Flugversuche im grossen Maassstabe. Es wäre schade, wenn durch mangelnden Unterneh-
mergeist dergleichen in unserem Vaterlande nicht zu Stande käme."[208]

In geringfügiger Überarbeitung erscheint der Artikel als „Practical experiments for the
development of human flight" und als „Flying as a Sport" in den USA.[209]

Auch in der *Zeitschrift für Luftschiffahrt* erscheinen 1895 mehrere Veröffentlichungen
Lilienthals. Neben einem Artikel über das Storchendorf Vehlin in der Prignitz in Bran-
denburg[210] schreibt Lilienthal über „Die Profile der Segelflächen und ihre Wirkung"[211] und
„Über die Ermittlung der besten Flügelformen"[212]. Alle Artikel erscheinen auch in englischer
Übersetzung.[213] Der letztgenannte auch in Russisch und Französisch.[214]

Lilienthal beschäftigt sich wieder mit Flügelprofilen und er plant, mit der statistischen
Auswertung der Flugzeiten einer großen Anzahl kleiner Modellflieger zu einer Profiloptimierung zu gelangen, da er seine bisherige Meßmethode als zu ungenau beschreibt.[215] Dies
ist die dritte Zielrichtung seiner weiteren Arbeit, neben dem Training zur Beherrschung
stärkerer Winde und den Motorflugversuchen. Auch die neuerliche Beschäftigung mit dem

---

[205] ebenda, S. 170.

[206] Langley, Samuel Pierpont: „The internal Work of the Wind", Washington, Smithonian Institution
1893.

[207] Lilienthal, Otto: „Fliegesport und Fliegepraxis", a. a. O. S. 170.

[208] ebenda, S. 173.

[209] Lilienthal, Otto: „Practical Experiments for the Development of Human Flight", in: „The Aeronautical Annual" Nr. 2, 1896, S. 7–20 und „Flying as a Sport", in: „Frank Leslie's Popular Monthly", 1896,
S. 484–486.

[210] Lilienthal, Otto: „Unsere Lehrmeister im Schwebeflug", in **PR** 1895, Nr. 316 (Band 1896), S. 55–59,
Digitalisat: **id** 365.

[211] Lilienthal, Otto: „Die Profile der Segelflächen und ihre Wirkung", in: ZL 1895, S.42–57, Digitalisat:
lilienthal-museum.de/olma/l2086.htm.

[212] Lilienthal, Otto: „Über die Ermittlung der besten Flügelformen", a. a. O.

[213] Lilienthal, Otto: „Our Teachers in Sailing Flight", in „The Aeronautical Annual" 1897, S. 84–91 und
„At Rhinow", ebenda S. 92–94, sowie „The best Shapes of Wings". Der Auszug betrifft die geplanten
Modellexperimente, die als „Lilienthal's unfinished work" bezeichnet werden. Ebenda S. 95–97.

[214] „Къ вопросу о механическомъ летаний", in „Инженерные журналь" 1896, S. 122–134 (mit
einem Nachruf) und „La découverte des meilleures formes d' ailes", in „l'Aéronaute" 1896, S. 6–18.

[215] Lilienthal, Otto: „Über die Ermittlung der besten Flügelformen", a. a. O. S. 244 f.

Weißstorch diente der Profiloptimierung. Lilienthal fällt auf, dass offensichtlich die Struktur der Oberseite des Flügels in besonderer Weise wichtig für die Auftriebserzeugung ist. Die Flügelknochen sind offenbar so im Flügel angeordnet, dass nur die Unterseite desselben beeinflusst wird, die Oberseite aber völlig glatt bleibt. Lilienthal spricht von der für das Fliegen offenbar bedeutenden Saugewirkung der Oberseite.[216]

1896

Aus dem letztem Lebensjahr Lilienthals sind nur sein Theaterstück und der bereits erwähnte Vortrag auf der Berliner Gewerbeausstellung bekannt.

---

[216] Lilienthal, Otto: „Die Profile der Segelflächen und ihre Wirkung", a.a.O. S. 50.

Das Konzept Lilienthals

Das Buch, das Lilienthal als Abschluss seiner theoretischen Vorarbeiten zur Verwirklichung des Menschenfluges sieht, zur Verwirklichung des „persönlichen Kunstfluges", wie er seine Technik später nennt, ist das Ergebnis eines lebenslangen Interesses, einzelner eher sporadischer Beobachtungen und Versuche und zweier stringenter Versuchsserien im Abstand von mehr als einem Jahrzehnt.

Lilienthal ist bemüht, seine Erkenntnisse in geschlossener und abschließend gültiger Form darzustellen. Er verweist in späteren Vorträgen und Artikeln immer wieder auf die im Buch veröffentlichten Ergebnisse, die er verfeinert und ergänzt.[217] Ähnlich geht er auch bei seinem Flugzeugpatent vor. Eine 1895 eingeführte Neuerung meldet er nicht als neues Patent an, sondern als Ergänzung zum ursprünglichen Flugapparat-Patent, damit dieses uneingeschränkte Gültigkeit behält.

Tatsächlich hat das Buch trotz der über 100-jährigen Geschichte der Aerodynamik in vielen Punkten seine Gültigkeit und seine grundlegende entwicklungsgeschichtliche Bedeutung nicht verloren. Es lässt sich konstatieren, dass Lilienthal mit seinem Buch das bis heute gültige begriffliche Konzept zur physikalischen Beschreibung der künstlichen Tragfläche wie auch des Vogelflügels schafft.

In der Quintessenz besteht es in der Beschreibung der Luftkräfte als Vektoren, beschrieben durch ihre Größe und ihre von der Bewegung des Körpers abweichende Richtung. Die Auswertung der dazu durchgeführten Messungen mündet in die Darstellung der Kräfte am Flügel durch Zerlegung in ihre Komponenten Auftrieb und Widerstand,

---

[217] siehe z. B. Lilienthal, Otto: „Die Profile der Segelflächen und ihre Wirkung" a. a. O.

B. Lukasch (Hrsg.), *Otto Lilienthal*, Klassische Texte der Wissenschaft,
DOI 10.1007/978-3-642-41812-9_3, © Springer-Verlag Berlin Heidelberg 2014

die „hebende und die hemmende Komponente" des Luftwiderstands, wie Lilienthal formuliert.[218]

Die grafische Darstellung erfolgt in einem Polardiagramm in Abhängigkeit vom Anstellwinkel der Flügelfläche. Die markanten sich daraus ergebenden Kurven, die sich dramatisch von denen ebener Flächen unterscheidenden Luftkraftdiagramme der gewölbten Flächen bildeten den ersten Schlüssel zur Ingenieurskunst des künstlichen Tragflügels und damit zur Flugtechnik. Das Polardiagramm ist auch heute die physikalische Visitenkarte eines Flügelprofils. Neben absoluten Werten sind Eigenschaften des Profils, die Reaktion auf Anstellwinkeländerung oder kritische Strömungsbereiche sichtbar und diese führen zu charakteristischen Kurven für verschiedene Flächenarten.

Im Ergebnis dieser Auswertemethode enthüllt Lilienthal die tatsächlich überraschenden Eigenschaften des gewölbten Flügelprofils. Der damit geschaffene Durchbruch ist deshalb erstaunlich, weil es sich keineswegs um die Bestätigung einer theoretischen wissenschaftlichen Erkenntnis, um eine technologische Neuerung oder Erfindung oder um die Sichtbarmachung eines komplizierten technischen Phänomens handelt. Die phänomenologische Beschreibung des evidenten Effektes der gewölbten Tragfläche ist mit den Mitteln der klassischen Newtonschen Physik, mit den bereits aus dem 18. Jahrhundert bekannten Gleichungen von Daniel Bernoulli und Leonhard Euler möglich. Die sich aus der Anwendung des Energieerhaltungssatzes auf Kontinua ergebende Tatsache, dass in der Strömung ein Geschwindigkeitsanstieg mit einem Druckabfall verbunden ist, wird auch als Bernoulli-Effekt bezeichnet, wurde aber erst im vergangenen Jahrhundert zur Erklärung des Tragflügels herangezogen. Heute wird diese Erklärung als eher ungeeignet empfunden, worauf noch einzugehen sein wird.

Bereits mit dem Titel beschreibt Lilienthal das mit seinem Buch verfolgte Programm: „Der Vogelflug" ist Ausgangspunkt der Untersuchung und als sichtbare Realität damit Beweis für die Möglichkeit des Fliegens nach dem Prinzip „Schwerer als Luft". Da der Flug der Vögel aber auch als Geheimnis und Mysterium[219] verstanden wird, ist dessen genaues Studium der Zugang zur Entschlüsselung des Phänomens, der zu beschreitende Weg zur Schaffung einer „Grundlage der Fliegekunst". Wenn der Flug der großen Vögel kein Wunder, kein übernatürliches Phänomen ist, dann ist er mit den Begriffen der Mechanik zu beschreiben. Diesen Beitrag zur „Systematik der Flugtechnik" will Lilienthal leisten.

Das wirklich Neue an seinem Buch ist in der letzten Titelzeile angeführt: „Auf Grund zahlreicher von O. und G. Lilienthal ausgeführter Versuche". Lilienthal studiert und interpretiert das Phänomen Vogelflug nicht nur wie zahlreiche seiner Zeitgenossen[220], sondern er

---

[218] VF S. 63.

[219] z. B.: Miller-Hauenfels, Albert v.: „Das Mysterium des Vogelfluges", in: ZL 1896, S. 259–268 und S. 308–314.

[220] z. B. Parseval, August von: „Die Mechanik des Vogelflugs" a. a. O. und Popper, Josef: „Flugtechnik – Physikalische Analyse des Vogelflugs", Folge von 12 Aufsätzen in ZL 1888, nach einem Vortrag im „Flugtechnischer Verein Wien" am 21. 10. 1887, 1889 auch als Sonderdruck erschienen, sowie Étienne-Jules Marey: „Le Vol Des Oiseaux" (Der Flug der Vögel), Paris 1890.

extrahiert aus den Beobachtungen geeignete mechanische Versuchsanordnungen, wobei die Methodik der Auswertung der Messungen zum begrifflichen Fundament, zur „Systematik der Flugtechnik" werden soll.

Der heute oft hervorgehobene „bionische Ansatz" des Buches war damit nicht als raffinierter konzeptionell neuer Zugang zum Problem angelegt, sondern als der vom offenbaren experimentellen Befund, vom sichtbaren Phänomen des Vogelflugs ausgehende und damit einzig Erfolg versprechende Weg zur Entschlüsselung eines unverstandenen Phänomens, an dessen adäquater Beschreibung die zu schaffende Theorie zu prüfen ist.

Es ist zu fragen, warum das Prinzip des Vogelflugs, die Wirkungsweise des Flügels und damit der künstlichen Tragfläche so lange ein unverstandenes Geheimnis geblieben ist. Handelt es sich doch um ein allgegenwärtiges Phänomen klassischer Mechanik, zu dessen Erklärung das physikalische Fundament seit Jahrhunderten gelegt war.

Frederick William Lanchester (1868–1946), einer der Väter der Theorie des Auftriebs, nennt 1908 den Auftrieb der gewölbten Fläche eine der „merkwürdigsten und man kann fast sagen unerwarteten Besonderheiten" und es ist „kaum glaublich, daß eine so hervortretende Besonderheit der Beobachtung jahrhundertelang entgangen ist, aber es scheint doch so zu sein."[221]

Der Grund dafür dürfte darin zu suchen sein, dass sich die uns umgebende Lufthülle und ihre Eigenschaften der Anschauung weitgehend entziehen. Das bekannte Experiment der Magdeburger Halbkugeln[222] wurde (und wird) deshalb als spektakulär und überraschend empfunden, weil es mit unserer Alltagsanschauung der Eigenschaften der uns umgebenden Luft nicht in Übereinstimmung steht. Der gewaltige Druck, unter dem die Lufthülle der Erde steht, entzieht sich unserer Alltagsanschauung. In derselben Weise unanschaulich und damit überraschend sind die sich aus der Bewegung der Luft ergebenden Phänomene, wie die Sogwirkung der Strömung. Sie werden deshalb bis heute als hydro- oder aerodynamisches Paradoxon bezeichnet.

Auch Albert Einstein (1879–1955) versucht sich 1916 an einer „elementaren Theorie des Fluges". Er schreibt „Über diese Frage herrscht vielfach Unklarheit; ja ich muß sogar gestehen, daß ich ihrer einfachen Beantwortung auch in der Fachliteratur nirgends begegnet bin."[223] Aus theoretischen Überlegungen entwickelt er ein Flügelprofil, das so genannte „Katzenbuckelprofil", welches aber erfolglos ist. In einem erhaltenen Brief schreibt er noch 1954 an den damaligen Testpiloten: „Es ist eine merkwürdige Sache, dass die Physiker das Wesen des Fluges nicht begriffen haben, bis sie selber fliegen lernten, dies obwohl sie seit

---

[221] Lanchester, Frederick W.: „Aerodynamics constituting the first volume of a complete work on aerial flight", London 1907, S. 189, Deutsche Ausgabe: „Aerodynamik. Ein Gesamtwerk über das Fliegen", Leipzig und Berlin 1909, 1. Band, S. 121.

[222] Otto von Guericke (1602–1686) demonstrierte 1654 auf dem Reichstag in Regensburg die Stärke des Luftdrucks mit den so genannten Magdeburger Halbkugeln. Er evakuierte den Raum zwischen zwei Halbkugelschalen aus Kupfer mit etwa 30 cm Durchmesser. 30 Pferde konnten die Halbkugeln erst trennen, nachdem das Kugelinnere wieder belüftet wurde.

[223] Einstein, Albert: „Elementare Theorie des Wasserwellen und des Fluges", in: „Die Naturwissenschaften" 1916, Heft 34 S. 509–510.

Olims Zeiten den Vogelflug, insbesondere den Gleitflug der Raubvögel, vor Augen hatten, und obwohl die theoretischen Grundlagen seit Eulers Zeit bekannt waren. Es galt nur, Bernoulli's Gleichung anzuwenden". Und in Bezug auf seine Tragflügelentwicklung schreibt er: „So mag es einem gehen, der zwar viel denkt aber wenig liest. [...] Ich muss gestehen, dass ich mich meines damaligen Leichtsinns noch oft geschämt habe."[224]

Da Lilienthal die im Buch veröffentlichten Ergebnisse seiner Messungen durchaus als Durchbruch, als Entschlüsselung des Geheimnisses des Vogelflugs und damit grundlegend für die weitere Entwicklung zum Menschenflug sieht, erstaunt ihn, dass der Inhalt nicht unmittelbar zum allgemein anerkannten Gemeingut wird. In einem Vortrag beklagt er, dass sich seine Ergebnisse, die, wie er richtig einschätzte, der Schlüssel zum Verständnis des Phänomens Fliegen waren, nur schwer durchsetzten: „Heute, wo die Diagramme klar und übersichtlich vorliegen, erscheint es so einfach und natürlich, den Vogelflug zu erklären[. ...] Auch ist es heute ein Leichtes, bei Untersuchungen über den Luftwiderstand statt ebener Platten vogelflügeIförmig gekrümmte Flächen zu nehmen und alle jene wunderbaren Effecte hintereinander zu entwickeln, deren erste Auffindung denn doch nicht ganz so einfach und selbstverständlich war, als man hinterher anzunehmen geneigt sein könnte."[225]

Lilienthals grundlegende Erkenntnisse der Eigenschaften der gewölbten Fläche gehen wesentlich bereits auf Versuche in den Jahren 1873 und 1874 zurück und er geht auch auf die Frage ein, warum die Veröffentlichung der Ergebnisse nicht früher, sondern mit 15-jähriger Verzögerung erfolgte. Durch die späte Publikation war es ihm auch nicht mehr möglich, ein Patent auf die gewölbte Fläche zu nehmen, da in einem Patent von Warren Phillips inzwischen bereits gewölbte Flügelformen veröffentlicht waren.[226]

Lilienthal schreibt: „Wieviel Mühe und Zeitaufwand es verursachte, ohne irgend welchen Anhalt, einzig und allein gestützt auf die logischen Consequenzen des Vogelfluges, schliesslich die ganz schwache Flügelwölbung, die auch namhafte Forscher sogar heutigen Tages noch nicht sehen wollen, als das eigentliche Geheimniss des Fliegens bloszulegen, wird der Einsichtige demnach beurtheilen können. Hierzu kam, dass wir als junge, vollkommen unbemittelte Leute uns so zu sagen am Frühstück pfennigweise die Mittel absparen mussten, um unsere Experimente durchführen zu können, während wir zeitweise durch den Kampf ums Dasein sogar gänzlich an unseren flugtechnischen Arbeiten verhindert wurden. Wir wären überhaupt garnicht in der Lage gewesen, eine gute Herausgabe unserer Errungenschaften bewirken zu können. Hat es mir doch noch zuguterletzt grössere Schwierigkeiten bereitet, einen Verleger für meine Veröffentlichungen zu suchen.

Wenn die späte Herausgabe meines Werkes somit auch ohne besondere Absicht geschah, so lieferte mir die Stellungnahme einiger Forscher für die Folge dennoch den Beweis, dass

---

[224] Einstein, Albert: Brief an Paul Georg Ehrhardt, Princeton, den 7. September 1954, Hebrew University of Jerusalem, Albert Einstein Archiv EA 76-62.3, Faksimile publiziert in „Interavia" 1955, S. 684 f.

[225] Lilienthal, Otto: „Die Tragfähigkeit gewölbter Flächen beim praktischen Segelfluge", a. a. O. S. 261 f.

[226] Phillips, Warren F.: „Apparatus for Aerial Navigation", Her Majesty's Stationary Office Patent Nr. Nr. 13,768, 17. 10. 1884.

uns die Freude an den eigenen Arbeiten doch vielleicht hätte etwas verkümmert werden können, wenn eine Veröffentlichung früher erfolgt wäre, als bis das gesammte Material in abgerundeter Form vorlag.

Ich muss nun allerdings gestehen, dass uns, die wir die ebenen Flügel schon seit zwei Jahrzehnten an den Nagel gehängt hatten, das starre Festhalten aller Flugtechniker am Aeroplan und an den aussichtslosen Berechnungen mit Widerständen ebener Flächen, welche uns während dieser Zeit zu Gesicht kamen, fast unbegreiflich erschien. Aber quält man sich nicht bis zur Stunde noch allerorten mit ebenen Flügeln herum, unternimmt nicht die Mehrzahl der Flugtechniker noch heute die Danaidenarbeit, mit ebenen Apparaten fliegen zu wollen?

Unsere Erwartung, dass nach Veröffentlichung unserer Resultate, welche doch die Behandlung des Flugproblems in ganz anderem Lichte erscheinen lassen mussten, sehr bald Proben auf die Richtigkeit der von uns angebahnten neuen Gesetze gemacht werden würden, hat sich insofern nicht erfüllt, als unsere Ergebnisse bis auf die neuere Zeit vereinzelt dastanden und erst jetzt durch die neueren Arbeiten von Wellner[227] und Phillips eine Bestätigung fanden, Der ebene Flügel scheint aber dennoch nicht so bald von der Bildfläche verschwinden zu sollen."[228]

Wie Recht Lilienthal mit dieser Einschätzung hatte beweist eine Arbeit des Österreichers Josef Popper (1838–1921) in der es noch im Jahr 1896 heißt: „Die Richtung [des Luftwiderstands] ist zufolge aller Experimente, jene Lilienthals ausgenommen, stets normal auf die Ebene gerichtet; ich entscheide mich gegen die Lilienthal'schen Angaben („der Vogelflug" S. 63 u. s. f.), weil alle anderen Versuchsergebnisse den seinigen widersprechen, weil ferner Lössl[229] durch sehr sorgfältige Bestimmungen der beiden Componenten des Gesamtdruckes die normale Richtung zur Evidenz brachte und weil endlich die theoretische Erwägung ebenfalls dahin führt, nur eine normale Richtung gelten zu lassen, da die tangentiale Wirkung der Luftreibung vielfach als verschwindend klein empirisch nachgewiesen wurde."[230]

Und anlässlich des Todes von Lilienthal im gleichen Jahr heißt es, dass „nun immer noch die Theorie vom Nutzen der gewölbten Fläche für Flugmaschinen mit der Autorität seines Namens gedeckt wird, während bei noch längerem Wirken jenes bewunderungswürdigen

---

[227] Wellner, Georg (1846–1909), österreichischer Techniker und Hochschullehrer, veröffentlichte zahlreiche Arbeiten über Flugtechnik.

[228] Lilienthal, Otto: „Die Tragfähigkeit gewölbter Flächen beim praktischen Segelfluge", a. a. O. S. 261 f.

[229] Lössl, Friedrich von: „Die Luftwiderstands-Gesetze, der Fall durch die Luft und der Vogelflug: mathematisch-mechanische Klärung auf experimenteller Grundlage", Alfred Hölder, k. u. k. Hof- und Universitäts-Buchhändler Wien 1896.

[230] Popper, Josef: „Flugtechnische Studien: I. Ueber einige flugtechnische Grundfragen; anknüpfend an eine Besprechung des Buches: ‚Die Luftwiderstandsgesetze, der Fall durch die Luft und der Vogelflug von Herrn Fr. R. v. Loessl, vorgetragen am 4. Februar und 3. März 1896 im Wiener flugtechnischen Verein'", in ZL 1896, S.193 ff, auch als Sonderdruck erschienen. Die Bemerkung bezieht sich allerdings ausschließlich auf ebene Flächen, da bezeichnender Weise nur diese Gegenstand der erwähnten Untersuchungen waren.

Mannes ganz gewiss doch durch seine eigenen Experimente die Unnötigkeit oder wenigstens die übertriebene Betonung dieser Theorie bestätigt worden wäre."[231]

Obwohl Lilienthal als der eigentliche Entdecker der Eigenschaften der gewölbten Fläche gilt, war ihm der genannte Phillips zuvor gekommen. Es ist unbekannt, ob Lilienthal dessen Arbeit kannte. Auf jeden Fall wäre ein Patent auf die Flügelwölbung, die eigentliche Neuerung an seinem Flugapparat nicht möglich gewesen. Auch ein anderer Flugzeugentwurf, der des Engländers Henson[232] hatte gewölbte Flügelprofile, ohne dass jedoch auf diese Eigenschaft abgehoben wurde.[233]

Lilienthals Buch unterscheidet sich von vielen der erwähnten flugtechnischen Veröffentlichungen durch sein Bestreben, bei weitgehend populärer Darstellung die exakte Begrifflichkeit der Mechanik nicht zu verlassen. Dazu gehört die ab Kapitel 3 beginnende ausführliche Einführung in die Mechanik und ihre Anwendung auf den Vogelflug. Dazu gehört auch die ausführliche Darstellung des (Luft-)Widerstands als hemmende Kraft im Gegensatz zur treibenden Kraft als Kraft im eigentlichen Sinne, verbunden mit der Bemerkung, dass der Widerstand nicht treibend wirken kann.[234] Dies sei erwähnt, da Lilienthals Tafeln am Ende des Buches eine vorwärts gerichtete Komponente zeigen und auch der Bruder Gustav später ein Profil mit einer treibend wirkenden Form veröffentlichte.[235] Die Richtung in Lilienthals Diagrammen bezieht sich aber auf die Profilsehne der Messfläche als Bezugssystem, nicht auf ihre Bewegungsrichtung. Es ergibt sich eine vorwärts gerichtete Komponente im Bezug auf die Flügelfläche, nicht in Bezug auf die Strömungsrichtung.

Auf die Grundlagen für die von Lilienthal ermittelten Widerstandswerte soll wegen der späteren Kritik an seinen Messwerten näher eingegangen werden. Auf Seite 18 gibt Lilienthal „als ausreichend bewiesen und durch viele Versuche festgestellt" die Formel an, auf die er alle seine folgenden Ergebnisse bezieht. Danach ergibt sich der Widerstand der senkrecht getroffenen ebenen Platte zu

$$L = 0{,}13 \cdot F \cdot v^2.$$

Dabei wird der Luftwiderstand L bei einer senkrechten Widerstandsfläche F (in Quadratmetern) und bei einer Geschwindigkeit v in Metern pro Sekunde bei Lilienthal in Kilogramm angegeben.

---

[231] Kiefer, Theodor: „Die nächsten Aufgaben der Flugtechnik", in: „Illustrierte Aeronautische Mitteilungen" 1902, S. 82–87, hier S. 84.

[232] Henson, William Samuel (1812–1888), englischer, später US-amerikanischer vielseitiger Erfinder.

[233] Henson, William Samuel: „Locomotive Apparatus for Air, Land and Water", Britisches Patent Nr. 9478 vom 29. 9. 1842.

[234] VF S. 10.

[235] Lilienthal, Gustav: „Der Gehimnisvolle Vorwärtszug", in: „Zeitschrift für Flugtechnik und Motorluftschiffahrt" 1913, S. 145–149, Digitalisat: **id 318**.

Im Sinne der heutigen Definition des Widerstandsbeiwertes c_w mit dem Staudruck q oder der Luftdichte ρ

$$L = c_w \cdot q \cdot F = c_w \cdot \tfrac{1}{2} \cdot \rho \cdot v^2 \cdot F,$$

ergibt sich aus Lilienthals Wert ein c_w-Wert von 2,0.

Dieser liegt deutlich über den heute angenommenen Werten zwischen 1,1 und 1,3[236] und wurde wohl zuerst von den Gebrüdern Wright[237] kritisiert, nachdem sie Lilienthals Werte für eigene Berechnungen zu Grunde gelegt hatten.

Wie bereits erwähnt, referenziert Lilienthal an keiner Stelle fremde Ergebnisse sondern entwickelt alles Datenmaterial aus eigenen Messungen. Ob er hier tatsächlich ungeprüft auf den allgemein anerkannten Wert zurückgegriffen hat, da er seine Ergebnisse ja hauptsächlich als relative Ergebnisse gegenüber dem als Normal verwendeten Wert präsentierte, oder ob er die angegebenen Widerstandswerte durch eigene Messungen geprüft und eine ausreichende Übereinstimmung gefunden hat, ist nicht angegeben. Letzteres ist aus seiner sonstigen Vorgehensweise aber anzunehmen, zumal er selbst schreibt: „Die Mangelhaftigkeit der Angaben über den Luftwiderstand in den technischen Lehr- und Handbüchern rührt wohl davon her, daß kein rechtes Bedürfnis für die genauere Kenntnis der näheren Eigenschaften des Luftwiderstandes vorhanden war."[238]

Woher rührt also der von Lilienthal verwendete deutlich zu hohe Wert? Zunächst ist festzustellen, dass der genaue Wert von zahlreichen Einflussfaktoren, auch von Details wie Flächenform und Randstruktur abhängt. Vor allem steigt der Wert einer gestreckten rechteckigen Fläche gegenüber der quadratischen deutlich an, namentlich auf Werte bis 2,0.[239]

Eine der Leistungen Lilienthals, die die quantitativen Ergebnisse in seinem Buch erst möglich machten, war die Abstraktion, der experimentelle Ausschluss verschiedener Einflussfaktoren und die zielgerichtete Ermittlung der Messgrößen in definierter Abhängigkeit von einzelnen zu variierenden Parametern. In den Polardiagrammen für Auftrieb und Widerstand wurde für alle Messungen eine einheitliche linsenförmige, vom Vogelflügel abstrahierte Normalfläche verwendet.[240] Die Diagramme zeigen die Messwerte in ausschließlicher Abhängigkeit vom Anstellwinkel der Fläche in der Strömung. Diese sehr schlanke zu Grunde liegende Flächenform, die Lilienthal sicher auch für die Prüfung des Normalwiderstandes verwendete, vielleicht auch als Mittelwert bei konkaver und konvexer Messung, ist eine mögliche Erklärung für den höheren Wert. Auf Seite 61 zeichnet Lilienthal eine seiner Versuchsapparaturen, den Rundlaufapparat, zwar mit quadratischen Flächen. Hierbei han-

---

[236] z. B. www.techniklexikon.net/d/widerstandsbeiwert/widerstandsbeiwert.htm.

[237] Wright, Wilbur: Brief an Octave Chanute vom 2. November 1901, in: McFarland, Marvin W. (Hrsg.): „The Papers of Wilbur and Orville Wright", a. a. O. S. 144 ff.

[238] VF S. 18.

[239] de.wikipedia.org/wiki/Strömungswiderstandskoeffizient.

[240] VF S. 88.

delt es sich aber, wie auch an anderer Stelle nachzuweisen ist[241], um eine Prinzipdarstellung zur Illustration der Funktionsweise. Im Deutschen Museum ist außerdem eine im Detail der Konstruktion deutlich abweichende Bauzeichnung für einen entsprechenden Apparat erhalten,[242] die Aufschluss über den tatsächlichen Versuchsaufbau gibt.

In der angelsächsischen Literatur wird der strittige Koeffizient üblicherweise als „Smeaton-Koeffizient" bezeichnet. Der englische Bauingenieur John Smeaton (1724–1792) gab 1759 unter Verwendung der angelsächsischen Maßeinheiten einen Wert von $k = 0{,}005$ an, welcher dem von Lilienthal verwendeten ebenfalls entspricht.[243]

In einer umfangreichen Abhandlung über „Die Luftwiderstands-Gesetze" aus dem Jahr 1896 wird der Luftwiderstand ganz ohne empirischen c_w-Wert ($c_w = 1$) unter Verwendung von Lilienthals Symbolen nach der Formel

$$L = \frac{\gamma}{g} \cdot v^2 \cdot F$$

angegeben, wobei der Faktor γ/g sich als Quotient aus dem spezifischen Gewicht der Luft und der Normalbeschleunigung ergibt.[244] Auch aus dieser Formel resultiert unter so genannten Normalbedingungen für Temperatur und Luftdruck, bei einer Dichte der Luft von ca. $1{,}3$ kg/m^3 der Lilienthal'sche Wert.

Die Gebrüder Wright ermitteln in ihren späteren Windkanaluntersuchungen einen c_w-Wert, der dem heutigen sehr nahe kommt. Octave Chanute (1832–1910), mit Lilienthals Versuchen vertraut und mit den Wrights beratend verbunden, antwortet 1901 auf Wilbur Wrights Zweifel an Lilienthals Widerstandswerten, seine Sammlung enthalte 40 oder 50 Koeffizienten, mit einer Variationsbreite von 0,0027 bis 0,0054 (Smeaton).[245]

In einem Brief geht Lilienthal ausführlich auf Details seiner Messtechnik ein: Ich „will nur erwähnen, daß zu gleichartigen Messungen verschiedene Methoden und Systeme mit wechselndem Maaßstabe dienten, und daß trotzdem die Ergebnisse gut übereinstimmten, sodaß wir die volle Überzeugung von der Richtigkeit des Gefundenen erhielten, zumal die Gesetzmäßigkeit in den Zahlenwerten erkennbar war, wie es die Diagramme zur Genüge aufweisen.

Auch in dem Werke habe ich die einzelnen Apparate, welche zur Darstellung gebracht werden müssen, um das Verständnis zu ermöglichen, nur schematisch gegeben, um absichtlich eine Copie derselben bis ins Detail zu vermeiden, wenn von anderen Seiten Veranlas-

---

[241] Für die auf der Seite 47 abgebildete Apparatur ergibt sich aus den ebenfalls angegebenen Maßen eine zur besseren Veranschaulichung der Funktion unmaßstäbliche Darstellung.

[242] **DM TZ 04080b.**

[243] Smeaton, John: „An Experimental Enquiry concerning the Natural Powers of Water and Wind to Turn Mills, and Other Machines, Depending on a Circular Motion", in: „Philosophical Transactions", Volume 51, 1759/60. zitiert nach: www.engineering-timelines.com/who/Smeaton_J/smeatonJohn13.asp und de.wikipedia.org/wiki/Smeaton-Koeffizient.

[244] Loessl, Friedrich Ritter von: „Die Luftwiderstands-Gesetze, der Fall durch die Luft und der Vogelflug. Mathematisch-mechanische Klärung auf experimenteller Grundlage." Wien 1896.

[245] Chanute, Octave: Brief an Wilbur Wright vom 10. November 1901, in: McFarland, Marvin W. (Hrsg.): „The Papers of Wilbur and Orville Wright", a. a. O. S. 149.

sung zu ähnlichen Versuchen genommen wird. Im Betreff des letzten, im Freien benutzten Rotationsapparates will ich hier anführen, daß derselbe auf einem besonders dazu angelegten Rasenplatz von ca. 30 m Durchmesser aufgestellt war, welcher Raum namentlich nach der Westseite von etwa 12 m hohen dichten Baumanlagen umstanden ist.

Die Versuche wurden nun ausgeführt bei vollkommener Windstille, welche im Sommer häufig bei Sonnenuntergang eintritt, und wo auf diesem geschützten Platz auch eine Feder senkrecht herabfiel. Dieser große Apparat hatte von Flächenmitte bis Flächenmitte, bezogen auf die Mitte des Widerstandes, 7 m Durchmesser, in den Geschwindigkeiten gingen wir bis 12 m pro Secunde. Die treibenden Gewichte betrugen bis vier Centner = 200 kg. Wir sind aber soweit gegangen, als es möglich war, den Apparat mit der Armkraft zu bedienen. Dabei wurden die Geschwindigkeiten durch einen Chronometer gemessen, welcher gestattet, 1/10 Secunde abzulesen.

Wenn ich nun hinzufügen kann, daß die einzelnen Versuche sich nach Tausenden beziffern, und bei den Schrägstellungen von 1 ½° zu 1 ½° gewechselt wurde, und daß die Messungen dabei mit früheren in geschlossenen Räumen an anderen Apparaten angestellten fast gleichartig ausfielen, so werden Sie mir zugeben, daß ich mich für berechtigt halten darf, und daß ich eine Widerlegung nur anerkennen darf, wenn dieselbe sich überschauen läßt. Trotzdem ist die Abfassung meines Werkes hauptsächlich von dem Versuche dictirt, daß auch andere Fachgenossen die Veranlassung nehmen möchten, das von uns Gefundene experimentell zu prüfen. Wir aber beschäftigen uns inzwischen, soviel als unsere freie Zeit es zuläßt, damit, das Gefundene praktisch anzuwenden und auf seine Verwendbarkeit zu untersuchen. Auch hierbei werden wir den selben Gang verfolgen als bei unseren früheren Arbeiten und eine Veröffentlichung erst eintreten lassen, wenn gewisse positive Resultate vorliegen und der Weg, den wir einschlagen, genau gekennzeichnet ist. Jedenfalls dürfen Sie die Versicherung hinnehmen, daß wir die seither aufgewendete Mühe nur als den Anfang unserer Bestrebungen ansehen, welcher uns das Rechnungsmaterial beschaffen sollte, auf welchem eine angewandte Flugtechnik sich aufbauen läßt.“[246]

Die besprochenen und bis heute als grundlegend angesehenen Ergebnisse des Buches beziehen sich auf die Grundlagen der Tragflügelaerodynamik. Ein bedeutender Teil des Buches ist allerdings der geeigneten Beschreibung und Möglichkeit der Nachahmung des Flügelschlages gewidmet. Das entspricht durchaus auch dem Gewicht der auf das Buch folgenden praktischen Versuche Lilienthals. Der Gleitflug wurde von Lilienthal als Voraussetzung, als Schritt und Etappe auf dem Weg zum durch Flügelschläge angetriebenen Flug angesehen.

Im Folgenden sei auf einige bemerkenswerte Einlassungen im Argumentationsfluss des Buches eingegangen.

Lilienthal beabsichtigte, bestehende Vorstellungen vom Fliegen, von der Funktion des Flügels und des Flügelschlages mit den Gesetzen der Mechanik in Übereinstimmung zu bringen. Darauf kommt er in späteren Vorträgen immer wieder zurück: „Es kommt hier nun nicht darauf an, über die Flugtheorie im besonderen, noch über die Mechanik des Luftwi-

---

[246] Lilienthal, Otto: Brief an August Platte vom 5. Mai 1890, a. a. O. Seite 3.

derstandes zu sprechen, sondern es handelt sich darum, einige Fundamentalanschauungen über die Fliegemechanik klarzustellen, über welche nicht blos bei Laien, sondern auch in Fachkreisen vielfach irrige Ansichten herrschen."[247] Lilienthal berichtigt besonders die grundlegend falsche Annahme, dass die erforderliche Flugarbeit dem Verlust potentieller Energie beim Fallen entsprechen würde. Es ist keineswegs so, dass der Vogel sekundlich die Arbeit zu leisten hat, die dem Gewicht, multipliziert mit der sekundlichen Fallstrecke entspricht, wie häufig angenommen. Erst die entlang eines Weges wirkende Kraft entspricht einer Arbeitsleistung. Besonders klar rekapituliert er diese Tatsache im gleichen Vortrag: „Flugarbeit und Schwebearbeit sind die beiden Schlagwörter, die allein schon eine ganze Litteratur heraufbeschworen haben, aber eine Litteratur, in der es leider von Irrthümern und mechanischen Trugschlüssen wimmelt, die zwar oft von sachverständiger Seite widerlegt aber fast noch öfter durch andere Irrthümer übertrumpft wurden."[248] Lilienthal geht hart mit seinen Fachkollegen ins Gericht. Er unterteilt sie in drei Gruppen: „Laien, die sich mit der eigentlichen Mechanik nie ernsthaft beschäftigt haben" oder „Gefühlsmechaniker", deren Beobachtungen oft anregend und wertvoll sind, aber nicht zur theoretischen Durchdringung beitragen. Die zweite Gruppe wird durch Forscher gebildet, „welche die Mechanik vollgültig beherrschen", deren Arbeiten aber einer anwendungsorientierten Darstellung fern stehen. Am problematischsten sieht er jedoch die dritte Gruppe von „begeisterte[n] Autodidakten oder Fachleute[n …] denen die theilweise richtige Anwendung der Mechanik zwar nicht abzusprechen ist, [in deren Arbeiten] sich aber häufig sehr gefährliche, das ganze Problem entstellende Trugschlüsse eingeschlichen haben." Betrachtet man die folgende Ideengeschichte, die noch darzustellende weitere Entwicklung der Aerodynamik, ist diese Einschätzung durchaus zutreffend. Zur Unterstützung seiner Ansicht rekapituliert Lilienthal einige „mechanische Grundanschauungen [...], gegen welche ganz besonders häufig gesündigt wird.

„Entkleiden wir den Flugvorgang aller Nebenumstände, und schälen wir gewissenmassen das mechanische Gerippe aus demselben heraus, so finden wir, dass das Fliegen erst zum Problem wird durch die Anziehungskraft der Erde. Die Lösung dieses Problemes besteht demnach darin, die Wirkung der Erdanziehung auf den fliegenden Körper aufzuheben und zwar hier ohne Zuhilfenahme eines Ballons. Wenn wir aber die Wirkung einer Kraft aufheben wollen, so müssen wir eine ebenso grosse aber entgegengesetzt wirkende Kraft beschaffen. Es muss in der Luft und mittelst der Luft eine Hebekraft entstehen gleich dem Gewichte des fliegenden Körpers. Als Bedingung für das Fliegen haben wir also das Gleichgewicht zweier Kräfte, und dieses nennt man ein statisches Gleichgewicht. Auf diesem statischen Gleichgewicht beruht also das Problem des dynamischen Fluges. Dieser Satz klingt verfänglich und eigenthümlich, ist aber dennoch vollkommen richtig.

Der dynamische Flug trägt seinen Namen keineswegs mit Unrecht, denn wir brauchen wirklich eine dynamische Leistung, um fliegen zu können. Die Kraft, welche wir zur Herstellung des statischen Gleichgewichtes beim freien Fluge nöthig haben, der hebende

---

[247] Lilienthal, Otto: „Ueber die Mechanik im Dienste der Flugtechnik", a. a. O. S. 181.
[248] ebenda.

Luftwiderstand, lässt sich leider nicht anders als durch eine dynamische Wirkung von Flügelschlägen u. s. w. erzeugen und dies ist allerdings charakteristisch für den Flug, während dennoch die Grundbedingung auf einem statischen Gleichgewicht beruht.

Die Gefahr einer Verwechselung des charakteristischen Merkmales mit der Grundidee beim freien Fluge ist nun natürlich auch zum Stein des Anstosses für einige mechanisch nicht ganz sattelfeste Forscher geworden und hat eine ganze Kategorie von Trugschlüssen zu Tage gefördert. Der übergrosse Respect vor der Arbeitsleistung, welche das freie Fliegen erfordert, ist Schuld daran, dass man gleich blindlings auf diese Arbeitsleistung los rechnete und zwar über den Kopf der einfachen hebenden Kraft hinweg, welche doch die Hebung einzig und allein bewirkt. Es ist leicht ersichtlich, wie nahe die Gefahr der Fehlschlüsse hier liegt. Man sagte sich: Die Arbeit, welche ich beim freien Fluge zu leisten habe, dient dazu, die Arbeit aufzuheben und unschädlich zu machen, welche die Schwerkraft leisten würde, wenn ich den Flugapparat nicht gebrauchte, mithin müssen, wenn die Wirkungen beider Arbeiten sich aufheben sollen, diese Arbeiten absolut genommen gleich gross sein. Da man nun die Arbeit der Schwerkraft kennt, so ergiebt sich ohne Weiteres auch die zum Fliegen erforderliche Arbeitsleistung. Es sind dies Schlussfolgerungen, die man in der flugtechnischen Litteratur, auch in unserer Zeitschrift an mehreren Stellen findet; die auch gar nicht übel klingen, aber dennoch gänzlich unbrauchbar sind. Wenn man beim Fliegen auch keinen Boden unter den Füssen hat, so darf doch die Fliegemechanik deshalb nicht auch bodenlos werden.

Mit Arbeiten, die eintreten würden, wenn dies oder das geschähe, was in Wirklichkeit nicht geschieht, kann man nicht rechnen. Auf einem Tische steht beispielsweise ein Gewicht. Der Tisch trägt dieses Gewicht. Wenn der Tisch nicht wäre, würde das Gewicht fallen und die Schwerkraft würde Arbeit leisten. Könnte man deshalb sagen, diese Schwerkraftsarbeit leistet der tragende Tisch? Mit Nichten! Wo keine Bewegung ist, ist keine Arbeit."[249]

Diese Klarstellung führt auf die bereits zitierte Formel „Alles Fliegen beruht auf Erzeugung von Luftwiderstand, alle Flugarbeit besteht in Überwindung von Luftwiderstand."[250] Zweck des Flügels ist die Erzeugung einer möglichst großen Kraft, deren Richtung jedoch möglichst stark von der Flugrichtung abweicht. Nur die verbleibende Kraftkomponente in der Richtung der tatsächlichen Bewegung bestimmt die dafür erforderliche Arbeit.

Auf Seite 61 des Buches beschreibt Lilienthal seine wichtigste Versuchsapparatur, den Rundlaufapparat. Es werden quantitative Angaben zum Wertebereich der Messgrößen ebenso gemacht, wie die Angabe, dass die Versuche zwischen 1866 und 1889 mit verschiedenen entsprechenden Versuchsaufbauten durchgeführt wurden. Zu einer Apparatur existiert eine unvollständige Werkstattzeichnung.[251] Außerdem sind zahlreiche Messprotokolle und grafische Auswertungen erhalten.[252] Bemerkenswert ist dabei, dass in den grafischen

---

[249] ebenda S. 183 f.

[250] **VF** S. 33.

[251] **DM** TZ 04080b.

[252] z. B. **HS** 6264a, TZ 04079b, TZ 04368 u. a.

Auswertungen und in den zu den Messprotokollen gehörenden Versuchsskizzen bereits 1874 ausdrücklich nicht nur gewölbte Profile, sondern solche in gewölbter Tropfenform beschrieben werden. Auf Seite 94, in der sich Lilienthal mit geeigneten Profilformen auseinandersetzt, ist diese Profilform in Abbildung 43 wiedergegeben. Lilienthals beschreibt, dass „wider Erwarten" die Verdickung der Vorderkante des Flügels nicht nachteilig sei. „Es hatte sogar den Anschein, als ob diese Form besonders günstige Luftwiderstandsverhältnisse besitze, also viel hebenden und wenig hemmenden Widerstand gäbe."[253]

An anderer Stelle heißt es: „Die Natur scheint im allgemeinen mehr Werth auf eine glatte Oberseite zu legen wenigstens tritt dies deutlich an der Form der Schwungfedern hervor, welche oben stets vollkommen glatt sind, weil der Kiel mit seiner oberen Fläche sich ganz genau in die obere Krümmung der Federfläche einfügt, und die erforderliche Stärke lediglich durch Hervortreten nach unten erhält.

Hieraus könnte man schliessen, dass die Saugewirkung über den Segelflächen mehr Bedeutung bei dem Fluge hat als die Druckwirkung der Luft auf die Unterseite der Flächen; denn für eine sorgfältige Ausnützung der Saugewirkung durch Bildung einer glatten, möglichst zweckdienlich geformten Oberseite der Segelflächen hat die Natur ganz besonders gesorgt."[254] Damit war Lilienthal der optimalen Tragflügelform, ebenfalls vom Vogelflügel inspiriert, über die Wölbung hinaus auf der Spur. Die Geringfügigkeit der Verdickung und die Beschränkung Lilienthals auf wenige zu variierende Parameter ließen diesen bemerkten Effekt jedoch nicht als gesichertes Ergebnis hervortreten. Lilienthal schreibt: „Im allgemeinen war der Unterschied im dem Verhalten der Flächen mit den Querschnitten 39–43 kein großer und die angegebenen Resultate beziehen sich gleichzeitig auf alle diese Flügelformen."[255]

Eine ähnlich sensible Beobachtung beschreibt Lilienthal auf Seite 87, den heute bekannten wichtigen Einfluss der so genannten Flügelstreckung. Eine rechteckige Fläche, in flachem Anstellwinkel bewegt, zeigt in aufrechter oder liegender Richtung deutlich unterschiedliche Widerstände, deutlich sichtbar an den schlanken Tragflächen mit großer Spannweite an heutigen Leistungssegelflugzeugen. Lilienthal beschreibt die wahrnehmbaren Strömungsgeräusche als Indiz für Randwirbel, welche den hemmenden Widerstand erhöhen: „Die […] Analyse des Luftwiderstandes mittels des Gehörs […] gab thatsächlich für uns den ersten Anlaß, unser Augenmerk hierauf zu richten."[256]

1911 legt Otto Föppl eine Dissertation zum Thema „Windkräfte an ebenen und gewölbten Platten" vor.[257] Diese enthält eine umfangreiche Diskussion aller bis dahin veröffentlichten Ergebnisse entsprechender Messungen, namentlich der von Lilienthal. Ausführlich

---

[253] VF S. 95.

[254] Lilienthal, Otto: „Die Profile der Segelflächen und ihre Wirkung", a. a. O. S. 50.

[255] ebenda.

[256] VF S. 86.

[257] Föppl, Otto: „Windkräfte an ebenen und gewölbten Platten", Dissertation zur Erlangung der Würde eines Doktor-Ingenieurs der Königlich Technischen Hochschule zu Aachen, vorgelegt am 2. Februar 1911, Verlagsbuchhandlung von Julius Springer in Berlin 1911.

wird auf mögliche Ursachen der abweichenden Ergebnisse Lilienthals von aktuelleren, besonders von den eigenen Messungen Föppls eingegangen. Föppls Experimente wurden am Windkanal der 1907 in Göttingen von Ludwig Prandtl gegründeten „Modellversuchsanstalt für Aerodynamik der Motorluftschiff-Studiengesellschaft" angestellt. Die mehrseitige Diskussion schließt mit der Bemerkung, dass die Verdienste Lilienthals um die experimentelle Flugtechnik durch die quantitative Diskussion der Ergebnisse keineswegs geschmälert werden.[258] Föppl untersucht zwar ebene und gewölbte Flächen, aber ebenfalls ausschließlich dünne Platten, keine dicken Profile.

Eine thematisch sehr verwandte Arbeit[259] erschien 1910 von Arthur Boltzmann (1881–1952). Dessen Vater, der berühmte österreichische Physiker Ludwig Boltzmann (1844–1906) hatte bereits 1894 mit Lilienthal korrespondiert[260] und auf der 66. Naturforscherversammlung in Wien einen Vortrag „Über Luftschiffahrt"[261] gehalten. Arthur Boltzmann untersucht ebenfalls den Luftwiderstand und dessen Richtung in Windkanaluntersuchungen. Er verwendet ebenfalls verschieden gewölbte Flächen, jedoch ebenfalls ausschließlich flächige und keine dicken Profile. Offensichtlich wurden, wie bereits von Lilienthal praktiziert, gewölbte dünne Platten als für die systematischen Beschreibung des Problems geeigneter empfunden und von der Einführung einer Profildicke als zusätzlichem, den systematischen Zugang zum Problem erschwerenden Parameter abgesehen.

Einer der häufig diskutierten Messfehler in Lilienthals Rundlauf-Messungen ist der so genannte Mitwind. Jede Versuchsfläche gerät bereits nach einer halben Umdrehung in das Strömungsfeld der voraus laufenden und nicht mehr in ruhende Luft. Lilienthal selbst benennt den Fehler der Luftbewegung mit dem Rotationsapparat auf Seite 91. Er ist der Grund für den Bau möglichst großer Rotationskreise und für die alternativen Messungen im natürlichen Wind. Die Tatsache, dass Lilienthals Rundlaufapparat mit zwei identischen Flächen arbeitet führt zu der verschiedentlich geäußerten Spekulation, der Fehler ließe sich, wie bei anderen Rundlaufapparaten verwirklicht, dadurch halbieren, dass der zweite Flügel durch ein Gegengewicht an einem kürzeren Ausleger ersetzt würde. Versuche mit einem Nachbau der Versuchsapparatur zeigen jedoch, dass diese Möglichkeit nicht besteht. Bei Lilienthals robustem und einfachen Versuchsaufbau erfolgt die Messung des Auftriebs über die vertikale Beweglichkeit der Drehachse. Erzeugen beide Arme der Apparatur einen unterschiedlichen Auftrieb, was bei einem Gegengewicht zwangsläufig der Fall wäre, entsteht ein horizontales Drehmoment, ein Verkanten der den Messwert übertragenden Drehachse, wodurch die Empfindlichkeit der Messung deutlich leidet.

---

[258] ebenda S. 10–14.

[259] Boltzmann, Arthur: „Über den Luftwiderstand gekrümmter Flächen", Kaiserliche Akademie der Wissenschaften in Wien, Mathematisch-naturwissenschaftliche Klasse, Band 119 Abt. IIa., Wien 1910, S. 977–1009.

[260] Privatbesitz, Transkription veröffentlicht in Walter Höflechner (Hrsg.): „Ludwig Boltzmann – Leben und Briefe", Akademische Druck- und Verlagsanstalt, Graz 1994.

[261] Boltzmann, Ludwig: „Über Luftschiffahrt", ZL 1894, S. 292 und Dahmen, Silvio R.: „Boltzmann and the Art of Flying", in: „Physics in Perspective", Nr. 11, Basel 2009, S. 244–260.

Abb. 3.1 Rekonstruktion des Rundlaufapparates mit der vermuteten, nicht überlieferten Flügelaufhängung im Otto-Lilienthal-Museum[262]

Im Deutschen Museum sind drei Versuchsflächen des letzten und größten Rundlaufapparates von 1888 erhalten.[263] An diesen aus Papier, Metall und Holz hergestellten Flächen sind acht Ösen zur Befestigung am Versuchsgerät vorhanden. Eine erhaltene Skizze[264] zur Fehlerabschätzung am zweiten wichtigen Versuchsaufbau Lilienthals zum Luftwiderstand, dem auf Seite 108 dargestellten Messaufbau für die Versuche im natürlichen Wind, lieferte den entscheidenden Hinweis zur Rekonstruktion der Flügelaufhängung an den Apparaturen mit Hilfe der genannten Ösen, wie in Abb. 3.1 dargestellt.

Bei den Messungen im natürlichen Wind bemerkt Lilienthal eine im Mittel aufsteigende Komponente des Windes, die er mit verschiedenen, teilweise aufwändigen Apparaturen beobachtet (S. 112, S. 115). Er sieht hierin eine weitere entscheidende Komponente zur Erzeugung des zum Fliegen nötigen Auftriebs. Die Fixierung auf dieses Phänomen ist das vielleicht erstaunlichste Manko in der Beschreibung des natürlichen Fluges und der physikalischen Analyse seiner Grundlagen in Lilienthals Buch. Thermische Aufwinde, wie sie die Ursache des bekannten Kreisens der großen Vögel und eine Grundlage des späteren Segelfluges sind, zieht Lilienthal an keiner Stelle in Erwägung, obwohl der bereits erwähnte

---

[262] OL Foto: Lukasch, 2013.

[263] **DM** Inv.-Nr. 25134 bis 25136.

[264] **DM** TZ 04365.

Artikel: „Der Flug der Vögel durch die Sonnenwärme" dies suggeriert. Lilienthal sucht im Gegenteil in dem beobachten vertikalen Gradienten der Windgeschwindigkeit eine Ursache für das Kreisen der Vögel: „Es ist nicht ganz ausgeschlossen, daß dergleichen Segelbahnen durch ihre etwas schräge Lage die Geschwindigkeitsdifferenz des Windes in verschiedenen Höhen beim Tragen der Vögel zur Mitwirkung bringen, und daß dadurch dieses Kreisen das Segeln etwas erleichtert."[265]

Lilienthal lässt keinen Zweifel daran, dass sein Buch nichts weiter als ein notwendiger Ausflug in das Gebiet der Physik ist, auf dem Weg zur Verwirklichung des Menschenflugs. Die Untersuchungen zum natürlichen Wind enden mit der Aussage: „Was aber [...] sicher ausgeführt werden könnte, wäre ein längerer schwach abwärts geneigter Flug, der immerhin des Lehrreichen und Interessanten genug bieten möchte."[266]

Mit dem gelegten physikalischen Fundament wendet sich Lilienthal dem eigentlichen Ziel der Untersuchungen wieder zu. Der poetischen Belehrung durch den Storch als Lehrer des Menschen folgt die Darstellung der Luftfahrt nach dem Prinzip leichter als Luft als dem entscheidenden Hindernis für Fortschritte auf dem Gebiet der Flugtechnik. „Wir dürfen wohl somit annehmen, daß der Ballon der freien Fliegekunst eigentlich nicht genützt hat, wenn man nicht so weit gehen will, den Luftballon geradezu als einen Hemmschuh für die freie Entwickelung der Flugtechnik anzusehen, weil er [...] die Forschung [...] auf eine falsche Bahn verwies."[267]

Den schlussfolgernden Abschluss des Buches bildet das Kapitel „Die Konstruktion der Flugapparate", das als weiterer Arbeitsplan Lilienthals verstanden werden kann, und dem er im Anschluss an die Veröffentlichung tatsächlich folgt. Die ersten Apparate orientieren sich an den dort dargestellten Grundentwürfen, an der dargestellten Möglichkeit des Gleitfluges mit Flügeln entsprechender Größe, an der Möglichkeit des Übergangs zum Segelflug bei Windstärken über 10 m/s und an den dargestellten Grundprinzipien zur technischen Nachahmung des Flügelschlags.

Die wichtigen Fragen der Flugmechanik, der Steuerung und Beherrschung der Flugbahn und der Stabilisierung der Apparates im Flug werden im Buch nicht thematisiert und auch während Lilienthals nachfolgender Flugpraxis nicht nachhaltig gelöst.

Lilienthals Buch kommt fast ohne jede Referenz aus. Nur unter der Kapitelüberschrift „Grundprinzip des freien Fluges" wird Alfred Brehm (1829–1884) mit dessen Darstellung der Flugleistungen des Seevögel erwähnt.[268] Erst im Schlusswort findet sich das einzige Zitat des Buches. Es ist die pessimistische Voraussage über den Menschenflug aus Goethes Faust[269], die Lilienthal nun, mit Hilfe der in seinem Buch gelegten Grundlagen, zu widerlegen gedenkt.

---

[265] VF S. 131.

[266] VF S. 121.

[267] VF S. 157.

[268] VF S. 5.

[269] VF S. 186 zitiert ist Johann Wolfgang von Goethe (1749–1832): „Faust. Eine Tragödie." Tübingen 1808, Erster Teil, S. 72.

Das Gleitflugzeug Lilienthals und die Geschichte der Luftschifffahrt

Beschreibt man heute den Platz Otto Lilienthals in der Geschichte der Luftfahrt, so sind es eher seine praktischen Flüge ab 1891, die diesen bestimmen, als die mit dem Buch vorgelegten Grundlagen derselben. Die Ursache dafür dürfte einerseits darin zu suchen sein, dass die Flüge tatsächlich zum Medienereignis wurden. Im Zusammenhang mit den spektakulären Momentfotografien, die für sich genommen bereits sensationell waren, war die Meldung „Der Mensch kann fliegen" ein Medienereignis. Der US-amerikanische Luftfahrthistoriker Tom Crouch nannte Lilienthal einen der ersten „Helden der Massenmedien" in der Geschichte.[270] Die Flüge Lilienthals wurden international Gegenstand auch der populären Berichterstattung (Abb. 3.2).

Sein Buch dagegen, das die Grundlage seiner sensationellen Flüge bildet, fand selbst in Fachkreisen eine nur zögerliche Aufnahme und einen Absatz von vermutlich weniger als 200 Exemplaren in den ersten Jahren.

Auch die weitere Geschichte des Flugzeugs vollzieht sich an deren Beginn nicht als technische Anwendung wissenschaftlicher Erkenntnisse. Wie darzustellen sein wird, entwickelt sich die Aerodynamik am Anfang ihrer Geschichte erst vor dem Hintergrund ihrer Anwendung, vor dem Hintergrund des fliegenden Flugzeugs.

Am Ende des 19. Jahrhunderts ist Luftfahrt unter dem Titel „Luftschifffahrt" etabliert. Ballone, aber auch Fesseldrachen sind als Trägersysteme in wissenschaftlicher und militärischer Nutzung. Seit den Erfahrungen im Deutsch-Französichen Krieg[271] mit dem massiven französischen Balloneinsatz zur Überwindung der Belagerung von Paris war auch in Deutschland das militärische Interesse am Ballon geweckt. Neben einer Regierungskommission zur Ermittlung der Gesetze des Luftwiderstandes, aus deren Tätigkeit erfolglose experimentelle Arbeiten[272] und der genannte Beitrag von Herrmann von Helmholtz[273] bekannt sind, waren es in Deutschland, wie auch in anderen Ländern, Vereine, die als wissenschaftliche Foren der Luftfahrtforschung tätig wurden. In Deutschland wurde 1882 der *Verein zur Förderung der Luftschiffahrt* gegründet. Sein Anspruch wird auch in der 1886 erfolgten Umbenennung der Vereinszeitschrift, die auch Vereinsorgan des *Wiener Flugtechnischen Vereins* war, in *Zeitschrift für Luftschiffahrt und Physik der Atmosphäre* deutlich. Leitende Mitglieder im Verein sind neben Offizieren Wissenschaftler aus verschiedenen Hochschulen und zahlreiche Vertreter des Berliner *Königlich Meteorologischen Instituts*. Lilienthal wird 1886 Mitglied und leitet, wie es in einer Chronik heißt, „die

---

[270]　Crouch, Tom D.: „A Dream of Wings. Americans and the Airplane. 1875–1905", New York und London 1981, S. 167.

[271]　Militärische Auseinandersetzung zwischen Frankreich und dem Norddeutschen Bund unter Führung Preußens von 1870 bis 1871, Otto Lilienthal nahm als „Einjährig-Freiwilliger" teil.

[272]　Schellbach, K. H.: „Ueber einen Apparat zur Ermittlung der Gesetze des Luftwiderstandes", in: „Poggendorff's Annalen der Physik", Bd. 219, 1871, S. 1–14.

[273]　Helmholtz, Hermann von: „Über ein Theorem, geometrisch ähnliche Bewegungen betreffend, nebst der Anwendung auf das Problem, Luftballon zu lenken." a. a. O.

Abb. 3.2 Titelblatt „La Tribuna", illustrierte Sonntagsbeilage vom 14. Oktober 1894

kurze aber nicht unrühmliche flugtechnische Periode des Vereins." ein.[274] Der Chronist ist Hermann Moedebeck. Er schreibt: „Lilienthal war die Hauptpersönlichkeit[. …] Bei seiner großen persönlichen Bescheidenheit trat seine Bedeutung aber erst hervor, nachdem er sein Buch ‚Der Vogelflug als Grundlage der Fliegekunst' im Jahre 1889 veröffentlicht und damit seine ernsten grundlegenden Arbeiten weiteren Kreisen zugänglich gemacht hatte."[275]

---

[274] Moedebeck, Hermann von: „25 Jahre Geschichte des Berliner Vereins für Luftschiffahrt unter Benutzung des Vereinsarchivs und nach Selbsterlebtem dargestellt." Straßburg 1906, S. 26.

[275] ebenda S. 27.

Lilienthals mehrfach geäußerter Standpunkt vom „Ballon als Hindernis" muss als mutiger Affront gegen den allgemein anerkannten wissenschaftlichen Standpunkt verstanden werden, da die „Aviatiker", die Vertreter einer Luftfahrt nach dem Prinzip „schwerer als Luft", nach dem Vorbild des Vogelfluges, als absolute Außenseiter in der etablierten akademischen Gemeinschaft der mit Luftschifffahrt Befassten angesehen werden müssen. Lediglich die Tatsache des nicht verstandenen und nicht befriedigend beschriebenen Vogelflugs gab Arbeiten in dieser Richtung eine gewisse Berechtigung. Die Annahme und Voraussage einer praktischen Anwendung dieser Arbeiten für bemannte Flüge war ein geradezu utopischer Standpunkt. Selbst Moedebeck sieht die Flugtechnik offenbar auch 1906 noch als vorübergegangene Episode in der Entwicklung der Luftschifffahrt an.

In der Luftfahrtgeschichte gelten Lilienthals Gleitflüge zwischen 1891 und 1896 heute international unangefochten als Durchbruch auf dem Weg zum Flugzeug. Tatsächlich war Lilienthal bis zu seinem Tod weltweit der einzige, der wiederholbar und überprüfbar in der Lage war, abwärts gerichtete Gleitflüge auszuführen, in Lichterfelde über etwa 80 Meter und über 250 Meter in seinem natürlichen Fluggelände bei Stölln/Rhinow westlich von Berlin. Die allgemeine Beschreibung in der Luftfahrtgeschichte ist die folgende: Lilienthal gilt als Verwirklicher des motorlosen Gleitfluges, der durch die Gebrüder Wright 1903 zum Motorflug weiterentwickelt wurde. Eine zutreffendere Beschreibung der Entwicklung nimmt die Funktionsprinzipien ihrer Flugzeuge zur Grundlage, zumal das entscheidende Patent der Gebrüder Wright das auch motorlose, aber aerodynamisch über drei Achsen gesteuerte Flugzeug zum Inhalt hat.[276]

Das von Lilienthal entwickelte Fluggerät mit seiner durch Verlagerung des Schwerpunktes bewirkten Steuerung ist der heute so genannte Hängegleiter. Lilienthal ergänzt diesen bei seinem Versuchsgerät von 1895 durch verschiedene Steuereinrichtungen mit Seitenruder- und Querruderfunktion. Auch für beabsichtigte Versuche zur aktiven Beeinflussung der Höhenflosse gibt es einen Hinweis.[277] Tatsächlich massenhaft erfolgreich ausgeführt wurden jedoch lediglich die Flüge mit den als Hängegleiter gesteuerten Ein- und Doppeldeckern.

Die Gebrüder Wright haben neben den eigenen Windkanaluntersuchungen zur Überprüfung der Lilienthalschen Luftwiderstandstabellen das Prinzip der Steuerung des Fluges völlig neu konzipiert. In ihrem ersten in Deutschland veröffentlichten Artikel haben sie dies klar herausgestellt: „Der verstorbene Herr Lilienthal war davon überzeugt, dass aufrechte Stellung des Führers das Wesentlichste zur Sicherheit im Fluge beitrage, und Chanute, Pilcher und Andere haben ihm beigestimmt. Ihr Gedanke war, diese Lage erleichtere das Landen; aber wenn Wahrscheinlichkeit dafür vorhanden ist, dass diese Stellung eine weniger vollkommene Gewalt über die Maschine in der Luft bedingt, so mag es sein, dass mit derselben mehr verloren als gewonnen wird. [...] Dazu kommt die Thatsache, dass wir wahrscheinlich an der Grenze angekommen sind, das Gleichgewicht durch Bewegen des Körpers des Lenkers aufrecht zu erhalten. Wenn andere Methoden angewendet werden,

---

[276] Wright, Orville und Wright, Wilbur: „Flugzeug mit waagerechten Kopfruder und senkrechtem Seitenruder", **DRP** Nr. 173378 vom 23. März 1904.
[277] **DM** HS 1695-73.

um das Gleichgewicht zu erhalten, so muss man neue Arten der Befestigung des Führers ebenfalls probiren.“[278]

Das Ergebnis dieser Einschätzung ist das durch Höhen-, Seiten und Querruder in den drei Raumachsen zu steuernde Fluggerät in dem der Pilot eine widerstandsarme liegende Position einnimmt, um die Steuerorgane zu betätigen. Das Querruder wurde durch eine Flügelverwindung realisiert, wie es Lilienthal 1895 an seinem Versuchsgerät ebenfalls bereits konzipiert hatte. Damit war der Schritt vom Konzept Lilienthals zum Wright'schen Fluggerät technikgeschichtlich nicht der vom Gleit- zum Motorflug, sondern der vom Prinzip des Hängegleiters zum Konzept des aerodynamisch gesteuerten Flugzeugs, obwohl Lilienthal diesen Begriff bereits für seine Hängegleiter verwendete. Er beschreibt 1893 seine Flugversuche mit den Worten: „Als ich in diesem Jahre zum ersten Male an diesen Bergabhängen mein Flugzeug entfaltete [...] überkam mich freilich ein etwas ängstliches Gefühl“.[279] Er verwendete den Begriff offenbar in Anlehnung an Wortbildungen wie „Werkzeug“, „Angelzeug“ oder „Sportzeug“. Für die ersten Motorflugzeuge setzten sich dann aber zunächst die Begriffe „Aëroplan“, „Drachenflieger“ und „Flugmaschine“ durch. 1908 nimmt der Franzose Blériot ein deutsches Patent mit dem Titel „Steuervorrichtung für Flugzeuge, Luftschiffe u. dgl.“[280] und 1929 enthält auch der Rechtschreibduden den Begriff „Flugzeug“.

Lilienthal hatte in verschiedenen Ländern Anhänger und Nachahmer, die auch als „Schule Lilienthal“ bezeichnet wurden.[281] Jedoch bezieht sich der Begriff „Schule“ nicht hauptsächlich auf Lilienthals Prinzip des Hängegleiters, sondern auf das Konzept, den Motorflug über die schrittweise Erprobung des Gleitfluges zu verwirklichen. Wichtige Vertreter dieses Konzeptes waren z. B. Ferdinand Ferber in Frankreich, Percy S. Pilcher in England, Nikolai J. Schukowski in Russland, Igo Etrich in Österreich und Octave Chanute in den USA. Letzterer stellt das Bindeglied zwischen Lilienthals Versuchen und den Arbeiten der Gebrüder Wright dar. Chanute stand mit Lilienthal in Verbindung, verfolgte dessen Arbeiten mit Aufmerksamkeit, publizierte sie, organisierte ein Fliegerlager, beförderte den Bau von Flugapparaten, darunter solchen nach Lilienthals Vorbild und wurde als amerikanische Autorität zum Mentor der Gebrüder Wright.

Häufiger Gegenstand kontroverser technikhistorischer Debatten ist der Prioritätsanspruch „erster“ Flüge. In noch größerem Maße als das für die Gebrüder Wright gilt, ist die Bezeichnung von Lilienthals Arbeiten als „erste Flüge“ problematisch und kaum sinnvoll zu verwenden. Es ist keineswegs so, dass es keine Flugversuche vor Lilienthal gegeben hat. Viele der Versuche waren entweder einmalig, erfolglos oder sie sind unbestätigt geblieben. Der Wiener Flugzeugpionier Raimund Nimführ (1874–1954) formuliert: „Erst dem deutschen Flugforscher Otto Lilienthal gelang es [...], die Gleit- und Segelflugstudien auf eine entwicklungsfä-

---

[278] Wright, Wilbur: „Die wagerechte Lage während des Gleitfluges“, in: „Illustrierte Aeronautische Mitteilungen“, 5. Jg. 1903, S.108 f.

[279] Lilienthal, Otto: „Die Tragfähigkeit gewölbter Flächen beim praktischen Segelfluge“, a. a. O. S. 265.

[280] Blériot, Louis: „Steuervorrichtung für Flugzeuge, Luftschiffe u. dgl.“, DRP Nr. 226074, 25. Juli 1908.

[281] Schwipps, Werner: „Vom Schritt zum Sprung, vom Sprung zum Flug – die Schule Otto Lilienthals“, in: „Otto Lilienthal. 100 Jahre Menschenflug. Ausgewählte Beiträge.“ Bonn 1995, S. 22.

hige Basis zu stellen. Lilienthal hat deshalb auf die Fortentwicklung der Flugtechnik einen so großen Einfluss genommen, weil es ihm gelang, die Ergebnisse seiner Arbeiten in mittelbare Form zu bringen, und er imstande war, seine Erfahrungen seinen Nachfolgern zu übermitteln. Lilienthal ist deshalb bisher der einzige Flugforscher, der eine Schule begründet hat."[282]

Darüber hinaus ist zu erwähnen, dass Lilienthal mit Sicherheit der erste war, der ein praktikables Fluggerät in Serie produzierte und verkaufte. Die Maschinenfabrik Otto Lilienthal wurde damit zur ersten Flugzeugfabrik der Welt. Trotzdem unterschied sich Lilienthals Vorgehen, seine Schulenbildung und sein Streben nach wissenschaftlichem Austausch grundlegend vom Vorgehen der Gebrüder Wright. Deren Ziel war bereits nach ersten Erfolgen konsequent auf die Sicherung ihres Prioritätsanspruchs, auf die Entwicklung eines marktfähigen Produktes und auf dessen wirtschaftliche Verwertung gerichtet.

Auch die Priorität der genau dokumentierten Flüge der Gebrüder Wright am 17. Dezember 1903 ist nicht unumstritten. Über verschiedene vermeintlich erste Flüge wird berichtet, von Weißkopf[283] in Connecticut, Ader[284] in Frankreich, Jatho[285] in Hannover und anderen. Aber auch für die Flüge der Wrights gilt das über Lilienthal Gesagte entsprechend: Die genau dokumentierten Ergebnisse der Wrights fußen auf einem detailliert überlieferten Versuchsprogramm zu deren experimentellen Grundlagen. Sie sind in ihrer systematischen Weiterentwicklung nachvollziehbar. Und nicht zuletzt stellten die Wrights ab 1908 ihre durch die Geheimhaltung inzwischen angezweifelten Fähigkeiten beeindruckend und zweifelsfrei in öffentlichen Vorführungen unter Beweis. Entwicklungsgeschichtlich sind es die Gebrüder Wright, deren Flüge zur Geburtsstunde des Motorflugs werden, unabhängig davon ob es frühere Motorflüge von Lilienthal, von Ader, von Weißkopf oder von anderen gegeben hat.

Die Wrights entschlossen sich zu den Flugvorführungen in Frankreich und Deutschland jedoch erst, als ihre Bemühungen zum Verkauf ihrer Flugapparate in beiden Ländern und in den USA nicht zum Erfolg geführt hatten und gleichzeitig über erfolgreiche zwischenzeitliche Flugversuche anderer in Frankreich und Deutschland berichtet wurde, so dass die Wrights mit der öffentlichen Darstellung ihrer Flugleistungen einer wachsenden Konkurrenz zuvorkommen wollten.[286]

Das an ihren wirtschaftlichen Interessen orientierte Vorgehen der Wrights führt auch zu Differenzen mit dem eher akademisch interessierten Chanute. In einem Brief schreibt Wilbur Wright: „Mr. Chanutes Anteilnahme und Interesse beförderte unsere Arbeit bis zum letztlichen Erfolg. [...] Abgesehen davon sind wir aber Lilienthal zu größerem Dank verpflichtet als ihm."[287]

---

[282] Nimführ, Raimund: „Leitfaden der Luftschiffahrt und Flugtechnik", Wien und Leipzig 1910, S. 157.

[283] Gustav Weißkopf (1874–1927), US-amerikanischer Flugmotoren- und Flugzeugbauer deutscher Abstammung.

[284] Clément Ader (1841–1925), französischer Flugpionier und Erfinder.

[285] Karl Jatho (1873–1933), deutscher Flugpionier.

[286] Holzer, Hans: „Die Gebrüder Wright und der Beginn des Motorflugs", Deutsches Museum 2003.

[287] McFarland, Marvin W.: „The Papers of Wilbur and Orville Wright", a. a. O. S. 972 f. [Übersetzung: Lukasch].

Die Vorführungen in Frankreich und Deutschland hatten den gewünschten Erfolg und führten zur Gründung von Flugzeugfabriken in beiden Ländern. Die erfolgreichste Wright-Fabrik entstand in Berlin. Die Wrights dominierten die Entwicklung des Flugzeugs allerdings nur für sehr kurze Zeit. Schon nach wenigen Jahren verloren die Wright-Flugzeuge ihre Konkurrenzfähigkeit gegenüber neuen Entwicklungen in Frankreich und Deutschland. Schon 1914 ging die Berliner Wright-Fabrik in Liquidation.[288]

Dass zunächst französische Hersteller zu ernsthaften Konkurrenten wurden, liegt auch daran, dass Deutschlands Verehrung für den Grafen Zeppelin und der deutsche Vorsprung im Luftschiffbau zu einer Priorisierung der Forschung auf dem Gebiet „Leichter als Luft" führte. In einem „Kalendarium für das Jahr 1913" heißt es unter der Überschrift „Im Reich der Luft – Geschichtliches und Neues von der Luftschiffahrt": „Seine Majestät der Kaiser veranlasste die Gründung einer Motorluftschiff-Studiengesellschaft, welche berufen ist, durch praktische Arbeiten auch weiter den deutschen Luftschiffen den Vorrang zu bewahren." Und zum Flugzeug heißt es: „Um aber auch auf dem Gebiete der Flugzeuge vorwärts zu kommen und Vorbildliches zu schaffen, […] hat sich eine sehr große Zahl von patriotischen Männern zusammengefunden, welche durch eine Nationalflugspende dies Ziel zu erreichen hofft. […] Mögen die Sammlungen von Erfolg begleitet sein und Deutschland dadurch in die Lage kommen, auch auf diesem Gebiete keiner anderen Nation nachstehen zu müssen."[289]

Die Aerodynamik als physikalische Disziplin

Die von Lilienthal als „Mechanik des Vogelflugs" und „Mechanik der Flugtechnik" behandelten Fragen rechnet man heute der „Aerodynamik", der Physik der bewegten kompressiblen Fluide zu. Im Gegensatz dazu versteht man heute unter Flugmechanik die auf den Grundlagen der Aerodynamik basierende Ingenieurswissenschaft von der Beherrschung und Beeinflussung des fliegenden Gesamtsystems bezüglich Stabilität und Steuerung des Fluges, Fragen, die Lilienthal in seinem Buch noch nicht als Problem erkennt und denen er keine Aufmerksamkeit schenkt.

Die allgemeinere Strömungslehre oder Fluidmechanik behandelt viele weitere Phänomene wie z. B. Gas- und Flüssigkeitsströmungen in Rohren, Turbinen oder Lagerschmierungen. Historisch wurde der Begriff Aerodynamik kaum benutzt[290], die Strömungsphänomene in Luft wurden der Hydrodynamik zugerechnet. Obwohl die Möglichkeit der gleichartigen Behandlung von Strömungen in kompressibler Luft und in inkompressibler

---

[288] Schwipps, Werner: „Wright in Deutschland", Schwerin und Anklam 1998/2013.

[289] zitiert nach: „Technikgeschichte kontrovers: Zur Geschichte des Fliegens und des Flugzeugbaus in Mecklenburg-Vorpommern", in: „Reihe zur Geschichte Mecklenburg-Vorpommerns" Nr. 13, Friedrich-Ebert-Stiftung Schwerin 2007, S. 179.

[290] Die Verwendung des Begriffs erfolgt erstmals im 19. Jahrhundert. Nach: John D. Anderson: „A History of Aerodynamics", Cambridge University Press 1997, S. 5.

Flüssigkeit (Wasser) nicht trivial ist, wurde die unterhalb der Schallgeschwindigkeit weitgehend mögliche einheitliche Behandlung nicht in Frage gestellt. Auf die zentrale Bedeutung der Schallgeschwindigkeit als Schwelle für die grundlegende Änderung des Charakters der Gasströmung wurde erst 1878 aufmerksam gemacht.[291]

Lilienthal schätzt richtig ein, dass die ihn interessierende Frage der Luftkräfte an umströmten Körpern mit der eigentümlichen Form des Vogelflügels an die Wissenschaft bisher nicht herangetragen wurde, so dass das notwendige Instrumentarium zur Beschreibung dieser Vorgänge auch nicht vorhanden war. Verwandte experimentelle und theoretische Arbeiten wurden allerdings auf einem anderen Gebiet ausgeführt, auf dem der äußeren Ballistik. Fragen der Beeinflussung der Flugbahn von Geschossen durch den Luftwiderstand bearbeitete unter anderen bereits der Engländer Benjamin Robins (1707–1751). Er verwendete zum Beispiel einen Rotationsapparat zur Messung des Luftwiderstands von Kugeln, dessen Prinzip dem des Lilienthalschen Rundlaufapparates durchaus vergleichbar war.[292] Dabei beschrieb er bereits die von der Newtonschen Theorie nicht erfasste Tatsache, dass Körper unterschiedlicher Form aber gleicher Stirnfläche deutlich unterschiedliche Widerstände zeigen.[293]

Das fehlende praktische und theoretische Verständnis für die Funktion des Tragflügels und die Verzögerung und Zurückhaltung mit der die Erkenntnisse auf diesem Gebiet aufgenommen wurden, lässt sich letztlich auf den Umstand zurückführen, dass Erklärungsversuche zum Luftwiderstand ausschließlich im Rahmen einer Newtonschen punktmechanischen Erklärung angestrebt wurden. Eine auf einem gemessenen oder angenommenen Strömungsfeld basierende Erklärung, eine Erklärung im Rahmen der Kontinuumsmechanik erfolgte bei Lilienthal zunächst phänomenologisch und unter Anwendung des Bernoullischen Gesetzes für Kontinua erst im 20. Jahrhundert.

Newtons Physik ist in erster Linie die Physik des Massenpunktes. Für den Luftstrom, als Strahl unabhängiger Partikel angenommen, liefert die Newtonsche Widerstandsformel die zutreffende Proportionalität des Luftwiderstandes zur Stirnfläche des Strömungskörpers, zur Massendichte der Luft und zum Quadrat der Geschwindigkeit. Ein Auftrieb an einer gewölbten Fläche mit einem Anstellwinkel $\alpha = 0°$ zur Strömung ist in diesem Modell nicht erklärbar.

Bereits im 18. Jahrhundert hatten die italienischen Physiker Giovanni Battista Venturi (1746–1822) und Daniel Bernoulli (1700–1782) aber einen Zusammenhang zwischen Druck und Strömungsgeschwindigkeit beschrieben, der eine Anwendung des Energieerhaltungssatzes auf Fluide darstellt. Bei Annahme eines entsprechenden naheliegenden

---

[291] nach Cranz, C.: „Ballistik", in: „Enzyklopädie der mathematischen Wissenschaften mit Einschluss ihrer Anwendungen", Leipzig 1901–1908, 4. Band, 3. Teilband, S. 194.

[292] Robins, Benjamin: „Resistance of the Air and Experiments Relating to Air Resistance", in: „Philosophical Transactions of the Royal Society", 1746, zitiert nach John D. Anderson: „A History of Aerodynamics", a. a. O. S. 57.

[293] Eine ausführliche Darstellung der Ideengeschichte der frühen Hydro- und Aerodynamik bietet: Schiller, Ludwig: (Hrsg.): „Handbuch der Experimentalphysik IV, Hydro- und Aerodynamik in 4 Bänden", Leipzig 1931.

Strömungsbildes mit verengten Strömungslinien über der Profilwölbung lässt sich der auftretende Auftrieb nach dem Gesetz von Bernoulli unkompliziert erklären. Unter Annahme der Inkompressibilität des Fluids führen die dort verdichteten Strömungslinien notwendig zu einer Erhöhung der Strömungsgeschwindigkeit oberhalb der Tragfläche.

Der Erhaltungssatz der Energie am festen Körper, zum Beispiel beim Fall aus der Höhe Δh, ergibt

$$\text{const.} = W_{kin} + W_{pot} = \tfrac{1}{2} \cdot m \cdot v^2 + m \cdot g \cdot \Delta h,$$

die Konstanz der Summe aus potentieller und kinetischer Energie des Körpers der Masse m und der Geschwindigkeit v mit der Normalbeschleunigung g.

Vernachlässigt man den zweiten Term für konstanten Schweredruck ($\Delta h = 0$) und ergänzt dafür die zusätzlich zu berücksichtigende veränderliche potentielle (innere thermische) Energie durch Volumenarbeit $p \cdot \Delta V$ für das Fluid für ein veränderliches Volumenelement mit der Dichte ρ und mit dem Druck p, ergibt sich:

$$\text{const.} = \int_V \left(\tfrac{1}{2} \rho \cdot v^2 + p \right) dV \, .$$

Diese Konstanz gilt für jedes Volumenelement entlang der Stromlinie und damit ergibt sich der Zusammenhang zwischen Strömungsgeschwindigkeit und Druck:

$$\tfrac{1}{2} \cdot \rho \cdot v^2 + p = \text{const.} \quad \text{oder} \quad -\Delta p = \Delta \left(\tfrac{1}{2} \cdot \rho \cdot v^2 \right).$$

Dass einer Stauchung der Stromlinien oberhalb des Flügels bei angenommener konstanter Dichte eine Beschleunigung der Strömung bedingt, ist anschaulich klar und wird durch die so genannte Kontinuitätsgleichung formuliert: Um den Volumenstrom aufrecht zu erhalten muss sich an der Engstelle der Stromlinien die Dichte oder die Strömungsgeschwindigkeit erhöhen. Erhöht sich die Strömungsgeschwindigkeit, ist das zwangsläufig mit dem nicht anschaulichen Druckabfall auf der Seite gestauchter Stromlinien verbunden.

Auch das Bernoullische Gesetz beruht auf den Gesetzen der klassischen Newtonschen Physik. Trotzdem sind die darauf beruhenden Strömungsphänomene unanschaulich und Effekte, die auf dem in der Strömung entstehenden Unterdruck basieren, werden als aerodynamisches Paradoxon empfunden und bezeichnet. Die Wasserstrahlpumpe oder der Blasezerstäuber, die diese Effekte nutzen, werden in Physikbüchern des 19. Jahrhunderts beschrieben, wobei nicht die Bernoulli-Gleichung, sondern ebenfalls ein Teilchenstoß-Modell zur Erklärung herangezogen wird.[294]

Der erwähnte Robins bemerkte ebenfalls bereits eine bei rotierender Kugel auftretende Querkraft, den später so genannten Magnus-Effekt. Heinrich Gustav Magnus (1802–1870)

---

[294] siehe z.B.: Müller, Johann Heinrich Jacob: „Lehrbuch der Physik und Meteorologie", 8. Auflage Braunschweig 1880, S. 389: „Eine in neuerer Zeit sehr verbreitete Anwendung des Saugphänomens sind auch die Flüssigkeitszerstäuber".

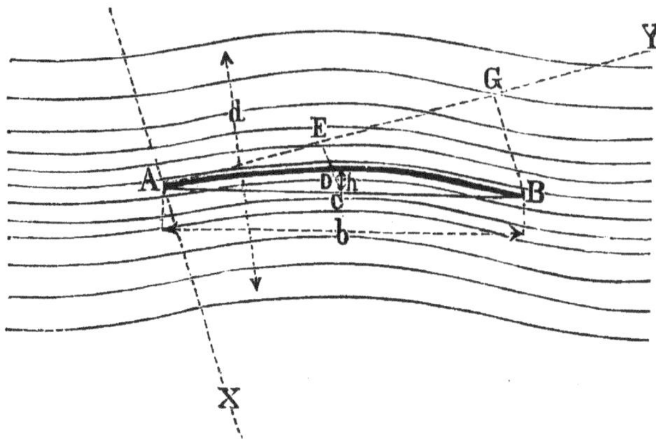

Abb. 3.3 Strömungsbild bei Lilienthal[295]

beschrieb eine quer zur Bewegungsrichtung auftretende Kraft, die einen schnell rotierenden Zylinder von seiner Flugbahn ablenkt und beschreibt den Effekt richtig aus den unterschiedlichen Relativgeschwindigkeiten zwischen Zylinder und Zylinderoberfläche auf beiden Seiten des Zylinders. Auf einer Seite addieren sich Rotations- und Bahngeschwindigkeit, auf der anderen subtrahieren sie sich.[296] Daraus ergibt sich ein Druckunterschied und damit eine Kraft quer zur Flugrichtung.

Erst der Mathematiker Martin Wilhelm Kutta (1867–1944) beschrieb mit diesem Modell auch den Auftrieb der gewölbten Fläche über unterschiedliche Strömungsgeschwindigkeiten auf beiden Seiten der Tragfläche (Abb. 3.4). Mathematisch beschreibbar wurde dieses Strömungsfeld mit einer der Bahngeschwindigkeit überlagerten Zirkulation um den Flügel.[297]

Auch Lilienthal erklärt seine Messungen ohne die Verwendung des Gesetzes von Bernoulli. Allerdings schlägt er Strömungsbilder (Abb. 3.3) vor, die eine Radialbeschleunigung der Stromfäden und den Auftrieb als Wirkung dieser Strömungsbeeinflussung verstehen, eine Erklärungsstrategie, die, wie noch auszuführen ist, in letzter Zeit wieder Anerkennung findet.

Neben der Ballistik wäre die Funktion des Segels in der Seefahrt und die des Windmühlenflügels eine auch historisch relevante Fragestellung bei der die gewölbte Fläche und die vektorielle Größe des Luftwiderstands in Abhängigkeit von der Strömung eine große Rolle spielen. Allerdings tritt der Effekt auch hier im Verborgenen, hinter der auch im Newtonschen Bild verständlichen Wirkung des Segels oder des Mühlenflügels auf. Dass das geblähte Segel eine deutlich andere Wirkung hat, als die Erzeugung eines anschaulichen Widerstands in Windrichtung, entzog sich weitgehend der Beobachtung. In großer Parallele zur erstma-

---

[295] Lilienthal, Otto: „Die Profile der Segelflächen und ihre Wirkung", a. a. O. Abb.3, S. 48

[296] Magnus, Gustav: „Ueber die Abweichung der Geschosse und über eine auffallende Erscheinung bei rotirenden Körpern", in: „Annalen der Physik und Chemie", Band 28, Verlag von Johann Ambrosius Barth, Leipzig 1853, S. 1–28.

[297] Kutta, Martin Wilhelm: „Auftriebskräfte in strömenden Flüssigkeiten", in: „Illustrierte Aeraonautische Mitteilungen", 1902, S. 133–135.

Abb. 3.4 Strömungsbild bei Kutta[298]

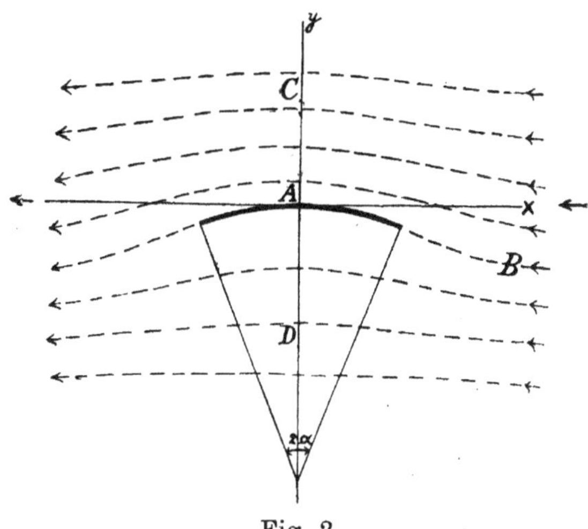

lig zutreffenden Erklärung des dynamischen Auftriebs durch Kutta 1902 am rotierenden Zylinder war es in der Seefahrt der erstaunliche, so genannte Flettner-Rotor[299], der eine Segelfunktion durch senkrechte rotierende Zylinder erzielt (Abb. 3.5). Durch die Veränderung von deren Drehrichtung und -geschwindigkeit ergeben sich erstaunliche Optionen bezüglich der Manövrierfähigkeit des Schiffes.

Die Beschreibung des Auftriebs über das Gesetz von Bernoulli wird heute kritisch gesehen, da es den aus dem Energieerhaltungssatz folgenden Zusammenhang zwischen Strömungsgeschwindigkeit und Druckverhältnissen am Flügel als Kausalzusammenhang missinterpretiert, wobei die Ursache für das spezifische Strömungsfeld unbeantwortet bleibt. Dieses Erklärungsmuster resultiert zum Beispiel in der verbreiteten, aber falschen Darstellung, dass die größere Länge der Stromlinien, der längere für ein Luftvolumen zurückzulegende Strömungsweg oberhalb der Tragfläche Ursache für die größere Strömungsgeschwindigkeit sei.

Tatsächlich besteht aber keine Korrelation zwischen Stromlinienlänge und Strömungsgeschwindigkeit. An einem relevanten Tragflügelprofil strömt die Luft oberhalb der Tragfläche sogar mit deutlich höherer Geschwindigkeit, als dies durch das Wegstreckenverhältnis oberhalb und unterhalb der Tragfläche erklärbar wäre.

Heute erfolgt neben der mathematischen Beschreibung die Veranschaulichung der Auftriebserzeugung über den rein phänomenologischen, so genannten „Coandă-Effekt".[300] Mit diesem Begriff wird die Tendenz einer Gas- oder Flüssigkeitsströmung bezeichnet, sich

---

[298] Kutta, Martin Wilhelm: „Auftriebskräfte in strömenden Flüssigkeiten", a. a. O. Abb. 2, S.133.

[299] Flettner, Anton: „Mein Weg zum Rotor", Leipzig 1926.

[300] Ursprung ist die Beschreibung des Effekts in dem Patent: Coanda, Henry: „Propelling Device", United States Patent Office Nr. 2,108,652 vom 15. Februar 1938. Coandă (1886–1972) war ein rumänischer Physiker.

Abb. 3.5 Flettner-Rotoren am Heck des deutschen Frachtschiffes E-Ship 1[301]

einer tangential getroffenen konvexen Oberfläche „anzuschmiegen". Dieser Effekt tritt bei dem gewölbten Tragflügel mit runder Vorderkante besonders deutlich und in einem breiten Anstellwinkelbereich auf. Das typische Tragflügelprofil ist damit besonders geeignet in Hinblick auf das Auftreten des Coandă-Effekts, der Abwärts-Ablenkung des Luftstroms, und damit für die Erzeugung eines Impulstransports zwischen Luft und Flugzeug mit der Folge eines Auftriebs am Tragflügel.

Diese Erklärung ist deutlich verwandt mit Lilienthals Formulierung. Dieser charakterisiert mit ähnlichen Worten die Flügel, „welche eigentümlich geformt sind, und in geeigneter Weise durch die Luft bewegt werden, schwere Körper in der Luft schwebend zu erhalten."[302] Später formuliert er: „Die Luft, welche oberhalb der Fläche in krummlini-

---

[301] de.wikipedia.org/wiki/Flettner-Rotor34550, Foto: Carschten.
[302] **VF** S. 3.

ger Bahn hinstreicht, wird durch ihre Centrifugalkraft eine Saugewirkung auf die Fläche ausüben".[303]

Dies ist das tatsächlich zutreffende Verständnis der Funktion der Tragfläche. Dagegen schreibt der namhafte österreichische Flugtechniker und Hochschullehrer Georg Wellner noch 1901 in traditioneller Vorstellung: „Die tragende Wirkung der Flügelflächen beruht unter allen Umständen auf dem Prinzipe der schiefen Ebene; Die etwas nach oben geschobene Vorderkante wird keilförmig vorgeschoben, damit die Luft unterhalb der Fläche sich verdichte und empordrückend eine Hubkraft äussere."[304]

Zur Ermittlung des Luftwiderstands gibt es neben den bereits erwähnten Arbeiten von Robins verschiedene Versuchsreihen, z.B. von William Dines (1855–1927) in England und von S. P. Langley in den USA, die etwa zeitgleich mit Lilienthals Arbeiten stattfanden.[305] Es ist jedoch Lilienthals Verdienst, die ersten tatsächlich verfügbaren Messreihen zur richtungsabhängigen Ermittlung der Luftkräfte, zur parallelen Ermittlung von Auftrieb und Widerstand vorgelegt zu haben, die mit der Anwendung durch die Gebrüder Wright Grundlage der weiteren Entwicklung wurden und von denen die Wrights sagten, dass sie über 20 Jahre das Beste waren, das gedruckt vorlag.[306] Damit ist Lilienthal der eigentliche Schöpfer des Konzepts zur Beschreibung der physikalischen Eigenschaften des Tragflügels durch das Polardiagramm der gleichzeitigen Auswertung von Auftrieb und Widerstand.[307]

Lilienthal bringt damit zwei Richtungen experimenteller und theoretischer Mechanik in Kontakt, die sich bis dahin quasi unabhängig voneinander entwickelten und kaum in fruchtbaren Austausch getreten waren. Auf beiden Gebieten lassen sich zentrale Erkenntnisse nennen. Neben den bereits erwähnten Arbeiten ist auf theoretischem Gebiet die Formulierung des „d'Alembertschen Paradoxons" zu nennen. Der französische Physiker und Mathematiker Jean-Baptiste le Rond d'Alembert (1717–1783) hatte festgestellt, dass bei einem reibungsfrei umströmten Körper im geschlossenen System jeder Körper „stromlinienförmig" ist, d. h. sich bremsende und beschleunigende Kräfte aufheben, also jeder Körper ein perfekter Stromlinienkörper ist. Diese für die Praxis des Flugtechnikers wenig hilfreiche Erkenntnis wurde erst durch die handhabbare Einbeziehung der Zähigkeit des Fluids in einer Grenzschicht, die so genannte Grenzschichttheorie des deutschen Physikers Ludwig Prandtl in eine anwendbare Form gebracht.[308]

---

[303] Lilienthal, Otto: „Die Profile der Segelflächen und ihre Wirkung", a. a. O. S. 46.

[304] Wellner, Georg: „Werth und Bedeutung der Radflieger für die Luftschifffahrt", in: „Illustrierte Aeronautische Mitteilungen" 5. Jg. 2. Heft, S. 66.

[305] Lanchester, Frederick W.: „Aerodynamik. Ein Gesamtwerk über das Fliegen." a. a. O. S. 281 ff.

[306] Wright, Wilbur: „Otto Lilienthal" a. a. O.

[307] Den internationalen Wissenstransfer untersucht am Beispiel der frühen Luftfahrtforschung Moon, Francis C.: „Social Networks in Early Aviation History". In: „Social Networks in the History of Innovation and Invention". Springer Verlag 2014, S. 86 ff.

[308] Prandtl, Ludwig: „Über Flüssigkeitsbewegung bei sehr kleiner Reibung", in: „Verhandlungen des III. Internationalen Mathematiker-Kongresses, Heidelberg 1904", Leipzig 1905, S. 484–491.

Die mathematischen Grundlagen zur Beschreibung der Mechanik des Fluids waren bereits im 18. und 19. Jahrhundert durch drei Mathematiker und Physiker, den Schweizer Leonhard Euler (1707–1783), den Franzosen Claude Louis Marie Henri Navier (1785–1836) und den Iren Sir George Gabriel Stokes (1819–1903) gelegt worden. Aus der ersten ansatzweisen theoretischen Beschreibung der Auftriebsentstehung wurde in den ersten Jahren des 20. Jahrhunderts besonders durch Beiträge der erwähnten Physiker und Mathematiker Kutta, Lanchester und Schukowski die Theorie des Auftriebs entwickelt.

Auf der anderen Seite anwendungsorientierter und experimenteller Arbeiten ist besonders der Engländer Sir George Cayley zu nennen. Mit seinem Namen ist der Durchbruch des Konzepts eines künstlichen Fluggerätes jenseits des Ikariden-Konzepts, jenseits des sich durch Flügelschläge erhebenden Vogelmenschen verbunden. Das Konzept Cayleys enthält die ausschließlich dem Auftrieb dienende Tragfläche, das Konzept der Trennung von Vortrieb, Auftrieb und Stabilisierungshilfen, das 1809 in einem dreiteiligen Artikel unter dem Titel „On Aerial Navigation" veröffentlicht wird.[309] Er erkennt am Körpergrundriss der Forelle die Stromlinienform und ihm fällt auch die Flügelwölbung auf. Er macht Rundlaufexperimente und entwirft ein Gleitermodell mit Leitwerk. Auch zwei tatsächliche Gleitflüge eines Kindes und eines Erwachsenen soll es gegeben haben. Sie sind jedoch nicht nachvollziehbar überliefert. Mit Bezug auf die von dem Wiener Uhrmacher Jakob Degen 1808 vorgeführten Versuche mit einem Flügelschlagapparat schreibt er zu seinem alternativen Konzept des nur dem Auftrieb dienenden Tragflügels: „Die Strömung wird auf der konvexen Seite einen Unterdruck erzeugen und die Hinterkante abwärts gerichtet verlassen, die dortige Strömung verdrängen und so mit Ausnahme eines kleinen Bereichs an der Vorderkante auf die gesamte gewölbte Fläche wirken. Dies mag eine zutreffende Theorie sein oder auch nicht. Aber es scheint mir der geeignete Zugang zu einem Phänomen zu sein, das angesichts des Flugs der Vögel außer Frage steht."[310]

In der Folge von Lilienthals Experimenten ist es vor allem die experimentelle Basis des Windkanals, die die Experimente auf eine neue Stufe empfindlicher Messung in einer definierten Strömung hebt. Schon die Gebrüder Wright haben ihre zunächst auf einem Fahrrad montierten Versuchsflächen später in einem selbst gebauten Windkanal vermessen. In Deutschland wurde 1908 in Göttingen der erste Windkanal für Versuche an Modellen für die Luftfahrt gebaut. Im Jahr 1915 wurde daraus die „Modellversuchsanstalt für Aerodynamik" unter der Leitung von Ludwig Prandtl.

Vor dem Hintergrund des verwirklichten Flugzeugs war die theoretische Behandlung von Luftströmungen ohne Bezug auf die zu beschreibenden praktischen Phänomene ebenso wenig denkbar geworden wie praktische Arbeiten ohne Bezug zum Stand ihrer theoretischen Interpretation. Mit der mathematischen Beschreibung des Auftriebs auf der Basis der Kontinuumsmechanik, mit dem Windkanal als Instrumentarium für verlässliche Messungen und mit der praktischen Flugtechnik als hoch innovativem und breitem Anwendungs-

---

[309] Cayley, George: „On Aerial Navigation", in: „Journal of Natural Philosophy, Chemistry and the Arts by William Nicholson" Nr. 24, 1809, S. 164–174 sowie Nr. 25, 1810 S. 81–87 und S. 161–169.

[310] ebenda, Teil 1, S. 169 [Übersetzung Lukasch].

gebiet kamen Theoretiker und Praktiker zusammen und entwickelten die Aerodynamik in den Folgejahren mit großer Geschwindigkeit zu einer eigenständigen theoretischen und durch experimentelle Grundlagen gesicherten Wissenschaft.[311]

---

[311] Wissenschaftsgeschichtliche Abrisse geben: Karman, Theodore von: „Aerodynamics: selected topics in the light of their historical development." Ithaca, 1954, deutsch: „Aerodynamik. Ausgewählte Themen im Lichte der historischen Entwicklung." Genf 1956 und Anderson, John D.: „A History of Aerodynamics" a. a. O.

Der bionische Ansatz des Werks

Die Weltausstellung des Jahres 2005 im japanischen Aichi trug den Titel „The Wisdom of Nature". Der deutsche, gemeinsam mit Frankreich ausgerichtete Pavillon hatte das Motto „Bionis". Bionik, das Kunstwort aus den Begriffen Biologie und Technik beschreibt das wissenschaftliche Konzept, natürliche Phänomene in Hinblick auf die mögliche technische Nachahmung der natürlichen Strukturen oder Konzepte zu untersuchen. Die Bundesrepublik Deutschland präsentierte als besonders prominentes aber eben auch exemplarisches Exponat für dieses Konzept den „Sturmflügelapparat" Otto Lilienthals, gebaut auf der Grundlage des Buches „Der Vogelflug als Grundlage der Fliegekunst".

Der Begriff „Bionik" ist recht jungen Datums. In seiner englischen Version wurde er erstmals auf einer Konferenz in Dayton, Ohio verwendet.[312] Im Gegensatz zum deutschen Begriff wurde die englische Entsprechung aus den Bedeutungssilben „Natur" und „Studium" gebildet. Die sich nicht vollständig entsprechenden Begriffe und Konzepte haben inzwischen eine weitergehende Entwicklung und Differenzierung erfahren, auf die hier nicht einzugehen ist. Auf Grund der unscharfen Definition werden heute auch die Begriffe Biomimikry, Biomimetik oder Biomimese synonym verwendet. Gemeinsam ist den Richtungen das Konzept, einer zielgerichteten Naturinspiration für technische Lösungen, ganz in dem von Lilienthal verfolgten Sinne. Damit unterscheidet sich die interdisziplinär arbeitende Bionik vom Ansatz der ebenfalls interdisziplinären Biophysik, Bioinformatik oder Biochemie, deren Gegenstand die Beschreibung natürlicher Prozesse mit dem Begriffssystem und dem Instrumentarium der jeweils anderen beteiligten Wissenschaft ist.

---

[312] „Bionics Symposium: Living Prototypes – The Key to New Technology", Dayton Ohio 1960, Tagung auf der „Wright-Patterson Air Force Base"

B. Lukasch (Hrsg.), *Otto Lilienthal*, Klassische Texte der Wissenschaft,
DOI 10.1007/978-3-642-41812-9_4, © Springer-Verlag Berlin Heidelberg 2014

Mit seinem Codex über den Vogelflug und seiner Konzeption manntragender Flugmaschinen nach natürlichem Vorbild wird Leonardo da Vinci (1452–1519) als prominenter und wesentlich früherer Vertreter des konzeptionellen Ansatzes der Bionik genannt. Dieser betrifft nicht zufällig den gleichen Gegenstand, die Übertragung von Studien über den Vogelflug auf die Konstruktion von Flugmaschinen.[313]

Man kann für das Problem des Menschenfluges wie für kaum ein anderes Thema sagen, dass seine Erforschung ohne das natürliche Vorbild, ohne bionischen Ansatz, kaum denkbar erscheint. Aus den bereits genannten Gründen ist die Lösungsmöglichkeit ohne das natürliche Vorbild kaum evident. Außerdem spielt die Tatsache eine große Rolle, dass die Nachahmung des Vogelfluges weit mehr als ein akademisches Interesse, sondern geradezu ein kulturgeschichtlich über Jahrhunderte zurückverfolgbarer Urwunsch des Menschen war. Das natürliche Vorbild des Vogelfluges war als Studienobjekt für das untersuchte Phänomen, als Tatsachenbeweis und damit Indiz für die Relevanz des Untersuchungsgegenstandes unverzichtbar. Ohne die Tatsache des Vogelflugs wäre ein Interesse für das Phänomen der Umströmung von Objekten in gewölbter Tropfenform kaum denkbar. Andererseits bedingt die besprochene Unanschaulichkeit, das Fehlen eines theoretisch-anschaulichen Zuganges zum Problem das Studium des Vogelflugs als Lösungsansatz. Mit dem Buchtitel „Der Vogelflug als Grundlage der Fliegekunst" hat Lilienthal am besonders prominenten Beispiel das Konzept der Bionik illustriert.

Bis heute sind Bioniker in flugtechnische Forschungen involviert. Das Gebiet offenbart für bionische Konzepte offenbar besondere Chancen, da die vorhandenen natürlichen Lösungen im Gegensatz zu technischen eine erstaunliche konzeptionelle Vielfalt zeigen. Im Gegensatz zum Vorgehen des Technikers, der deduktiven Weiterentwicklung eines als aussichtsreich selektierten Konzeptes, pflegt die Natur die uneingeschränkte Breite empirisch zu selektierender und zu optimierender Ansätze. Besonders deutlich wird diese Tatsache an Hand der Breite der Flugkonzepte im Pflanzenreich. Die Meteorochorie, die Lehre von der Pflanzensamenausbreitung mit dem Wind, unterscheidet viele Konzepte: Haarflieger, Schirmflieger, Blasenflieger, Ballonflieger und unter vielen anderen auch Flügelflieger. Zu den letzten gehört der bereits erwähnte, mit ausgezeichneten Flugeigenschaften und beeindruckender Flugstabilität fliegende Samen des tropischen Kürbisgewächses *Alsomitra macrocarpa* mit einer Flügelspannweite von zehn Zentimetern. Nachdem dessen Flugeigenschaften bereits 1886 im Anschluss an einen Vortrag Lilienthals eine Rolle gespielt hatten, beschrieb der Hamburger Zoologe und Physiker Friedrich Ahlborn (1858–1937) in seinen Studien über die „Stabilität der Flugapparate" 1897 die Eigenschaften des Zanonia-Flugsamens.[314] Igo Etrich nutzte ab 1903 dieses Vorbild bei der Entwicklung des ersten Nurflügel-Gleiters, den er 1905 patentierte[315]. Aus diesen Studien

---

[313] Leonardo da Vinci: Kodex über den Vogelflug (italienisch: Codice sul volo degli uccelli, auch Codex Turin), um 1505, Digitalisat: airandspace.si.edu/exhibitions/codex/codex.cfm.

[314] Ahlborn, Friedrich: „Über die Stabilität der Flugapparate", Naturwissenschaftlicher Verein Hamburg (Hrsg.), Hamburg 1897.

[315] Etrich, Igo und Wels, Franz: „Flugmaschine" Österreichisches Patent Nr. 23465 vom 3. März 1905.

entwickelten sich die erfolgreichen Flugzeuge *Etrich-Taube* und *Rumpler-Taube*. Durch das Studium der natürlichen Vorbilder entstand und entsteht gerade auf dem Gebiet der Flugtechnik die Möglichkeit, abweichende oder überraschende Konzepte jenseits des konventionellen Blickfeldes des Wissenschaftsgebietes zu finden, wie zahlreiche Beispiele zeigen.[316]

War schon die Entschlüsselung der tragenden Eigenschaften des Flügels vor dem Hintergrund des biologischen Vorbildes erfolgt, ist der bionische Ansatz in gleichem Maße für die große Breite der natürlichen Antriebs- und Steuerungsphänome durch Flügelbewegung, für den Flügelschlagantrieb, auch unter der Bezeichnung Ruderflug und Wellenflug, nahe liegend und hilfreich.

Neben der Suche nach biologischen Antworten auf technische Fragestellungen (Analogiebionik), für die Lilienthals Vorgehen ein besonders prominentes Beispiel ist, besteht eine alternative Vorgehensweise der Bionik in der nicht vom technischen Ziel ausgehenden biologischen Grundlagenforschung (Abstraktionsbionik). Zu beantwortende Fragen sind: Welcher evolutionäre Grund besteht für eine zu beobachtende natürliche Lösung, Form oder Funktion? Und ist die Antwort für technische Lösungen interessant? Prominente Beispiele für diesen wissenschaftlichen Ansatz sind nicht benetzende Oberflächen (Lotoseffekt), der Klettverschluss, aber auch widerstandsarme Oberflächen (Haihaut) oder auch wirbelarme Flügelenden, wie die gespreizten Finger der großen Vögel im Gleitflug. Auch Lilienthals bereits behandelte Erkenntnis der Unschädlichkeit der verdickten Vorderkante des Flügels, die sich nicht aus seinen Messungen ableiten ließ, von ihm aber nach der Untersuchung der Struktur des Vogelflügels ebenfalls in Betracht gezogen wurde, lassen sich in ihrem Ansatz diesem Konzept zuordnen.

Mit zahlreichen Luftfahrtanwendungen hat seit 2006 das *Bionic Learning Network,* ein Forschungsverbund des Unternehmens *Festo* mit Hochschulen, Instituten und Entwicklungsfirmen großes Aufsehen erregt.[317] Das Ziel, durch die Anwendung der Bionik neuartige Technologieträger hervorzubringen, wird besonders in Hinblick auf alternative Antriebssysteme wie die kriechende Fortbewegung, das Schwimmen oder eben den Flügelschlag verfolgt.

Die Renaissance Lilienthalscher Flugtechnik

Das Prinzip des Hängegleiters war nicht nur mit Lilienthal die Vorstufe auf dem Weg zum Flugzeug. Auch nachfolgende flugtechnische Entwicklungen führten über das Prinzip der Schwerkraftsteuerung. So erstaunlich und spektakulär der Beginn des Menschenflugs mit Otto Lilienthal war, so überraschend war auch die jüngste Wiedergeburt des Lilienthalschen Hängegleiters in den 1960-er und 1970-er Jahren.

---

[316] siehe z. B.: „Faszination Bionik – Die Intelligenz der Schöpfung", MCB Verlag München, 2006 und Nachtigall, Werner: „Bionik als Wissenschaft", Berlin 2010.

[317] Beispiele siehe im Abschnitt „Flügelschlag – Sackgasse der Flugtechnik?"

Nachdem die Entwicklung um 1910 zur Etablierung des Motorflugs geführt hatte, waren Aktivitäten zum motorlosen Flug zunächst jenseits breiterer Aufmerksamkeit. Das trifft durchaus auch auf die flugtechnisch inspirierten Versuche der Gebrüder Wright zu, die 1911 zum ersten fast 10-minütigen Segelflug geführt hatten. Jedoch entwickelten sich ebenfalls bereits zu Beginn des 20. Jahrhunderts neue Aktivitäten, die deutlich Lilienthals Intension vom Fliegen als sportlicher Betätigung entsprachen. Dass die Anfänge dieses Flugsports wieder über das Prinzip des Hängegleiters führten, ist fast zwangsläufig. Durch konstruktive Einfachheit, das Fehlen aller beweglichen Teile und einfachen Transport durch Zerlegbarkeit ist der Hängegleiter sowohl für die kostengünstige Schulung als auch für experimentelle Zwecke das Mittel der Wahl.

Lilienthal hatte 1895 geschrieben: „Es kommt also darauf an, eine Methode aufzufinden, welche die gefahrlose Veranstaltung von Flugversuchen gestattet und gleichzeitig als interessante Unterhaltung sportlustiger Männer sich verwerthen lässt. Es ist ferner Bedingung, dass zu solchen Flugübungen zunächst sehr einfache, leicht herstellbare, billige Apparate Verwendung finden, damit eine um so regere Betheiligung an diesem Fliegesport eintritt."[318] Sich gründende flugtechnische Vereine und akademische Fliegergruppen verfolgten genau dieses Ziel.

Die Beschränkung der Luftfahrt im Rahmen der Bestimmungen des Versailler Vertrages als Folge des Ersten Weltkrieges, der den motorlosen Flug ausnahm, wirkte als zusätzlicher Stimulus für die Entwicklung des Segelfliegens, als dessen Wiege gern die Rhön in den 1920-er Jahren genannt wird.[319] Aus der Vielfalt des beginnenden Segelflugsports entwickelte sich schnell das aerodynamische gesteuerte Segelflugzeug im heutigen Sinne, das technisch eine rasante Entwicklung nahm heute Eigenschaften besitzt, die Lilienthals Vision vom „dauernden Segelflug"[320] entsprechen.

Es ist letztlich die Perfektion des heutigen Segelflugzeugs, die der Idee des von Lilienthal „persönlicher Kunstflug" genannten Fliegens, der Idee eines Fluggerätes mit der technischen Einfachheit des Fahrrades, individuell zu transportieren, zu benutzen (und zu finanzieren) erneut Nahrung gab und die zum neuerlichen Konzept des Hängegleiters führte.

Zwei in ihrer genialen Einfachheit beeindruckende Entwicklungen sind es, die diese jüngste Renaissance des Hängegleiters kennzeichnen. Im Jahre 1948 nahm der US-amerikanische spätere NASA-Ingenieur Francis Melvin Rogallo ein Patent auf einen einfachen Fesseldrachen, der zum Grundtyp einer neuen Flügelform wurde. Das zweite ebenfalls entscheidende Bauteil für das sich bereits etablierende Sportgerät geht auf den Australier John Dickenson zurück und betrifft das als A-Frame oder Steuertrapez bezeichnete effektive Prinzip zur Gewichtsverlagerung des Piloten als Prinzip der Steuerung des Hängegleiters.

Der von Rogallo gemeinsam mit seiner Frau patentierte einfache, flexible Fesseldrachen bestand lediglich aus einer quadratischen Stofffläche und Leinen ohne starre Elemente. Zunächst hatte das wenig mit einem Hängegleiter zu tun, beinhaltete aber das revolutionäre

---

[318] Lilienthal, Otto: „Fliegesport und Fliegepraxis", a. a. O. S. 146.

[319] Eine umfangreiche Geschichte des Segelflugs bietet: Wissmann, Gerhard: „Abenteuer in Wind und Wolken – Die Geschichte des Segelfluges", Transpress Verlag Berlin, 1988.

[320] Lilienthal, Otto: „Ueber den Segelflug und seine Nachahmung", a. a. O. S. 277.

Abb. 4.1 Hängegleiter vom Rogallo-Typ, 1975[321]

Grundkonzept einer Flügelfläche, die trotz simpelstem Aufbau außerordentliche aerodynamische Eigenschaften aufwies.

Mit dem amerikanischen Raumfahrtprogramm wurden Rogallos Arbeiten für seine Arbeitsstelle, das Langley-Research-Center der NASA in Hampton (Virginia), wo er eine Abteilung für Windkanalversuche leitete, interessant. Sowohl das Konzept eines Gleitsegels wurde verfolgt, als auch die Weiterentwicklung zu der später „Rogallo-Flügel" getauften Segelfläche, bei der das quadratische Segel durch vier Streben stabilisiert wird (Abb. 4.1). Drei der Verstrebungen liefen in einer Spitze des quadratischen Segels zusammen und wurden durch die vierte im Winkel fixiert. Die drei Streben bildeten dabei einen Nasenwinkel kleiner als 90°, wodurch das Segel die Verstrebung um einige Grad überlappt. Dieser Überstand führte in Fluglage zur Aufwölbung des Segels, wodurch sich die notwendige Flügelwölbung und die charakteristischen Flugeigenschaften des Rogallo-Flügels ergeben. Dazu gehört auch die Flugstabilität als Nurflügel, ohne zusätzliches Leitwerk. Diese wird durch den mit dem Piloten tief unter dem Segel befindlichen Schwerpunkt des Systems unterstützt.

Zum Forschungsprogramm gehörten auch motorisierte Drachen in der Grundform, die später zum Ultraleichtflugzeug führte. Während die NASA sich Ende der 1960-er Jahre aus den Programmen zurückzog, hatten Sportler das neue Minimalfluggerät für sich entdeckt. Mit Eigenbauten aus Plastikfolie, Bambusrohr und in Strandwettbewerben wurde der

---

[321] en.wikipedia.org/wiki/John_W._Dickenson, Foto: KaiMartin, 1975.

„persönliche Kunstflug" erprobt. Nicht zufällig fand das erste Treffen der Enthusiasten des neuen Sports als *Otto Lilienthal Universal Hang Glider Championships* am 23. Mai 1971, dem 123. Geburtstag Lilienthals in *Corona del Mar* in Kalifornien statt. Die Piloten hingen dabei unter dem Segel auf zwei Stäben in einer Art Barren, der die einfache Verlagerung des Schwerpunktes erlaubte. Dieses Barrencockpit wurde bereits von Chanute entwickelt und war auch in den 1920-er Jahren die Standardposition des Hängegleiterpiloten.[322]

Eine weitere grundlegende Entwicklung für den modernen Hängegleiter geht auf den Australier John Dickenson zurück. Dieser trainierte mit der neuen Segelform für Flüge im Bootsschlepp für den Wasserskiclub von Grafton in New South Wales (Australien). Angeblich durch den Anblick seiner Tochter auf einer Schaukel inspiriert, ersetzte er den Barren durch ein unter dem Segel hängendes Sitzbrett und ein Steuertrapez, das starr mit dem Segel verbunden war (Abb. 4.1). Damit konnte der Pilot sein Gewicht auf einfache Weise unter der Segelfläche verschieben und das effektive, sich schnell durchsetzende Cockpit des Hängegleiters war geboren.[323]

Sowohl für den Delta-Drachen als auch für das Steuertrapez lassen sich frühere Vorläufer finden. Auch hier sind es aber die Namen Rogallo und Dickenson, die mit dem Durchbruch und der Verbreitung beider Prinzipien verbunden sind.

Das neue Fluggerät erfuhr mit ersten Serienproduktionen, aber auch mit der Entschlüsselung des für zahlreiche Piloten tödlichen Phänomens des Flattersturzes und sich daraus ergebenden konstruktiven Veränderungen der Flügelgeometrie und des Grundaufbaus eine rasante Entwicklung.[324] Moderne Hängegleiter erinnern weder in der Form ihrer Segelfläche noch in ihren Flugeigenschaften an den ursprünglichen Rogallo-Flügel. Das Steuertrapez ist auch modernen Drachen erhalten geblieben, jedoch hat der Pilot heute eine aerodynamisch günstige, liegende Position hinter dem Trapez.

Auch der moderne Hängegleiter erfuhr seine Weiterentwicklung zum motorisierten Fluggerät. Besonders erfolgreich war die als „Trike" bezeichnete Bauform, bei der das Sitzbrett durch einen Pilotensitz auf einem dreirädrigen Fahrwerk ersetzt wurde, das auch die Plattform für den Motor bildete. Die Steuerung erfolgte in gewohnter Weise über das vor dem Pilotensitz befindliche Basisrohr des Steuertrapezes. Über verschiedene konstruktive Weiterentwicklungen, geschlossene Cockpits und aerodynamische Steuerungen ist das heutige Ultraleichtflugzeug entstanden, dem seine Herkunft aus dem Hängegleiter nicht mehr anzusehen ist. In den Anschaffungs- und Unterhaltungskosten steht es zum traditionellen Sportflugzeug in einem ähnlichen Verhältnis, wie der Hängegleiter zum moderne Segelflugzeug.

Zum dritten Mal ist aus dem Lilienthalschen Konzept des Hängegleiters das des aerodynamisch gesteuerten Flugzeugs entstanden, und zum dritten Mal in deutlicher Bezugnahme auf Lilienthals Pionierleistung.

---

[322] Nitsch, Stephan: „Ganz einfach fliegen", Metropol Verlag Berlin 2012, a. a. O. S. 77 ff.

[323] Henderson, Greame: „Fliegen wie die Vögel. Mit dem Australier John Dickenson wurde aus Rogallo's Drachen ein Fluggerät", 2006, www.lilienthal-museum.de/olma/dick.htm.

[324] Eine detaillierte technische Geschichte des Hängegleiters bietet: Nitsch, Stephan: „Ganz einfach fliegen" a. a. O.

Aber auch der Hängegleiter hat bereits seinen Nachfolger gefunden. Inzwischen hat der Gleitschirm den Hängegleiter als individuelles Fluggerät bereits fast wieder abgelöst. Nur noch wenige Kilogramm schwer und gänzlich ohne starre Elemente hat diese durch den Wind stabilisierte, an einen schlanken Fallschirm erinnernde Tragfläche im Rucksack des Piloten Platz. Am Startplatz wird aus dessen Inhalt ein leistungsfähiges Fluggerät.[325] Obwohl der Gleitschirm optisch wieder dem Hängegleiter ähnelt, wird er nicht durch Gewichtsverlagerung gesteuert. Der Pilot verändert über Leinen die Geometrie des Flügels. Damit ist der Gleitschirm mit seiner aerodynamischen Steuerung dem Flugzeug näher als dem Hängegleiter und ist inzwischen auch wieder zum Motorfluggerät geworden.

Flügelschlag – Sackgasse der Flugtechnik?

Der Antrieb durch Flügelschlag ist wesentlicher Teil des Buches und gleichzeitig der seitdem am wenigsten reflektierte. Entgegen der öffentlichen Wahrnehmung sind Ideen zur technischen Nachahmung der natürlichen Flugmechanik durch bewegte Flügel aber stetig und ohne zeitliche Unterbrechung geboren worden. Viele Ideen haben zur Erprobung oder zu kontinuierlichen Versuchsserien geführt und sie haben auch ein Jahrhundert nach der Verwirklichung des starren Flügels ihre Attraktivität behalten. Gerade in jüngster Zeit sind auf diesem Gebiet spektakuläre Erfolge zu verzeichnen.

Am Beginn des erfolgreichen Menschenfluges kennzeichnete die Nachahmungen der natürlichen Vorbilder gerade die theoretische und praktische Trennung der am Vogelflügel verbunden auftretenden Funktionen Antrieb, Auftrieb und Steuerung. Bei Lilienthal sollte später ein Teilbereich des Flügels den Antrieb durch Flügelschläge realisieren (Abb. 2.6) und Gustav Lilienthal unternahm in hohem Alter erfolglos neue Experimente mit seinem „großen Vogel", einem durch Flügelschläge angetriebenen Flugapparat (Abb. 2.7).

In der folgenden 100-jährigen Geschichte des Flugzeugs blieb die Trennung von Antrieb und Flügel jedoch endgültig und vollständig. Die Idee des künstlichen Flügelschlags mutet bis heute geradezu als Irrweg am Beginn des Menschenflugs an. Dagegen ist der Flügel am modernen Flugzeug heute alles andere als starr. Er ist mit Klappen und Rudern in seiner Form und in seinen aerodynamischen Eigenschaften sehr veränderbar und in der Lage, die Mechanik des Fluges zu beeinflussen. Die aktive Beeinflussung des Fluges durch Flügelveränderung ist weit fortgeschritten, nicht aber der Antrieb über Flügelbewegung.

Das heute *Ornithopter* genannte Prinzip eines Fluggerätes mit Flügelschlagantrieb hat seine Faszination jedoch zu keiner Zeit verloren. Ähnlich wie das Vorbild des offenbar anstrengungslosen Segelflugs der Vögel zur Inspiration für die Entschlüsselung des Geheimnisses des Fliegens wurde, bildet die Eleganz und offensichtliche Flexibilität des durch bewegte Flügel bewirkten Fluges einen starken Anreiz für Versuche zur technischen Nachahmung auch dieser Fähigkeit des Vogels.

---

[325] ebenda S. 214 ff.

Neben dem Interesse am Verständnis und der adäquaten Beschreibung der Wirkung des Flügelschlags, die schon bei Lilienthal Gegenstand der Untersuchung war, beschäftigen sich auch nach Hunderten zählende Patente seit Beginn des 20. Jahrhunderts bis heute mit der technischen Nachahmung und Nutzung von Flügelschlagmechanismen. Die Problematik ist jedoch ungemein komplexer als die des Verständnisses des starren Flügels. Einerseits zeigt das natürliche Vorbild eine große Spannbreite, die vom sanften Flügelschlag der großen Vögel über die Fähigkeit zur Standschwebe kleiner Vögel bis zur komplexen Flügeldynamik beim Insektenflug reicht. Dabei wird aus dem, wie dargestellt, ohnehin schon schwierigen Strömungsproblem am Flügel ein zeitlich und räumlich veränderliches mit dem entsprechend hohen Anspruch an seine adäquate Beschreibung.

Sehr bekannt geworden sind zum Beispiel die durch Gummimotor getriebenen Flugmodelle von Vögeln und Flugsauriern des Biologen und Tierphysiologen Erich von Holst (1908–1962). Von Holst arbeitete in verschiedenen europäischen Universitäten und Forschungseinrichtungen zur Bewegungsphysiologie von Tieren, namentlich zum Vogelflug.[326] Er traf 1937 erstmals mit dem österreichischen Zoologen Konrad Lorenz (1903–1989) zusammen. Mit ihm als Stellvertreter leitete von Holst bis zu seinem Tod das 1958 eröffnete Max-Planck-Institut für Verhaltensphysiologie in Seewiesen in der Nähe von München, aus dem heute das Max-Planck-Institut für Ornithologie hervorgegangen ist.

Neben dem Problem des Verständnisses und der Beschreibung der komplexen Bewegungen und ihrer Wirkung erfordert ihre Simulation und Nachahmung aber die Übertragung auf ein technisches System mit den zusätzlichen Schwierigkeiten der technischen Umsetzung einer komplexen Ansteuerung beziehungsweise ihrer geeigneten Vereinfachung. Periodische Beschleunigung der zu bewegenden Massen und periodische Biegebeanspruchung der eingesetzten technischen Werkstoffe sind nur einige der sich zwangsläufig ergebenden Probleme mit einer großen Bandbreite bionischer Fragestellungen.

Großes Aufsehen erregte in jüngster Zeit ein künstlicher Vogel der im Jahr 2011 auf der Hannovermesse[327] vorgestellt wurde. Die Firma *Festo* präsentierte ihren *SmartBird*, eine komplexes Vogelmodell mit einer Spannweite von zwei Metern. In der Firmenschrift heißt es. „Mit dem SmartBird ist es Festo gelungen, den Vogelflug zu entschlüsseln. Der von der Silbermöwe inspirierte, bionische Technologieträger kann von selbst starten, fliegen und landen."[328] Die auf Automatisierungstechnik spezialisierte Firma verfolgt seit dem Jahr 2006 gemeinsam mit Hochschulen und anderen Partnern ein *Bionic Learnig Network*. Zu den Projekten gehörten unter anderem Systeme für Boden-, Wasser- und Luftantriebe und bereits ein durch zyklische Flossenbewegung angetriebener künstlicher Rochen. Im

---

[326] siehe z. B.: Holst, Erich von: „Biologische und aerodynamische Probleme des Tierfluges", in: „Die Naturwissenschaften" 1941 Heft 24/25, S. 348–362 und „Untersuchungen zur Flugbiophysik, I. Messungen zur Aerodynamik kleiner schwingender Flügel", in: „Biologisches Zentralblatt", Heft 7/8 1943, S. 289–326.

[327] „Hannover Messe", Industriemesse vom 4. bis 8. April 2011.

[328] „Festo Sartbird", Firmenpublikation Festo AG & Co. KG, Esslingen, 2011, Digitalisat: www.festo.com/net/SupportPortal/Files/46269/Brosch_SmartBird_de_8s_RZ_310311_lo.pdf.

Jahr 2013 ist der *BionicOpter*, eine künstliche Libelle, das jüngste Aufsehen erregende Objekt des *Bionic Learning Network*.

Der *Smartbird* ist ein hochkomplexes System aus Leichtbau und anspruchsvoller Steuerung. „Zu den Besonderheiten des SmartBird gehört, dass seine zweiteiligen Flügel (Armflügel und Handflügel) mit aktiven Torsionsgelenken ausgestattet sind, die über Servomotoren und eine Kurbelmechanik angesteuert werden. Das Modell ist so in der Lage, nicht nur Auf-, sondern auch Vortrieb zu erzeugen. Die exakte Synchronisierung von Schlag- und Torsionsbewegung erfolgt über das Auslesen von Daten mehrerer Hall-Sensoren in den Servomotoren."[329]

Wissenschaftlicher Berater im *SmartBird* Projekt war neben anderen der Physiker Wolfgang Send (geb. 1944). Send arbeitete bis 2009 am Institut für Aeroelastik des *Deutschen Zentrums für Luft- und Raumfahr*t in Göttingen. In theoretischen und experimentellen Arbeiten hat sich Send seit vielen Jahren mit dem Flügelschlag beschäftigt. Neben der theoretischen Beschreibung hat er Demonstrationsmodelle zur Veranschaulichung des Flügelschlags beim Vogelflug und Versuchsapparaturen zu dessen quantitativer Analyse entwickelt. In seinen Vorträgen und Vorlesungen knüpft Send ausdrücklich an die Untersuchungen Lilienthals zum Flügelschlag an. Im zoologischen Institut der Universität Göttingen hielt er eine Experimentalvorlesung mit dem Titel „Der Tierflug". In einem Vortrag auf dem *Deutschen Luft- und Raumfahrtkongreß* 1996 in Dresden heißt es: „Otto Lilienthal hat mit seinen Beobachtungen zum Schwingenflug vor mehr als 100 Jahren die zentralen Mechanismen für den Vortrieb der fliegenden Lebewesen erkannt. Schlagen, Drehen und Schwenken eines Flügels sind die kinematischen Grundmuster bei diesem Bewegungsvorgang. Den Beleg für diese Feststellung geben moderne zoologische Beobachtungen."[330]

---

[329] Ziegler, Peter-Michael: „Flieg, Vogel, flieg! Hannover Messe 2011", in: „c't Magazin" 2011 Nr. 9, S. 30.

[330] Send, Wolfgang: „Otto Lilienthal und die Mechanik des Schwingenflugs." Vortrag auf dem „Deutschen Luft- und Raumfahrtkongreß", DGLR Jahrestagung 1996, Dresden 24.–27. 9. 1996, Vortrag DGLR-JT96-030.

Lilienthals flugtechnische Patente:

Nur vier der bekannten Patente Otto Lilienthals betreffen die Flugtechnik. 1893 lässt Lilienthal seinen Flugapparat patentieren, wobei das Patent sein gesamtes Konzept beinhaltet. Sowohl die Bauform mit zusammenklappbaren Flügeln, die Profilierung der Flügel, als auch der Flügelschlag gehören zu den Patentansprüchen. 1895 meldet Lilienthal ein weiteres Patent beim Deutschen Patentamt an, das er als Zusatzpatent deklariert. Es betrifft ein „drehbares Flächenstück", eine später „Vorflügel" genannte Klappe, die die Steuerbarkeit in Flugsituationen verbessert, bei denen der Apparat Gefahr läuft, sich vorwärts zu überschlagen. Das englische und das amerikanische Patent dienen dem Schutz der konkreten Bauform des *Normalsegelapparates*, wie er von Lilienthal als Produkt der Maschinenfabrik angeboten wird. Der Flügelschlagantrieb ist nicht mehr Gegenstand dieser Patente. Das amerikanische Patent wird im *Aeronautical Annual* 1896 abgedruckt, zusammen mit der ausdrücklichen Bemerkung, dass Lilienthal das Patent zum Verkauf anbietet.[331]

3. 9. 1893
„Flugapparat", Kaiserliches Patentamt. (**DRP**) Patentschrift Nr. 77916[332]

1895
„Flying Machine", Britisches Patent Nr. 2519

---

[331] „Mr. Lilienthal desires to have it announced that his American Patent rights are for sale, and that upon application he will be pleased to give further information concerning them." Aeronautical Annual 1896, a. a. O. S.20–22.

[332] Digitalisat: **id** 15118.

28. 2. 1895
Flying Machine, US-Patent Nr. 544816[333]

(1895)
Zusatzpatent zum Patent Nr. 77916 Flugapparat, **DRP** Nr. 84417[334]

Andere Patente:

Der Großteil der Patente Lilienthals hat Erfindungen zum Inhalt, die unmittelbar mit seiner unternehmerischen Tätigkeit als Inhaber einer Maschinenfabrik zu tun haben. Einige Patente betreffen Erfindungen, deren wesentlicher Urheber der Bruder Gustav Lilienthal ist. Der Grund für die Patentierung unter Otto Lilienthals und anderen Namen ist die juristische Auseinandersetzung um die Baukastenproduktion der Lilienthals mit dem Spielzeughersteller Friedrich Adolf Richter in Rudolstadt, dem Inhaber der Anker-Werke, der die Erfindung und die exklusiven Produktionsrechte der künstlichen Steine 1880 von Gustav Lilienthal gekauft hatte.[335] Noch bis zum Tod Otto Lilienthals laufen die Baukastenfabrikationen Gustav Lilienthals unter dem Firmennamen *Modellbaukastenfabrik Otto Lilienthal*.[336]

23. 12. 1875
Ein erster bekannter Patentantrag, bei dem Otto und Gustav Lilienthal als „Gebr. Lilienthal" auftreten, betrifft eine „calorimotorische Maschine". Der Antrag an *ein Königliches hohes Ministerium für Handel, Gewerbe und öffentliche Arbeiten, Abtheilung IV, technische Deputation für Gewerbe* wurde abgelehnt.

Nur in einem weiteren Patentantrag treten die Brüder gemeinsam auf, bei der US-amerikanischen Patentanmeldung auf den Steinbaukasten:
18. 10. 1880
Otto Lilienthal and Gustav Lilienthal, from Berlin, Prussia, Assignors to Friedrich Adolf Richter, of Rudolstadt, Germany: „Composition Toy Building-Block." United States Patent Office No. 233.780

Folgende weitere Patente wurden Otto Lilienthal erteilt:
15. 3. 1878
„Zirkel für Metallarbeiter mit Vorrichtung zum Anreissen von Mittellinien" **DRP** Nr. 2367

---

[333] Digitalisat: **id** 45.

[334] Digitalisat: **id** 8039.

[335] Zur Geschichte des Rechtsstreites mit Richter siehe Runge/Lukasch, a. a. O. S. 129 ff.

[336] Siehe z. B. „Modellbaukasten. Von Otto Lilienthal. Berlin, Wallstraße 12", in: **PR** 1891, S. 143–144, Digitalisat: **id** 335.

9. 4. 1881
„Neuerungen an Dampfkesseln" **DRP** Nr. 16103

30. 12. 1881
„Direct wirkender Ueberträger für Regulatoren" **DRP** Nr. 18471

4. 5. 1883
„Gefahrlose Dampfmaschine", Österreichisches Patent Nr. 33/1285

30. 4. 1884
„Schlangenrohrkessel", **DRP** Nr. 29080

28. 5. 1884
„Gefahrloser Schlangenkessel", Österreichisches Patent Nr. 34/1493

12. 8. 1885
„Schlangenrohr-Dampferzeuger", **DRP** Nr. 34389

23. 6. 1886
gemeinsam mit William Bashall: „Improvments in Steam-engine-boiler Feed-pumps, Part of which Improvements are Applicable to Steam-engines Generally.", Britisches Patent Nr. 8321

21. 9. 1887
„Schlangenrohrkessel", **DRP** Nr. 42698

21. 9. 1887
gemeinsam mit William Bashall: „An Improved Coil Steam Generator", Britisches Patent Nr. 8322

1. 12. 1887
„An Improved Tubular Boiler", Britisches Patent Nr. 16555

14. 1. 1888
„Schraubensicherung mit am Rande auszubiegendem Mutterteller", **DRP** Nr. 44700

8. 4. 1888
„Rechenapparat", **DRP** Nr. 44632

8. 4. 1888
„Lesespiel", **DRP** Nr. 44540

8. 4. 1888
„Herstellung von Modellbauten aus Leisten verschiedener Länge", **DRP** Nr. 46312

24. 5. 1888
„Vorrichtung und Verfahren zur Herstellung von Modellbauten", Österreichisches Patent Nr. 38/2669

11. 1. 1890
„Dampfstrahlrad mit offenen Hohlschaufeln und feststehenden Gegenschaufeln", **DRP** Nr. 54631

16. 8. 1890
„Riemscheiben mit Zickzackspeichen und getheilter Nabe", **DRP** Nr. 56476

15. 4. 1893
„Verfahren zur Ueberführung von Abwässern in den Erdboden", **DRP** Nr. 71479

Für eine Maschine zur Mechanisierung der Herstellung der künstlichen Steine für den Steinbaukasten fungiert auf Grund der genannten Auseinandersetzung mit Richter ein Mittelsmann:
7. 8. 1884
Victor Lenglet in Paris: „Neuerungen an Maschinen mit rotirendem Tisch, von unten wirkenden Stempeln und auf- und zuklappenden Formdeckeln zum Pressen von Steinen.", **DRP** Nr. 30903

Einige Erfindungen Otto Lilienthals werden vermutlich auf Grund der zu vermeidenden Konkurrenzsituation mit Lilienthals Arbeitgeber, dem Berliner Maschinenfabrikanten Hoppe auf den Bruder Gustav angemeldet. Unter dessen zahlreichen Patenten befinden sich folgende, Otto Lilienthals erfolgreiche Erfindung einer Bergbaumaschine betreffend:
9. 2. 1877
„Verbesserungen an Schrämmaschinen mit Messerscheibe", Königlich Sächsisches Patent Nr. 4771

20. 10. 1877
„Schräm-Maschine mit Messerscheibe", **DRP** Nr. 2291

Der Vogelflug

als Grundlage der Fliegekunst.

Ein Beitrag

zur

Systematik der Flugtechnik.

Auf Grund

zahlreicher von O. und G. Lilienthal ausgeführter Versuche

bearbeitet von

Otto Lilienthal,

Ingenieur und Maschinenfabrikant in Berlin.

————

Mit 80 Holzschnitten, 8 lithographierten Tafeln und 1 Titelbild in Farbendruck.

Berlin 1889.
R. Gaertners Verlagsbuchhandlung
Hermann Heyfelder.
SW. Schönebergstraße 26.

B. Lukasch (Hrsg.), *Otto Lilienthal*, Klassische Texte der Wissenschaft,   111
DOI 10.1007/978-3-642-41812-9_6, © Springer-Verlag Berlin Heidelberg 2014

Alle Rechte vorbehalten

Vorwort.

Die Kenntnis der mechanischen Vorgänge beim Vogelfluge steht gegenwärtig noch auf einer Stufe, welche dem jetzigen. allgemeinen Standpunkt
der Wissenschaft offenbar nicht entspricht.

Es scheint, als ob die Forschung auf dem Gebiete des aktiven Fliegens
durch ungünstige Umstände in Bahnen gelenkt worden sei, welche fast
resultatlos verlaufen, indem die Ergebnisse dieser Forschung die wirkliche
Förderung und Verbreitung einer positiven Kenntnis der Grundlagen der
Fliegekunst bei weitem nicht in dem Maße herbeiführten, als es
wünschenswert wäre. Wenigstens ist unser Wissen über die Gesetze des
Luftwiderstandes   noch   so   mangelhaft   geblieben,   das   es   der
rechnungsmäßigen   Behandlung   des   Fliegeproblems   unbedingt   an den
erforderlichen Unterlagen fehlt.

Um   nun   einen   Beitrag   zu   liefern,   die   Eigentümlichkeiten   der
Luftwiderstandserscheinungen   näher   kennen   zu   lernen,   und   dadurch zur
weiteren Forschung in der Ergründung der für die Flugtechnik wichtigsten
Fundamentalsätze anzuregen, veröffentliche ich hiermit eine Reihe von
Versuchen   und   an   diese   geknüpfter   Betrachtungen,   welche   von   mir
gemeinschaftlich mit meinem Bruder Gustav Lilienthal angestellt wurden.

Diese Versuche, über einen Zeitraum von 23 Jahren sich erstreckend,
konnten jetzt zu einem gewissen Abschluss gebracht werden, indem durch
die Aneinanderreihung der Ergebnisse ein geschlossener Gedankengang
sich herstellen ließ, welcher die Vorgänge beim Vogelfluge einer
Zergliederung unterwirft, und dadurch eine Erklärung derselben, wenn
auch nicht erschöpfend behandelt, so doch anbahnen hilft.

Ohne daher der Anmaßung Raum zu geben, dass das in diesem Werke
Gebotene für eine endgültige Theorie des Vogelfluges gehalten werden
soll, hoffe ich doch, dass für jedermann genug des Anregenden darin sich
bieten möge, um das schon so verbreitete Interesse für die Kunst des freien
Fliegens noch mehr zu heben. Besonders geht aber mein Wunsch dahin,
dass eine große Zahl von Fachleuten Veranlassung nehmen möchte, das
Gebotene genau zu prüfen und womöglich durch parallele Versuche zur
Läuterung des bereits Gefundenen beizutragen.

Ich habe die Absicht gehabt, nicht nur für Fachleute, sondern für jeden
Gebildeten ein Werk zu schaffen, dessen Durcharbeitung die Überzeugung

verbreiten soll, dass wirklich kein Naturgesetz vorhanden ist, welches wie ein unüberwindlicher Riegel sich der Lösung des Fliegeproblems vorschiebt. Ich habe an der Hand von Tatsachen und Schlüssen, die sich aus den angestellten Messungen ergaben, die Hoffnung aller Nachdenkenden beleben wollen, dass es vom Standpunkt der Mechanik aus wohl gelingen kann, diese höchste Aufgabe der Technik einmal zu lösen.

Um mich auch denen verständlich zu machen, welchen das Studium der Mathematik und Mechanik ferner liegt, also um den Leserkreis nicht auf die·Fachleute allein zu beschränken, war ich bemüht, in der Hauptdarstellung mich so auszudrücken, dass jeder gebildete Laie den Ausführungen ohne Schwierigkeiten folgen kann, indem nur die elementarsten Begriffe der Mechanik zur Erläuterung herangezogen wurden; welche außerdem soviel als möglich ihre Erklärung im Texte selbst fanden. Weitergehende, dem Laien schwer verständliche Berechnungen sind darin so behandelt, dass das allgemeine Verständnis dadurch nicht beeinträchtigt· wird.

Wenn hierdurch denjenigen, welche an den täglichen Gebrauch der Mathematik und Mechanik gewöhnt sind, die Darstellung vielfach etwas breit und umständlich erscheinen wird, und diesen Lesern· eine knappere Form wünschenswert wäre, so bitte ich im Interesse der Allgemeinheit um Nachsicht.

Somit übergebe ich denn dieses Werk der Öffentlichkeit und bitte, bei der Beurteilung die hier erwähnten Gesichtspunkte freundlichst zu berücksichtigen.

Otto Lilienthal.

Inhalt.

-1-

1 Einleitung.

Alljährlich, wenn der Frühling kommt, und die Luft sich wieder bevölkert mit unzähligen frohen Geschöpfen, wenn die Störche, zu ihren alten nordischen Wohnsitzen zurückgekehrt, ihren stattlichen Flugapparat, der sie schon viele Tausende von Meilen weit getragen, zusammenfalten, den Kopf auf den Rücken legen und durch ein Freudengeklapper ihre Ankunft anzeigen, wenn die Schwalben ihren Einzug gehalten, und wieder in segelndem Fluge Straße auf und Straße ab mit glattem Flügelschlag an unseren Häusern entlang und an unseren Fenstern vorbei eilen, wenn die Lerche als Punkt im Äther steht, und mit lautem Jubelgesang ihre Freude am Dasein verkündet, dann ergreift auch den Menschen eine gewisse Sehnsucht, sich hinaufzuschwingen, und frei wie der Vogel über lachende Gefilde, schattige Wälder und spiegelnde Seen dahinzugleiten, und die Landschaft so voll und ganz zu genießen, wie es sonst nur der Vogel vermag.

Wer hätte wenigstens um diese Zeit niemals bedauert, dass der Mensch bis jetzt der Kunst des freien Fliegens entbehren muss, und nicht auch wie der Vogel wirkungsvoll seine Schwingen entfalten kann, um seiner Wanderlust den höchsten Ausdruck zu verleihen?

Sollen wir denn diese Kunst immer noch nicht die unsere nennen, und nur begeistert aufschauen zu niederen Wesen, die dort oben im blauen Äther ihre schönen Kreise ziehen?

-2-

Soll dieses schmerzliche Bewusstsein durch die traurige Gewissheit noch vermehrt werden, dass es uns nie und nimmer gelingen wird, dem Vogel seine Fliegekunst abzulauschen?

Oder wird es in der Macht des menschlichen Verstandes liegen, jene Mittel zu ergründen, welche uns zu ersetzen vermögen, was die Natur uns versagte?

Bewiesen ist bis jetzt weder das Eine noch das Andere, aber wir nehmen mit Genugtuung wahr, dass die Zahl derjenigen Männer stetig wächst, welche es sich zur ernsten Aufgabe gemacht haben, mehr Licht über dieses noch so dunkle Gebiet unseres Wissens zu verbreiten.

Die Beobachtung der Natur ist es, welche immer und immer wieder dem Gedanken Nahrung gibt: "Es kann und darf die Fliegekunst nicht für ewig dem Menschen versagt sein."

Wer Gelegenheit hatte, seine Naturbeobachtung auch auf jene großen Vögel auszudehnen, welche mit langsamen Flügelschlägen und oft mit nur ausgebreiteten Schwingen segelnd das Luftreich durchmessen, wem es gar vergönnt war, die großen Flieger des hohen Meeres aus unmittelbarer Nähe bei ihrem Fluge zu betrachten, sich an der Schönheit und Vollendung ihrer Bewegungen zu weiden, über die Sicherheit in der Wirkung ihres Flugapparates zu staunen, wer endlich aus der Ruhe dieser Bewegungen die mäßige Anstrengung zu erkennen und aus der helfenden Wirkung des Windes auf den für solches Fliegen erforderlichen geringen Kraftaufwand zu schließen vermag, der wird auch die Zeit nicht mehr fern wähnen, wo unsere Erkenntnis die nötige Reife erlangt haben wird, auch jene Vorgänge richtig zu erklären, und dadurch den Bann zu brechen, welcher uns bis jetzt hinderte, auch nur ein einziges Mal zu freiem Fluge unseren Fuß von der Erde zu lösen.

Aber nicht unser Wunsch allein soll es sein, den Vögeln ihre Kunst abzulauschen, nein, unsere Pflicht ist es, nicht eher zu ruhen, als bis wir die volle wissenschaftliche Klarheit über die Vorgänge des Fliegens erlangt haben. Sei es nun,

-3-

dass aus ihr der Nachweis hervorgehe: "Es wird uns nimmer gelingen, unsere Verkehrsstraße zur freien willkürlichen Bewegung in die Luft zu verlegen," oder dass wir an der Hand des Erforschten tatsächlich dasjenige künstlich ausführen lernen, was uns die Natur im Vogelfluge täglich vor Augen führt.

So wollen wir denn redlich bemüht sein, wie es die Wissenschaft erheischt, ohne alle Voreingenommenheit zu untersuchen, was der Vogelflug ist, wie er vor sich geht, und welche Schlüsse sich aus ihm ziehen lassen.

2. Das Grundprinzip des freien Fluges.

Die Beobachtung der fliegenden Tiere lehrt, dass es möglich ist, mit Hülfe von Flügeln, welche eigentümlich geformt sind, und in geeigneter Weise durch die Luft bewegt werden, schwere Körper in der Luft schwebend zu erhalten, und nach beliebigen Richtungen mit großer Geschwindigkeit zu bewegen.

Die in der Luft schwebenden Körper der fliegenden Tiere zeichnen sich gegen die Körper anderer Tiere nicht so wesentlich durch ihre Leichtigkeit aus, dass daraus gefolgert werden könnte, die leichte Körperbauart sei ein Haupterfordernis, das Fliegen zu ermöglichen.

Man findet zwar die Ansicht verbreitet, dass die hohlen Knochen der Vögel das Fliegen erleichtern sollen, namentlich da die Hohlräume der Knochen mit erwärmter Luft gefüllt sind. Es gehört aber nicht viel Überlegung dazu, um einzusehen, dass diese Körpererleichterung kaum der Rede wert ist.

Eine spezifische Leichtigkeit der Fleisch- und Knochenmasse sowie anderer Bestandteile des Vogelkörpers ist bis jetzt auch nicht festgestellt.

Vielleicht hat das Federkleid des Vogels, welches ihn umfangreicher erscheinen lässt, als wie er ist, besonders wenn

-4-

dasselbe wie bei dem getöteten Vogel nicht straff anliegt, dazu beigetragen, ihm den Ruf der Leichtigkeit zu verschaffen. Von dem gerupften Vogel kann man entschieden nicht behaupten, dass er verhältnismäßig leichter sei als andere Tiere; auch unsere Hausfrauen stehen wohl nicht unter dem Eindruck, dass ein Kilogramm Vogelfleisch, und seien auch die hohlen Knochen dabei mitgewogen, umfangreicher aussieht als das gleiche Gewicht von Fleischnahrung aus dem Reiche der Säugetiere.

Wenn nun zu dem gerupften Vogel die Federn noch hinzukommen, so wird er dadurch auch nicht leichter, sondern schwerer; denn auch die Federn sind schwerer als die Luft.

Die Federbekleidung kann daher, wenn sie dein Vogel auch die Entfaltung seiner Schwingen ermöglicht, und seine Gestalt zum leichteren Durchschneiden der Luft abrundet und glättet, kein besonderer Faktor zu seiner leichteren Erhebung in die Luft sein. Es ist vielmehr anzunehmen, dass bei den fliegenden Tieren die freie Erhebung von der Erde und das Beharren in der Luft, sowie die schnelle Fortbewegung durch die Luft mit Hilfe gewisser mechanischer Vorgänge stattfindet, welche möglicher Weise auch künstlich erzeugt und mittelst geeigneter Vorrichtungen auch von Wesen ausgeführt werden können, welche nicht gerade zum Fliegen geboren sind.

Das Element der fliegenden Tiere ist die Luft. Die geringe Dichtigkeit der Luft gestattet aber nicht, darin zu schweben und darin herumzuschwimmen, wie es die Fische im Wasser vermögen, sondern eine stetig unterhaltene Bewegungswirkung zwischen der Luft und den Tragflächen oder Flügeln der fliegenden Tiere, oft mit großen Muskelanstrengungen verbunden, muss dafür sorgen, dass ein Herabfallen aus der Luft verhindert wird.

Jedoch diese geringe Dichtigkeit der Luft, welche das freie Erheben in derselben erschwert, gewährt andererseits einen großen Vorteil für die sich in der Luft bewegenden Tiere.

Das auf der geringen Dichtigkeit beruhende leichte Durchdringen der Luft gestattet vielen Tieren mit außerordentlicher

-5-

Schnelligkeit vorwärts zu fliegen; und so nehmen wir denn namentlich an vielen Vögeln Fluggeschwindigkeiten wahr, welche in Erstaunen setzen, indem sie die Geschwindigkeit der schnellsten Eisenbahnzüge bei weitem übertreffen. Hat daher eine freie Erhebung von der Erde durch die Fliegekunst erst stattgefunden, so erscheint es nicht schwer, eine große Geschwindigkeit in der Luft selbst zu erreichen.

Als Eigentümlichkeit beim Bewegen in der Luft haben wir daher weniger das schnelle Fliegen anzusehen, als vielmehr die Fähigkeit, ein herabfallen aus der Luft zu verhindern, indem das erstere sich fast von selbst ergibt, sobald die Bedingungen für das letztere in richtiger Weise erfüllt sind.

Die fliegende Tierwelt und obenan die Vögel liefern den Beweis, dass die Fortbewegung durch die Luft an Vollkommenheit allen anderen Fortbewegungsarten der Tierwelt und auch den künstlichen Ortsveränderungen der Menschen weit überlegen ist.

Auch auf dem Lande und im Wasser gibt es Tiere, denen die Natur große Schnelligkeit verliehen hat, teils zur Verfolgung ihrer Beute, teils zur Flucht vor dem Stärkeren, eine Schnelligkeit, die oft unsere Bewunderung erregt. Aber was sind diese Leistungen gegen die Leistungen der Vogelwelt?

Einem Sturmvogel ist es ein Nichts, den dahinsausenden Oceandampfer in meilenweiten Kreisen zu umziehen und, nachdem er meilenweit hinter ihm zurückgeblieben, ihn im Na wieder meilenweit zu überholen.

Mit Begeisterung schildert Brehm, dieser hervorragende Kenner der Vogelwelt, die Ausdauer der Meerbewohnenden großen Flieger. Ja, dieser Forscher hält es für erwiesen, dass ein solcher Vogel auf weitem Ocean Hunderte von Meilen dem Tag und Nacht unter vollem Dampf dahineilenden Schiffe folgt, ohne bei seiner kurzen Rast auf dem Wasser die Spur des schnellen Dampfers zu verlieren und ohne jemals das Schiff als Ruhepunkt zu wählen.

Diese Vögel scheinen gleichsam in der Luft selbst ihre Ruhe zu finden, da man sie nicht nur bei Tage, sondern auch

-6-

bei Nacht herumfliegen sieht. Sie nützen die Tragekraft des Windes in so vollkommener Weise aus, dass ihre eigene Anstrengung kaum nötig ist.

Und dennoch sind sie da, wo sie nur immer sein wollen, als wenn der Wille allein ihre einzige Triebkraft bei ihrem Fluge wäre.

Diese vollkommenste aller Fortbewegungsarten sich zu eigen zu machen, ist das Streben des Menschen seit den Anfängen seiner Geschichte.

Tausendfältig hat der Mensch versucht, es den Vögeln gleich zu tun. Flügel ohne Zahl. sind von dem Menschengeschlechte gefertigt, geprobt und - verworfen. Alles, alles vergeblich und ohne Nutzen für die Erreichung dieses heiß ersehnten Zieles.

Der wahre, freie Flug, er ist auch heute noch ein Problem für die Menschheit, wie er es vor Tausenden von Jahren gewesen ist.

Die erste wirkliche Erhebung des Menschen in die Luft geschah mit Hülfe des Luftballons. Der Luftballon ist leichter als die von ihm verdrängte Luftmasse, er kann daher noch andere schwere Körper mit in die Luft heben. Der Luftballon erhält aber unter allen Umständen, auch wenn derselbe in länglicher zugespitzter Form ausgeführt wird, einen so großen Querschnitt nach der Bewegungsrichtung, und erfährt einen so großen Widerstand durch seine Bewegung in der Luft, dass es nicht möglich ist, namentlich gegen den Wind denselben mit solcher Geschwindigkeit durch die Luft zu treiben, dass die Vorteile der willkürlichen schnellen Ortsveränderung, wie wir sie an den fliegenden Tieren wahrnehmen, im Entferntesten erreicht werden könnten.

Es bleibt daher nur übrig, um jene großartigen Wirkungen des Fliegens der Tierwelt auch für den Menschen nutzbar zu machen, auf die helfende Wirkung des Auftriebes leichter Gase, also auf die Benutzung des Luftballons ganz zu verzichten, und sich einer Fliegemethode zu bedienen, bei welcher nur dünne Flügelkörper angewendet werden, welche dem

-7-

Durchschneiden der Luft nach horizontaler Richtung sehr wenig Widerstand entgegensetzen.

Der Grundgedanke eines solchen Fliegens besteht in der Vermeidung größerer Querschnitte nach der beabsichtigten Bewegungsrichtung und der Hebewirkung durch dünne Flugflächen, welche im wesentlichen horizontal ausgebreitet und relativ zum fliegenden Körper annähernd vertikal bewegt werden.

Die fliegenden Tiere sind imstande, unter Aufrechterhaltung dieses Prinzips eine freie Erhebung und schnelle Fortbewegung durch die Luft zu bewirken. Wollen wir also die Vorteile dieses Prinzips uns auch zu nutze machen, so wird es darauf ankommen, die richtige Erklärung für solche Fliegewirkung zu suchen.

Die Zurückführung aber einer derartigen Wirkung auf ihre Ursache geschieht durch das richtige Erkennen der beim Fliegen stattfindenden mechanischen Vorgänge, und die

Mechanik, also die Wissenschaft von den Wirkungen der Kräfte, gibt uns die Mittel an die Hand, diese mechanischen Vorgänge zu erklären.

Die Fliegekunst ist also ein Problem, dessen wissenschaftliche Behandlung vorwiegend die Kenntnis der Mechanik voraussetzt. Die hierzu erforderlichen Überlegungen sind jedoch verhältnismäßig einfacher Natur und es lohnt sich, zunächst einen Blick auf die Beziehungen der Fliegekunst zur Mechanik zu werfen.

3. Die Fliegekunst und die Mechanik.

Wenn wir uns mit der Mechanik des Vogelfluges beschäftigen wollen, werden wir hauptsächlich mit denjenigen Kräften zu tun haben, die am fliegenden Vogel in Wirkung treten. Das Fliegen der Tiere ist weiter nichts als eine beständige Überwindung derjenigen Kraft, mit welcher die Erde

-8-

alle Körper, also auch alle ihre Geschöpfe anzieht. Der fliegende Vogel aber spottet dieser Anziehungskraft vermöge seiner Fliegekunst und fällt nicht zur Erde nieder, obwohl die Erde ihn ebenso an sich zu ziehen und festzuhalten sucht wie ihre nicht fliegenden Lebewesen.

Das Fliegen selbst aber ist ein dauernder Kampf mit der Anziehungskraft der Erde und zur Überwindung dieses Gegners ist es wichtig, ihn zunächst etwas näher zu betrachten.

Die Anziehungskraft der Erde oder die Schwerkraft ist das Ergebnis eines Naturgesetzes, welches das ganze Weltall durchdringt und nach welchem alle Körper der Welt sich gegenseitig anziehen. Diese Anziehungskraft nimmt zu mit der Masse der Körper und nimmt ab mit dem Quadrate ihrer Entfernung. Als Entfernung der sich anziehenden Körper ist die Entfernung ihrer Schwerpunkte anzusehen. Wenn daher ein Vogel sich höher und höher in die Luft erhebt, so kann man trotzdem kaum von einer Abnahme der Erdanziehung sprechen, denn diese Erhebung ist verschwindend klein gegen die Entfernung des Vogels vom Schwerpunkt oder Mittelpunkt der Erde.

Da wir der Erde so sehr nahe sind im Vergleich zu anderen Weltkörpern, so verspüren wir nur die Kraft, mit welcher wir von der Erde angezogen werden.

Das Gewicht eines Körpers ist gleich der Kraft, mit welcher die Erde diesen Körper an sich zieht. Als Krafteinheit pflegt man das Gewicht von 1 kg anzusehen und hiernach alle anderen Kräfte zu messen.

Die bildliche Darstellung einer Kraft geschieht durch eine Linie in der Kraftrichtung von bestimmter Länge je nach der Größe der Kraft.

Die Schwerkraft ist immer wie die Lotlinie nach dem Mittelpunkt der Erde gerichtet.

Die Anziehungskraft der Erde kann man wie alle anderen Kräfte nur durch ihre Wirkung wahrnehmen. Ihre sichtbare Wirkung aber besteht, wie bei allen Kräften, in Erzeugung von Bewegungen.

-9-

Wenn eine Kraft auf einen freien, ruhenden Körper stetig wirkt, so beginnt der Körper in der Richtung der Kraftwirkung sich zu bewegen und an Geschwindigkeit stetig zuzunehmen. Die Größe der Bewegung in jedem Augenblick wird durch den in einer Sekunde zurückgelegten Weg gemessen, wenn die Bewegung während dieser Sekunde gleichmäßig wäre. Man nennt diesen sekundlichen Weg die Geschwindigkeit eines Körpers.

Die Anziehungskraft der Erde oder Schwerkraft wird einem Vogel in der Luft, dein plötzlich die Fähigkeit des Fliegens genommen ist, eine nach unten gerichtete Bewegung erteilen, welche an Geschwindigkeit stetig zunimmt; der Vogel wird fallen, bis er an der Erde liegt.

Ein solches Fallen in der Luft gibt aber keine genaue Darstellung von der Wirkung der Schwerkraft, weil der Widerstand der Luft die Fallgeschwindigkeit sowie die Fallrichtung beeinträchtigt.

Die unbeschränkte Wirkung der Schwerkraft lässt sich daher nur im luftleeren Raum feststellen, und in diesem fällt jeder Körper ohne Rücksicht auf seine sonstige Beschaffenheit mit derselben gleichmäßig zunehmenden Schnelligkeit und zwar so, dass er am Ende der ersten Sekunde eine Geschwindigkeit von 9,81 in hat, die stetig und gleichmäßig zunimmt, sich also nach jeder ferneren Sekunde um 9,81 m vermehrt. Diese sekundliche Zunahme der Geschwindigkeit nennt man Beschleunigung. Die Beschleunigung der Schwerkraft ist also 9,81 m.

Auch an dem nicht aus der Luft geschossenen, fliegenden Vogel wird die Beschleunigung der Schwerkraft sichtbar sein; denn wenn der Vogel zu neuem Flügelschlage ausholt, setzt sofort die Schwerkraft mit ihrer Beschleunigung ein, und senkt den Vogel um ein Geringes, bis der neue Flügelniederschlag erfolgt, der den Vogelkörper um die gefallene Strecke wieder hebt und so die Wirkung der Schwerkraft ausgleicht.

Die Anziehungskraft der Erde ist aber nicht die einzige Kraft, die auf den Vogel wirkt, vielmehr verdankt er seine

-10-

Flugfähigkeit gerade dem Auftreten verschiedener anderer Kräfte, mit denen er die Wirkung der Schwerkraft bekämpft.

Die Mechanik pflegt die Kräfte in 2 Klassen zu teilen, in treibende Kräfte, oder in Kräfte in engerem Sinne, und in hemmende Kräfte oder Widerstände.

Die treibenden Kräfte sind geeignet, Bewegungen zu erzeugen und, wie ihr Name sagt, als Triebkraft zu dienen.

Zu diesen Kräften haben wir außer der Schwerkraft z. B. auch die Muskelkraft der Tiere zu rechnen, sowie das Ausdehnungsbestreben des gespannten Dampfes, der gespannten Federn u.s.w.

Jede treibende Kraft kann aber auch als hemmende Kraft auftreten, insofern sie an einem in Bewegung befindlichen Körper dieser Bewegung entgegengesetzt wirkt und dadurch die Bewegung vermindert, wie es der Fall ist in Bezug auf die Wirkung der Schwerkraft an einem in die Höhe geworfenen Körper.

Zu den hemmenden Kräften gehört vor allem diejenige Kraft, deren Eigenschaften die Natur bei dem Fluge der Vögel in so vollkommener Weise ausnützt und mit der wir uns in diesem Werke ganz eingehend beschäftigen müssen, der so genannte „Widerstand des Mittels", den jeder Körper erfährt, wenn er sich in einem Mittel, z. B. in der Luft, bewegt. Ein solcher Widerstand kann deshalb nie direkt treibend wirken, weil er durch die Bewegung selbst erst hervorgerufen wird, er dann aber diese Bewegung stets wieder zu verkleinern sucht und nicht eher aufhört, bis die Bewegung selbst wieder aufgehört hat.

Der Widerstand des Mittels, also der Widerstand des Wassers, sowie der Luftwiderstand kann nur in direkt als treibende Kraft auftreten, wenn das Mittel selbst, also das Wasser oder die Luft in Bewegung sich befindet, wovon alle Wasser- und Windmühlen und, wie wir später sehen werden, auch die segelnden Vögel ein Beispiel geben.

Fernere Widerstandskräfte sind beispielsweise die Reibung sowie die Kohäsionskraft der festen Körper, auch diese können

-11-

nicht unmittelbar treibend wirken, sondern nur als Widerstand auftreten, wenn es sich um ihre Überwindung, z. B. beim Transport von Lasten und bei der Bearbeitung des Holzes, der Metalle oder anderer fester Körper handelt, wo der schneidende Stahl die Kohäsionskraft aufheben muss.

Eine Kraft ist zwar stets die Ursache einer Bewegung, aber wenn ein Körper sich nicht bewegt, so ist daraus noch nicht zu schließen, dass keine Kräfte auf ihn einwirken. Wenn

z. B. ein Körper auf einer Unterstützung ruht, so wirkt dennoch die Anziehungskraft der Erde auf ihn; ihr Einfluss wird nur aufgehoben, weil eine andere gleich große aber entgegengesetzt gerichtete Kraft zur Wirkung kommt, und zwar der Unterstützungsdruck, der von unten ebenso stark auf den Körper drückt, wie der Körper durch sein Gewicht auf die Unterstützung.

Hier heben sich die beiden wirksamen Kräfte gegenseitig auf und der Körper ist im Gleichgewicht der Ruhe.

Auch an dem in der Höhe schwebenden Vogel muss ein nach oben gerichteter Unterstützungsdruck wirksam sein, den der Vogel sich irgendwie geschafft haben muss, und welcher dem Vogelgewichte das Gleichgewicht hält.

Auch am fliegenden Vogel werden die wirksamen Kräfte sich zusammensetzen, wie die Mechanik es lehrt, sodass, wenn sie in gleicher Richtung auftreten, sie sich in ihrer Wirkung ergänzen, und wenn sie entgegengesetzt gerichtet sind, sich ganz oder teilweise aufheben, je nach ihrer Größe.

Auch Kräfte, welche nicht nach derselben Richtung am Vogelkörper wirksam sind, kann man nach der Diagonale des aus diesen Kraftlinien gebildeten Parallelogramms zusammensetzen, ebenso, wie man eine Kraft nach dem Parallelogramm der Kräfte in zwei oder mehrere Kräfte zerlegen kann, die dasselbe leisten wie die unzerlegte Kraft.

Auch die durch Kräfte hervorgerufenen Bewegungserscheinungen werden am Vogel sich nicht anders äußern als an jedem anderen Körper.

-12-

Wenn eine Kraft einen Körper in Bewegung gesetzt hat und hört dann auf zu wirken oder eine andere Kraft tritt hinzu, welche der ersten Kraft das Gleichgewicht hält, so bleibt der Körper in Bewegung, aber mit derselben Geschwindigkeit und in derselben Richtung, die er im letzten Augenblicke hatte, als er noch unter dem Einflüsse einer einzigen Kraftwirkung stand; er ist dann im Gleichgewicht der Bewegung und keine wirksame Kraftäußerung findet mehr statt, obgleich Bewegung vorhanden ist.

In solcher Lage befindet sich der Körper eines mit gleichmäßiger Geschwindigkeit dahinfliegenden Vogels. Auch hier herrscht Gleichgewicht unter den Kräften, weil der Vogel durch seine Flügelschläge nicht bloß eine Kraftwirkung hervorruft, wodurch er die Schwerkraft aufhebt, sondern er überwindet auch dauernd den Widerstand, den das Durchschneiden der Luft nach der Bewegungsrichtung verursacht.

Wie nun die Natur aus dem ewigen Spiel der Kräfte an der gleichfalls ewigen Materie sich bildet, bringt der Mensch das Kräftespiel durch Wirkung und Gegenwirkung in der Technik zum bewussten Ausdruck.

Einfach erscheint uns der Vorgang, wenn wir durch die Kraft unseres tretenden Fußes die Drehbank oder den Schleifstein in Bewegung setzen, um die Metalle zu bearbeiten und so die Muskelkraft unseres Beines zur Überwindung der Kohäsionskraft und Reibung verwenden. Nicht minder einfach bei richtiger Zergliederung sind die Überlegungen, welche uns dahin fahren, die im Brennmaterial schlummernde Kraft als Dampfkraft in

Tätigkeit treten zu lassen, wenn es sich darum handelt, Widerstände zu überwinden, denen unsere Muskelkraft nicht gewachsen ist.

Auch die Zeit kann einmal kommen, wo die Flugtechnik einen wichtigen Teil der Beschäftigung des Menschen ausmacht, wenn far die Fliegekunst jene große Überbrückung aus dem Reiche der Ideen in die Wirklichkeit stattfinden sollte, wenn der erste Mensch in klarer Erkenntnis derjenigen Mittel, welche eine übergroße Kraftäußerung beim wirklichen

-13-

Fliegen entbehrlich machen, einen freien Flug durch die Luft unternimmt.

Sei es, dass jener Mensch seinen Flügelapparat, was wünschenswert wäre, so anzuwenden versteht, dass seine Muskelkraft ausreicht, ihn die erforderliche Bewegung machen zu lassen, sei es, dass er zur Maschinenkraft greifen muss, um seine Flügel mit dem erforderlichen Nachdruck durch die Luft zu führen; in jedem Falle gebührt ihm das Verdienst,. zum ersten Male Sieger geblieben zu sein in jenem Ringen, welches sich um die Überwältigung der zum Fliegen notwendigen Kraftanstrengung entsponnen hat.

Die Größe dieser Kraftanstrengung, dieser Arbeitsleistung müssen wir unbedingt kennen lernen. Nur wenn dieses im vollsten Maße geschehen ist, können wir weiter auf Mittel sinnen, das große Problem seiner Verwirklichung entgegenzuführen.

Was aber ist Kraftanstrengung, was versteht man unter Arbeitsleistung beim Fliegen? Auch diese Begriffe können für die Fliegekunst nur dieselbe Bedeutung haben wie in der sonstigen Technik. Jede Kraft, wenn sie in sichtbare Wirkung tritt, leistet Arbeit, jeder Widerstand erfordert Arbeit zu seiner Überwindung. Arbeit ist nötig, um eine Anzahl Ziegelsteine auf das Baugerüst zu heben, Arbeit ist nötig, um das Wasser aus der Erde zu pumpen, Arbeit verursacht das Mischen des Mörtels mit dem Wasser, Arbeit ist auch erforderlich, um - einen Flügel durch die Luft zu schlagen.

Die Größe der Arbeit hängt ab von der Größe der Arbeit leistenden Kraft oder dem zu überwindenden Widerstande. Sie hängt ferner davon ab, auf welcher Wegstrecke diese Überwindung stattfindet.

Arbeitskraft und Arbeitsweg sind also Faktoren, aus denen die Arbeit sich zusammensetzt. Das Produkt aus diesen Faktoren, also „ Kraft mal Weg" gibt einen Maßstab für die Arbeitsmenge.

Dieses Produkt aus der zu überwindenden Kraft und der Wegstrecke, auf welcher diese Kraft überwunden wird, nennt

-14-

man „mechanische Arbeit" und misst in der Regel die Kraft in Kilogrammen und den Weg in Metern. Das auf diese Weise gebildete Produkt bezeichnet man dann mit Kilogrammmetern (kgm).
Die Schnelligkeit, mit welcher eine derartige mechanische Arbeit geleistet wird, hängt von der Stärke oder Energie des dazu verwendeten Kraftaufwandes ab. Die zu einer Arbeitsleistung erforderliche Zeit ist also maßgebend für die Leistungsfähigkeit der Arbeit verrichtenden Kraft.

Die auf eine Sekunde entfallende mechanische Arbeitsleistung pflegt man als Maß dieser Arbeitskraft anzusehen, und in Vergleich mit derjenigen Arbeitsleistung zu stellen, welche ein Pferd durchschnittlich in einer Sekunde hervorzubringen imstande ist.
Ein Pferd kann eine Kraft von 75 kg in einer Sekunde auf einer Strecke von 1 m überwinden, es kann also sekundlich 75 kgm leisten. Hierbei ist gleichgültig, wie groß die Kraft und wie groß die sekundliche Geschwindigkeit ist, wenn nur das Produkt beider 75 beträgt.
Man nennt diese in einer Sekunde vom Pferde zu leistende Arbeit eine Pferdeleistung, Arbeitskraft des Pferdes oder kurz Pferdekraft, das Zeichen dafür ist „HP".
Die Arbeitsleistung des Menschen beträgt ungefähr den vierten Teil einer Pferdekraft, wenn es sich um dauernde Kraftabgabe handelt Vorübergehend kann jedoch der Mensch bedeutend mehr leisten, besonders, wenn dabei die, stark mit Muskeln ausgerüsteten Beine zur Wirkung kommen, wie beim Ersteigen von Treppen.
Auf leicht Ersteigbahren Treppen kann man für kurze Zeit sein Gewicht um 1 in pro Sekunde heben. Ein Mann von 75 kg Gewicht leistet also dabei $75 \cdot 1 = 75$ kgm oder eine Pferdekraft (HP).
Für die Größe der Arbeit ist nur die Größe der zu überwindenden Kraft und nur der in die Richtung der Kraft fallende sekundliche Weg oder die Geschwindigkeit maßgebend, mit

-15-

welcher die Kraft zu überwinden ist, nicht aber die Richtung dieser Kraft oder des Oberwindungsweges; denn diese Richtung lässt sich durch einfache mechanische Mittel beliebig ändern.

Indem nur noch auf die hebelartige Wirkung der Flügel und die dabei zur Anwendung kommenden Gesetze der Kraftmomente, in denen der Luftwiderstand am Flügel sich äußert, hingewiesen werden soll, erscheint die Fliegekunst als ein mechanisches Problem, dessen Zergliederung die nächste Aufgabe sein soll.

4. Die Kraft, durch welche der fliegende Vogel gehoben wird.

Die Frage, warum der Vogel beim Fliegen nicht zur Erde fällt, wie es kommt, dass der Vogel in der Luft durch eine unsichtbare Kraft getragen wird, ist in Bezug auf die Art der Kraft, welche dem Vogel diesen unsichtbaren Stützpunkt beim Fliegen gewährt, als vollkommen gelöst zu betrachten. Wir wissen, dass diese tragende Kraft nur aus dem Luft-Widerstand bestehen kann, den die bewegten Vogelflügel in der Luft hervorrufen.

Wir wissen ferner, dass dieser Luftwiderstand an Größe mindestens gleich dem Vogelgewichte sein muss, während seine Richtung der Anziehungskraft der Erde entgegengesetzt, also von unten nach oben wirken muss.

Da der fliegende Vogel eben mit keinem anderen Körper in Berührung ist als mit der ihn umgebenden Luft, so kann auch die ihn hebende Kraft nur aus der Luft selbst stammen, und die Luft oder Eigenschaften der Luft müssen es sein, welche das Tragen des fliegenden Vogels verursachen.

Diese hier tragend wirkende, durch Flügelbewegungen und Muskelarbeit in der Luft hervorgerufene Kraft kann daher nichts Anderes als Luftwiderstand sein, also diejenige

-16-

Kraft, welche jeder Körper überwinden muss, wenn er sich in der Luft bewegt, oder der Widerstand, welcher sich dieser Bewegung entgegensetzt. Sie ist aber auch die Kraft, mit welcher bewegte Luft oder Wind auf die im Wege stehenden Körper drückt.

Wir wissen, dass diese Kraft mit der Querschnittsfläche des bewegten oder im Wege stehenden Körpers zunimmt, und im höheren Grade noch mit der Geschwindigkeit wächst, mit welcher der Körper durch die Luft bewegt wird oder mit welcher der Wind auf einen Körper trifft.

Auch auf die von oben nach unten geschlagenen Vogelflügel wird eine dieser Bewegung entgegenstehende also von nuten nach oben wirkende Luftwiderstandskraft drücken, aber nur, wenn die Geschwindigkeit des Flügelschlages genügend groß ist, wird ein genügend großer Luftwiderstand entstehen, der imstande ist, das Herabfallen des Vogels zu verhindern.

Das Wiederaufschlagen der Flügel muss dabei unter anderen Bedingungen vor sich gehen, damit nicht auch die umgekehrte Kraft dabei entsteht, die den Vogel ebenso viel niederdrückt, als der Flügelniederschlag ihn hob.

Man kann sich vorläufig denken, dass vor dein Aufschlag die Flügel eine solche Drehung machen, dass möglichst wenig Widerstand beim Heben derselben in der Luft entsteht, oder dass die Luft beim Aufschlag teilweise zwischen den etwa in anderer Stellung befindlichen

Federn des Flügels hindurch dringen kann, und so dem Aufschlag wenig Widerstand entgegensetzt.

Was noch an niederdrückende Wirkung beim Heben der Flügel entsteht, muss durch einen Überschuss an Hebewirkung beim Niederschlagen der Flügel wieder aufgehoben werden.

Hieraus ergibt sich nun, dass durch die Flügelschläge eines fliegenden Vogels ein Luftwiderstand entstehen muss, dessen Gesamtwirkung durchschnittlich gleich einer Kraft ist, welche eine Richtung nach oben und mindestens die Größe des Vogelgewichtes hat.

-17-

5. Allgemeines über den Luftwiderstand.

Wenn ein Körper sich durch die Luft bewegt, so werden die Luftteile vor dein Körper gezwungen, auszuweichen und selbst gewisse Wege einzuschlagen. Auch hinter dem Körper wird die Luft in Bewegung geraten.

Hat der Körper eine gleichmäßige Geschwindigkeit in ruhender Luft, so wird auch in der den Körper umgebenden Luft eine gleichmäßige Bewegung eintreten, die im wesentlichen darin besteht, dass die Luft vor dem Körper sich auseinander tut und hinter dem Körper wieder zusammengeht.

Die hinter dem Körper befindliche Luft wird teilweise die Bewegungen des Körpers mitmachen, und außerdem werden gewisse regelmäßige Wirbelbewegungen in der Luft entstehen, welche sich noch eine Zeit lang auf dem von dem Körper in der Luft beschriebenen Wege vorfinden werden und erst allmählich durch die gegenseitige Reibung aneinander zur Ruhe kommen.

Der vorher in Ruhe befindlichen Luft müssen alle diese Bewegungen, die für das Hindurchlassen des Körpers durch die Luft nötig sind, erst erteilt werden; und deshalb setzt die Luft dem in ihr bewegten Körper einen gewissen messbaren Widerstand entgegen, zu dessen Überwindung eine gleich große Kraft gehört.

Die genauere Kenntnis dieses Luftwiderstandes erstreckt sich nun leider nur auf wenige, ganz einfache Anweildungsfälle, und man kann sagen, dass nur derjenige Luftwiderstand wirklich allgemein bekannt ist, welcher entsteht, wenn eine dünne, ebene Platte senkrecht zu ihrer Flächenausdehnung durch die Luft bewegt wird.

Schon für den Fall, wo diese Bewegung der ebenen Platte oder Fläche durch die Luft unter einer anderen Neigung geschieht, weichen die in den technischen Handbüchern angeführten Formeln in einer wenig Vertrauen erweckenden Weise voneinander ab.

-18-

Noch weniger bekannt sind die Gesetze des Luftwiderstandes für gekrümmte Flachen.

Man kann dieses Gebiet der Mechanik als ein bisher sehr wenig erforschtes bezeichnen.

Als ausreichend bewiesen und durch viele Versuche festgestellt erscheint nur der Satz, dass der Luftwiderstand proportional der Flache zunimmt und mit dem Quadrat der Geschwindigkeit wächst.

Eine ebene Fläche von 1 qm, welche mit gleichmäßiger Geschwindigkeit in der Sekunde einen Weg von 1 m normal zu ihrer Flächenausdehnung zurücklegt, erfährt einen Widerstand von rund 0,13 kg. Hiernach berechnet sich der Luftwiderstand von L kg für eine Flache von F qm bei einer sekundlichen Geschwindigkeit von v qm nach der Formel: $L = 0,13 \cdot F \cdot v^2$.

Die Richtung dieses Luftwiderstandes steht der Natur der Sache nach senkrecht zur Fläche und der Angriffspunkt seiner Mittelkraft befindet sich im Schwerpunkt der Fläche.

Es ist noch besonders zu bemerken, dass diese Formel nur angewendet werden kann bei einer gleichmäßigen Geschwindigkeit, für welche die Vorgänge in der umgebenden Luft bereits im Beharrungszustande sich befinden. Bei den eigentlichen Flügelschlagbewegungen trifft dieses letztere nicht zu, worauf später näher eingegangen werden soll.

Die Mangelhaftigkeit der Angaben über den Luftwiderstand in den technischen Lehr- und Handbüchern rührt wohl davon her, dass kein rechtes Bedürfnis für die genauere Kenntnis der näheren Eigenschaften des Luftwiderstandes vorhanden war. Erst die Flugtechnik selbst macht diesen Mangel fühlbar, der in der gesamten übrigen Technik weniger zu Tage getreten ist.

-19-

6. Die Flügel als Hebel.

Ein auf- und niedergeschlagener Vogelflügel hat an allen Punkten verschiedene Geschwindigkeiten. Nahe am Vogelkörper ist seine Geschwindigkeit fast Null, sie nimmt zu bis zu den Spitzen. Der von den einzelnen Flügelteilen erzeugte Luftwiderstand wird daher auch ein verschiedener sein.

Während wir nun von der Gesamtgröße des Luftwiderstandes, der unter den Vogelflügeln entsteht, wissen, dass dieselbe mindestens die Größe des Vogelgewichtes haben muss, wissen wir zunächst nicht genauer, wie sich der Luftwiderstand in seiner spezifischen Größe auf die einzelnen Flügelpunkte verteilt, da allerhand Nebenumstände hierbei von Einfluss sein können.

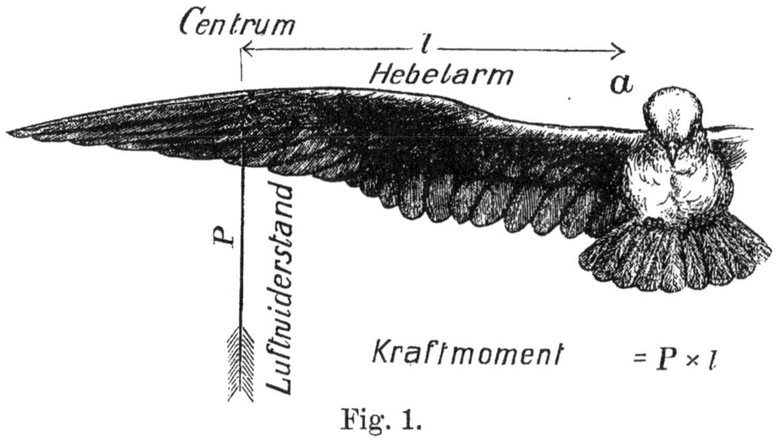

Fig. 1.

Als Zentrum des unter jedem Flügel, Fig. 1, wirkenden Luftwiderstandes ist nun derjenige Punkt des Flügels anzusehen, an welchem der ganze Luftwiderstand als Einzelkraft wirkend gedacht werden muss, um für den Drehpunkt a des Flügels dasselbe Kraftmoment zu bilden, wie der in Wirklichkeit auftretende ungleichmäßig verteilte, hebend wirkende Luftwiderstand. Für den Drehpunkt a des Flügels ist l der Hebelarm des Luftwiderstandes.

-20-

An diesem Zentrum würde für den Vogel der Luftwiderstand fühlbar werden, wenn der Vogelflügel ein vollkommen starres Organ, ein starrer Hebel wäre, was er aber in der Tat nicht ist. Der Vogel würde in diesem Zentrum den eigentlichen Stützpunkt, auf dem er ruht, fühlen. Obwohl dies nun wörtlich genommen nicht der Fall sein wird, so ergibt sich durch das Herunterschlagen der Flügel für den Vogel doch dieselbe Anstrengung, als wenn er mit dem als Hebel gedachten Flügel eine Kraft überwinden müsste, welche gleich dem Luftwiderstand wäre und in seinem Zentrum angriffe.

Für die eigentliche Flügelgeschwindigkeit, welche für den Vogel in Betreff seiner Muskeltätigkeit fühlbar wird, haben wir mithin die Geschwindigkeit desjenigen Flügelpunktes anzusehen, in welchem das Zentrum des unter seinem Flügel wirkenden Luftwiderstandes liegt. Für die Beanspruchung des Flügels im Punkte a bildet $P \cdot l$ das Kraftmoment, nach dem die Festigkeit der am meisten beanspruchten Flügelstelle zu berechnen wäre.

7. Über den Kraftaufwand zur Flügelbewegung.

Der Vogel fühlt den Widerstand, den seine Flügel in der Luft erfahren, er überwindet diesen Luftwiderstand, und darin besteht im wesentlichen der Kraftaufwand oder die Arbeitsleistung des fliegenden Vogels. Der zu überwindende Luftwiderstand wird namentlich beim Herunterschlagen der Flügel vorhanden sein.

Die sekundliche Arbeitsleistung des Vogels beim Flügelschlag ist ein Produkt ans der überwundenen Kraft und der Wegstrecke, auf welcher diese Kraft in der Sekunde zu überwinden ist, also der von den Flügeln erzeugte Luftwiderstand multipliziert mit der sekundlichen Geschwindigkeit des Luftwiderstandszentrums.

-21-

Ist der Widerstand in Kilogrammen und die Geschwindigkeit in
Metern gemessen, so ergibt sich die Arbeitsleistung oder der
sekundliche Kraftaufwand in Kilogrammmetern, von denen 75 auf 1
HP (Pferdekraft) gehen.

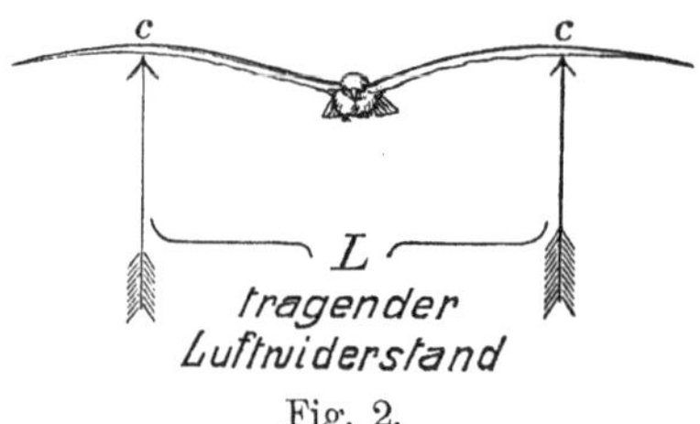

Fig. 2.

Kennen wir demnach den von den beiden Flügeln erzeugten
Luftwiderstand L, Fig. 2, und die Geschwindigkeit in seinen
Angriffspunkten bei c, so können wir den zu dieser Flügelbewegung
nötigen und durch die Muskelkraft des Vogels auszuübenden Kraftaufwand genau berechnen.

Wenn z. B. ein Vogel durchschnittlich einen Luftwiderstand von 3 kg
erzeugen muss, um sich in der Luft fliegend zu halten, und die Flügel
im Zentrum dabei eine durch-schnittliche Geschwindigkeit von 1 in
pro Sekunde haben, so leistet er die sekundliche Arbeit von $3 \cdot 1 = 3$
kgm oder $^1/_{25}$ Pferdekraft. Es soll dieses Beispiel nur den
Zusammenhang zwischen dein Flugresultat und demjenigen
Zahlenwert veranschaulichen, welcher die zum Fliegen erforderliche
Arbeit ausdrückt.

8. Der wirkliche Flügelweg und die fühlbare Flügelgeschwindigkeit.

Das Vorwärtsfliegen ist der eigentliche Zweck des Fliegens, und daher
werden die Vögel mit ihren Flügeln in der Luft meistens eine
Bewegung machen, welche nicht bloß von oben nach unten, sondern
gleichzeitig vorwärts gerichtet ist. Es ergibt sich daher ein absoluter
Weg und eine absolute Geschwindigkeit für die einzelnen
Flügelpunkte von verschieden geneigter Lage.

-22-

In Bezug auf den Kraftaufwand, der namentlich zum Herabschlagen der Flügel nötig ist, wird diese absolute Geschwindigkeit der Flügel aber nicht in Rechnung zu ziehen sein, sondern nur der Bestandteil dieser Geschwindigkeit, relativ zum vorwärts bewegten Vogelkörper, denn der Vogel überwindet den ihm fühlbaren, gegen seine Flügel gerichteten Luftwiderstand immer nur mit der Geschwindigkeit, mit welcher er die Flügel relativ zu seinem Körper herabdrückt. Nur diese Bewegung kostet ihm Anstrengung, indem nur für sie die Zusammenziehung seiner Flügelmuskeln erforderlich ist.

Diese in Rede stehende Geschwindigkeit der Vogelflügel, relativ zum Vogelkörper gemessen, dürfen wir daher die fühlbare Flügelgeschwindigkeit nennen. Nur diese Geschwindigkeit kommt in Betracht, wenn es sich um die Berechnung der beim Fliegen zu leistenden Muskelarbeit des Vogels handelt, möge der Vogel noch so schnell dabei vorwärts fliegen.

Die fühlbare Flügelgeschwindigkeit wird nicht immer absolut senkrecht gerichtet sein, auch wird nicht nur der Niederschlag, sondern in geringerem Grade auch die Flügelhebung dem Vogel Anstrengung kosten; es gilt hier aber zunächst, den Teil der Flügelgeschwindigkeit auszuscheiden, welcher außer acht gelassen werden muss, wenn aus den Bewegungen des Vogels berechnet werden soll, welche mechanische Arbeit er beim Fliegen leisten muss.

9. Der sichtbare Kraftaufwand der Vögel.

Wenn wir einen Vogel fliegen sehen, so können wir uns allemal ein ungefähres Bild von seiner bei diesem Fluge zu leistenden Kraftanstrengung verschaffen. Je langsamer die Flügelschläge erfolgen, und je geringer ihr Ausschlag ist, desto weniger Arbeit wird der Flug dem Vogel verursachen. Wenn der Vogel gar mit stillgehaltenen Flügeln segelt oder

-23-

kreist, so werden wir annehmen müssen, dass seine Muskeltätigkeit dabei eine verschwindend, kleine ist.

Aber auch einen ungefähren Zahlenwert für die Flugarbeit der Vögel können wir ohne Schwierigkeiten erhalten. Wir können die Flügelschläge zählen, welche vom Vogel in der Sekunde gemacht werden; wir können uns die Kenntnis vorn Gewichte des Vogels und von der Form seiner ausgebreiteten Flügel verschaffen; wir können aus letzterer auch auf die ungefähre Lage desjenigen Flügelpunktes schließen, an welchem die Mittelkraft des hebenden Luftwiderstandes angreift, und nach Feststellung des Flügelausschlages den ungefähren Hub dieses Luftwiderstandszentrums in Metern gemessen angeben.

Durch unsere Sinneswahrnehmungen an einem fliegenden Vogel können wir daher mit einem gewissen Grad von Genauigkeit die Fliegearbeit herleiten, welche in der Überschrift „Der sichtbare Kraftaufwand der Vögel" genannt ist.

Es sei angenommen, was ja annähernd der Fall ist, dass der Vogel die Flügel gleich schnell hebt und senkt, dass also für die Flügelaufschläge in Summa dieselbe Zeit verbraucht wird als zu den Niederschlägen. Es sei ferner angenommen, dass der Flügelaufschlag verschwindend wenig auf Hebung und Senkung des Vogels einwirkt und auch verschwindend wenig Muskelarbeit erfordert. Die Fliegearbeit des Vogels besteht dann nur im Herunterschlagen der Flügel, und nur die hierbei pro Sekunde zurückgelegte relativ zum Vogel gemessene Wegstrecke des Luftwiderstandszentrums ist für die Rechnung in Anschlag zu bringen.

Wenn der Vogel G kg wiegt, wird beim Flügelaufschlag diese Kraft ihn herunterdrücken, denn sie wirkt während dieser Zeit allein auf den Vogel. Damit der Vogel aber beim Flügelniederschlag sich wieder ebensoviel hebt, wie er beim Flügelheben sank, muss auch beim Flügelniederschlag eine Kraft von G kg hebend auf den Vogel wirken. Der Vogel muss daher durch Niederschlagen seiner Flügel einen nach oben wirkenden Luftwiderstand erzeugen von der Größe 2 G,

-24-

damit nach Abzug seines Gewichtes G noch ein G als Hebewirkung übrig bleibt. Nur so ist der Vogel, welcher ohne zu steigen und ohne zu sinken fliegt, im Gleichgewicht zu denken.

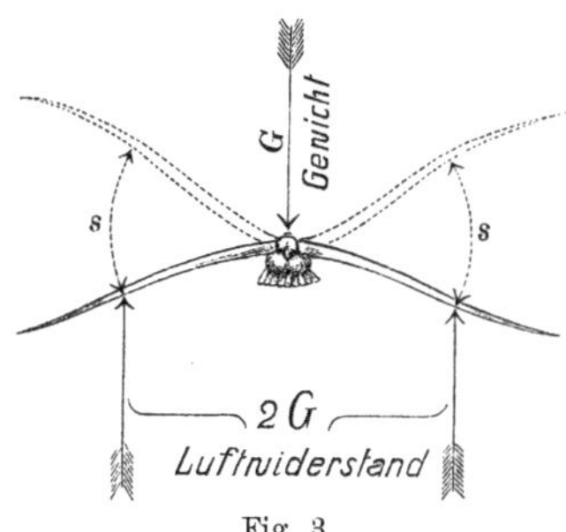

Fig. 3.

In Wirklichkeit geschieht der Flügelaufschlag der Vögel, wie die Beobachtung lehrt, etwas schneller wie der Niederschlag. Dadurch würde der hebende Luftwiderstand etwas kleiner als 2 G sein dürfen. Lässt man ihn jedoch für die überschlägliche Rechnung zunächst in dieser Größe, so hat man ein Äquivalent für die jedenfalls geringe, aber immerhin noch vorhandene Arbeitsleistung beim Aufschlag der Flügel.

Die beim Flügelniederschlag vom Vogel zu überwindende Kraft ist mithin in der Größe von 2 G in Anschlag zu bringen, und die während des Niederschlages auf den Vogel wirkenden Kräfte sind durch Fig. 3 dargestellt.

Diese Widerstandskraft ist nun vom Vogel auf der Ausschlagsstrecke des Druckzentrums so oft in der Sekunde zu über-winden als Flügelschläge in der Sekunde gezählt wurden, und dieses gibt den zweiten Faktor des Produktes, aus dem sich der pro Sekunde zu leistende Kraftaufwand zusammensetzt. Nennen wir die Ausschlagstrecke s, und werden n Flügelschläge pro Sekunde gemacht, so ist der sekundliche Widerstandsweg $n \cdot s$ und die sekundliche Arbeitsleistung $A = 2G \cdot n \cdot s$. Ein Beispiel möge dies erläutern:

Ein 4 kg schwerer Storch macht 2 Flügelschläge in der Sekunde und der Flügelausschlag beträgt im Zentrum des Luftwiderstandes etwa 0,4 m.

-25-

Es ist also für den Storch G = 4 ; n = 2 ; s = 0,4. Er braucht daher ungefähr den Kraftaufwand A = 2 · 4 · 2 · 0,4 = 6,4 kgm, also noch nicht den zehnten Teil einer Pferdekraft.

Es ist ganz lehrreich, auf diese Weise die ungefähre Kraftleistung verschiedener Vögel zu berechnen. Man wird finden, dass dieselbe viel geringer ist, als man im allgemeinen annimmt.

Gewährt mm diese Art der Berechnung zunächst auch nur einen ungefähren Überschlag der Kraftleistung, so ist doch einzusehen, dass sich der so erhaltene Wert nicht viel von dem wirklichen Kraftaufwand der Vögel unterscheiden kann.

10. Die Überschätzung der zum Fliegen erforderlichen Arbeit.

Die geringe Kenntnis der Gesetze des Luftwiderstandes war schuld, dass sich für die Arbeit, welche die Vögel beim Fliegen leisten müssen, eine Meinung herausgebildet hat wonach die Vögel wahre Ungeheuer von Muskelkraft sein sollten. Man maß nicht die Geschwindigkeit, mit welcher die Vögel ihre Flügel wirklich bewegen, sondern maß die Größe der Flügelflächen, und berechnete, wie schnell sie dieselben bewegen müssen, um einen genügend großen Luftwiderstand zu erzeugen. Hierbei wurden Formeln benutzt, wie solche in den technischen Handbüchern zu finden sind, und was sich dadurch ergab, zerstörte alle Hoffnung, den Vogelflug mit mechanischen Mitteln nachahmen zu können. Auch hierfür soll ein Beispiel angeführt werden:

Derselbe vorhin betrachtete Storch von 4 kg Gewicht besitzt eine Flugfläche von cirka 0,5 qm. Es fragt sich nun, wie schnell muss diese Fläche abwärts bewegt werden, um während der Zeit des Flügelniederschlages einen Luftwiderstand von 2 · 4 = 8 kg hervorzurufen, der zur dauernden Hebung ausreicht.

-26-

Nach der gewöhnlichen Luftwiderstandsformel: L = 0,13 · F · v² erhält man 8 = 0,13 · 0,5 · v²,
woraus folgt:

$$v = \sqrt{\frac{8}{0,13 \cdot 0,5}} = cirka\,11m$$

Diese Geschwindigkeit wirkt aber nur während der halben Flugdauer, ist daher nur mit 5,5 m in Anschlag zu bringen, woraus sich eine sekundliche Arbeitsleistung für den Storch von 8 · 5,5 = 44 kgm ergibt, also mehr wie $^1/_2$ HP.

Hierbei ist angenommen, dass alle Flügelpunkte gleich stark ausgenützt werden, indem sie alle an der Geschwindigkeit von 11 m teilnehmen. Würde man die eigentliche Flügelbewegung in Rechnung ziehen, so würde sich ein noch ungünstigeres Verhältnis herausstellen und für den Storch sich eine Arbeitsleistung von mehr wie 75 kgm oder über eine Pferdekraft berechnen, während in Wirklichkeit vorn Storch nur cirka $^1/_{10}$ Pferdekraft beim ungünstigsten Fliegen geleistet wird.

Dieses Beispiel beweist, wie sich über den Kraftverbrauch beim Fliegen eine Meinung herausbilden konnte, welche das Heil der ganzen Fliegekunst nur in der Beschaffung außergewöhnlich starker und leichter Motoren erblickte. Die Beobachtung der Natur hingegen lehrt, dass die Kraftproduktionen der Vogelwelt, aus denen dieses Bedürfnis nach eigenartigen Motoren hervorgehen sollte, in das Reich der Fabeln zu verweisen sind, und sie drängt uns dafür die Überzeugung auf, dass doch noch irgendwo die richtigen Schlüssel für die Lösung dieser Widersprüche verborgen sein müssen.

11. Die Kraftleistungen für die verschiedenen Arten des Fluges.

Wohl ist der Vogel ein starkes Tier, und sein Flugapparat ist mit Muskeln ausgestattet, wie wenig andere Bewegungsorgane in der Tierwelt; dass jedoch Kraftleistungen von den

-27-

Vögeln ausgeübt werden können, wie zuletzt berechnet, und wonach der Storch schon eine Pferdekraft gebraucht, ist unwahrscheinlich und nach dem, was wir über die Eigenschaften der Muskelsubstanz wissen, als unmöglich anzusehen. Der ebenfalls berechnete sichtbare Kraftaufwand, der jedenfalls mit der Wirklichkeit in engerem Zusammenhange steht, ergibt hingegen für die Muskelanstrengungen der Vögel Resultate, nach denen letztere zwar auch als mit starken Muskeln organisierte Wesen erscheinen, welche jedoch die Grenzen des Natürlichen nicht überschreiten.

Hier kommt nun noch hinzu, dass wie jeder aufmerksame Beobachter der Vogelwelt weiß, viele Vögel imstande sind, fast ohne Flügelschlag, also auch fast ohne Muskelanstrengung sich scheinbar segelnd oder schwebend in der Luft zu halten, ohne zu sinken. Wir nehmen diese Erscheinungen an den meisten Raub- und Sumpfvögeln, sowie fast an allen Seevögeln wahr. Dieselben bedienen sich, wenn auch nicht ausschließlich, so doch vielfältig des Segelfluges, woraus zu folgern ist, dass der Segelflug besonders für gewisse Arten der Fortbewegung in der Luft oder besonders für gewisse Zustände der Luft geeignet ist.

Immerhin ist festgestellt, dass unter gewissen Umständen ein lange dauerndes Fliegen ohne wesentliche Flügelschläge möglich sein muss, und dass für viele Fälle ein Fliegen in der Luft mit Hülfe von geeigneten Flügeln bewirkt werden kann, zu welchem nur eine äußerst geringe motorische Leistung nötig ist, sogar nur ein Kraftaufwand, welcher scheinbar noch geringer ist, als der zum Gehen auf der Erde erforderliche.

Nur unter Annahme dieser äußerst geringen Fliegearbeit ist auch die Ausdauer, welche viele Vögel beim Fliegen betätigen, denkbar. Viele unter ihnen fliegen tatsächlich den ganzen Tag vom Sonnenaufgang bis Sonnenuntergang, ohne sichtbare Ermüdung. Schon alle unsere Schwalbenarten, die buchstäblich in der Luft leben, liefern uns hierfür ein gutes Beispiel. Lassen sich doch diese eigentlich nur dann nieder

-28-

um das Material zum Bau ihres Nestes von der Erde aufzuheben, ja, die Turmschwalbe vermag nicht einmal von der flachen Erde aufzufliegen, und benutzt ihre verkümmerten Füße nur, um in ihr Nest hineinzukriechen. Wie wäre aber ein solches Leben in der Luft denkbar, ohne die Annahme einer durchschnittlich wenigstens mäßig großen Fliegearbeit; welche Energie müssten Ernährungsprozess und Atmungstätigkeit haben, wenn ein solches unausgesetztes Fliegen eine motorische Leistung erforderte, wie dieselbe mit Hilfe der bekannten Luftwiderstandsformel sich berechnet?

Wir stehen hier zunächst vor einem Rätsel, dessen nähere Besprechung die Aufgabe der nächsten Abschnitte sein soll.

Diese in die Erscheinung tretende geringe Flugarbeit kann der Vogel aber nicht immer anwenden, z. B. dann nicht, wenn er sich bei Windstille von der Erde oder vom Wasser erhebt, oder wenn er genötigt ist, sich in ruhender Luft, ohne vorwärts zu fliegen, zu halten. Wir sehen ihn dann viel stärker wie gewöhnlich mit den Flügeln schlagen und merken ihm entschieden an, dass ein derartiges Fliegen ihm eine solche Anstrengung verursacht, die ihn in kurzer Zeit ermüdet. Aber auch diese Anstrengung erreicht bei weitem nicht die Größe der im vorigen Abschnitt berechneten, wenn schon sie das Vorhandensein der großen auf der ~Brust gelagerten Flügelmuskel erklärt.

Wir haben eben bei den Vögeln verschiedene Fälle von Kraftleistung beim Fliegen zu unterscheiden, je nach den verschiedenen Arten des Fliegens.

Wir wissen, dass das Auffliegen in windstiller Luft den Vögeln besondere Anstrengung verursacht. Es gibt sogar viele Vogelarten, die ein Auffliegen von ebener Erde überhaupt nicht fertig bringen, trotzdem aber zu den gewandtesten und ausdauerndsten Fliegern gerechnet werden müssen.

Die meisten kleineren Vögel sind allerdings imstande, ohne Vorwärtsgeschwindigkeit eine Zeit lang stillstehend, sogar etwas steigend in ruhiger Luft sich zu halten.

-29-

Wir können dies z. B. am Sperling beobachten, wenn er unter vorspringenden Dachgesimsen nach Insekten sucht.

Aber der Möglichkeit eines derartigen Fliegens sind enge Grenzen gezogen.

Dass ein Sperling, weicher in einen, wenn auch weiteren Schornstein gefallen ist, diesen durch senkrechtes Auffliegen nicht wieder verlassen kann, ist bekannt. Aber auch in größeren Lichtschächten von etwa einer Grundfläche von 2 m im Quadrat können Sperlinge nur wenige Meter hoch fliegen und fallen meist, ohne die Höhe zu erreichen, ermattet wieder nieder. Sie können offenbar hierbei nicht diejenige Vorwärtsgeschwindigkeit erlangen, welche ihrem Fluge nötig ist.

Aus diesen und vielen anderen Beispielen erscheint das Fliegen ohne Vorwärtsgeschwindigkeit als dasjenige, welches die größte Anstrengung erfordert.

Schon durch einen Vergleich der Flügelschlagzahlen ergibt sich, dass ein schnell Vorwärtsfliegender Vogel viel weniger Arbeitsleistung aufzuwenden braucht, als wie bei Beginn seines Fluges nötig war. Auch der Flügelhub nimmt beim schnellen Vorwärtsfliegen wesentlich ab.

Es müssen unbedingt beim Vorwärtsfliegen Wirkungen eintreten, welche in den Gesetzen des Luftwiderstandes begründet sind und diese nicht wegzuleugnende Arbeitsverminderung hervorrufen, welche also die Veranlassung sind, dass auch schon bei langsamerem, weniger weit ausgeholtem Flügelschlag, der also auch weniger Arbeit verursacht, derjenige Luftwiderstand entsteht, der gleich oder größer wie das Vogelgewicht ist und eine genügende Hebung bewirkt. Der Nutzen, den das Vorwärtsfliegen dem Vogel bringt, wird ihm auch von dem auf ihn zuströmenden Winde gewährt. Alle Vögel erleichtern sich daher das Auffliegen, indem sie gegen den Wind sich erheben, oft selbst auf die Gefahr hin, über das Rohr oder den Rachen des Verfolgers hinweg zu müssen; denn bei der Jagd auf Vögel rechnen sowohl Mensch wie Tiere mit diesem Umstande.

-30-

Viele größere Vögel pflegen stets beim Auffliegen durch Hüpfen in großen Sätzen sich erst die erforderliche Vorwärtsgeschwindigkeit zu geben. Wer jemals einen Reiher, Kranich oder anderen größeren Sumpfvogel bei Windstille auffliegen sah, dein wird dieses charakteristische, von Flügelschlägen begleitete Hüpfen unvergesslich bleiben.

Endlich nehmen wir an vielen Vögeln eine dritte Flugart wahr, bei welcher die Kraftanstrengung noch viel geringer sein muss, indem die Flügel eigentlich nicht auf- und niedergeschlagen werden, sondern sich nur wenig drehen und wenden. Der Vogel scheint mit den Flügeln auf der Luft zu ruhen und die Flügelstellung nur von Zeit zu Zeit zu verbessern, um sie der Luft und seiner Flugrichtung anzupassen.

Soviel bis jetzt bekannt, ist zu einem derartigen dauernden Schweben ohne Sinken, das vielfach in kreisender Form geschieht, eine gewisse Windstärke erforderlich; denn alle Vögel suchen zu derartigen Bewegungen höhere Luftregionen auf in denen der Wind stärker und ungehinderter weht.

Einen deutlichen Beweis hierfür liefern beispielsweise die in einer Waldlichtung aufsteigenden Raubvögel. Sie erheben sich mit mühsamen Flügelschlägen, da in der Lichtung fast Windstille herrscht. Sowie sie aber die Höhe der Baumkronen erreicht haben, über denen der Wind ungehindert hinstreicht, beginnen sich ihre schönen Kreise zu ziehen. Sie halten dann die Flügel still und fallen nicht etwa wieder herab, sondern schrauben sich höher und höher, bis sie oft kaum noch mit bloßem Auge erkennbar sind.

Ein solcher Schwebeflug ist nicht zu verwechseln mit dem Sichtreibenlassen, das man an allen Vögeln bemerkt, wenn dieselben die ihnen augenblicklich innewohnende lebendige Kraft ausnutzen und mit stillgehaltenen Flügeln dahinschießen, meistens allmählich sinkend und au Geschwindigkeit abnehmend, bis sie sich setzen. Das letzte Ende einer so durchflogenen Strecke und der letzte Rest der lebendigen Kraft wird häufig dazu benutzt, eine kleine Hebung auszu-

-31-

führen, namentlich wenn nicht die flache Erde, sondern ein erhöhter Sitzpunkt gewählt ist.

Haben wir uns hiermit einen allgemeinen Überblick über die verschiedenen Flugarten verschaffe, so können wir die Fliegebewegungen hiernach in Betreff der erforderlichen Kraftleistung in 3 Gruppen einteilen.

Die erste derselben besteht in dem Fliegen ohne Vorwärtsbewegung, aber auch ohne Windwirkung, also genauer ausgedrückt in dein Fliegen, wo der Vogel gegen die ihn umgebende Luft keine wesentliche Ortsveränderung erfährt. Dieses wäre dann auch der Fall, wenn ein Vogel mit dem Winde fliegt und zwar genau so schnell, wie der Wind weht. In diesen Fällen ist die vorkommende größte Flugarbeit erforderlich, abgesehen davon, wenn der Vogel noch außerdem senkrecht sich schnell erheben will. Zu der Bewältigung dieser Arbeitsgröße findet eine Ausnutzung des großen Muskelmaterials der Vögel statt. Jeder Vogel kommt auch in die Lage, sowohl beim Auffliegen als bei seinen Jagdmanövern diese auf seiner Brust gelagerte Muskelmasse auszunutzen, er braucht dieselbe daher, uni in sein Element hineinzukommen und sich darin zu ernähren.

Die zweite Fliegeart ist die, welche von den meisten Vögeln zu ihrer gewöhnlichen Fortbewegung angewendet wird. Sie besteht in dem gewöhnlichen Ruderflug mit mäßig schnellem Flügelschlag. Diesen Flug können alle Vögel ausführen. Er ist immer mit Ausnahme des Fliegens gegen starken Wind mit einer schnellen Ortsveränderung verbunden. Der Ruderflug verursacht den Vögeln eine mäßige Anstrengung und viele derselben entwickeln hierbei eine bedeutende Ausdauer, woraus zu schließen ist, dass die dazu in Tätigkeit kommenden Muskeln nicht bis auf das äußerste Maß ihrer Spannkraft beansprucht werden.

Die dritte Art des Fliegens endlich ist diejenige, welche wir mit Schwebeflug zu bezeichnen haben, und welche fast einem passiven Schweben in der Luft gleicht, indem dabei

-32-

keine, eigentliche Kraftleistung erfordernde Flügelschläge stattfinden.
Zu einem solchen schwebenden Fliegen scheint eine gewisse vorteilhafte Organisation des Flugapparates erforderlich zu sein, da nur gewisse und vorwiegend größere Vogelarten sich eines solchen anstrengungslosen Fluges bedienen können.

Diese Fliegeart erweckt insofern das größte Interesse, als sie den Beweis liefert, dass die Lösung des Fliegeproblems durch den Menschen nicht von der Kraftbeschaffung abhängt, weil es eine Fliegeart gibt, zu der so gut wie keine Kraftleistung erforderlich ist, und deren Nutzbarmachung nicht mit der Kleinheit, sondern mit der Größe der Vögel zunimmt.

Die Grundzüge dieser Fliegeart kennen zu lernen, muss als die vornehmste Aufgabe der Flugtechnik betrachtet werden. Aber auch um die Rätsel der anderen Fliegearten zu lösen, über die bei diesen stattfindenden mechanischen Vorgänge Rechenschaft zu geben, um den wirklichen Kraftbedarf nachweisen zu können, ist die Flugtechnik berufen.

12. Die Fundamente der Flugtechnik.

Nur fundamentale Untersuchungen können die richtige Erkenntnis der Vorgänge beim Vogelfluge fördern, und auf die Fundamente der Flugtechnik müssen wir zurückgreifen, wenn es sich darum handelt, die vollkommenen Bewegungserscheinungen, wie die Vogelwelt sie uns bietet, möglichst richtig zu erkennen und dann künstlich nachzuahmen.

Von der einschneidendsten Wirkung muss das Gefundene sein, um den großen Widerspruch zu lösen, der bei der Berechnung der Flugarbeit sich ergibt.

Wie aber müssen nun solche Flügel beschaffen sein, und wie müssen wir sie bewegen, wenn wir das nachbilden wollen, was die Natur uns so meisterhaft vormacht, wenn wir einen

-33-

freien schnellen Flug bewirken wollen, der nur eine geringe Arbeitsleistung erfordert?

Alles Fliegen beruht auf Erzeugung von Luftwiderstand, alle Flugarbeit besteht in Überwindung von Luftwiderstand.

Der Luftwiderstand muss immer in genügender Stärke erzeugt werden, aber er muss mit möglichst geringer Arbeitsgeschwindigkeit überwunden werden können, damit die zu seiner Überwindung nötige, also zum Fliegen erforderliche Arbeit eine möglichst geringe wird.

Hierin wurzelt die Überzeugung, dass unsere Erkenntnis der wirklichen mechanischen Vorgänge beim Vogelfluge nur gefördert werden kann, wenn wir die Gesetze des Luftwiderstandes erfolgreich erforschen, sowie die Überzeugung, dass diese Kenntnis uns dann auch die Mittel an die Hand gibt, erfolgreich auf dein Gebiete der Flugtechnik tätig zu sein; denn der Vogelflug ist eben eine verhältnismäßig wenig Kraft erfordernde Fliegemethode, und wenn wir diese richtig erkannt haben, so werden wir auch die Mittel finden, uns ihre Vorteile nutzbar zu machen.

Somit bilden die Gesetze des Luftwiderstandes die Fundamente der Flugtechnik.

Wie kann aber die Erforschung der Gesetze des Luftwiderstandes, überhaupt das Kennen lernen derjenigen Eigenschaften unserer Atmosphäre, welche mit Vorteil zum Heben eines frei fliegenden Körpers ausgenutzt werden können, vor sich gehen? Die einfache theoretische Überlegung kann hier nur Vermutungen, aber keine Überzeugungen hervorrufen. Der einfache praktische Versuch kann wohl positive Resultate zu Tage fördern, aber der weitere Ausbau zu einer umfassenden Erkenntnis wird dennoch wiederum auch eingehende theoretische Überlegung nötig machen, und so ist nur denkbar, dass das rechte Licht über dieses noch so dunkle Forschungsgebiet verbreitet wird, wenn Theorie und Praxis erfolgreich Hand in Hand gehen.

Die wenigen bisher für diesen Aufbau vorhandenen Bausteine sollen in den nächsten Abschnitten behandelt werden.

-34-

Es wird sich hieraus zwar noch lange nicht eine erschöpfende Erklärung der einzelnen Vorgänge beim Vogelfluge herleiten lassen, aber das wird sich schon daraus ergeben, dass der natürliche Vogelflug die Eigenschaften der Luft in so vorteilhafter Weise verwertet und derartig zweckentsprechende mechanische Momente enthält, dass ein Aufgeben dieser, dem natürlichen Vogelfluge anhaftenden Vorteile gleichbedeutend ist mit einem Aufgeben jeder praktisch ausführbaren Fliegemethode. Und dies gilt natürlich in erster Linie für die Frage des Kraftaufwandes. Wie diese Frage von den Flugtechnikern gelöst werden wird, davon wird es abhängen, ob wir dereinst im Stande sein werden, uns einer Fortbewegungsart zu bedienen, wie wir sie in dem Fliegen der Vögel täglich vor Augen haben.

13. Der Luftwiderstand der ebenen, normal und gleichmäßig bewegten Fläche.*)

Wenn eine dünne ebene Platte normal zu ihrer Flächenausdehnung mit gleichmäßiger Geschwindigkeit durch die Luft bewegt wird., so haben wir gewissermaßen den einfachsten Bewegungsfall, in welchem dann auch eine rein theoretische Betrachtung mit Zugrundelegung der Dichtigkeit der Luft dasjenige Resultat ergibt, welches sich ziemlich genau mit dem Ergebnis des praktischen Versuchs deckt.
Man findet, dass dieser Luftwiderstand in dem geraden Verhältnis mit der Flächengröße zunimmt und mit dem Quadrat der Geschwindigkeit wächst, zu welchem Produkt noch ein konstanter Faktor hinzutritt, der von der Dichtigkeit

*) Der Ausdruck Fläche soll hier und später für eine körperliche möglichst dünn hergestellte Flugfläche gelten. Der Ausdruck Platte konnte nicht einheitlich gewählt werden, weil derselbe sich nicht gut für die später zu betrachtenden gewölbten Flügel anwenden lässt.

-35-

der Luft und der daraus folgenden Trägheit abhängt. Für die hier anzustellenden Betrachtungen genügt es, die Schwankungen, denen die Dichtigkeit der Luft durch Temperatur und Feuchtigkeit unterworfen ist, außer acht zu lassen und die schon erwähnte abgerundete Formel $L = 0{,}13 \cdot F \cdot v^2$ anzuwenden.

Die Umfangsform der ebenen Fläche sowohl wie ihre Oberflächenbeschaffenheit, ob rau oder glatt, ist, wie Versuche ergeben haben, nur von verschwindendem Einfluss auf die Größe dieses Luftwiderstandes.

Die bei einer solchen, mit gleichmäßiger Geschwindigkeit bewegten Fläche auftretenden Vorgänge in der Luft sind bereits in dem Abschnitt 5 „Allgemeines über den Luftwiderstand" erörtert.

14. Der Luftwiderstand der ebenen rotierenden Fläche.

Die Bewegung des Vogelflügels zum Vogelkörper gleicht annähernd der Bewegung einer um eine Achse sich drehenden Fläche. Für jeden mit der Drehachse parallelen Streifen einer solchen Fläche A, A, B, B in Fig. 4 entsteht wegen der verschiedenen Geschwindigkeit auch verschiedener Luftwiderstand.

Wenn ein Flügel von der Länge AB = L um die Achse AA sich dreht, so wird, wenn der Flügel überall gleiche Breite hat, der spezifische Luftwiderstand mit dem Quadrat der Entfernung von A zunehmen. Teilt man den Flügel parallel der Achse in viele gleiche Streifen und trägt die entsprechenden zu diesen Streifen gehörigen Luftwiderstände als Ordinaten auf, so liegen deren Endpunkte, wie Fig. 5 veranschaulicht, in einer Parabel AD. Die durch C gehende Schwerlinie der Parabelfläche ABD gibt in C das Zentrum des auf den Flügel wirkenden Luftwiderstandes. Der Punkt C liegt auf $^3/_4$ Flügellänge von A entfernt. Man kann, wie

-36-

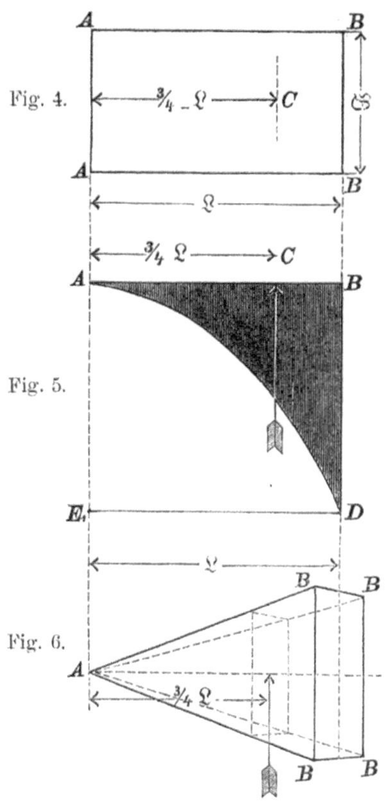

in Fig. 6, hierfür auch eine andere Anschauungsweise zum Ausdruck bringen. Sowie die Parabelordinaten zunehmen, nehmen auch die Querschnitte einer Pyramide zu, ebenso wie die Gewichte von Pyramidenscheibchen, wenn man sich die Pyramide parallel der Basis B, B, B, B in viele gleich starke Platten zerschnitten denkt. Der Schwerpunkt dieser Platten ist der ebenfalls aus der Länge $^3/_4$ L von der Spitze A entfernte Schwerpunkt der Pyramide.

Der durch die Fläche ABD in Fig. 5 dargestellte oder durch den Pyramideninhalt, Fig. 6, veranschaulichte Gesamtluftwiderstand beträgt $^1/_3$ von demjenigen Luftwiderstand, welcher dem Rechteck ABDE entsprechend entstände, wenn die ganze Flügelfläche mit der Geschwindigkeit ihrer Endkante B sich durch die Luft bewegte.

Ist B die Flügelbreite, L die Flügellänge, und c die Geschwindigkeit der Endkante BB, so wird der Luftwiderstand ausgedrückt durch die Formel $W = ^1/_3 \cdot 0{,}13 \cdot B \cdot L \cdot c^2$.

Will man die Formel aber auf die Winkelgeschwindigkeit w beziehen, so ergibt sich durch Einsetzen von $L^2 w^2$ für c^2

$W = ^1/_3 \cdot 0{,}13 \cdot B \cdot L^3 \cdot w^2$.

-37-

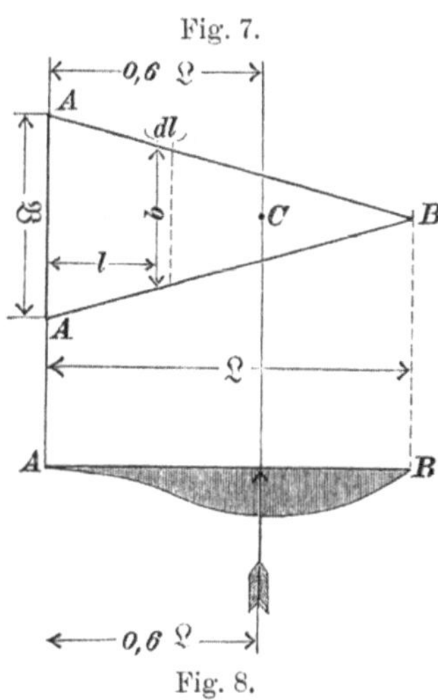

Wenn ein dreieckiger Flügel ABD, Fig. 7, um eine Kante AD sich dreht, so entsteht nur ¼ von demjenigen Luftwiderstand, der sich bilden würde, wenn die Breite B auf der ganzen Länge L vorhanden wäre, also nur ¼ von dem Luftwiderstand, wie im vorigen Falle. Obwohl also die Dreiecksfläche halb so groß ist, wie das früher betrachtete Rechteck, sinkt der Luftwiderstand auf gerade an den Teilen der seiner früheren Größe herab, weil Fläche, welche viel Bewegung haben, also an der Dreiecksspitze, wenig Fläche vorhanden ist. Der Beweis lässt sich mit Hülfe niederer Mathematik nicht erbringen und wäre in folgender Weise anzustellen:

Ist wieder w die Winkelgeschwindigkeit, so hat der Streifen bx · dl den Widerstand

$$0,13 \cdot b \cdot dl \cdot \omega^2 \cdot \ell^2. \text{Da} \frac{L}{B} = \frac{L-\ell}{b} \text{ oder } b = \frac{B}{L}(L-\ell) = B\left(1 - \frac{\ell}{L}\right),$$

so ist der Widerstand des Streifens $0,13 \cdot B \cdot \omega^2\left(\ell \cdot dl - \frac{\ell^3}{L} \cdot dl\right).$

Der Widerstand der ganzen Fläche beträgt

$$0,13 \cdot B \cdot \omega^2 \int_0^L \left(l^2 \cdot dl - \frac{l^3}{L} \cdot dl \right) = 0,13 \cdot B \cdot \omega^2 \left(\frac{L^3}{3} - \frac{L^4}{4L} \right),$$

oder der Luftwiderstand $W = \frac{1}{12} \cdot 0,13 \cdot B \cdot \omega^2 \cdot L^3,$

also ¼ von dem Widerstand des Flügels mit gleichmäßiger Breite B. Der Luftwiderstand des Streifchens hat für die Drehachse das Moment 0,13 · b · dl · w² · l³. Hiernach ent-

-38-

wickelt sich das ganze Moment $M = 0{,}13 \cdot B \cdot w^2$ oder $M = {}^1/_{20} \cdot 0{,}13 \cdot B \cdot w^2 \cdot L^4$.

Dividiert man dieses Moment durch die Kraft W, so erhält man den Hebelarm $M/W = 0{,}6L$.

Das Zentrum des Luftwiderstandes liegt mithin bei dreieckigen Flügeln um 0,6 L von der Achse entfernt. Bildliche Darstellung der Verteilung des Luftwiderstandes gibt Fig. 8.

15. Der Angriffspunkt des Luftwiderstandes beim abwärts geschlagenen Vogelflügel.

Diese letzteren Berechnungen geben einen Anhalt für die Lage des Luftwiderstandszentrums unter dem Vogelflügel.

Ein Vogelflügel, Fig. 9, ist nie so stumpf, dass er als Rechteck

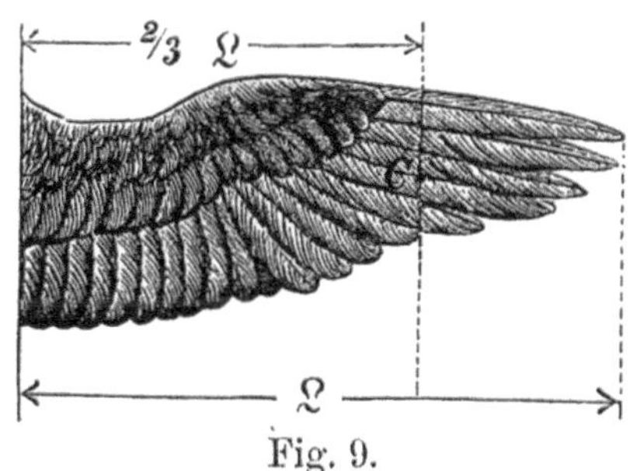

Fig. 9.

angesehen werden kann, er ist aber auch nie so spitz, dass er als Dreieck gelten kann. Beim rechteckigen oder gleichmäßig breiten Flügel von der Länge L liegt der Widerstandsmittelpunkt auf 0,75 L und beim dreieckigen Flügel auf 0,60 L von der Drehachse. Man wird daher nie weit Fehlgreifen, wenn man beim einfach abwärts geschlagenen Vogelflügel den Mittelwert 0,66 L annimmt und den Angriffspunkt des Luftwiderstandes auf $^2/_3$ der Flügellänge von dem Schulter-gelenk bemisst. Hierbei muss aber die Drehbewegung des Flügels um das Schultergelenk die einzige Bewegung gegen die umgebende Luft sein. Wenn außerdem noch Vorwärtsbewegung herrschte, würde sich die Zentrumslage, wie wir später sehen werden, bedeutend ändern. Diese Zentrumslage auf $^2/_3$ L kann man daher nur benutzen, wenn man den sichtbaren Kraftaufwand

-39-

bei Vögeln feststellen will, welche an einer Stelle der umgebenden Luft sich durch Flügelschläge schwebend erhalten.

Es ist noch besonders darauf hinzuweisen, dass der Angriffspunkt oder das Zentrum des Luftwiderstandes bei einfach rotierenden Flügeln nicht derjenige Flügelpunkt ist, dessen Geschwindigkeit dem ganzen Flügel mitgeteilt, einen gleichwertigen Luftwiderstand gibt, wie die Rotation ihn hervorruft.

Die Kenntnis der Zentrumslage hat nur Wert für die Bestimmung des Hebelarmes des Luftwiderstandes zur Berechnung der Festigkeitsbeanspruchung eines Flügels einerseits und andererseits für die Bestimmung der mechanischen Arbeit bei der entsprechenden Flügelbewegung.

Für den rechteckigen oder nur gleich breiten rotierenden Flügel, Fig. 4, wäre der gleichwertige Flügel, der in allen Teilen die Geschwindigkeit des Punktes C normal zur Fläche hätte, nur $^{16}/_{27}$ so groß und für den Fall Fig. 7 dürfte man nur $^{100}/_{206}$ der dreieckigen Flache nehmen und mit der Geschwindigkeit des Punktes C bewegen, um denselben Luftwiderstand zu erhalten.

Für den Vogelflügel, der weder ein Rechteck noch ein Dreieck ist, liegt der Wert etwa in der Mitte dieser beiden Zahlen, von denen die eine etwas größer wie ½ und die andere etwas kleiner wie ½ ist, also etwa bei ½ selbst. Die halbe Vogelflügelfläche, mit der Geschwindigkeit des auf $^{2}/_{3}$ der Flügellänge liegenden Zentrums normal bewegt, würde also denselben Luftwiderstand an demselben Hebelarm geben, wie der einfach rotierende Flügel; immer wieder unter der Voraussetzung, dass keine Vorwärtsbewegung des fliegenden Körpers gegen die umgebende Luft stattfindet.

Diese Fälle gehören aber zu den minder wichtigen bei der Feststellung der Flugarbeit. Wir werden sehen, dass die Flugtechnik ihr Hauptaugenmerk auf ganz andere viel wichtigere Momente zu richten hat.

-40-

16. Vergrößerung des Luftwiderstandes durch Schlagbewegungen.

Es bleibt noch übrig, den für die Flugtechnik wichtigen Fall zu untersuchen, wo der Luftwiderstand, wie beim Flügelschlage, dadurch erzeugt wird, dass eine Fläche plötzlich ans der Ruhe in eine größere Geschwindigkeit versetzt wird.

Für eine solche Bewegungsart einer Fläche können die früher angestellten Betrachtungen keine Gültigkeit haben; denn für die Ausbildung einer gleichmäßigen Strömungs- und Wirbelerzeugung ist hier keine Zeit vorhanden. Ferner wird diejenige Luft, welche die Fläche bei ihrer gleichmäßigen Bewegung ganz oder teilweise begleitet, sich mit der ihr innewohnenden Massenträgheit der Bewegung widersetzen.

Überhaupt kann man diesen Fall so auffassen, dass die ganze Luft, welche die Fläche zu beiden Seiten umgibt, durch ihr Beharrungsvermögen Widerstand leistet und nach plötzlich eingetretener Bewegung vor der Fläche eine Verdichtung und hinter der Fläche eine Verdünnung erfährt, welche zunächst der Fläche am stärksten auftreten und allmählich in die normale Spannung übergehen, ans welchen beiden Wirkungen sich der auf die Fläche ausgeübte Druck zusammensetzt. Auch für diesen Fall würde sich mit Hülfe der reinen Mechanik und Mathematik ein Annäherungswert berechnen lassen, wenn nicht eine neue Schwierigkeit dadurch entstände, dass die Geschwindigkeit, welche eine derartig plötzlich bewegte Fläche in jedem einzelnen Momente hat, eine andere ist und davon abhängt, dass erstlich die bewegte Fläche an sich eine Massenträgheit besitzt, und ferner die Veränderung des Luftwiderstandes selbst auf die Veränderung der Geschwindigkeit Einfluss hat, sobald die Bewegung durch eine treibende Kraft hervorgerufen wird.

Nicht weniger Schwierigkeiten wird es haben, bei derartigen Flügelschlagbewegungen den in jedem einzelnen Moment

-41-

stattfindenden Luftdruck durch den praktischen Versuch zu ermitteln, denn es handelt sich hierbei um Wegstrecken, die in einem Bruchteil der Sekunde mit ungleicher Geschwindigkeit ausgeführt werden.

Aber Eins lässt sich wenigstens durch den Versuch ermitteln. Man kann für gewisse Fälle den Durchschnittswert an Luftwiderstand feststellen, den eine Flächenbewegung erzeugt, ähnlich der Flügelschlagbewegung des Vogels; und obwohl die jeweilige Größe des Luftwiderstandes in den einzelnen Phasen der Bewegung nicht leicht gemessen werden kann, so lässt sich doch die summarische Hebewirkung beim Flügelschlag experimentell bestimmen.

In den Jahren 1867 und 1868 sind von uns Versuche über die Größe des Luftwiderstandes bei der Flügelschlagbewegung angestellt, und diese haben ergeben, dass in der Tat durch die Schlagbewegung ein ganz anderer Luftwiderstand entsteht, als durch die gleichmäßige Geschwindigkeit einer Fläche.

Wenn eine Fläche Flügelschlagartig bewegt wird mit einer gewissen Durchschnittsgeschwindigkeit, so kann der 9 fache, ja, sogar ein 25mal größerer Luftwiderstand entstehen, als wenn dieselbe Fläche mit derselben gleichmäßigen Geschwindigkeit durch die Luft geführt wird.

Um bei der Flügelschlagbewegung also denselben Luftwiderstand zu erhalten als bei gleichmäßiger Bewegung, braucht die Durchschnittsgeschwindigkeit des Flügelschlags nur den dritten bis fünften Teil der entsprechenden gleichmäßigen Geschwindigkeit betragen.

Wenn mithin eine gewisse, von einer Fläche mit gleichmäßiger Geschwindigkeit zurückgelegte Wegstrecke auf einzelne Flügelschläge verteilt wird, so kann im letzteren Falle für das Zurücklegen dieser Strecke die drei- bis fünffache Zeit verwendet werden, um

durchschnittlich denselben Luftwiderstand zu erhalten; die Fläche kann also drei- bis fünfmal so langsam bewegt werden, wenn die Bewegung in einzelnen Schlägen geschieht.

-42-

Zur Überwindung des so erzeugten Luftwiderstandes ist daher nur eine sekundliche Arbeit erforderlich, welche den dritten bis fünften Teil von derjenigen beträgt; die man aufwenden muss, um die Fläche mit gleichmäßiger Geschwindigkeit durch die Luft zu bewegen, wobei derselbe Luftwiderstand entstehen soll.

Diese Schlagbewegungen würden hiernach ein Mittel an die Hand geben, die Arbeitsgeschwindigkeit zur Überwindung des hebenden Luftwiderstandes beim Fliegen und somit im allgemeinen den Kraftaufwand beim Fliegen bedeutend zu verkleinern gegenüber dem Fall, wo man genötigt wäre, die Flugarbeit aus der gleichmäßigen Abwärtsbewegung von Flugflächen zu berechnen.

Der Nutzen der Schlagbewegungen kommt offenbar allen Vögeln zu gut, wenn sie sich in ruhiger Luft von der Erde erheben oder durch starke Flügelschläge an derselben Stelle der Luft zu halten suchen.

Ohne diese, Arbeitskraft ersparenden Eigenschaften der Flügelschlagbewegung wären viele Leistungen der Vögel eigentlich gar nicht zu verstehen.

Die Flugmethode der Vögel und anderer fliegenden Tiere besitzt gerade dadurch einen großen Vorteil, dass ihre Flugorgane durch die hin- und hergehende Schlagbewegung die Trägheit der Luft gründlich ausnützen, bedeutend mehr, als dieses der Fall sein würde, wenn an die Stelle der Schlagbewegungen gleichmäßige Bewegungen träten.

Wir haben also hierin einen Vorteil zu erkennen, welcher dem Prinzip des Vogelfluges anhaftet und welcher fortfällt, wenn das Prinzip des Vogelfluges nicht benutzt wird, wie z. B. bei Anwendung von rotierenden Schraubenflügeln, die unter allen Umständen mehr Kraft verbrauchen, als der geschlagene Vogelflügel. Dass aber dieser Vorteil des Flügelschlages kein Privilegium der Vogelwelt und der fliegenden Tiere überhaupt ist, wird durch folgendes Experiment erläutert.

Wir hatten uns einen Apparat, Fig. 10, hergestellt, welcher aus einen doppelten Flügelsystem bestand. Ein mittleres

-43-

breiteres Flügelpaar, sowie ein schmaleres vorderes und hinteres Flügelpaar waren um eine horizontale Achse drehbar und standen so in Verbindung, dass jeder Flügel einer Seite sich hob, wenn der zugehörige der anderen Seite sich senkte, und umgekehrt.

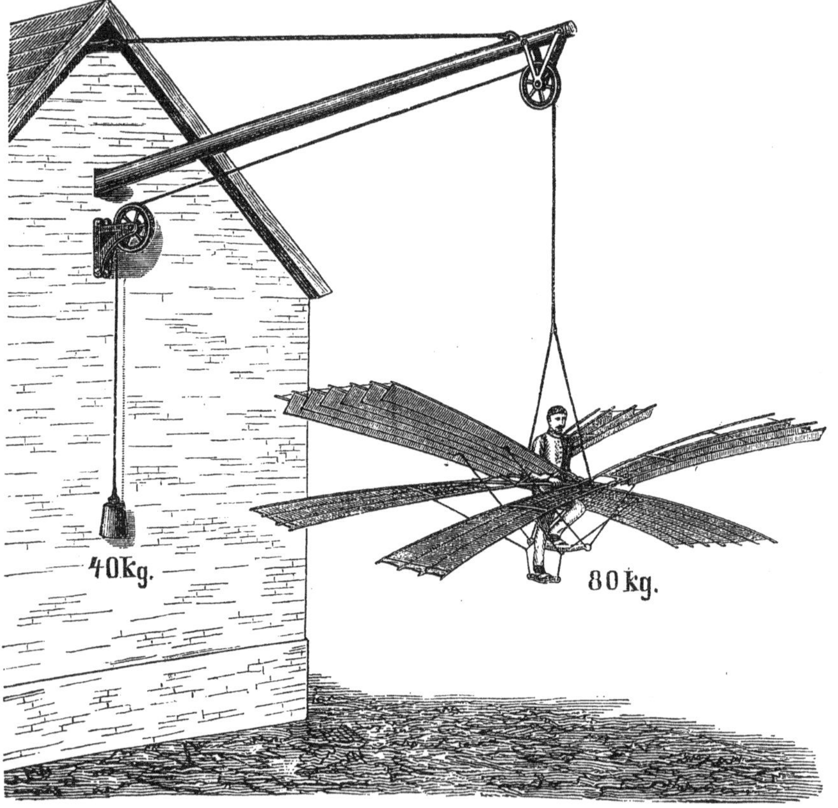

Fig. 10.

Da die beiden schmalen Flügel zusammen so breit waren, wie der mittlere breitere, so entstand auf jeder Seite gleichzeitig die gleiche Tragefläche. Beim Heben der Flügel öffneten sich Ventile, welche die Luft hindurchließen. Durch abwechselndes Ausstoßen der Füße ging immer die Hälfte der Flugfläche abwärts, während die andere Hälfte mit wenig Widerstand sich hob, wie aus der Figur ersichtlich.

-44-

Der Apparat war an einem Seil, das über Rollen ging, aufgehängt und war durch ein Gegengewicht im Gleichgewicht gehalten.

Durch Auf- und Niederschlagen der Flügel konnte natürlich eine Hebung erfolgen, sobald das Gegengewicht nur schwer genug war.

Diese Vorrichtung erlaubte nun eine Messung, wie viel die Hebung durch Anwendung eines solchen Apparates, der durch Menschenkraft bewegt wird, betragen kann, und wie groß sich dabei der durch Flügelschläge erzielte Luftwiderstand einstellt.

Durch geringe Übung gelang es uns, auf diese Weise unser halbes Gesamtgewicht zu heben, so dass, während eine Person mit dem Apparat 80 kg wog, ein 40 kg schweres Gegengewicht nötig war, um noch eine Hebung zu ermöglichen. Die erforderliche Anstrengung war hierbei jedoch so groß, dass man sich nur wenige Sekunden in gehobener Stellung halten konnte. Die Größe der Flügel jedes Systems, das heißt die jederzeit tragende Fläche betrug 8 qm.

Die aufgewendete Arbeitsleistung schätzten wir auf 70 - 75 kgm; denn eine vergleichsweise Kraftleistung beim schnellen Ersteigen einer Treppe ergab dasselbe Resultat. Jeder Fuß wurde ungefähr mit einer Kraft von 120 kg ausgestoßen und zwar auf der Strecke von 0,3 m bei 2 Tritten in 1 Sekunde, was eine Arbeit von $2 \cdot 0{,}3 \cdot 120 = 72$ kgm ergibt.

Der Ausschlag des Angriffspunktes für den Luftwiderstand musste bei diesem Apparat etwa 0,75 m betragen.

Die Kraft des Luftdrucks reduzierte sich also auf $^{0{,}3}/_{0{,}75} \cdot 120 = 48$ kg und von diesen 48 kg mögen ungefähr 4 kg zum Heben der Flügel mit geöffneten Ventilen angewendet sein, während der Rest von 44 kg zum Herunterdrücken der Flügel beansprucht wurde. Die Differenz dieser Drucke $44 - 4 = 40$ kg stellte dann die eigentliche Hubkraft dar, die auch gemessen wurde.

Das Zentrum des Luftwiderstandes der 8 qm großen Fläche legte ungefähr den Weg von 0,75 m in ½ Sekunde

-45-

zurück, seine mittlere sekundliche Geschwindigkeit betrug daher 1,5 m. Auf diese Weise hat also die 8 qm große Fläche bei der Flügelschlagbewegung, deren mittlere Geschwindigkeit 1,5 m betrug, 40 kg Luftwiderstand gegeben; und zwar schon nach Abzug des Widerstandes, den die Hebung der Flügel verursachte.

Wenn dieselbe Fläche mit 1,5 m Geschwindigkeit gleichmäßig bewegt würde, so entstände ein Luftwiderstand $= 0{,}13 \cdot 8 \cdot 1{,}5^2 = 2{,}34$ kg, aber mit Rücksicht darauf; dass der Flügel vermöge seiner Drehung um eine Achse in einzelnen Teilen verschiedene Geschwindigkeiten hat, würde (die Flügel waren an den Enden breiter) nur ein Luftwiderstand von etwa 1,6 kg entstehen, und dies ist nur der 25ste Teil desjenigen Luftwiderstandes, der sich bei der oszillatorischen Schlagbewegung wirklich ergab. Um bei gleichmäßiger Drehbewegung der Flügel auch 40 kg Luftwiderstand zu schaffen, müsste die Geschwindigkeit im Zentrum 5mal so groß, also $5 \cdot 1{,}5 = 7{,}5$ m sein. Wenn auf diese Weise der hebende Luftwiderstand von 40 kg gewonnen werden sollte, wäre eine 5mal so große Arbeit erforderlich, als bei der Flügelschlagbewegung nötig gewesen ist.

Dieses Beispiel zeigt, dass die Arbeit, welche von den Vögeln geleistet wird, wenn dieselben gegen die umgebende Luft keine Geschwindigkeit haben und nur durch Flügelschläge schwebend sich halten, bedeutend überschätzt wird, und dass die Kraftleistung etwa nur den fünften Teil von derjenigen beträgt, die nach der gewöhnlichen Luftwiderstandsformel: $L = 0{,}13 \cdot F \cdot c^2$ berechnet wird.

Was die Ausführung des Apparates, Fig. 10, anlangt, so waren die Flügelrippen aus Weidenruten, die übrigen Gestellteile aus Pappelholz gemacht. Die Ventilklappen waren aus Tüll gefertigt, durch den kleine Querrippen aus 2 - 3 mm starken Weidenruten in Entfernungen von cirka 60 mm hindurch gesteckt waren, um die nötige Festigkeit zu geben. Darauf war jede Ventilklappe ganz mit Kollodiumlösung be-

-46-

strichen, welche in allen Tüllmaschen Blasen bildete, die dann zu einem dichten Häutchen erstarrten.

Auf diese Weise erhielten wir eine sehr leichte, dichte und gegen Feuchtigkeit wenig empfindliche Flächenfüllung.

Es ist noch zu bemerken, dass wir vorher noch einen anderen Apparat zu demselben Zweck hergestellt hatten, der sich dadurch unterschied, dass nur ein Flügelsystem mit 2 Flügeln vorhanden war, das durch gleichzeitiges Ausstoßen beider Füße herab geschlagen und durch Anziehen der Füße sowohl, wie mit den Händen wieder gehoben wurde.

Die Leistung mit diesem früher ausgeführten Apparat war eine wesentlich geringere, als die mit dem Apparat, Fig. 10, erzielte, weil es für den Organismus des Menschen offenbar unnatürlich ist, die Beinkraft durch gleichzeitiges Ausstoßen beider Füße zu verwerten, gegenüber der Tretbewegung mit abwechselnden Füßen.

Um eine allgemein gültige Formel für jeden Fall der Flügelschlagbewegung aufzustellen, fehlt es an der ausreichenden Zahl von verschiedenen Versuchen; denn die Zahl der Flügelschläge, die Größe des Flügelausschlages und die Form der Flügel hat offenbar Einfluss auf den Koeffizienten einer solchen Formel, der vermutlich sogar in höherem Grade mit der Fläche wächst.

Zu dieser Annahme wurden wir veranlasst, als wir fanden, dass beim Experimentieren mit kleineren Flächen nur etwa die 9 fache Vergrößerung des Luftwiderstandes durch Schlagbewegungen entsteht.

Bei diesen Versuchen, wo die Flächen etwa $^1/_{10}$ qm betrugen, wurde ein Apparat, wie ihn Fig. 11 darstellt, angewendet.

Es ist hier ohne weiteres ersichtlich, wie durch ein Gewicht G die Flügelarme mit den Flächen dadurch in Bewegung gesetzt wurden, dass eine Rolle R mit einer Kurbel K sich drehte und den Endpunkt P der Hebel A und B hob und senkte. Bei P war ein Gegengewicht angebracht, welches die Gewichte der Arme A und B, und der Flächen F, F aus-

-47-

balancierte. Während das Gewicht G abwärts sank, machten die
Flügel eine Reihe von Auf- und Niederschlägen in der Größe von a b,

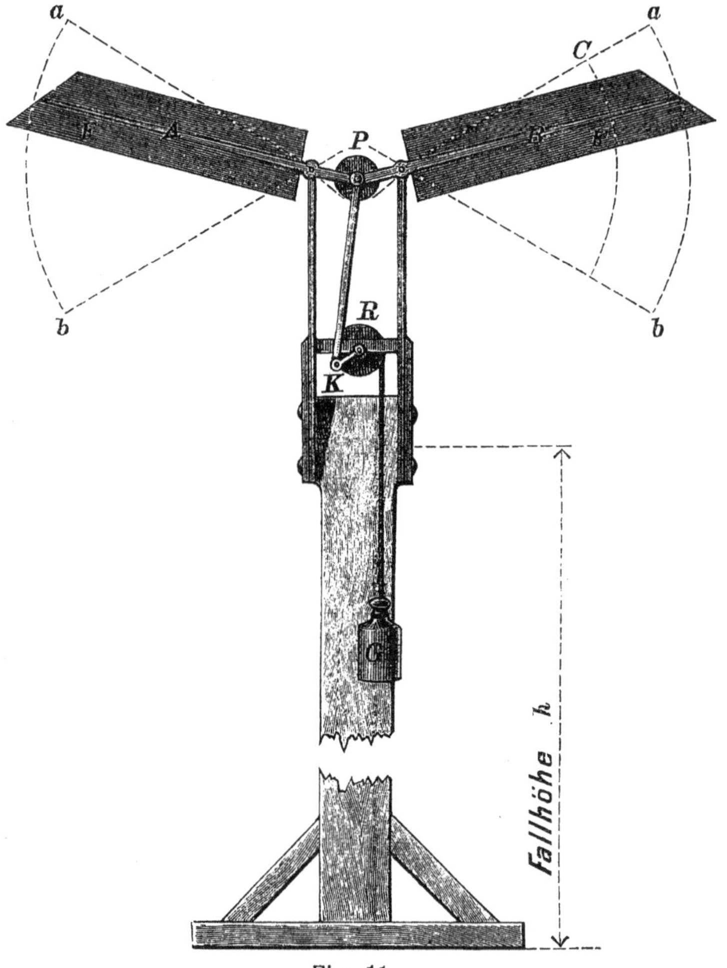

Fig. 11.

zu deren Ausführung eine ganz bestimmte mechanische Arbeit
erforderlich ist, welche in diesem Falle ganz genau gemessen werden
kann, indem man das Gewicht G kg mit seiner Fallhöhe h m
multipliziert und das Produkt G · h kgm erhält.
Diese Arbeit ist aber nicht allein zur Überwindung des erzeugten
Luftwiderstandes verwendet, sondern sie wurde teil-

-48-

weise auch dazu verbraucht, die Massen des ganzen Mechanismus in hin- und hergehende Bewegung zu versetzen, sowie die allerdings geringen Reibungen zu überwinden.

Die Arbeit, welche zur Massenbewegung nötig ist, und annähernd auch die Reibung kann man aber leicht aus dieser Gesamtarbeit $G \cdot h$ herausziehen. Man braucht nur die ganzen Verhältnisse ebenso zu gestalten mit Ausscheidung des Luftwiderstandes. Zu diesem Zweck hatten wir die Flügel F abnehmbar gemacht und nach Entfernung derselben schmale Leisten unter den Armen A und B befestigt, die ebensoviel wogen wie die Flügel F, und deren Schwerpunkt an demselben Hebelarm lag, während sie für die Drehachse dasselbe Trägheitsmoment besaßen.

Wenn der Apparat nun in derselben Zeit dieselbe Zahl von Flügelschlägen machen sollte, nachdem der größte Teil des Luftwiderstandes eliminiert war, so war ein kleineres Gewicht g als Triebkraft erforderlich, das sich leicht durch einige Proben finden ließ. Hiernach hat das Gewicht $G - g$ annähernd zur Überwindung des Luftwiderstandes allein gedient, während $(G - g) \cdot h$ die vom Luftwiderstand aufgezehrte Arbeit betrug.

Wenn man jetzt den Weg kennt, auf welchem der Luftwiderstand zu überwinden war, so findet man auch den Luftwiderstand selbst, indem man die Arbeit $(G - g) \cdot h$ durch diesen Weg dividiert.

Da das Zentrum des Luftwiderstandes nach Früherem auf 3/4 der Flügellänge von der Drehachse entfernt liegen muss, kann man einfach ausmessen, welchen Weg die Flügel an dieser Stelle zurücklegten, während das Gewicht die Höhe h durchfiel. Ist dieser Weg gleich w, so ist der Luftwiderstand im Durchschnitt $\frac{(G-g)\cdot h}{w}$.

Auf diese Weise lässt sich also der mittlere Luftwiderstand bei Flügelschlagbewegungen annähernd messen.

Nun gilt es aber, den Vergleich zu stellen für denjenigen Fall, wo von den Flügeln der Weg w mit gleichmäßiger Ge-

-49-

schwindigkeit in derselben Zeit bei Drehung nach einer Richtung zurückgelegt wird. Dieser Luftwiderstand ist aber nach dem. Abschnitt über die Widerstände bei Drehbewegung leicht zu bestimmen. Man erhält hierdurch eben eine Vergrößerung des Widerstandes durch Schlagbewegungen um das 9 fache gegenüber dem Widerstand, den die gleichmäßige Bewegung ergibt.

Wenn z. B. die beiden Versuchsflächen 20 cm breit und 30 cm lang waren, dann wurde an dein beschriebenen Versuchsapparate nach Fig. 11, G = 2,5 kg und g = 0,5 kg, während beide Male in 6 Sekunden die 1,8 m große Fallhöhe zurückgelegt wurde. Die Flügel machten dabei 25 Doppelhübe und der Endpunkt beschrieb einen Bogen ab von 32 cm Länge. Das Zentrum C legte einen Bogen von $^3/_4 \cdot 32$ cm = 24 cm in 6 Sekunden 2 · 25 = 50mal zurück, also im ganzen den Weg von 24 ·50 cm = 12 m.

Der Weg des Luftwiderstandes war also 12 m. Die Arbeit des Luftwiderstandes (G - g) h war (2,5 - 0,5) · 1,8 = 3,6 kgm. Der Luftwiderstand selbst hatte die Größe $^{3,6}/_{12}$ = 0,3 kg.

Wenn man anderseits die Flügel einfach rotieren lässt, wobei ihr Zentrum ebenfalls in 6 Sekunden den Weg von 12 m zurücklegt, so ergibt sich ein anderer Luftwiderstand, der auch berechnet werden soll. Dieser Widerstand ist nach Früherem $^1/_3$ von demjenigen, welcher sich bildet, wenn die Flächen mit der Geschwindigkeit der Endkanten normal bewegt werden. Die Flächen sind zusammen 2 · 0,2 · 0,3 = 0,12 qm und nach Abzug der Armbreiten von A und B 0,11 qm.

Die Endkanten haben $\dfrac{4}{3} \cdot 2 = \dfrac{8}{3} m$ Geschwindigkeit.

Der Luftwiderstand beträgt daher $\dfrac{0,13 \cdot 0,11 \cdot \left(\dfrac{8}{3}\right)^2}{3} = 0,033 kg$

gegen 0,3 kg, der durch Schlagbewegungen entsteht. Das Verhältnis ist $^{0,3}/_{0,033}$ = 9.

-50-

Bei dem letzterwähnten Versuch war die Fläche F geschlossen gedacht, sie gab daher nach oben denselben Widerstand wie nach unten. Wenn man Flächen anwendet, welche sich ventilartig beim Aufschlag öffnen, so wird der Widerstand entsprechend nach oben geringer

und der gemessene Gesamtwiderstand wird sich ungleich auf Hebung und Senkung der Flächen verteilen.

Auch in diesem Fall findet man einen ähnlichen Einfluss der Schlagwirkung, der bei kleineren Flächen von $^1/_{10}$ qm den Luftwiderstand um etwa das 9fache vermehrt.

Wenn hierdurch nachgewiesen wird, wie die Schlagwirkung im allgemeinen auf den Luftwiderstand einwirkt, so kann man daraus noch nicht ganz direkt auf den Luftwiderstand der wirklich vorn Vogel ausgeführten Flügelschläge schließen; denn es ist kaum anzunehmen, dass die Bewegungsphasen, die beim Vogelflügel der Muskel hervorruft, genau so sind, wie bei den Flügeln am beschriebenen Apparate, wo die Schwerkraft treibend wirkte. Immerhin aber wird auch dort der Grundzug der Erscheinung derjenige sein, dass der Flügelschlag in hohem Grade Kraft ersparend wirkt, indem er den Luftwiderstand stark vermehrt und dadurch die Arbeit verringert, weil nur geringere Flügel-Geschwindigkeit erforderlich ist.

Die Vögel selbst aber geben uns Gelegenheit, zu berechnen, dass der Nutzen ihrer Flügelschläge in der Tat noch erheblich größer ist, als man durch den zuletzt beschriebenen Apparat ermitteln kann.

Auch hierfür soll noch ein Beispiel zur Bestätigung dienen.

Eine Taube von 0,35 kg Gewicht hat eine gesamte Flügelfläche von 0,06 qm und schlägt in einer Sekunde 6mal mit den Flügeln auf und nieder, während der Ausschlag des Luftdruckzentrums etwa 25 cm beträgt, wenn die Taube ohne wesentliche Vorwärtsbewegung bei Windstille fliegt. Da die Taube zum eigentlichen Heben ungefähr nur die halbe Zeit

-51-

verwendet, muss sie beim Niederschlagen der Flügel einen Luftwiderstand gleich ihrem doppelten Gewicht hervorrufen, also 0,7 kg.

Ein Flügelniederschlag dauert $^1/_{12}$ Sekunde und beträgt im Zentrum 0,25 cm, hat also $12 \cdot 0,25 = 3$ m mittlere Geschwindigkeit.

Bei gleichmäßiger Bewegung mit der Geschwindigkeit des Zentrums, wobei jedoch nach Abschnitt 15 nur die halbe Flügelfläche gerechnet werden darf, gäben die Taubenflügel einen liebenden Luftwiderstand

$$L = 0,13 \cdot \frac{0,06}{2} \cdot 3^2 = 0,035 \, \text{kg}$$

während in Wirklichkeit 0,7 kg erzeugt werden, da die Taube unter den beobachteten Verhältnissen wirklich fliegt. Es tritt hier durch die Schlagbewegung also eine Luftwiderstandsvergrößerung von 0,035 auf 0,7 oder um das 20fache ein. Will man dies durch eine Formel ausdrücken, so wird man nicht weit fehlgreifen, wenn man bei Vogelflügeln die ganze Fläche rechnet, die mit der Geschwindigkeit v des auf $^2/_3$ der Flügellänge liegenden Zentrums den Luftwiderstand

$$L = 10 \cdot 0,13 \cdot F \cdot v^2$$

gibt. Diese Formel entspricht aber der 20fachen Vergrößerung des Luftwiderstandes; denn es dürfte eigentlich nach Abschnitt 15 nur $^F/_2$ gerechnet werden.

Wie außerordentlich der Luftwiderstand bei der Schlagbewegung wächst, kann man verspüren, wenn man einen gewöhnlichen Fächer einmal schnell hin und her schlägt und das andere Mal mit der gleichen, aber auch gleichmäßigen Geschwindigkeit nach derselben Richtung bewegt. Noch deutlicher wird dieser Unterschied fühlbar, wenn man größere leicht gebaute Flächen diesen verschiedenen Bewegungen mit der Hand aussetzt. Hier, wo man durch die Trägheit der eigenen Handmasse nicht so leicht getäuscht werden kann,

-52-

wird man durch diese Erscheinungen geradezu überrascht.
Man fühlt hierbei auch schon bei geringeren Geschwindigkeiten die
Luft so deutlich, wie sie sich uns sonst nur im Sturme fühlbar macht.

17. Kraftersparnis durch schnellere Flügelhebung.

Es ist nicht ohne Einfluss auf den zum Fliegen erforderlichen
Kraftaufwand, wie ein Vogel das Zeitverhältnis zwischen dem Auf-
und Niederschlag der Flügel einteilt.
Diese Zeiteinteilung hat Einwirkung auf die Größe des zur Hebung
erforderlichen Luftwiderstandes, also auf den Arbeitswiderstand und
dadurch wiederum auf die Flügelgeschwindigkeit. Beide werden um
so kleiner, je mehr von der vorhandenen Zeit auf den Niederschlag
verwendet wird, also je schneller der Aufschlag erfolgt. Da aber als
Arbeit erfordernd im wesentlichen nur die Zeit des Niederschlages zu
berücksichtigen ist, so nimmt das Pauschquantum der Flugarbeit
andererseits um so mehr ab, je weniger von der ganzen Flugzeit zum
Niederschlag dient.
Der geringste Arbeitswiderstand und die geringste absolute
Flügelgeschwindigkeit sind erforderlich, wenn die Flügelhebung ohne
Zeitaufwand vor sich gehen kann. Der hebende Luftwiderstand beim
Flügelniederschlag braucht dann nur gleich dein Vogelgewicht G sein,
dieser muss dann aber auch während der ganzen Flugdauer
überwunden werden, und die Geschwindigkeit des
Luftwiderstandszentrums kommt für die Berechnung der Arbeit ganz
und voll in Betracht. Ist diese Geschwindigkeit v, so hat man die
Arbeit G · v, welche für die ferneren Vergleiche mit A bezeichnet
werden möge.
Wenn Auf- und Niederschlag der Flügel gleich schnell geschehen,
müssen die Flügel den Luftwiderstand 2 G hervorrufen, aber sie
wirken dafür nur während der halben Flugzeit, weshalb diese beiden
Faktoren für die Arbeitsbestimmung

-53-

sich heben. Um aber den Luftwiderstand 2 G zu erzeugen, muss die Flügelgeschwindigkeit um $\sqrt{2}$ wachsen, und das vergrößert auch die Arbeit auf $\sqrt{2 \cdot A} = 1{,}41A$.

Würde ein Vogel die Flügel schneller herunterschlagen als herauf, etwa zweimal so schnell, so würde von der Zeit eines Doppelschlages $^1/_3$ zum Niederschlag und $^2/_3$ zum Aufschlag verwendet werden.

Beim Niederschlag wirkt ein hebender Luftwiderstand L, vermindert um das Vogelgewicht G, also L - G auf die Vogelmasse, und diese Kraft wirkt nur halb so lange wie das Gewicht G beim Aufschlag.

Die Masse des Vogels stellt also unter dem Einfluss zweier abwechselnd wirkenden und entgegengesetzt gerichteten Kräfte, von denen die niederdrückende Kraft doppelt so lange wirkt als die hebende.

Soll der Vogel gehoben bleiben, so muss sein Körper um einen Punkt auf und nieder schwingen und diesen Punkt einmal steigend, einmal fallend mit derselben Geschwindigkeit passieren. In dem Moment, wo dieser Punkt passiert wird, setzen die wirksamen Kräfte abwechselnd ein, und die summarische Ortsveränderung wird Null werden, wenn jede Kraft imstande ist, die einmal aufwärts und das andere Mal abwärts gerichtete Geschwindigkeit aufzuzehren und in ihr genaues Gegenteil umzuwandeln. Dies kann aber nur eintreten, wenn die Kräfte Beschleunigungen hervorrufen, welche umgekehrt proportional ihrer Wirkungsdauer sind, oder wenn die Kräfte selbst sich umgekehrt zu einander verhalten wie die Zeiten ihrer Wirkung.

In diesem Falle muss also die hebende Kraft L - G, welche während des kurzen Niederschlages auftritt, doppelt so stark sein als das beim Aufschlag allein auf den Vogel wirkende Eigengewicht G. Da mithin L - G = 2 G ist, so ergibt sich L = 3 G.

Die abwärts gerichtete Geschwindigkeit der Flügel muss daher $\sqrt{3}$ mal so groß sein, als wenn L = G wäre, wie bei

-54-

solchen Fällen, wo die ganze Flugzeit zu Niederschlägen aus genützt werden kann.

Die Arbeit verursachende Geschwindigkeit wirkt hier aber nur in $^1/_3$ der ganzen Zeit, mithin treten zu der Arbeit A jetzt die Faktoren

$3 \cdot \sqrt{3 \cdot \dfrac{1}{3}}$ hinzu, was die Arbeit 1,75 A gibt.

Man sieht hieraus, dass ein schnelles Herunterschlagen und langsames Aufschlagen der Flügel mit Arbeitsverschwendung verbunden ist, und dass die Flügel unnötig stark sein müssen, weil von größerer Kraft beansprucht.

Nach Vorstehendem kann man nun leicht das allgemeine Gesetz für den Einfluss der Zeiteinteilung zwischen Auf- und Niederschlag auf die Flugarbeit ermitteln. Wenn die Niederschläge $^1/_n$, der Flugzeit beanspruchen, so wird die Flugarbeit

$$A = n \cdot \sqrt{n \cdot \dfrac{1}{n} A} \text{ oder } A = \sqrt{n} \cdot A$$

Hiernach kann man nun für jede Größe von $^1/_n$ das Arbeitsverhältnis berechnen.

Fig. 12 enthält die Faktoren von A für die verschiedenen Werte von $^1/_n$ und den Verlauf einer Kurve, welche die Verhältnisse dieser Arbeiten zu einander versinnbildlicht.

Man sieht, dass das so entwickelte Arbeitsverhältnis um so günstiger wird, je mehr Zeit von der Flugdauer zum Niederschlagen der Flügel verwendet wird oder je schneller die Flügel gehoben werden.

Zur Beurteilung der zum Fliegen erforderlichen Gesamtarbeit treten aber noch andere Faktoren hinzu, welche auch berücksichtigt werden müssen, um zu erkennen, welchen Einfluss die Zeiteinteilung für Auf- und Niederschlagen der Flügel auf die Flugarbeit in Wirklichkeit hat.

Zunächst ist zu berücksichtigen, dass eine vorteilhafte Flügelliebung, welche doch mit möglichst wenig Widerstand verbunden sein soll, nur eintreten kann, wenn dieselbe nicht allzu rapide vor sich geht. Ferner ist zu bedenken, dass die Arbeit zur Überwindung der Massenträgheit der Flügel am geringsten ist, wenn Auf- und Niederschlag gleich schnell erfolgen.

-55-

Diese beiden Faktoren vermehren also die zum Fliegen erforderliche Anstrengung, wenn der Aufschlag der Flügel schneller erfolgt als der Niederschlag. Immerhin ist aber anzunehmen, dass der Hauptfaktor der Flugarbeit, die Anstrengung, welche der Luftwiderstand beim Niederschlag verursacht, mehr berücksichtigt werden muss, und dass für die Flügelsenkungen wenigstens etwas mehr als die halbe Flugzeit in Anspruch genommen werden muss, wenn das Minimum der Flugarbeit sich einstellen soll.

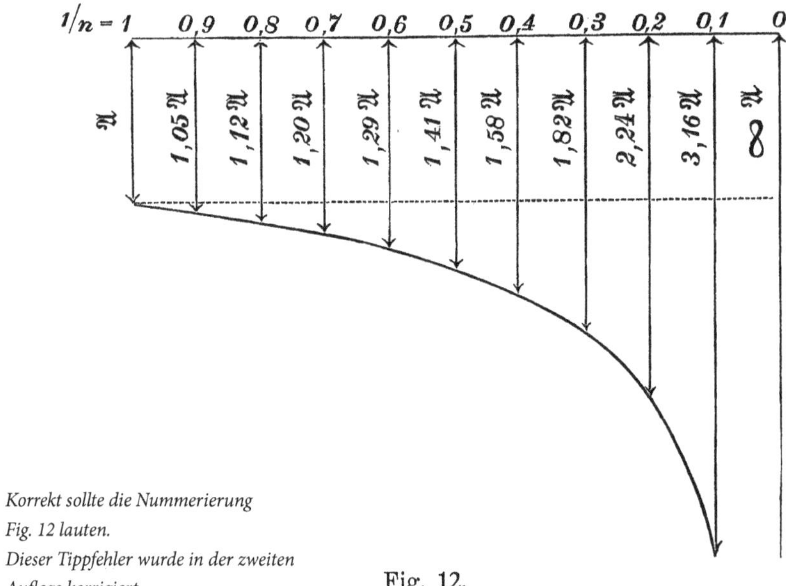

Korrekt sollte die Nummerierung
Fig. 12 lauten.
Dieser Tippfehler wurde in der zweiten
Auflage korrigiert.

Fig. 12.

Ein Wert von $^1/_n$, welcher den Anforderungen am besten entsprechen dürfte, wäre etwa gleich 0,6. Es würde dann die Zeit des Aufschlages zur Zeit des Niederschlages sich verhalten wie 2:3. Die bei gleich schnellem Heben und Senken der Flügel erforderliche Arbeit von 1,41 A würde dadurch auf 1,29 A vermindert.

Wenn diese Kraftersparnis nun auch nicht sehr erheblich ist, so kann man dennoch bei dem Fluge vieler Vögel bemerken, dass die Flügel schneller gehoben als gesenkt werden. Alle größeren Vögel mit langsamerem Flügelschlag zeigen

-56-

diese Eigentümlichkeit. Besonders aber zeichnet sich die Krähe dadurch aus, dass sie zuweilen sehr beträchtliche, auffallend leicht erkennbare Beschleunigung der Flügelhebung gepaart mit langsamer Flügelsenkung anwendet.

18. Der Kraftaufwand beim Fliegen auf der Stelle.

Solange beim Fliegen die Flügel nur auf- und niederschlagen in der sie umgebenden Luft, also kein Vorwärtsfliegen gegen die Luft stattfindet, welches der Kürze wegen mit „Fliegen auf der Stelle" bezeichnet werden möge, gibt das vorstehende Rechnungsmaterial einen ungefähren Anhalt für die Größe der bei diesem Fliegen erforderlichen Arbeit.

Die Anstrengung zur Massenbewegung der Flügel kann man vernachlässigen, weil die Flügel gerade an ihren schnell bewegten Enden nur aus Federn bestehen. Ebenso sei zunächst der Luftwiderstand vernachlässigt, welcher beim Heben der Flügel entsteht.

Bei vorteilhafter Flügelschlageinteilung, wenn also etwas schneller aufwärts als abwärts geschlagen wird, kann man dann nach dem vorigen Abschnitt für das Fliegen auf der Stelle den Kraftaufwand $A = 1{,}29\ A$ annehmen, wobei $A = G \cdot v$ ist, und v sich nach der Gleichung: $L = 10 \cdot 0{,}13 \cdot F \cdot v^2$ des Abschnittes 16 jetzt aus der Gleichung: $G = 10 \cdot 0{,}13 \cdot F \cdot v^2$ bestimmt.

Hierin ist bereits die pendelartige Bewegung der Flügel berücksichtigt, und es folgt $v = 0{,}85 \cdot \sqrt{\dfrac{G}{F}}$

Durch Einsetzen dieses Wertes erhält man

$$A = G \cdot 0{,}85 \cdot \sqrt{\frac{G}{F}}\ \text{und}\ A = 1{,}29 \cdot G \cdot 0{,}85 \cdot \sqrt{\frac{G}{F}}\ \text{oder}\ A = 1{,}1 \cdot G \cdot \sqrt{\frac{G}{F}}.$$

$G/_F$ einen für die einzelnen Vogelarten annähernd sich gleichbleibenden Wert vorstellen. Bei vielen großen

-57-

Vögeln z. B. ist $^G/_F$ ungefähr gleich 9, d. h. ein Vogel von 9 kg Gewicht (australischer Kranich) hat etwa 1 qm Flügelfläche.

$\sqrt{\dfrac{G}{F}}$ ist dann gleich 3 und A = 1,1 · G · 3 oder A = 3,3 · G. Bei

kleineren Vögeln (Sperling u. s. w.) ist $^G/_F$ vielfach gleich 4 und $\sqrt{\dfrac{G}{F}}$,

mithin A = 2,2 ·G.

Diesen Formeln entsprechend findet man durchgehend, dass den kleineren Vögeln das Fliegen auf der Stelle leichter wird als den größeren Vögeln, weil kleinere Vögel im Verhältnis zu ihrem Gewicht größere Flügel haben.

Den meisten größeren Vögeln ist das Fliegen auf der Stelle sogar unmöglich und das Auffliegen in windstiller Luft sehr erschwert, weshalb viele von ihnen vor dem Auffliegen vorwärts laufen oder hüpfen.

Man bemerkt bei den Vögeln, welche wirklich bei Windstille an derselben Stelle der Luft sich halten können, dass ihr Körper eine sehr schräge nach hinten geneigte Lage einnimmt, und dass die Flügelschläge nicht nach unten und oben, sondern zum Teil nach vorn und hinten erfolgen. An Tauben kann man dieses sehr deutlich beobachten. Die Flügel derselben machen hierbei so starke Drehungen, dass es scheint, als ob der Aufschlag oder, hier besser gesagt, der Rückschlag zur Hebung mitwirke.

Diese Ausführung der Flügelschläge ist nötig, um die gewöhnliche Zugkraft der Flügel nach vorn aufzuheben. Es ist aber wahrscheinlich, dass die Hebewirkung dadurch stark begünstigt wird, und dass für kleinere Vögel, von denen das Fliegen auf der Stelle mit Hülfe dieser Manipulation ausgeführt wird, sich die als Arbeitsmaß bei diesem Fliegen dienende Formel wohl auf A = 1,5 G abrunden lässt. Die Arbeit eines auf der Stelle fliegenden Vogels beträgt hiernach wenigstens 1,5 mal so viel Kilogrammmeter als der Vogel Kilogramm wiegt.

Ein Vogel, der das Fliegen auf der Stelle ganz besonders

-58-

liebt, ist die Lerche. Diese steigt aber meist recht hoch in die Luft empor und findet dort auch wohl gewöhnlich so viel Wind, dass bei ihr von einem eigentlichen Fliegen auf der Stelle der umgebenden Luft nicht die Rede ist, sie also auch weniger Arbeit gebraucht, als die Formeln für letzteres angeben.

Würde der Mensch es verstehen, alle diese vorher abgeleiteten Vorteile sich auch nutzbar zu machen, so läge für ihn die Grenze des denkbar kleinsten Arbeitsaufwandes beim Fliegen auf der Stelle etwas über 1,5 Pferdekraft; denn mit einem Apparat, der gegen 20 qm Flugfläche besitzen müsste, um den Faktor $^G/_F = 4$ zu erhalten, wurde das Gesamtgewicht stets über 80 kg betragen, also über 120 kgm sekundliche Arbeit erforderlich sein. An eine Überwindung dieser Arbeit mit Hilfe der physischen Kraft des Menschen auch für kürzere Zeit ist natürlich nicht zu denken. Es liegt aber auch weniger Interesse vor, das Fliegen auf der Stelle für den Menschen nutzbar zu machen, wenigstens würde man gern darauf verzichten, wenn man dafür nur um so besser vorwärts fliegen könnte.

19. Der Luftwiderstand der ebenen Fläche bei schräger Bewegung.

Sobald ein Vogel vorwärts fliegt, machen seine Flügel keine senkrechten Bewegungen mehr, sondern die Flügelschläge vereinigen sich mit der Vorwärtsbewegung und beschreiben schräg liegende Bahnen in der Luft, wobei die Flügelflächen selbst in schräger Richtung auf die Luft treffen.

Ein Flügelquerschnitt ab, Fig. 13, welcher durch den einfachen Niederschlag nach a_1b_1 gelangt, würde durch gleichzeitiges Vorwärtsfliegen beispielsweise nach a_2b_2 kommen. Selbstverständlich ändern sich dadurch die Luftwiderstandsverhältnisse, und es ist klar, dass dies auch nicht ohne Einfluss auf die Flugarbeit bleibt.

-59-

Um hierüber ein Urteil zu gewinnen, muss man den Luftwiderstand der ebenen Fläche bei schräger Bewegung kennen, und da das Vorwärtsfliegen der eigentliche Zweck des Fliegens ist, so haben die hierbei auftretenden Luftwiderstandserscheinungen eine erhöhte Wichtigkeit für die Flugtechnik.

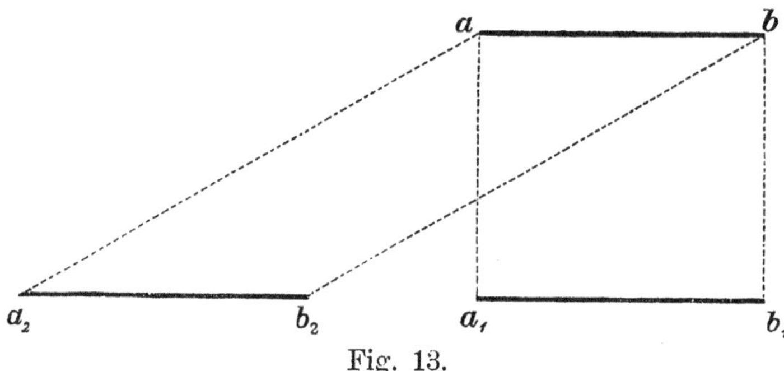

Fig. 13.

Die technischen Handbücher weisen jedoch über diese Art von Luftwiderstand solche Formeln auf welche großenteils aus theoretischen Betrachtungen hervorgegangen sind, und auf Voraussetzungen basieren, welche in Wirklichkeit nicht erfüllt werden können.

Wie schon früher angedeutet, war dieser Mangel für die gewöhnlichen Bedürfnisse der Technik nicht sehr einschneidend; denn es hingen nicht gerade Möglichkeiten und Unmöglichkeiten von der Richtigkeit der genannten Formeln ab.

Für die Praxis des Fliegens sind dagegen nur solche Angaben über Luftwiderstand verwendbar, welche, aus Versuchen sich ergebend, auch den Unvollkommenheiten Rechnung tragen, welche die Ausführbarkeit wirklicher Flügel mit sich bringt. Wir können nun einmal keine unendlich dünnen, unendlich glatten Flügel herstellen, wie die Theorie sie voraussetzt, ebenso wenig wie die Natur dies vermag, und so stellt sich bei derartigen Versuchen ein beträchtlicher Unterschied in den Luftwiderstandserscheinungen gegen das theoretisch Entwickelte ein. Dies gilt namentlich auch für die Richtung des Luftwiderstandes zur bewegten Fläche. Diese Richtung steht nach der einfach theoretischen Anschauung senkrecht

-60-

zur Flache. In Wirklichkeit jedoch weicht diese Richtung des Luftwiderstandes besonders bei spitzen Winkeln, auch wenn die Fläche so dünn und so glatt wie möglich ausgeführt wird, erheblich von der Normalen ab.

Diese in der Praxis stattfindenden Abweichungen von den Ergebnissen der theoretischen Überlegung haben schon so manche Hoffnung zu Schanden werden lassen, welche sich daran knüpfte, dass das Vorwärtsfliegen zur längst ersehnten Kraftersparnis beim Fliegen beitragen könne.

Auch wir haben, auf solche Vorstellungen fußend, eine Anzahl von Apparaten gebaut, um diese vermeintlichen Vorteile weiter zu verfolgen.

Nachdem wir erkannt zu haben glaubten, dass der hebende Luftwiderstand durch schnelles Vorwärtsfliegen arbeitslos vermehrt werden, und daher an Niederschlagsarbeit gespart werden könne, bauten wir in den Jahren 1871 - 73 eine ganze Reihe von Vorrichtungen, um hierüber vollere Klarheit zu erhalten.

Die Flügel dieser Apparate wurden teils durch Federkraft, teils durch Dampfkraft in Bewegung gesetzt. Es gelang uns auch, diese Modelle mit verschiedenen Vorwärtsgeschwindigkeiten zum freien Fliegen zu bringen; allein was wir eigentlich feststellen wollten, gelang uns in keinem Falle. Wir waren nicht imstande, den Nachweis zu führen, dass durch Vorwärtsfliegen sich Arbeit ersparen lässt, und wenn wir auch durch diese Versuche um manche Erfahrung bereichert wurden, so mussten wir das Hauptergebnis doch als ein negatives bezeichnen, indem diese Versuche nicht eine Verminderung der Flugarbeit durch Vorwärtsfliegen ergaben.

Den Grund hierfür suchten und fanden wir darin, dass wir eben von falschen Voraussetzungen ausgegangen waren und Luftwiderstände in Rechnung gezogen hatten, die in Wirklichkeit gar nicht existieren; denn die genannten ungünstigen Resultate veranlassten uns, den Luftwiderstand der ebenen, schräg durch die Luft bewegten Flächen genauer experimentell zu untersuchen, und wir erhielten dadurch die Aufklärung über

-61-

dieses die Erwartungen nicht erfüllende Verhalten des Luftwiderstandes. Fig. 14 zeigt den hierzu verwendeten Apparat. Durch Letzteren war es möglich, an rotierenden Flächen nicht nur die Größe der Widerstände, sondern auch ihre Druckrichtung zu erfahren. Dieser Apparat trug an drehbarer vertikaler Spindel 2 gegenüberstehende leichte Arme mit den 2 Versuchsflächen an den Enden.

Fig. 14.

Die Flächen konnten unter jedem Neigungswinkel eingestellt werden. Die Drehung wurde hervorgerufen durch 2 Gewichte, deren Schnur von Entgegengesetzten Seiten einer auf der Spindel sitzenden Rolle sich abwickelte. Dieser zweiseitige Angriff wurde gewählt, um den seitlichen. Zug auf die Spindellager möglichst zu eliminieren. Durch Reduktion der treibenden Gewichte auf die Luftwiderstandszentren der Flächen, also durch einfachen Vergleich der Hebelarme ließ sich die horizontale Luftwiderstandskomponente ermitteln, nachdem selbstverständlich vorher der von den Armen allein

-62-

hervorgerufene und Ausgeprobte Luftwiderstand so wie der Leergangsdruck abgezogen war.

Um auch die vertikale Komponente des Luftwiderstandes messen zu können, war die Spindel mit allen von ihr getragenen Teilen durch einen Hebel mit Gegengewicht ausbalanciert. Die Spindel ruhte drehbar auf dem freien Ende dieses Hebels und konnte sich um weniges heben oder senken, um das Auftreten einer äußeren vertikalen Kraft erkennen zu lassen. Die an den Versuchsflächen sich zeigende vertikale hebende Widerstandskomponente wurde dann durch einfache Belastung des Unterstützungspunktes der Spindel, bis keine Hebung mehr stattfand, ganz direkt gemessen, wie in der Zeichnung angegeben.

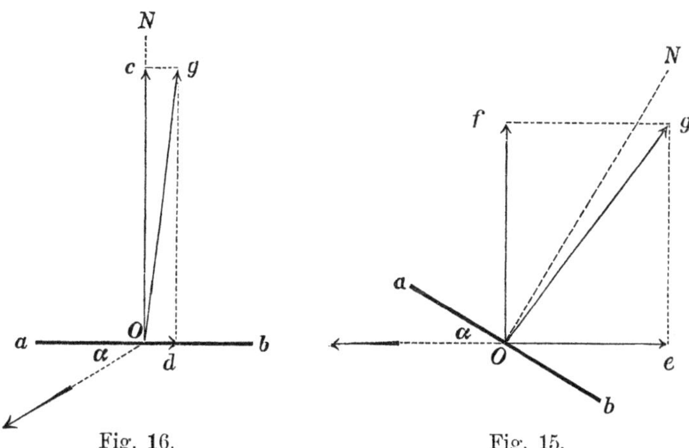

Fig. 16.   Fig. 15.

Auf diese Weise erhielten wir bei der schräg gestellten und horizontal bewegten Fläche a b nach Fig.15 die horizontale Luftwiderstands-komponente 0 e und die vertikale Komponente

O f, die dann zusammengesetzt die Resultante O g ergaben, welche den eigentlichen Luftwiderstand in Größe und Richtung darstellt.

Denkt man sich das ganze System von Fig.15 um den Winkel a nach links gedreht, so entsteht Fig.16, in welcher 0 N, die Normale zur Fläche, senkrecht steht.

-63-

Zerlegt man hier min den Luftwiderstand 0 g in eine vertikale und eine horizontale Komponente, so erhält man für die horizontal ausgebreitete und schräg abwärts bewegte Fläche die hebende Wirkung des Luftwiderstandes in der Kraft 0 c, während die Kraft 0 d eine hemmende Wirkung für die Fortbewegung der Fläche nach horizontaler Richtung veranlasst. Aus diesem Grunde kann man 0 c die hebende und O d die hemmende Komponente nennen.

Die Resultate dieser Messungen sind auf Tafel 1 zusammengestellt, und zwar gibt Fig.1 die Luftwiderstände bei konstanter Bewegungsrichtung und verändertem Neigungswinkel, während Fig.2 die Widerstände so gezeichnet enthält, wie dieselben bei einer sich parallel bleibenden Fläche entstehen, wenn diese nach den verschiedenen Richtungen mit immer gleicher absoluter Geschwindigkeit bewegt wird.

Wenn eine ebene Fläche a b, Tafel 1 Fig.1, in der Pfeilrichtung bewegt wird, und zwar nicht bloß, wie gezeichnet, sondern unter verschiedenen Neigungen von a $=0°$ bis a $= 90°$, aber immer mit der gleichen Geschwindigkeit, so entstehen die Luftwiderstände c $0°$; c $3°$; c $6°$; c $90°$, entsprechend den Neigungswinkeln $0°$, $3°$, $6°$, $90°$. Diese Kraftlinien geben das Verhältnis der Luftwiderstände zu dem normalen Widerstand c $90°$ an, welch letzterer nach der Formel L $= 0,13 \cdot F \cdot c^2$ berechnet werden kann. Die Kraftlinien haben aber auch die ihnen zukommenden Richtungen in Fig.1 erhalten. Ihre Endpunkte sind durch eine Kurve verbunden.

Da aus Fig. 1 nicht verglichen werden kann, wie die Kraftrichtungen zu den erzeugenden Flächen stehen, so sind in Fig. 2 die Luftdrucke so eingezeichnet, wie dieselben sich stellen, wenn die horizontale Fläche a b mit derselben absoluten Geschwindigkeit nach den verschiedenen Richtungen von $3°$, $6°$, $9°$ u.s.w. bewegt wird. Hierbei ist deutlich die Lage jeder Druckrichtung gegen die Normale der Fläche erkenntlich.

Es zeigt sich, dass die Luftwiderstandskomponenten in der Flächenrichtung bis zum Winkel von $37°$ fast gleich groß

-64-

sind. Diese Komponente stellt außer dem Einfluss des an der Vorderkante der Fläche stattfindenden Luftwiderstandes gewissermaßen die Reibung der Luft an der Fläche dar, und diese Reibung bleibt fast gleich groß, wenn, wie bei spitzen Winkeln, in Fig. 17, die Luft nach einer Seite abfließt.

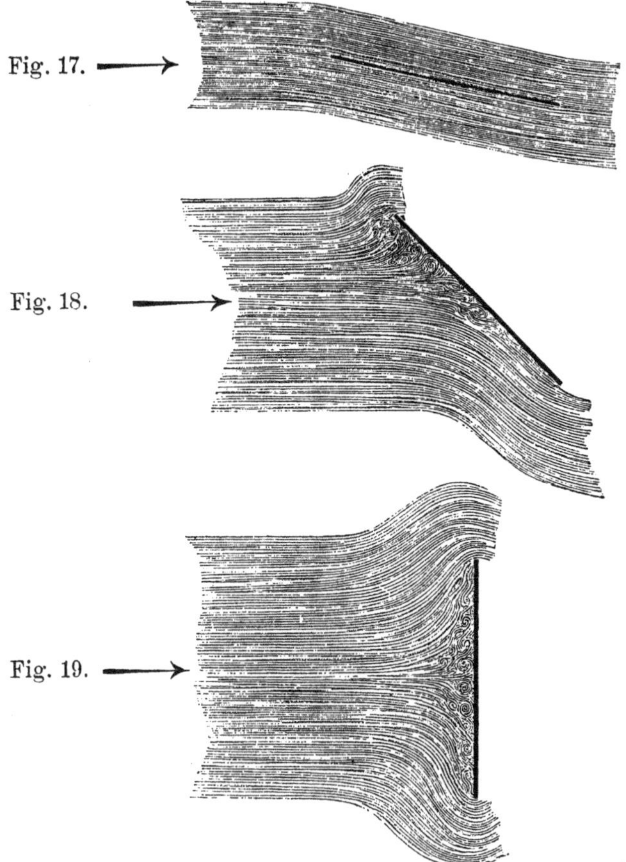

Bei stumpferen Winkeln, Fig. 18, wo ein Teil der steiler auf die Fläche treffenden Luft um die Vorderkante der Fläche herumgeht, wird die Reibung summarisch dadurch vermindert und schließlich ganz aufgehoben nach Fig. 19 bei normaler Bewegung; denn dann fließt die Luft nach allen Seiten gleich stark ab und die algebraische Summe der Reibungen ist Null.

-65-

Die Abhängigkeit des Widerstandes vom Quadrat der Geschwindigkeit wird durch die Reibung nicht wesentlich beeinflusst. Zum Vergleich der absoluten Größen des Luftwiderstandes geneigter Flächen mit dem Luftwiderstand bei normal getroffenen Flächen bediene man sich der Tafel VII. Hier sind die Widerstände geneigter ebener Flächen nach Maßgabe der Neigungswinkel bei gleichen absoluten Geschwindigkeiten und zwar in der unteren einfachen Linie (mit ebene Fläche bezeichnet) eingetragen, ohne Rücksicht auf ihre Druckrichtung. Die Abweichung von der jetzt meist als maßgebend angesehenen Sinuslinie ist besonders bei den kleinen Winkeln auffallend. Nicht viel weniger auffallend würden sich übrigens auch die normal zur Fläche stehenden Komponenten verhalten, weil sie nicht viel kleiner sind.

Für die Nutzanwendung kommen natürlich die Abweichungen der Widerstandsrichtung von der Normalen ganz besonders in Betracht; denn sie sind es, welche den Vorteil des Vorwärtsfliegens mit ebenen Flügeln in Bezug auf Kraftersparnis zum größten Teil wieder vernichten.

Es wird nicht gut angehen, den durch schiefen Stoß hervorgerufenen Luftwiderstand in Formeln zu zwängen, es müssten denn gröbere Vernachlässigungen geschehen, welche die Genauigkeit empfindlich beeinträchtigten.

Es bleibt nur übrig, die Diagramme zur Entnahme des Luftdruckes zu benutzen, weshalb dieselben auch mit möglichster Genauigkeit im größeren Maßstabe ausgeführt sind.

Die hier vorliegenden Diagramme geben die Mittelwerte der aus vielen Versuchsreihen gefundenen Zahlen.

Diese Experimente begannen im Jahre 1866 und wurden mit mehreren größeren Unterbrechungen bis zum Jahre 1889 fortgesetzt. Zur Beurteilung ihrer Anwendbarkeit sei erwähnt, dass mehrere Apparate, wie beschrieben, in verschiedenen Größen zur Anwendung gelangten. Der Durchmesser der Kreisbahnen, welche die Versuchsflächen zurückzulegen hatten, schwankte zwischen 2 m und 7 m. Die verwendeten Flächen,

-66-

von denen immer 2 gegenüberstehende gleichartige zur Anwendung gebracht wurden, hatten
0,1 - 0,5 qm Inhalt. Sie waren hergestellt aus leichten Holzrahmen mit Papier bespannt, aus dünner fester Pappe, sogenanntem Presspan, aus massivem Holz oder aus Messingblech. Der größte Querschnitt betrug $^1/_{50} - ^1/_{80}$ der Fläche. Die Kanten wurden stumpf, abgerundet und scharf zugespitzt hergestellt, was jedoch bei der geringen Dicke der Versuchskörper wenig Einfluss ausübte.
Die zur Anwendung kommenden Geschwindigkeiten betrugen 1 bis 12 m pro Sekunde.
Das Wachsen des Luftwiderstandes mit dem Quadrat der Geschwindigkeit bestätigte sich bei allen diesen Versuchen.

20. Die Arbeit beim Vorwärtsfliegen mit ebenen Flügeln.

Wenn der Luftwiderstand senkrecht zu ebenen, schräg abwärts bewegten Flügeln gerichtet wäre, ließe sich durch schnelles Vorwärtsfliegen viel an Flugarbeit ersparen. Es käme, nach Fig. 20, immer nur die kleine vertikale Geschwindigkeitskomponente c für die Arbeit in Rechnung, während die große absolute Flügelgeschwindigkeit v den hebenden Luftwiderstand bedingt. Annähernd wäre der erzeugte Luftwiderstand

$$G = 0{,}13 \cdot F \cdot v^2 \cdot \sin \alpha, \text{ und } v = \sqrt{\frac{G}{F \cdot 0{,}13 \cdot \sin \alpha}},$$

wobei die Arbeit $G \cdot c = G \cdot v \cdot \sin \alpha$ oder

$$G \cdot c = G \cdot \sqrt{\frac{G}{F \cdot 0{,}13}} \cdot \sqrt{\sin \alpha} \text{ wäre.}$$

Je kleiner also a ist, je schneller also geflogen wird, desto kleiner wird auch $\sqrt{\sin a}$ sein, und desto geringer wäre auch die aufzuwendende Arbeit; man hätte nur nötig, genügend schnell zu fliegen, und könnte dadurch die Fliegarbeit beliebig verkleinern.

-67-

In Wirklichkeit lässt sich dieser Satz nicht aufrecht halten, weil eine etwa vorhandene Anfangsgeschwindigkeit des Vogels bald aufgezehrt werden würde durch die hemmende Komponente des Luftwiderstandes unter den Flügeln, selbst wenn man von dem Widerstand des Vogelkörpers ganz absieht.

Um dennoch die Vorwärtsgeschwindigkeit des Vogels zu unterhalten, könnte z. B. das Flügelheben unter schräger Stellung verwendet werden, wie auch wir bei unseren Versuchen verfuhren. Aus letzterem ergäbe sich aber eine herabdrückende Wirkung, und für diese müsste der Niederschlag der Flügel aufkommen.

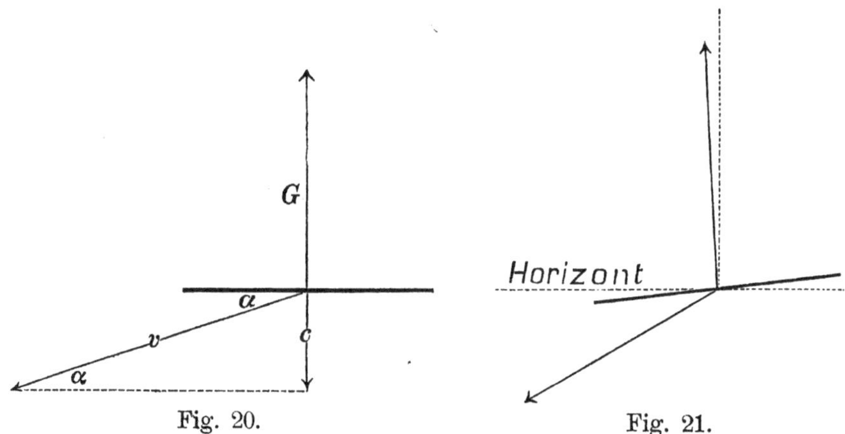

Fig. 20.   Fig. 21.

Stattdessen kann man sich aber auch anderseits vorstellen, der Flügel wäre beim Abwärtsschlagen nicht horizontal gerichtet, sondern, wie in Fig. 21, nach vorn etwas geneigt und zwar so, dass die Mittelkraft des entstandenen Luftwiderstandes genau senkrecht oder noch wenig nach vorn geneigt steht, um den Widerstand des Vogelkörpers mit zu überwinden. An dem auf diese Weise tätigen Flugapparate könnte ein Gleichgewicht der Bewegung bestehen und die Vorwärtsgeschwindigkeit aufrecht erhalten bleiben.

Der Einfluss eines solchen Vorwärtsfliegens mit ebenen Flügeln auf die Größe der Flugarbeit lässt sich nun in folgender Weise bestimmen.

-68-

Es soll diese Arbeit beim Vorwärtsfliegen ins Verhältnis gestellt werden zu derjenigen Arbeit, welche ohne Vorwärtsfliegen nötig ist, und zwar sei diese letztere Arbeit mit A bezeichnet.

Der einfacheren Vorstellung halber sei angenommen, dass die Flügel in allen Punkten gleiche Geschwindigkeit haben, die Flügel also in allen Lagen parallel mit sich bleiben und die Verteilung des Luftwiderstandes auf die Fläche daher gleichmäßig erfolgt.

In Fig. 22 ist der Flügelquerschnitt A B so gegen den Horizont geneigt, dass die z. B. unter 23° mit der absoluten Geschwindigkeit OD bewegte Fläche einen lotrecht gerichteten Luftwiderstand O C gibt.

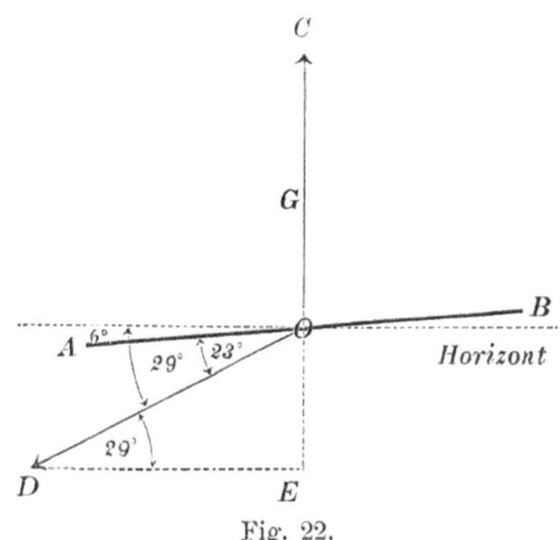

Fig. 22.

Die Flächenneigung gegen den Horizont beträgt dann nach dem Diagramm Tafel I Fig. 1 und Fig. 2 etwa 6°. Um nun einen Luftwiderstand von bestimmter Größe, z.B. gleich dem Vogelgewichte G zu erhalten, muss die absolute Geschwindigkeit größer sein, als wenn die Flugfläche senkrecht zu ihrer Richtung bewegt würde und dabei derselbe Widerstand entstehen sollte.

Aus der Tafel VII ergibt sich, dass für 23° Neigung der Luftwiderstand 0,45 des Widerstandes für 90° ist. Für 23° Neigung müsste daher die absolute Geschwindigkeit um den Faktor: $\dfrac{1}{\sqrt{0,45}}$

größer sein, als bei 90°. Dies wäre dann die Geschwindigkeit O D. Für die Arbeitsleistung kommt aber nur die Geschwindigkeit O E in Betracht und diese ist gleich

-69-

O D · sin 29°, mithin: $\dfrac{1}{\sqrt{0,45}} \cdot \sin 29° = 0,72$ von der Geschwindigkeit, mit welcher die Fläche bei normaler Bewegung den Luftwiderstand G erzeugte. Die in diesem Falle zu leistende Arbeit ist demnach 0,72 A und es wäre hier durch Vorwärtsfliegen etwa $^1/_4$ der Arbeit gespart gegenüber dem Fliegen auf der Stelle. Die Fluggeschwindigkeit würde dann ungefähr doppelt so groß sein als die Abwärtsgeschwindigkeit der Flügel, weil E D ungefähr doppelt so groß als O E ist.

Von dem hierbei resultierenden Nutzen geht aber wiederum noch ein Teil dadurch verloren, dass der Widerstand des Vogelkörpers nach der Bewegungsrichtung mit überwunden werden muss.

Der hier herausgegriffene Fall ist aber der günstigste, welcher entstehen kann; denn wenn die Flügel unter anderen Neigungen bewegt werden, also langsamer oder schneller geflogen wird, so ergibt sich ein noch weniger günstiges Resultat für die aufzuwendende Arbeit. Die Verhältnisse zu der Arbeit A sind auf Tafel I in Fig. 2 bei einigen Winkeln angegeben. Der Minimalwert bei 23° ist unterstrichen.

Man sieht, dass das Vorwärtsfliegen mit ebenen Flächen kaum einen nennenswerten Vorteil zur Kraftersparnis gewährt; denn wenn vorher 1,5 HP zum Fliegen für den Menschen nötig war, bleibt jetzt immer noch über 1 HP übrig als das Äußerste, was sich theoretisch erreichen lässt.

Hieraus geht aber auch gleichzeitig hervor, dass dem Fliegen mit ebenen Flügeln dieser große Nachteil deshalb anhaftet, weil der Luftwiderstand bei schräger Bewegung nicht senkrecht zur Fläche steht, und dass deshalb keine Möglichkeit denkbar ist, dass bei ebenen Flächen, sei die Bewegung wie sie wolle, jemals eine größere Arbeitsersparnis nachgewiesen werden könnte.

Wenn dessen ungeachtet vielfach unternommen wird, durch eigentümliche Bewegungen mit ebenen Flügeln, wofür es in

-70-

der flugtechnischen Literatur an Kunstausdrücken nicht fehlt, große Vorteile beim Fliegen herauszurechnen und gar das Segeln der Vögel darauf zurückzuführen, so kann dieses nur auf Grund falscher Voraussetzungen geschehen oder auf im Eifer entstandene Trugschlüsse hinauslaufen, die in den flugtechnischen Werken leider allzu häufig anzutreffen sind. Man möchte annehmen, es sei in der Flugtechnik zu viel gerechnet und zu wenig versucht, und dass dadurch eine Literatur geschaffen sei, wie sie entstehen muss, wenn in einer empirischen Wissenschaft nicht oft genug durch die Wirklichkeit des Experimentes der reinen Denktätigkeit neuer Stoff und die richtige Nahrung zugeführt wird.

21. Überlegenheit der natürlichen Flügel gegen ebene Flügelflächen.

Wenn nun die Aussichten hoffnungslos sind, mit ebenen Flächen jemals auf eine Flugmethode zu kommen, welche mit großer Arbeitsersparnis vor sich gehen kann, und daher durch den Menschen zur Ausführung gelangen könnte, so bleibt eben nur übrig, zu versuchen, ob denn das Heil in der Anwendung nicht ebener Flügel sich finden lässt.

Die Natur beweist uns täglich von neuem, dass das Fliegen gar nicht so schwierig ist, und wenn wir fast verzagt die Idee des Fliegens aufgeben wollen, weil immer wieder eine unerschwingliche Kraftleistung beim Fliegen sich herausrechnet, so erinnert jeder mit langsamem, deutlich erkennbarem Flügelschlag dahinfliegende größere Vogel, jeder kreisende Raubvogel, ja, jede dahinsegelnde Schwalbe uns wieder daran: „Die Rechnung kann noch nicht stimmen, der Vogel leistet entschieden nicht diese ungeheuerliche Arbeitskraft; es muss irgendwo noch ein Geheimnis verborgen sein, was das Fliegerätsel mit einem Schlage löst."

-71-

Wenn man sieht, wie ungeschickt die jungen Störche, nachdem sie auf dem Dachfirst einige Vorübungen gemacht, ihre ersten Flugversuche anstellen, wo Schnabel und Beine herunterhängen, der Hals aber in einer höchst unschönen Linie gekrümmt die wunderlichsten Bewegungen macht, um das in Gefahr geratene Gleichgewicht zu sichern, dann gewinnt man den Eindruck, als müsse solch notdürftiges Fliegen ganz außerordentlich leicht sein, und man wird angeregt, sich auch ein Paar Flügel anzufertigen und das Fliegen zu versuchen. Gewahrt man dann, wie der junge Storch nach wenigen Tagen schon elegant zu fliegen versteht, so wird der Mut, es ihm gleich zu tun, nur noch größer. Nicht lange währt es aber, so kreist dann der junge Storch vor Antritt der Reise nach dem Süden mit seinen Eltern im blauen Äther ohne Flügelschlag um die Wette. (Siehe Titelbild.) Das heilst doch wohl, dass hier die richtige Flügelform den Ausschlag geben muss, und wenn diese einmal vorhanden ist, alles übrige sich von selbst findet.

Erwägt man ferner, dass die meisten Vögel nicht notdürftig, sondern verschwenderisch mit der Flugfähigkeit ausgestattet sind, so muss um so mehr die Einsicht Platz greifen, dass auch das künstliche Fliegen vom Menschen bewirkt werden kann, wenn es nur richtig angestellt wird, wozu aber besonders die Anwendung einer richtigen Flügelform gehört.

Dass aber der Vogel oft wirklichen Überschuss an Fliegekraft besitzt, erkennt man daran, dass die Raubvögel recht ansehnliche Beute noch zu tragen vermögen. Die vom Habicht getragene Taube wiegt fast halb so viel, wie der Habicht selbst und trägt nicht etwa mit zur Hebung bei; denn der Habicht drückt der Taube mit seinen Fängen die Flügel zusammen. Man merkt dann allerdings dem Habicht die Anstrengung sehr an; er vermag jedoch trotzdem noch weit mit der Taube zu fliegen und würde dies sicher noch besser können, wenn die Taube nicht beständig, von Todesangst getrieben, verzweifelte Anstrengungen machte, sich zu befreien, und wenn der Habicht mit der unter ihm hängenden

-72-

Taube nicht den reichlich doppelten Flugquerschnitt nach der Bewegungsrichtung hätte, so dass er am schnelleren Fluge dadurch gehindert wird.

Dass aber auch die Flügelgröße der Vögel im allgemeinen sehr reichlich bemessen ist, erkennt man daran, dass die meisten Vögel mit sehr reduzierten Flügeln noch fliegen können. Beim Fehlen einiger Schwungfedern ist meistens kein Unterschied im Fliegen gegen das Fliegen mit vollzähligen Federn bemerkbar.

An dieser Stelle soll auch erwähnt werden, dass der Schwanzfläche des Vogels nur sehr geringe Bedeutung beigemessen werden darf gegenüber der Flügel Wirkung, weil nach Verlieren sämtlicher Schwanzfedern der Vogel kaum merklich schlechter fliegt. Dies gilt nicht bloß für die Hebewirkung, sondern auch für die Steuerwirkung. Ein Sperling ohne Schwanz fliegt ebenso gewandt durch einen Lattenzaun wie seine geschwänzten Brüder. Diese Beobachtung wird wohl fast jeder einmal gemacht haben.

Wichtiger als für die seitliche Steuerung scheint der Schwanz für die Steuerung nach der Höhenrichtung zu sein, worauf schon der Umstand hindeutet, dass der Vogelschwanz entgegen dem Fischschwanz bei seiner Entfaltung eine horizontale Fläche bildet.

Bemerkenswert ist ferner, dass die Vögel mit langem Hals meist kurze Schwänze und die Vögel mit kürzerem Hals meist längere Schwänze besitzen. Der lange Hals ist zur Schwerpunktverlegung wohl geeignet und kann daher auch schnell die Neigung des auf der Flugfläche ruhenden Vogels nach vorn oder hinten bewirken. Wer einen ganz jungen Storch fliegen gesehen hat, wird auch bemerkt haben, wie letzterer hiervon in ergiebigster Weise Gebrauch macht. Der längere Schwanz kann aber den langen Hals vorzüglich ersetzen, jedoch nicht durch Veränderung der Schwerpunktslage, sondern durch Einschaltung eines hinten hebenden oder niederdrückenden Luftwiderstandes, je nachdem der Schwanz beim Vorwärts-

-73-

fliegen gesenkt oder gehoben wird. Der Schwanz wirkt dann genau wie ein horizontales Steuerruder.

Dennoch aber ist für den Vogel der Schwanz leicht entbehrlich, weil er noch ein anderes höchst wirksames Mittel besitzt, sich nach vorn zu heben oder zu senken. Er braucht ja nur durch Vorschieben seiner Flügel den Stützpunkt nach vorn zu bringen, um sofort vorn gehoben zu werden, und wird durch Zurückziehen der Flügel ebenso vorn sich senken. Durch letztere Bewegung leitet der stoßende Raubvogel seine Abwärtsbewegung aus der Höhe ein.

Über die geringste zum Fliegen erforderliche Flugfläche bei Tauben hat Verfasser Versuche angestellt. Durch stumpfes Beschneiden der Flügel wird zwar bald die Grenze der Flugfähigkeit erreicht, aber durch Zusammenbinden der Schwungfedern kann man die Fläche der Flügel erheblich vermindern ohne der Taube die Flugfähigkeit ganz zu nehmen. Der äußerst erreichte Fall, in dem die Taube noch dauernd hoch und schnell fliegen konnte ist in Fig. 23 abgebildet.

Fig. 23.

Um noch ein Beispiel aus der Insektenwelt anzuführen, selbst auf die Gefahr hin, dass der Vergleich etwas weit hergeholt erscheint, soll darauf hingewiesen werden, dass die Stubenfliegen noch sehr gut auf ihren Flügeln sich erheben können, wenn sie im Herbst vor Mattheit kaum noch zu kriechen imstande sind. Es ist hierbei allerdings zu berücksichtigen, dass mit der Kleinheit der Tiere ihre Flugfläche im

-74-

Vergleich zum Gewichte beträchtlich zunimmt, kleinen Tieren, also allen Insekten, das Fliegen besonders leicht gemacht ist. 1 kg Sperlinge hat zusammen 0,25 qm Flugfläche; die Flügel von 1 kg Libellen besitzen dagegen 2,5 qm Fläche.

Aus diesem Grunde dürfen wir auch die Insektenwelt beim Fliegen nicht als Vorbild wählen, sondern haben uns an die möglichst großen Flieger zu halten, bei denen das Verhältnis von Flugfläche zum Gewicht ein möglichst ähnliches von dem ist, welches der Mensch für sich ausführen müsste.

Also auf die Form der Flugfläche wurde unsere Aufmerksamkeit gelenkt, und wir wissen alle, dass der Vogelflügel keine Ebene ist, sondern eine etwas gewölbte Form hat.

Es fragt sich nun, ob diese Form ausschlaggebend ist für eine Erklärung der geringen Arbeit beim natürlichen Fluge, und inwieweit andere nicht ebene Flächen die Arbeit beim Fliegen vermindern können.

Hier scheinen die theoretischen Vorausbestimmungen uns nun vollends im Stich zu lassen, ausgenommen, dass wir nach derjenigen Theorie handeln, welche uns immer wieder auf die Natur als unsere Lehrmeisterin verweist und die genaue Nachbildung des Vogelflügels empfiehlt.

22. Wertbestimmung der Flügelformen.

Die Wölbung, welche die Vogelflügel besitzen, scheint aber doch fast zu gering zu sein, um solche hervorragenden Unterschiede in der Wirkung zu erzeugen. So dachten auch wir, als wir im Jahre 1873 in einer großen Berliner Turnhalle während der Sommerferien einen Messapparat aufstellten und mit allerhand gekrümmten Flächen versahen, um womöglich noch bessere Flügelformen herauszufinden, als die Natur sie verwendet.

Ein solcher Messapparat ist bereits beschrieben und in Fig. 14 dargestellt; er gestattete, Größe und Richtung des

-75-

Luftwiderstandes bei beliebigen Flächen, unter beliebigen Richtungen und Geschwindigkeiten bewegt, zu messen.

Die verwendeten Flächen waren aus biegsamen Materialien hergestellt, so dass man ihnen leicht jede beliebige Form geben konnte. Es kam ja eben darauf an, Vergleiche zwischen den Wirkungen der Flächenformen anzustellen mit Bezug auf ihre Verwendbarkeit zur Flugtechnik.

Diese bessere oder schlechtere Verwendbarkeit muss nun noch einmal einer näheren Untersuchung unterzogen werden.

Es liegt in der Absicht, diejenige Flächenform zu finden, welche den größten Vorteil zur Arbeitsersparnis beim Fliegen gewährt. Die Fliegearbeit aber besteht immer in einem Produkt aus Kraft und sekundlichem Weg. Wenn dieses Arbeitsprodukt verringert werden soll, so müssen die einzelnen Faktoren verringert werden. Mit dem Kraftfaktor lässt sich aber nicht viel hierin beginnen, weil diese Kraft immer mindestens gleich dem Gewicht des zu hebenden Körpers sein muss. Wir müssen also unser Augenmerk darauf richten, den Wegfaktor oder die Arbeiterfordernde Flügelgeschwindigkeit günstig zu beeinflussen.

Fühlbar für die Anstrengung ist aber beim - Vorausfliegenden Vogel nur die Geschwindigkeit der Flügel relativ zum Vogelkörper also im besonderen der vertikale Geschwindigkeitsanteil des Luftwiderstandszentrums.

Es liegt nahe, nach Flügelformen zu suchen, welche beim Vorwärtsfliegen diejenigen Vorteile gewähren, die bei ebenen Flügeln vergeblich gesucht wurden, und es fragt sich: „Gibt es Flächenformen, welche, als Flügel beim Vorwärtsfliegen bewegt, mehr hebende aber weniger hemmende Wirkung hervorrufen als die unter gleichen Verhältnissen angewendete ebene Flugfläche?

Es kommt also darauf an, eine Flächenform zu finden, welche in einer gewissen Lage, unter möglichst spitzem Winkel zum Horizont bewegt, eine möglichst große hebende, das Gewicht tragende,

-76-

und eine möglichst kleine, die Fluggeschwindigkeit wenig hemmende Luftwiderstandskomponente Gibt.
Der Wert der Flügelform besteht also darin, dass eine möglichst starke und reine Hebewirkung sich bildet, wenn der Flügel gleichzeitig langsam abwärts und schnell vorwärts bewegt wird.

23. Der vorteilhafteste Flügelquerschnitt.

Die von uns auf ihr Güteverhältnis für die Flugtechnik untersuchten Flächen hatten nach der Bewegungsrichtung unter anderen die in Fig. 24 abgebildeten Querschnitte. Auf die sonstige Form dieser Versuchsflächen soll später näher eingegangen werden.

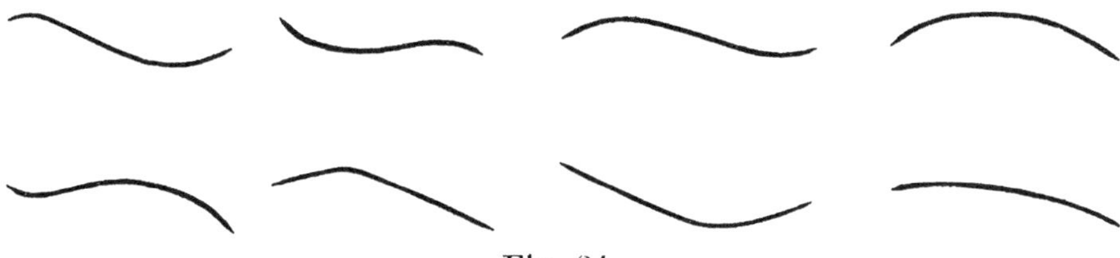

Fig. 24.

Es wurden diese Flächen unter verschiedenen Neigungen und mit verschiedenen Geschwindigkeiten gegen die Luft bewegt, und jedes Mal der entstandene Luftwiderstand nach Größe und Richtung gemessen.
Hierbei stellte sich nun heraus, dass unter allen diesen Versuchsflächen die einfach gewölbte, und zwar die nur schwach gewölbte Fläche, deren Form dem Vogelflügel am ähnlichsten ist, in ganz hervorragender Weise diejenigen Eigenschaften besitzt, auf welche es, wie vorher erörtert, für eine gute Verwendbarkeit zur Kraftersparnis beim Fluge ankommt.

-77-

Eine Schwachgewölbte Fläche mit einem Querschnitt nach Fig. 25 gibt also, in der Richtung des Pfeiles bewegt, einen Luftwiderstand o a mit großer hebender Komponente o b und kleiner hemmender Komponente o c; ja, dieser Luftwiderstand verliert bei gewissen Neigungen überhaupt seine hemmende Wirkung und bekommt sogar, was wir anfangs kaum zu glauben wagten, unter Umständen eine solche Richtung zur erzeugenden Fläche, dass statt der hemmenden eine treibende Komponente auftritt, dass also die Druckrichtung nicht hinter, sondern vor der Normalen zur Fläche zu liegen kommt. Da vermutlich auf den Eigenschaften solcher schwachgekrümmter Vogelflügel ähnlicher Flächen das Geheimnis der ganzen Fliegekunst beruht, werden dieselben später genauerer Untersuchung unterzogen. Zunächst aber soll in dem folgenden Abschnitt das

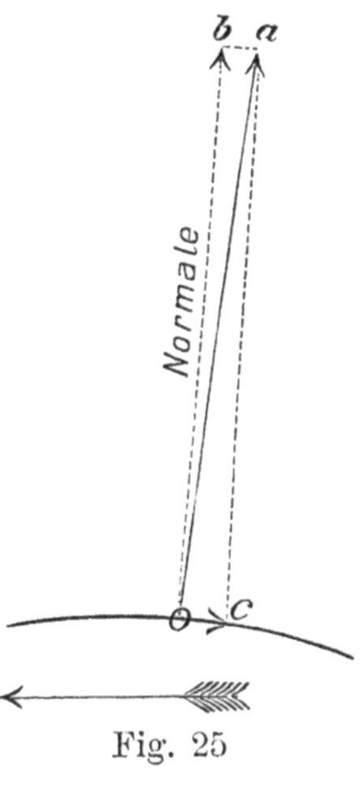

allgemeine Verhalten der ebenen und gewölbten Fläche zur Fliegearbeit verglichen werden. Wir werden uns hierdurch von der vorteilhaften Verwendbarkeit der flügelförmigen Flächen überzeugen, und die Notwendigkeit von der gänzlichen Beseitigung der ebenen Flügel aus der Flugfrage überhaupt einsehen.

24. Die Vorzüge des gewölbten Flügels gegen die ebene Flugfläche.

Um einen Vergleich anstellen zu können zwischen dem Luftwiderstand der ebenen und gewölbten Fläche, sind in Fig. 26 und Fig. 27 zwei gleich große Flächen a b und c d im Querschnitt dargestellt, welche auch unter gleichen Neigungen, etwa von 15°, zum Horizont gelagert sind, voraus-

-78-

gesetzt, dass man bei der gewölbten Fläche die Verbindungslinie der Vorder- und Hinterkante, also die gerade Linie c d als Richtung ansieht.

Wenn diese Flächen nun an einem Rotationsapparat, Fig. 14, horizontal mit gleicher Geschwindigkeit durch ruhende

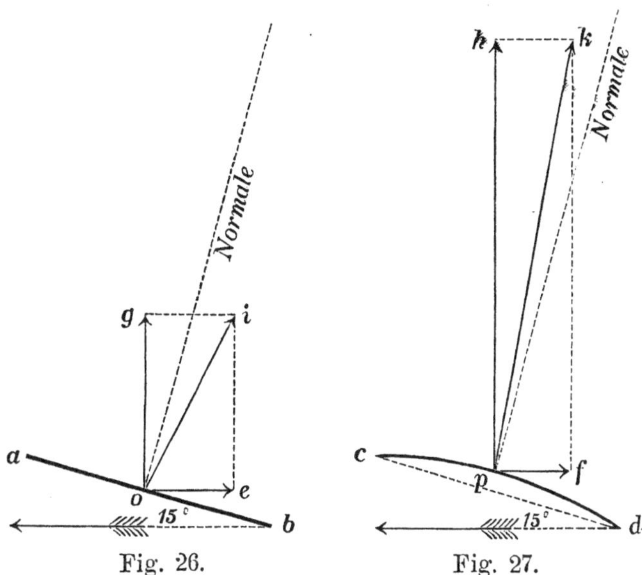

Fig. 26.   Fig. 27.

Luft bewegt und gesondert auf ihren Widerstand untersucht werden, so erhält man die horizontalen Luftwiderstandskomponenten o e und p f und die vertikalen Komponenten o g und p h, welche in richtigen Verhältnissen, wie sie sich aus den Versuchen ergaben, in den Figuren eingetragen sind.

Diese Komponenten geben nun durch Bildung der Resultanten die absolute Größe und Richtung der Luftwiderstände o i bei der ebenen und p k bei der gewölbten Fläche.

Um deutlich zu erkennen, von welcher Tragweite dieser verschiedene Ausfall des Luftwiderstandes für die Fliegearbeit ist, denke man sich beide Flächen horizontal gelagert und dafür die Geschwindigkeitsrichtung um denselben Winkel von 15° abwärts geneigt. Es entstehen dann Fig. 28 und Fig. 29, und bei denselben absoluten Geschwindigkeiten müssen auch

-79-

dieselben Luftwiderstände gegen die Flächen sich bilden, und zwar wieder o i und p k, die auch gegen die Flächen noch dieselben Richtungen haben wie früher.

Werden die Flächen a b und c d in dieser Lage mit den gleichen Geschwindigkeiten v als Flugflächen verwendet, so lallt zunächst auf, dass die gewölbte Fläche bei derselben Geschwindigkeit eine größere Hebewirkung ausübt, sie könnte also langsamer bewegt werden wie die ebene Fläche, um denselben Hebedruck zu erzielen als letztere, und es würde hierdurch direkt an Arbeit gespart.

Was aber noch wichtiger zu sein scheint, ist die bei der gewölbten Fläche auftretende vorteilhaftere Richtung des Luftwiderstandes.

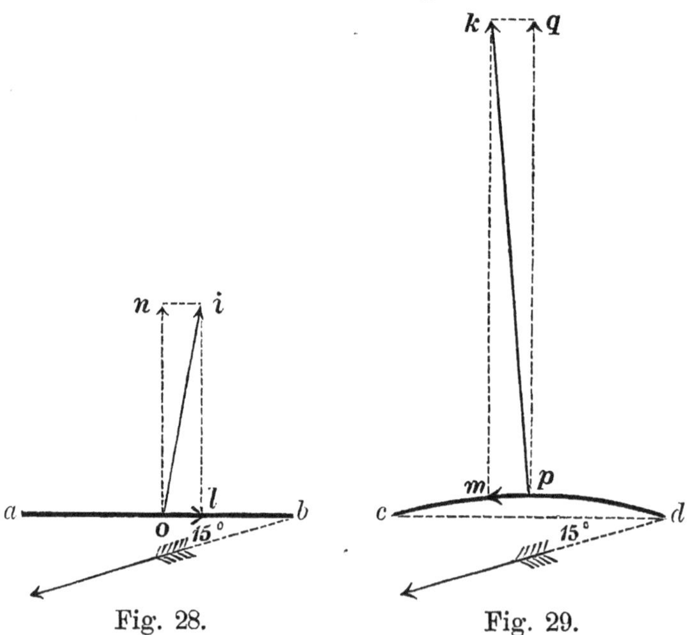

Fig. 28.   Fig. 29.

Die hemmende Komponente o 1 bei der ebenen Fläche zeigt sich bei der gewölbten Fläche nicht, sondern es tritt dafür eine treibende Komponente p m auf. Das Vorhandensein der hemmenden Komponente o 1 bei der ebenen Fläche war aber das eigentliche Hindernis für die Erzielung von Kraftersparnis durch Vorwärtsfliegen. Dieses Hindernis aber

-80-

besitzt die schwach gewölbte Fläche nicht, und aus diesem Grunde treten bei ihr alle jene Vorteile auf, welche bei der ebenen Fläche fälschlich gemutmaßt und vergeblich zu erreichen gesucht wurden.
Es ist nach Einsichtnahme dieser Luftwiderstandsverhältnisse auf den ersten Blick zu erkennen, dass die gewölbten Flügelformen wohl geeignet sind, durch Vorwärtsfliegen ganz bedeutend an Fliegearbeit zu sparen. Bevor jedoch näher auf die Größe dieser Arbeitsersparnis eingegangen wird, soll eine theoretische Betrachtung über die Entstehung dieser für die Flugtechnik sowohl als für die gesamte fliegende Tierwelt gleich wichtigen Eigenschaften des Luftwiderstandes vorausgeschickt werden.

25. Unterschied in den Luftwiderstandserscheinungen der ebenen und gewölbten Flächen.

Durch das Experiment lässt sich die Überlegenheit der hohlen Flügelform gegen ebene Flügel mit Rücksicht auf ihre Verwendbarkeit beim Fliegen ziffermäßig ermitteln. Es ist aber nötig, dass wir uns das Wesen dieser Erscheinung bei der Wichtigkeit derselben in allen Fragen der Flugtechnik möglichst klar vor Augen führen.
Denken wir uns zu diesem Zweck in Fig. 30 zwei gleich große Flächen, von denen die obere einen ebenen, die untere einen schwach gewölbten Querschnitt hat, durch einen gleichmäßigen horizontalen Luftstrom getroffen. Ob die Flächen in ruhender Luft bewegt werden, oder die Luft mit derselben Geschwindigkeit die ruhenden Flächen trifft, ist im Grunde genommen mit denselben Luftwiderstandswirkungen verknüpft. Es ist die Luft hier als bewegt gedacht, um die Wege der Luftteilchen besser andeuten zu können, und ein deutlicheres Bild von dem Vorgang in der Luft zu erhalten.

-81-

Die beiden Flächen sind gleich groß und haben dieselbe Neigung, indem bei der gewölbten Fläche wieder die Sehne des Querschnittbogens als maßgebend für die Richtung angesehen werden soll.

Dass der Vorgang in der Luft hier in beiden Fällen ein verschiedener sein muss, und daraus auch ein verschieden gearteter Luftwiderstand sich ergeben muss, ist von vornherein

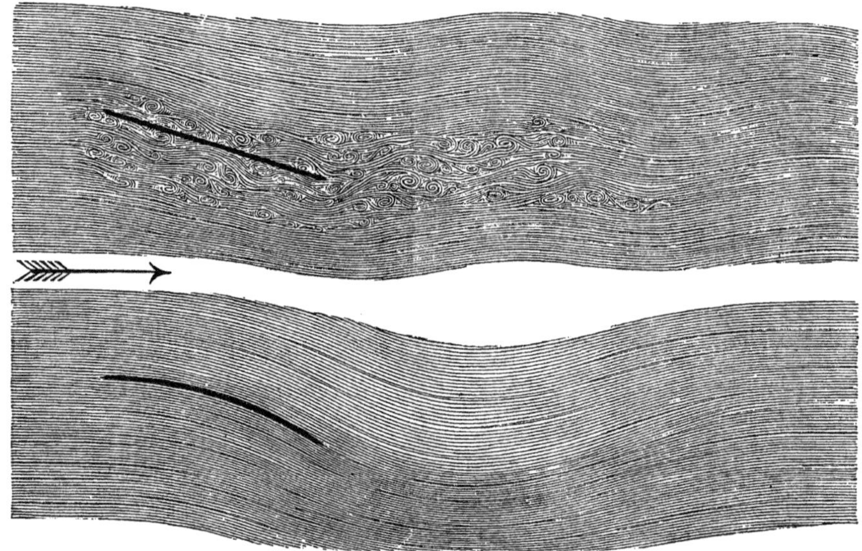

Fig. 30.

einleuchtend, selbst wenn die Wölbung der einen Fläche nur eine sehr schwache ist.

Die hier vorgeführte Darstellung mag nun wohl der Wirklichkeit bei derartigen unsichtbaren Vorgängen in der Luft nicht genau entsprechen, es genügt aber, wenn die charakteristischen Unterschiede so weit zutreffen, als es für die Anknüpfung der nötigen Überlegungen erforderlich ist.

Die an den Flächen vorbeistreichende Luft erhält in beiden Fällen eine nach unten gerichtete Beschleunigung; denn die unter die Flächen treffende Luft muss unter den Flächen hindurch und die über den Flächen vorbeistreichende Luft muss

-82-

unbedingt den geneigten Raum oberhalb der Flächen ausfüllen. In der Art, wie dieses aber vor sich geht, sind die Vorgänge in der Luft bei beiden Flächen verschieden.

Die Ablenkung des Luftstromes nach unten geschieht bei der ebenen Fläche zumeist an der Vorderkante, und zwar plötzlich. Hierbei tritt eine Stoßwirkung auf, welche wiederum zur Bildung von Wirbeln Veranlassung gibt.

Nach den allgemeinen Grundsätzen der Mechanik lässt sich hieraus allein schon auf eine Verminderung des beabsichtigten Effektes schließen; denn wenn unbeabsichtigte Nebenwirkungen entstehen, so geht an der Hauptwirkung verloren. Die beabsichtigte Hauptwirkung ist aber ein möglichst großer, möglichst senkrecht nach oben gerichteter Gegendruck auf die Fläche, und dies kann nur dadurch erreicht werden, dass durch die Fläche der auf sie treffenden Luft eine möglichst vollkommene, möglichst nach unten gerichtete Beschleunigung erteilt wird. Die entstandenen Wirbel haben aber kreisende Bewegungen und daher Beschleunigungen nach allen Richtungen erhalten, von denen nur ein geringer Teil zur Hebewirkung verwandt wurde, während der Rest als für die Hebewirkung verloren anzusehen ist.

Wie die Figur es andeutet, wird der Luftstrom, welcher die ebene Fläche traf, durch diese Fläche in Unordnung kommen. Auch hinter der Fläche werden noch Wirbel und unregelmäßige Bewegungen in der Luft sein, die erst nach und nach durch Reibung aneinander ihre ihnen innewohnende nicht horizontal gerichtete lebendige Kraft verzehren oder, anders ausgedrückt, in Reibungswärme verwandeln.

Die ebene Fläche wird in höherem Grade nur mit ihrer Vorderkante eine nach unten gerichtete Beschleunigung auf die Luft ausüben können, und die Luftteile werden nach der Berührung mit der Vorderkante im wesentlichen schon die Wege einschlagen, welche ihnen durch die Richtung der Fläche im Ferneren vorgeschrieben sind. Es drückt sich dies auch dadurch aus, dass die Mittelkraft des Luftwiderstandes bei einer solchen schräg getroffenen ebenen Fläche nicht in der

-83-

Mitte, sondern mehr nach der Vorderkante zu angreift, die Verteilung des Luftdruckes also ungleichmäßig ist, und zwar eine größere nach der Vorderkante zu.

Ein großer Teil der ebenen Fläche wird also mit wenig Nutzen die Luft an sich vorbeistreichen lassen, während der vordere Teil der Fläche in Rücksicht des nicht zu vermeidenden Stoßes nur unvorteilhaft wirken kann.

Ganz andere Erscheinungen treten nun aber bei der gewölbten Fläche auf. Der auf diese Fläche treffende Luftstrom wird ganz allmählich aus seiner horizontalen Richtung abgelenkt und nach unten geführt. Derselbe erhält nach und nach, und zwar möglichst ohne Stoß eine nach unten gerichtete Geschwindigkeit.

Man sieht ohne weiteres, dass nur die schwach und glatt gewölbte Fläche, besonders wenn die Tangente zur Vorderkante genau in die Windrichtung steht, die an ihr vorbeistreichende Luft möglichst ohne Wirbel mit einer Geschwindigkeit nach unten entlassen wird, und zwar in einer Richtung, welche gewissermaßen der nach unten gerichteten Tangente des letzten Flächenstückes entspricht. Schon diese Tangentenrichtung tritt für die Vorteile der gewölbten Fläche ein.

Eine gleichmäßige Beschleunigung nach unten würde der Luft theoretisch durch eine parabolisch gewölbte Fläche erteilt werden. Dergleichen schwache Parabelbögen und Kreisbögen sind einander zwar sehr ähnlich, jedoch lässt sich die Parabelform des Vogelflügel-Querschnittes noch nachweisen.

Der nach unten gerichtete Bestandteil der lebendigen Kraft der Luftteilchen nach Verlassen der Fläche ist maßgebend für den nach oben gerichteten auf die Fläche ausgeübten Druck. Die Luft verlässt aber die gewölbte Fläche in möglichst geordneter Masse, und wird vermöge der ihr erteilten größeren nach unten gerichteten lebendigen Kraft noch viel weiter nach unten gehen; also eine vertikale Luftbewegung wird eintreten, welche beträchtlich mehr ausgedehnt ist, als die Projektion der Fläche nach der Windrichtung.

-84-

Hierin werden sich die beiden Flächen hauptsächlich unterscheiden. Hieraus resultiert aber auch der gewichtige Unterschied für den erzeugten Luftwiderstand.

Während nun die ebene Fläche viele Wirbelbewegungen veranlasst mit geringeren vertikalen Bewegungsbestandteilen, wird die entsprechend gewölbte Fläche eine vertikaloszillatorische Wellenbewegung in der Luft hervorrufen mit möglichst großer vertikaler Bewegungskomponente.

Mit der Vollkommenheit dieser Wellenbewegung wird die Hebewirkung in direktem Verhältnis stehen, und je reiner diese Wellenbewegung an vertikalen Schwingungen ist, desto vollkommener wird die reine Hebewirkung auf die Wellenerzeugende gekrümmte Fläche sein, indem der größten Aktion auch die größte Reaktion entspricht.

Unser Streben muss demnach darauf gerichtet sein, alle Stoßwirkungen und Wirbelbildungen beim Vorwärtsfliegen nach Möglichkeit zu vermeiden; dies aber zu erreichen, ist die ebene Flügelform durchaus ungeeignet. Es lässt sich vielmehr ganz allgemein folgern, dass man mit der Luft, die beim Fliegen vorteilhaft tragen soll, meistens zu roh umgegangen ist. Die Luft, welche uns bei geringstem Aufwand von mechanischer Arbeit tragen soll, darf nicht durch ebene Flächen zerrissen, geknickt und gebrochen, dieselbe muss vielmehr durch richtig gewölbte Flächen gebogen und sanft aus ihren Lagen und Richtungen abgelenkt werden. Der Wind, welcher unter unseren Flügeln hinstreicht, darf nicht auf ebene Flächen stoßen, sondern muss Flächen vorfinden, denen er sich anschmiegen kann, und an diese Flächen wird er dann, wenn auch allmählich, so doch möglichst vollkommen seine lebendige Kraft zur Tragewirkung bei möglichst geringer zurücktreibender Wirkung abgeben.

Ist diese Ansicht die richtige, dass in der Vermeidung von Wirbelbewegungen dasjenige Prinzip verborgen liegt, welches uns vielleicht einmal in den Stand setzt, die Luft

-85-

wirklich zu durchfliegen, so kann man fast mit geschlossenen Augen den Geheimnissen des Luftwiderstandes nachspüren; denn schon unser Ohr verrät uns, ob wir es mit reineren Wellenbewegungen oder mit vielen Kraftverzehrenden Nebenwirbeln zu tun haben. In dieser Überzeugung aber werden wir den, auch bei großen Geschwindigkeiten noch geräuschlos durch die Luft geführten, hebenden Flächen den Vorzug geben gegenüber denjenigen Flächen, die sich nicht ohne stärkeres Rauschen mit derselben Geschwindigkeit durch die Luft führen lassen. Auch nach dieser Analyse, bei welcher das Ohr den Ausschlag gibt, trägt die Form des gewölbten Vogelflügels den Sieg davon.

Aber noch von anderen Gesichtspunkten aus unterscheiden sich ebene und gewölbte Flächen. Durch die gewölbte Fläche wird die an ihr vorbeistreichende Luft, wenn auch nicht ganz so glatt, wie in Figur 30, so doch immerhin bogenförmig aus ihrer Bahn gelenkt. Die vorher geradlinige Bewegung des Luftstromes wird annähernd kreisbogenförmig werden, und zwar sowohl unterhalb als oberhalb von der Fläche. Diese krummlinige Bewegung der Luftteilchen entspricht aber einer ganz bestimmten Zentrifugalkraft, mit welcher diejenigen Teile der Luft, welche unter der Fläche hindurchgehen, von unten auf die Fläche drücken, während diejenigen, welche über die Fläche Hinweggleiten, sich von der Fläche zu entfernen streben und eine ebenfalls nach oben gerichtete Saugewirkung hervorrufen. Die Zentrifugalkraft der an der gekrümmten Fläche Vorbeitreibenden Luft wirkt also beiderseits hebend auf die Fläche, und wenn man den wirklich gemessenen Luftwiderstand als durch reine Zentrifugalkraft entstanden annimmt, so ergibt sich rechnungsmäßig ein Resultat, das mit unserer Vorstellung im Einklange steht. Worin aber eine derartige zentrifugale Wirkung vollkommen mit den Luftwiderstandsgesetzen übereinstimmt, das ist die Zunahme mit dem Quadrat der Geschwindigkeit.

Eine derartige Anschauungsweise fällt nun aber bei der Luftwiderstandswirkung der ebenen Fläche vollständig fort,

-86-

und hierin dürfen wir ebenfalls eine Erklärung für den großen Kontrast in den Widerständen beider Flächen erblicken.

Wir hatten nun zweierlei Unterschiede in den Wirkungen der gewölbten gegenüber der ebenen Fläche gefunden, einmal die Vergrößerung des hebenden Luftdruckes und andererseits die mehr nach vorn gerichtete Neigung dieses Druckes bei der gewölbten Fläche.

Aus letzterem kann man schließen, dass auf der vorderen Hälfte der Wölbung auch ebenso wie bei der ebenen Fläche der Druck an sich etwas größer ist als auf der hinteren Hälfte, die Druckverteilung also mehr jene Flächenelemente begünstigt, deren Normalen mehr der Luftbewegung

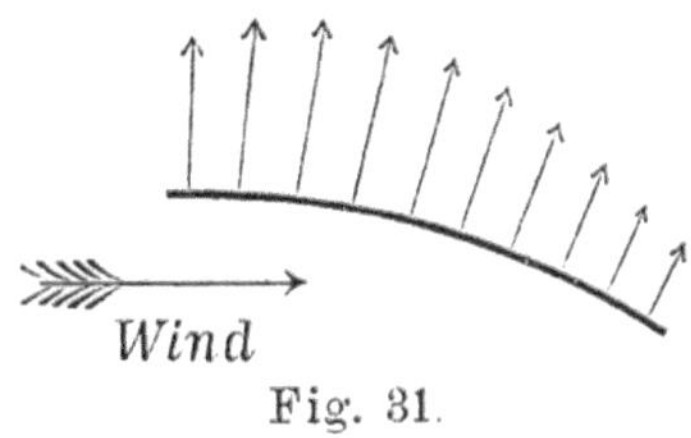

entgegen gewendet sind. Man hat sich also vorzustellen, dass die Druckverteilung im Querschnitte etwa aussieht wie Fig. 31.

Aus solcher Druckverteilung würden dann auch Mittelkräfte hervorgehen können, die, wenigstens für gewisse günstigste Fälle, statt der hemmenden Komponente eine treibende Komponente erhalten.

26. Der Einfluss der Flügelkontur.

Die im vorigen Abschnitt erwähnte Analyse des Luftwiderstandes mittelst des Gehörs lässt sich auch auf die Einwirkung der Umfassungslinie der zu untersuchenden Flächen auf den Widerstand anwenden, und gab tatsächlich für uns den ersten Anlass, unser Augenmerk hierauf zu richten.

Zunächst sieht man ein, dass es nicht gleichgültig ist, ob man eine schräg gestellte oblonge Fläche der Länge nach oder der Quere nach durch die Luft führt.

Wenn auch in Fig. 32 die beiden in der Ansicht von oben gezeichneten ebenen Flächen A und B gleiche Größe, gleiche

-87-

Neigung und gleiche Geschwindigkeit haben, so ist doch ein Unterschied im Luftwiderstand vorhanden, der auf stärkere Wirbelbildung bei A deutet und die Fläche A wird stärker rauschen wie B.

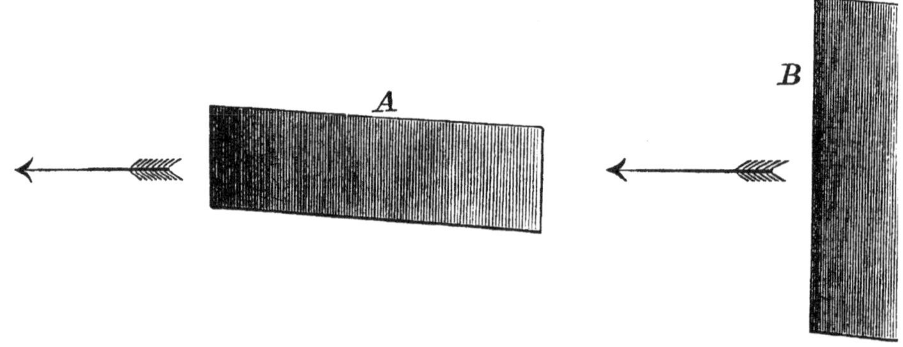

Fig. 32.

Mit der im vorigen Abschnitt entwickelten Wellentheorie steht diese Erscheinung im vollkommenen Einklang. Die Fläche B wird, wenn sie auch eben ist, immer noch eine unvollkommene Luftwelle erzeugen und zwar eine Welle von einer gewissen Breite. An den kürzeren Seitenkanten der Fläche B werden beim Durchschneiden der Luft ebenfalls sich Wirbel bilden, die auch noch Verluste geben und Geräusch verursachen; es wird überhaupt ein Teil der Luft nach den Seiten ungenützt abfließen. Der hierdurch wegen der Kürze der Seitenkanten bei B entstandene geringe Nachteil wird bei der Fläche Ä aber überwiegend größer sein, weil hier die Seitenkanten den größeren Teil des ganzen Umfanges ausmachen. Die Luft, welche unter die kurze Vorderkante der Fläche Ä tritt, wird überhaupt gar nicht unter der Hinterkante hindurchgehen, sondern schon seitlich einen Weg sich suchen und die Fläche verlassen. Von einer Wellenbildung im günstigen Sinne wird daher bei der Fläche A noch weniger die Rede sein können als bei B, die Fläche A wird also mehr Luftwirbel hervorrufen und daher ein stärkeres Geräusch verursachen als B. Während nun bei der Bewegung einer ebenen Fläche

-88-

senkrecht gegen die Luft nur der Flächeninhalt für die Größe des Luftwiderstandes maßgebend war, ohne Rücksicht auf die Form der Fläche, zeigt sich, dass bei schrägen Bewegungen von ebenen Flächen die Umfangsform nicht ohne starken Einfluss auf den entstehenden Luftwiderstand ist.

Es fragt sich jetzt, in welcher Weise eine möglichst vollkommene Wellenbewegung ohne Wirbel bei der Bewegung einer gewölbten Fläche gedacht und gemacht werden kann; denn auch hier wird die Welle eine gewisse Breite, je nach der Ausdehnung der gewölbten Fläche, besitzen.

Fig. 33.

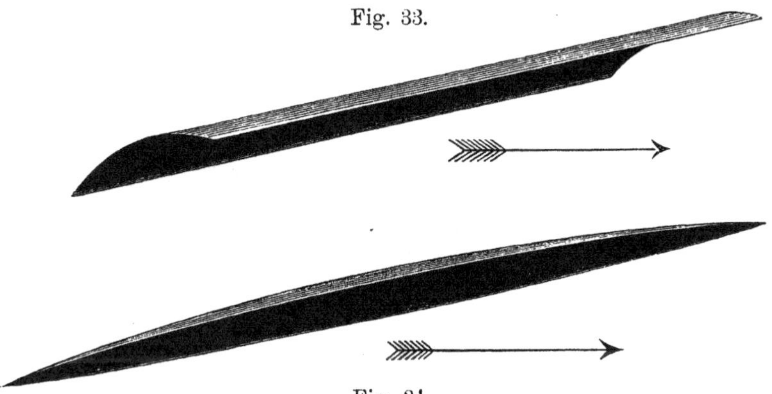

Fig. 34.

Ist eine solche Fläche, die im übrigen allen Anforderungen für gute Luftwiderstandsleistungen entsprechen mag, an den Seiten stumpf abgeschnitten, wie Fig. 33 zeigt, so müssen auch hier an den Seiten Wirbel sich bilden; denn die entstandene Welle kann nicht scharf an ruhende oder geradlinig sich fortbewegende Luft grenzen.

Um dies zu vermeiden, müssen wir dafür sorgen, dass die Wellenbewegung nach den Seiten zu allmählich abnimmt und kein plötzliches Ende findet. Dieses lässt sich aber dadurch erreichen, dass die Fläche seitlich in Spitzen ausläuft, wodurch die Welle seitlich nach und nach schwächer wird, bis sie schließlich ganz aufhört. Die Kontur der Fläche muss beiderseits also zugespitzt sein wie Fig. 34.

-89-

Die Natur belehrt uns ebenfalls, dass die gefundenen Verhältnisse wohl am Ende die richtigen sind; denn außer der hohlen Form, welche sich bei allen Vogelflügeln findet, zeigt sich auch das Auslaufen der Flügel in Spitzen. Vogelflügel aber, welche nicht in einer Spitze endigen, lösen sich mit Hülfe der Schwungfedern in mehrere Spitzen auf, als An-

Fig. 35.

Deutung dafür, dass hier die tragende Luftwelle in mehrere kleinere Wellen aufgelöst ist, was ja ebenfalls zu einem allmählichen seitlichen Übergang der Hauptwelle in die umgebende Luft führen kann.

dass aber endlich der Aufriss solcher Flugflächen unter Innehaltung dieser Merkmale dennoch verschieden sein kann, lehren die Typen von Flugflächen in Fig. 35. Man sieht die

-90-

Schwungfedergliederung beim Storch und Gabelweih, während die übrigen Vögel, die Taube, die Möwe und die Schwalbe, wie auch die Fledermaus geschlossene Flügelflächen zeigen.

27. Über die Messung des Luftwiderstandes der vogelflügelartigen Flächen.

Aus der Gesamtheit der vorstehenden Entwicklungen geht hervor, dass, wenn die Luftwiderstandsgesetze im allgemeinen als die Fundamente der Flugtechnik bezeichnet werden können, die Kenntnis der Widerstandsgesetze gewölbter vogelflügelartiger Flächen im besonderen die Grundlage für jede weitere wirkungsvolle Betätigung auf dem Gebiete des aktiven Fliegens bilden muss.

Ebenso undankbar wie bei der ebenen Fläche dürfte es sein, die Widerstände bei gewölbten Flächen rein theoretisch zu berechnen. Allerdings lassen sich eine ganze Reihe interessanter theoretischer Betrachtungen und Berechnungen über diese Widerstände anstellen; auch kann man die dynamische Wirkung der durch gewölbte Flächen allmählich aus ihrer Lage oder Bahn gelenkten Luft sogar richtiger theoretisch beurteilen, als dies bei der ebenen Fläche unter schräger Bewegung der Fall ist, doch findet der Vorgang offenbar nicht ganz so einfach statt, als wie er in Fig. 30 dargestellt wurde. Die dort zur Anschauung gebrachte Vorstellung sollte auch nicht zur Berechnung des Luftwiderstandes dienen, sondern nur gewisse charakteristische Unterschiede zwischen den Wirkungen der ebenen und gewölbten Fläche möglichst in die Augen fallend kennzeichnen.

Um den Luftwiderstand, den die gewölbte Flugfläche unter den verschiedenen Neigungen ergibt, wirklich kennen zu lernen, sind wir lediglich auf den Versuch angewiesen. Nur durch wirkliche Kraftmessungen können wir brauchbare

-91-

Zahlenwerte erhalten, die zur Aufklärung der Vorgänge beim Vogelfluge beitragen und der Flugtechnik von Nutzen sind.

Es gibt nun zwei Wege, diese Zahlenwerte zu beschaffen. Einmal kann die Fläche in ruhender Luft bewegt werden, das andere Mal kann die ruhende Fläche durch Wind getroffen werden.

Für den ersten Fall ist man auf eine kreisförmige Bewegung der Fläche angewiesen und muss sich eines Rotationsapparates wie Fig. 14 bedienen. Geradlinige Flächenbewegungen würden Mechanismen erfordern, die größere Nebenwiderstände besitzen, also stärkere Fehlerquellen aufweisen. Der Rotationsapparat besitzt, wenn richtig angeordnet, verhältnismäßig geringe anderweitige Widerstände. Diese Methode schließt dadurch aber zwei andere Übelstände in sich. Erstens ist die Bewegung keine geradlinige und zweitens kommt nach einer halben Umdrehung die Versuchsfläche schon in die Region der aufgerührten, also nicht mehr in Ruhe befindlichen Luft, wodurch Fehlerquellen entstehen. Beide Nachteile nehmen ab mit dem Durchmesser des durchlaufenen Kreises, es wird also vorteilhaft sein, solche Rotationsapparate recht groß auszuführen.

Der zweite Fall, in welchem durch Wind an der stillgehaltenen Fläche der Luftwiderstand entsteht, hat den Vorteil der geradlinigen Luftbewegung, aber der Wind schwankt in der Stärke fast in jeder Sekunde und nur mühsam lassen sich die Augenblicke erhaschen, wo durch einen Windmesser die richtige auch auf die Versuchsfläche wirkende Windgeschwindigkeit angegeben wird. Hier bleibt nur übrig, durch recht zahlreiche Versuche sich gute Mittelwerte zu verschaffen.

Von uns sind nun beide Methoden der Messung wiederholt zur Anwendung gebracht, weil es uns von Wichtigkeit zu sein schien, gerade die Widerstände der gewölbten Flächen möglichst genau kennen zu lernen und mit der einen Methode die andere Versuchsart zu kontrollieren, indem uns nicht bekannt war, dass von anderer Seite ähnliche Versuche vorlagen, die einen Vergleich gestatteten.

-92-

Um annähernd die Wölbung zu bestimmen, welche ein Vogelflügel hat, wenn der Vogel mit den Flügeln auf der Luft ruht, gibt es ein einfaches Verfahren.

Ein toter sowie ein nicht in Tätigkeit befindlicher lebender Vogelflügel werden gewölbter erscheinen, als sie beim Fluge sind; denn die im ungespannten Zustande stärker nach unten gekrümmten Federn biegen sich durch den von unten auf dieselben drückenden Luftwiderstand etwas gerader, wenn der Flügel in Benutzung ist.

Diese Biegung der Federn kann man nun auch dadurch entstehen lassen, dass man einen frischen Vogelflügel in umgekehrter Lage nach Fig. 36 mit seinen Armteilen befestigt

Fig. 36.

und mit Sand, der so viel wiegt, als die reichliche Hälfte des Vogelgewichtes beträgt, auf der hohlen Seite belastet. Der Flügel wird dann annähernd die Wölbung annehmen, die er beim Fluge in der Zeit des Niederschlages oder beim Segeln hat. Die punktierte Lage in Fig. 36 gibt die Flügelwölbung vor der Belastung.

Bei gut fliegenden Vögeln findet man nur eine schwache Wölbung des Flügelquerschnittes, deren Pfeilhöhe h in Fig. 37

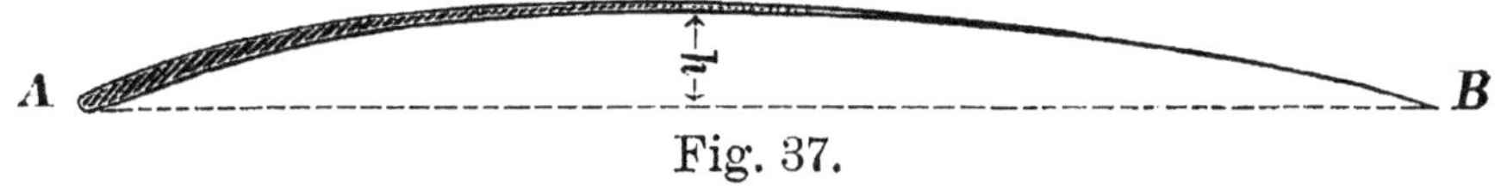

Fig. 37.

$^1/_{12} - {}^1/_{15}$ der Flügelbreite AB ausmacht. Schlechtfliegende Vögel, wie alle Laufvögel, haben sehr stark gewölbte, die gut und schnell fliegenden Seevögel dagegen sehr schwach gewölbte Flügel.

-93-

28. Luftwiderstand des Vogelflügels, gemessen an rotierenden Flächen.

Es sollen nun die Versuchsresultate angegeben werden, welche man erhält, wenn man vogelflügelförmige Körper am Rotationsapparat auf ihren Luftwiderstand untersucht; und zwar beziehen sich die hier angegebenen Werte auf die Verwendung eines großen Rotationsapparates, dessen Kreisbahn 7 m Durchmesser hatte, und bei welchem die Versuchsflächen 4 $^1/_2$ m über dem Erdboden schwebten. Die Aufstellung dieses Apparates war im Freien gemacht und die Versuche wurden nur bei vollkommener Windstille ausgeführt. Gebäude und Bäume standen nicht in solcher Nähe der von den Flächen beschriebenen Kreisbahn, dass ein störender Einfluss befürchtet werden musste. Trotzdem war die Lage eine geschützte durch die in einiger Entfernung den Versuchsplatz umgebenden dichten und hohen Bäume, so dass an vielen Sommerabenden sich Gelegenheit zu Versuchen bot.

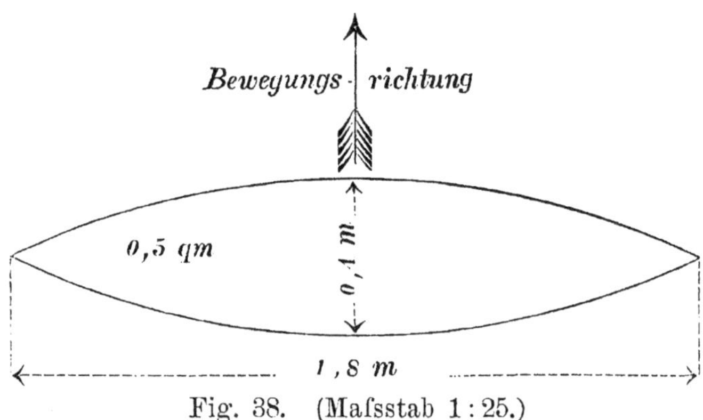

Fig. 38.   (Maßstab 1 : 25.)

Die Fläche der beiden Versuchskörper betrug in allen Fällen je $^1/_2$ qm. Der gefundene Gesamtwiderstand bezog sich also auf eine Fläche von 1 qm. Als Außenkontur wurde die längliche beiderseits zugespitzte Form angewandt, nach Fig. 38, bei einer Breite von 0,4 m und einer Länge von 1,8 m.

-94-

Die Herstellung der Versuchskörper oder Versuchsflächen, sowie die Formgebung ihres Querschnittes war in verschiedener Weise erfolgt.

Auf den ersten Blick scheint es, als wenn der Ausfall des Luftwiderstandes hervorragend günstig sein müsste, wenn die Fläche so dünn wie möglich genommen wird. Aus diesem Grunde machten wir daher auch Versuchsflächen aus dünnem Blech. Die Festigkeit derartiger selbst stärker gewölbter Flächen von $^1/_2$ mm starkem, hart gehämmertem Messingblech ist aber nicht ausreichend zu den in Rede stehenden Versuchen; vielmehr mussten wir den Flächenumfang mit 4 mm starkem Stahldraht einfassen, um die erforderliche Stabilität zu

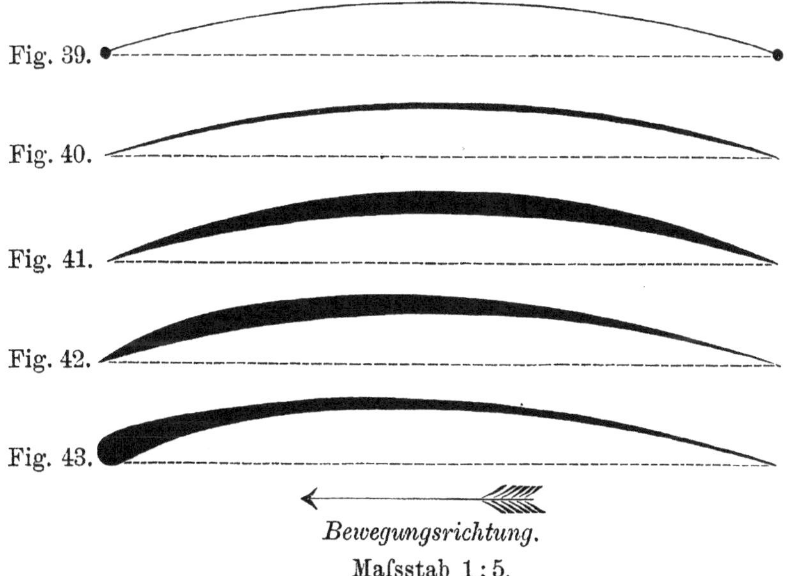

erzielen. Es ergibt sich dann ein Querschnitt nach Fig. 39 in $^1/_5$ Maßstab.

Diese Querschnittform hatte aber nicht ganz so günstige Verhältnisse für den Luftwiderstand als die folgenden; denn der Vorteil, den die geringe Dicke des Bleches bieten mag, wird aufgewogen durch den störenden Einfluss der verstärkten Ränder.

-95-

Fast gleich gute Resultate ergaben die Querschnitte Fig. 40 - 43. Ob die Fläche in ihrer ganzen Ausdehnung gleichmäßig dünn war, etwa 6 mm stark, wie in Fig. 40, oder ob in der Mitte, wie in Fig. 41, eine größere Verdickung sich befand, oder ob diese Verdickung mehr nach vorn zu lag, wie in Fig. 42, das verursachte keinen messbaren Unterschied. Bei einer Breite von 400 mm konnten diese allmählichen Verdickungen bis zu 16 mm, also bis $^1/_{25}$ der Flächenbreite betragen, ohne schädlichen Einfluss für den entstandenen Luftwiderstand. Wider Erwarten zeigte sich aber auch dann noch kein Nachteil, wenn diese Flügelverdickung abgerundet an der Vorderkante lag, wie bei Fig. 43. Es hatte sogar den Anschein, als ob diese Form besonders günstige Luftwiderstandsverhältnisse besitze, also viel hebenden und wenig hemmenden Widerstand gäbe, vorzüglich bei Bewegung unter ganz spitzen Winkeln, jedoch nur, wenn die Vorderkante und nicht die Hinterkante die Verdickung trug.

Im allgemeinen war der Unterschied in dem Verhalten der Flächen mit den Querschnitten 39 - 43 kein großer und die angegebenen Resultate beziehen sich gleichzeitig auf alle diese Flügelformen.

Die Versuchskörper mit den Querschnitten, Fig. 40 - 43, wurden von uns aus Elsenholz hergestellt. Die ganz schwachen Wölbungen erzielten wir durch einseitiges Bekleben dünner Bretter mit Papier, wodurch die Flächen hohl gezogen wurden. Stärker gewölbte Formen wurden aus massivem Holz ausgearbeitet. Mit der abnehmenden Breite der Fläche änderte sich der Querschnitt so, dass immer eine ähnliche Form in proportionaler Verkleinerung blieb.

Die Form, Fig. 43, wurde von uns auch dadurch hergestellt, dass an der Vorderkante eine stärkere nach beiden Seiten spitz auslaufende Weidenrute eingelegt war, an welche sich gekrümmte Querrippen ansetzten, die dann beiderseits mit geöltem Papier bespannt wurden, und sowohl oben wie unten glatte Flächen bildeten.

-96-

Diese letzte Querschnittform, Fig. 43, hat auch der Vogelflügel an seinem Armteil, wo an der Vorderkante durch die Knochen eine stärkere Verdickung vorhanden ist. Wie der Versuch es ergab, stört diese Verdickung in keiner Weise den Flugeffekt, wenn nur nach der Flügelspitze die Verdickung auch verschwindet.

Die verschiedenartige Ausführung unserer Versuchskörper überzeugte uns, dass die Metalle überhaupt zum Flügelbau nicht zu gebrauchen sind, und dass die Zukunftsflügel wahrscheinlich aus Weidenruten mit leichter Stoffbespannung bestehen werden. Auch Bambusrohr passt sich den Flügelformen nicht so leicht an, wie das konisch gewachsene Weidenholz, das dennoch in gewissem Grade ohne Nachteil bearbeitet werden kann, sich im feuchten Zustande beliebig biegen lässt und bei außerordentlicher Leichtigkeit sehr zähe ist.

Weidenholz bricht erst bei einer Beanspruchung von 8 kg pro Quadratmillimeter, kann aber mit guter Sicherheit dauernd mit 2 - 3 kg beansprucht werden. Es ist dabei das leichteste aller Hölzer mit dem spezifischen Gewicht 0,33. Das Aluminium ist 8 mal so schwer, aber kaum

4 mal so stark.

Gegenüber dem Einwand, dass Aluminium in Form konischer Röhren verwendet werden könne und dadurch besonders leichte Konstruktionen gäbe, lässt sich anführen, dass Weidenruten sich auch leicht hohl ausbohren lassen, weil der Bohrer mit einer geeigneten stumpfen Zentrierspitze sich in dem Mark genau in der Mitte führt. Durch Bohrer von verschiedener Stärke kann man dann der äußeren konischen Form entsprechend die Höhlung ebenfalls nach der Spitze verjüngt ausführen.

Die im vorstehenden beschriebenen Versuchsflächen wurden nun mit verschieden gekrümmten Querschnitten ausgeführt und auf ihren Luftwiderstand erprobt. Als Tiefe der Höhlung oder Stärke der Wölbung galt die Tiefe des Hohlraumes unter der Fläche, und als Größe der Fläche die Größe ihrer Projektion.

-97-

Wie bei den Versuchen mit der ebenen Fläche beschrieben, ließ sich am Rotationsapparat der Luftwiderstand zunächst in Form von zwei Komponenten messen und darauf in Größe und Richtung ermitteln.

Für eine schwache Wölbung von $^1/_{40}$ der Breite, also bei einer größten Pfeilhöhe der Höhlung von 1 cm, gilt nun das Diagramm Tafel II.

Fig. 1 Tafel II gibt die Luftwiderstände in Größe und Richtung, welche entstehen, wenn die Fläche mit dem Querschnitt a b unter verschiedenen Neigungen nach der Pfeilrichtung bewegt wird.

Der größte Luftwiderstand entsteht, wenn die Fläche die Lage f g, also die Neigung 90° hat. Dieser Luftwiderstand sei von c aus nach rechts angetragen in der Linie c 90°.

Wenn nun z. B. die Fläche die Lage d e und Neigung 20° hat, so entsteht bei derselben absoluten Geschwindigkeit der Luftwiderstand in Größe und Richtung von c 20°.

Es sind c 3°; c 6°; c 9° u.s.w. die Luftwiderstände für die Flächenneigungen 3°; 6°; 9° u.s.w.

Auch in der Lage a b für den Winkel Null erhält man noch einen hebenden Luftwiderstand c 0.

Auf den Luftwiderstand c 90° haben schwache Wölbungen keinen Einfluss, wie das Experiment bewiesen hat; derselbe ist daher bekannt und jederzeit nach der Formel: $L = 0,13 \cdot F \cdot v^2$ zu berechnen.

Das Verhältnis der Luftwiderstände bei gleicher Geschwindigkeit, aber verschiedener Neigung zu diesem normalen Luftwiderstand wird durch das Diagramm auf Tafel VII angegeben und kann dort direkt abgelesen werden an der tiefsten klein punktierten Linie. Die Richtung der Luftwiderstände aber ergibt sich aus Tafel II.

Für eine ganz schwach gewölbte Fläche, welche nur um $^1/_{40}$ ihrer Breite hohl ist, kann man hiernach den Luftwiderstand bei jeder Neigung von 0°-90° in Größe und Richtung bestimmen.

-98-

Wenn die Fläche stärker gewölbt ist, so dass die Höhlung $^1/_{25}$ der Breite beträgt, so erhält man analog die Fig. 1 auf Tafel III und auf Tafel VII die zweite klein punktierte Linie.

Der Widerstand c 90° ist wieder gleich demselben c 90° auf Tafel I und Tafel II, aber die anderen Widerstände sind nicht unwesentlich größer geworden, auch etwas anders gerichtet. Auffallend zugenommen hat der Luftwiderstand bei 0°, derselbe hat schon mehr hebende Wirkung erhalten. Diese Hebewirkung hört erst auf, wenn die Vorderkante der Fläche tiefer liegt als die Hinterkante und zwar bei einer Neigung von - 4°.

Noch auffallendere Erscheinungen zeigen sich, wenn man der Fläche $^1/_{12}$ der Breite zur Höhlung gibt. Dann erhält man die Widerstände auf Tafel IV Fig. 1. Auch hier ist c 90° noch nach der Formel: $L = 0,13 \cdot F \cdot v^2$ zu berechnen, also die Bewegung dieser Fläche senkrecht gegen die Luft von keinem anderen Widerstand begleitet, als wenn die Fläche eben wäre. Aber bei den anderen Neigungen weicht der Luftwiderstand ganz erheblich von demjenigen ab, der bei der ebenen Fläche unter gleichen Neigungen und gleichen Geschwindigkeiten entsteht.

Zum Vergleich sind auf Tafel IV Fig. 1 die Widerstände der ebenen Fläche punktiert eingetragen. Hierdurch zeigen sich jetzt auffallend die Vorteile der gewölbten gegenüber der ebenen Fläche in ihrer Verwendung beim Fliegen.

Auf Tafel VII sieht man auch zwar deutlich, dass die Wölbung einer Fläche für spitze Bewegungswinkel bis 20° den Widerstand ungefähr verdoppelt, aber auf Tafel IV erkennt man außerdem die günstigere Richtung, welche die Luftwiderstände der gewölbten Fläche besitzen, und wodurch letztere gerade ihre gute Brauchbarkeit beim Vorwärtsfliegen erlangt.

Wenn man nun die Wölbung noch stärker macht als $^1/_{12}$ der Breite einer Fläche, so nehmen die hervorgehobenen guten Eigenschaften wieder ab; der Luftwiderstand erhält wieder

-99-

eine geringere hebende Komponente und bekommt dadurch eine ungünstigere Richtung.

Wir müssen daher eine Höhlung von $^1/_{12}$ der Breite als die günstigste Wölbung eines Flügels bezeichnen, wenigstens bei den für diese Messungen angewendeten Geschwindigkeiten, welche bis zu 12 m pro Sekunde betragen.

Es ist möglich, dass bei noch größeren Geschwindigkeiten etwas schwächere Wölbungen die vorteilhaftesten Verhältnisse geben; die Andeutung hierfür war vorhanden.

29. Vergleich der Luftwiderstandsrichtungen.

Ähnlich wie dieses für die ebene Fläche auf Tafel I geschehen ist, kann man auch für die Luftwiderstände der gewölbten Flächen Diagramme herstellen, in welchen man die Luftwiderstände nach ihren Richtungen zur Fläche vergleichen kann.

Analog der Fig. 2 auf Tafel I kann man dann die Figuren 2 auf Tafel II, III und IV bilden, bei denen die Fläche horizontal bleibend gedacht wird, während ihre Bewegung nach den verschiedenen Richtungen schräg abwärts mit gleicher absoluter Geschwindigkeit erfolgt.

Es entstehen diese Figuren aus den Figuren 1 dadurch, dass man jede dort gezeichnete Luftwiderstandslinie so viel nach links dreht, bis die zugehörige Fläche horizontal liegt. Jede Linie muss also so viel um den Punkt c gedreht werden, als der Gradvermerk an ihrem anderen Ende beträgt.

Jetzt aber zeigt sich noch auffallender die charakteristische Eigentümlichkeit der gewölbten Flächen gegenüber der ebenen Fläche. Man bemerkt, dass die Richtung des Luftwiderstandes nicht bloß der Normalen zur Fläche sehr nahe kommt, sondern bei gewissen Winkeln die Normale sogar überschreitet, d. h. dass die hemmende Komponente sich hier in eine treibende Komponente verwandelt.

-100-

Es haben also die gewölbten Flächen die Eigenschaft, dass dieselben, horizontal gelagert und unter gewissen Winkeln schräg abwärts bewegt, selbständig die horizontale Geschwindigkeit zu vergrößern streben.

Hieraus erklärt sich unter anderem auch das agile Verhalten schwach gewölbter Fallschirme.

Leichte, aus schwach gewölbten Flächen bestehende Körper beschreiben beim freien Fallen in der Luft sehr eigentümliche Linien und selbst jedes von unserem Schreibtische gleitende Löschblatt mahnt uns durch sein labiles Verhalten an besondere den gewölbten Flächen innewohnende Eigenschaften.

Die treibende Komponente ist nach den Diagrammen Fig. 2 auf Tafel II, III und IV am größten, wenn die Flächen annähernd in der Richtung der Tangente zur Vorderkante bewegt werden. Dies ist aber derjenige Fall, in welchem voraussichtlich die erzeugte Wellenbildung am vollkommensten wird, und die im Abschnitt 25 und in Fig. 30 zur Darstellung gebrachte Anschauung am vollkommensten zutrifft.

Es geht hieraus ferner hervor, dass sich zum besonders schnellen Fliegen ein nur wenig gewölbter Flügel eignet, weil die Tangente der Vorderkante bei diesem auf einen absoluten Flügelweg deutet, der einer sehr großen Fluggeschwindigkeit entspricht.

30. Über die Arbeit beim Vorwärtsfliegen mit gewölbten Flügeln.

Wenn nun eine horizontal ausgebreitete, etwas nach oben gewölbte Fläche bei horizontaler Bewegung schon einen namhaften Auftrieb erfährt, wenn ferner diese Auftriebe bei Bewegung unter spitzeren Winkeln zum Horizont bedeutend größer sind als bei ebenen Flächen, und wenn dann noch bei gewissen spitzen Winkeln die bei ebenen Flächen auftretenden hemmenden Komponenten bei der gewölbten Fläche

-101-

zur treibenden Komponente werden, so ist wohl klar, dass die beim Vorwärtsfliegen mit gewölbten Flügeln erforderliche mechanische Arbeit sehr zusammenschrumpfen muss.

Man kann nun ebenso wie in Abschnitt 20 für die ebenen Flügel hier für die gewölbten Flügel berechnen, wie sich die Flugarbeit in den verschiedenen Graden des Vorwärtsfliegens gegen die Arbeit beim Fliegen auf der Stelle verhält.

Wenn man diese letztere Arbeit wieder mit A bezeichnet, so erhält man die in den Figuren 2 auf Tafel II, III und IV gegebenen Verhältniszahlen für die Arbeit beim Vorwärtsfliegen, bei der die Flügel in ihrer ganzen Ausdehnung unter den näher bezeichneten Winkeln sich abwärts bewegen.

Das Minimum liegt für die günstigste Wölbung bei 15° und beträgt nach Tafel IV 0,23 A. Dieses entspricht einer Fluggeschwindigkeit, die 4mal so groß ist als die Abwärtsgeschwindigkeit der Flügel, wenn letztere wieder parallel mit sich bewegt gedacht werden. Hierbei braucht man also noch nicht $^1/_4$ von der Arbeit, welche nötig ist, wenn kein Vorwärtsfliegen stattfindet.

Während also bei Anwendung ebener Flügel nach Abschnitt 20 und Tafel I Fig. 2 etwa $^1/_4$ der Flugarbeit gespart werden konnte, so ergibt die gewölbte Fläche hier eine Arbeitsersparnis von mehr als $^3/_4$.

Es ist fraglich, ob man beim Vorwärtsfliegen auch die Vorteile der Flügelschlagbewegung in demselben Maße geniest, wie beim Fliegen auf der Stelle. dass diese Vorteile in gewissem Grade eintreten müssen, ist wahrscheinlich. Würde die Schlagbewegung fast in demselben Grade kraftersparend auftreten, dann reduzierte sich die Flugarbeit auf etwa $^1/_4$ von derjenigen als beim Fliegen auf der Stelle, wenn man mit Flügeln, die um $^1/_{12}$ der Breite hohl sind, 4mal so schnell vorwärts fliegt als die Flügel abwärts bewegt werden. Bei sehr großen und leichten Flügeln war nach Abschnitt 18 die Arbeit des Menschen beim Fliegen auf der Stelle 1,5 HP. Für den mit vorteilhaft gewölbten Flügeln Vorwärtsfliegenden Menschen stellte sich daher unter diesen höchst wahrscheinlich

-102-

nicht zu erreichenden günstigsten Verhältnissen die zu leistende
Arbeit auf $1,5 \cdot {}^1/_4$ HP oder auf cirka 0,4 HP. Diese Arbeit würde vom
Menschen auch nur auf kurze Zeit geleistet werden können. Wir
müssen also noch vorteilhaftere Wirkungsweisen herausfinden, wenn
die physische Kraft des Menschen ausreichen soll, um ihn mit Flügeln
in der Luft gehoben zu erhalten.

Der bisher erreichte und lediglich in einer richtigen Flügelform
beruhende Vorteil ist unverkennbar; es soll hier aber von einer
weiteren Behandlung aus dem Grunde abgesehen werden, weil sich im
folgenden erweisen wird, dass die bisher bekannt gemachten
Luftwiderstandsverhältnisse für die Praxis des Fliegens nicht ohne
weiteres zutreffen.

Zu diesen letzten Berechnungen ist der Luftwiderstand zu Grunde
gelegt, welcher am Rotationsapparat in ruhender Luft gemessen
wurde.

Es sollen nun im ferneren die analogen Untersuchungen angestellt
werden unter zu Grundlegung der Luftwiderstandsverhältnisse,
welche man bei Messungen im Winde findet. Es wird sich
herausstellen, dass man zu ungleich günstigeren Resultaten gelangt.
Bevor aber auf diese Messungen im Winde näher eingegangen wird,
seien einige allgemeine Betrachtungen über das Verhalten der Vögel
zum Winde angestellt.

31. Die Vögel und der Wind.

In strengerem Sinne noch als die Luft kann man den Wind als das
eigentliche Element der Vögel bezeichnen. Wir haben bereits gesehen,
dass der Wind den Vögeln das Auffliegen sehr erleichtert, und dass
viele Vögel, wenn der zu ihrem Auffliegen erforderliche Wind nicht
herrscht, durch Vorwärtshüpfen oder Laufen eine relative
Luftbewegung gegen sich hervorrufen, bevor ihre wirkliche Erhebung
erfolgt. Wir bemerken ferner, dass die Flugbewegungen der Vögel im
Winde

-103-

anderer Art sind als in ruhiger Luft. Die flatternde Bewegung bei Windstille verwandelt sich im Winde in gemessenere Flügelschläge und wird bei vielen Vögeln zum wirklichen Segeln.

Wenn nun zwar der Wind augenscheinlich kraftersparend auf den Flug der Vögel einwirkt, indem er ihr Gehobenbleiben in der Luft, wie später nachgewiesen werden soll, erleichtert, so muss doch die Ansicht, dass die Vögel überhaupt mit besonderer Vorliebe gegen den Wind fliegen, als eine irrige bezeichnet werden. Letzteres ist nur zuzugeben, mit Bezug auf das Auffliegen. Wenn die Erhebung in die Luft aber erst stattgefunden hat, fallen jene Faktoren fort, welche das Erheben von der Erde erleichterten; denn dann kann der Vogel die ihm dienliche relative Geschwindigkeit gegen die ihn umgebende Luft auch erreichen, wenn er mit dem Winde fliegt; er braucht ja nur schneller zu fliegen als der Wind weht.

Auf diese relative Geschwindigkeit zwischen Vogel und umgebender Luft also kommt es an, und diese relativ gegen den Vogel in Bewegung befindliche Luft trifft den Vogel stets von vorn; der Vogel verspürt dies als einen immer nur auf ihn zuströmenden Wind. Der ganze Bau des Vogelgefieders sowohl im allgemeinen, als auch in besonderen die Konstruktion seiner Flügel mit Bezug auf die Federlagerung schließen von vorn herein aus, dass der Wind den fliegenden Vogel jemals von hinten trifft. Wenn der Vogel daher mit dem Winde fliegt, so fliegt er allemal schneller als der Wind.

Aus diesem Grunde sind auch alle jene Versuche zur Erklärung des Kreisens der Vögel, nach denen die Vögel einmal gegen den Wind gerichtet, diesen von vorn unter die Flügel wehen lassen, das andere Mal, mit dem Winde fliegend, den Wind von hinten unter die Flügel drücken lassen sollen, als ganz verfehlte Spekulation zu betrachten.

Die absoluten Geschwindigkeiten der Vögel beim Fliegen gegen den Wind und mit dem Winde sind durchschnittlich um die doppelte Windgeschwindigkeit verschieden; denn ein-

-104-

mal kommt die Windgeschwindigkeit von der relativen Bewegung zwischen Vogel und Luft in Abzug, das andere Mal addieren sich beide zur absoluten Ortsveränderung, bei welcher der Wind stets überholt wird.

Man kann eine sekundliche Geschwindigkeit von 10 m als eine nur mittlere Vogelfluggeschwindigkeit bei Windstille und 6 m als eine sehr häufige Windgeschwindigkeit bezeichnen. Die Differenz beider, also 4 m, wäre die absolute Vogelgeschwindigkeit gegen den Wind, während der Vogel mit dem Winde die Geschwindigkeit 10 + 6 = 16 m erhält, also viermal so schnell fliegt als gegen den Wind.

Dieses Beispiel zeigt, wie stark sich die Flugschnelligkeit gegen den Wind und mit dem Winde unterscheidet. Bei stärkeren Winden ist dieser Unterschied natürlich noch viel größer.

Es ist anzunehmen, dass die Vögel bestrebt sind, diesen Unterschied in ihren absoluten Geschwindigkeiten auszugleichen, weil sie auch gegen den Wind möglichst schnell fliegen wollen, und dass dieser Unterschied nicht ganz so auffällig sich zeigt, als er eigentlich sein müsste. Trotzdem bleibt der Unterschied aber immer noch so groß, dass alles Fliegen der Vögel gegen den Wind durchschnittlich fast zweimal so lange dauert, als mit dem Winde. Man erhält demzufolge bei Beobachtung der Vögel den Eindruck, als flögen dieselben viel häufiger gegen den Wind als in der Windrichtung; und dies mag die Veranlassung gewesen sein, dass das Fliegen gegen den Wind als Erleichterung des Fliegens angesehen wurde, während es in Bezug auf das Vorwärtskommen eine entschiedene Erschwerung mit sich bringt. Man kann daher wohl auch nicht annehmen, dass die Vögel mit besonderer Vorliebe dem Wind entgegenfliegen; und wenn man dieses Entgegenfliegen viel häufiger beobachtet als das Fliegen mit dem Wind, so findet dieses seine natürliche Erklärung in dem ungleichen Zeitaufwand für beide Arten des Fliegens.

Wenn die Vögel nach Richtungen fliegen, die mit der Windrichtung einen Winkel bilden, so fühlen dieselben einen Wind, der sich aus ihrer eigenen Bewegung mit der Wind-

-105-

Bewegung zusammensetzt und der jedes Mal eine andere Richtung hat als die absolute Vogelbewegung.

Ein Vogel beabsichtige z. B., wie in Fig. 44 gezeichnet, mit der absoluten Geschwindigkeit ob nach der Richtung ob zu fliegen, während der Wind mit der Geschwindigkeit a o weht. Die

Stellung des Vogels richtet sich dann nach o c, weil er den Wind von c kommend fühlt und zwar mit der Geschwindigkeit co. Zuweilen erreicht der Wind eine solche Stärke, dass die kleineren Vögel nicht imstande sind, gegen denselben anzufliegen. Für Krähen und Dohlen kann ich diese Windstärke annähernd angeben. Bei unseren Versuchen im Winde bemerkten wir, dass, wenn die Windgeschwindigkeit, cirka 3 m über der Erde gemessen, 12 m betrug, die genannten Vögel in cirka 50 m Höhe vergeblich gegen den Wind kämpften.

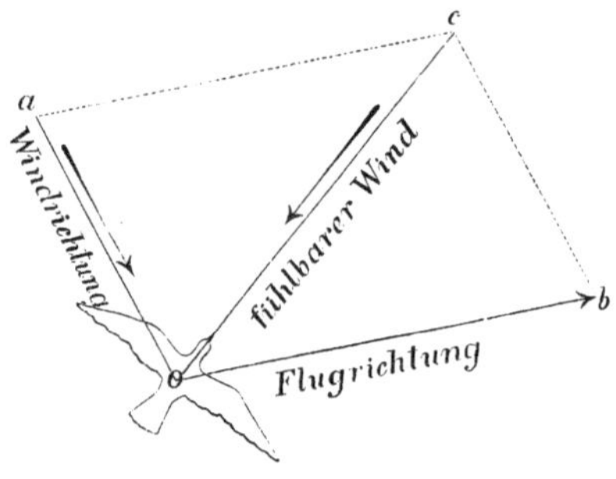

Fig. 44.

Die Windgeschwindigkeit in dieser größeren Höhe mussten wir auf 15 - 18m schätzen, so dass wir annehmen konnten, dass Krähen und Dohlen gegen einen Wind von 18 m Geschwindigkeit nicht anzufliegen vermögen. Bei noch kleineren Vögeln, außer bei den Schwalben, wird diese Grenze wohl noch früher erreicht werden.

Eine größere Ausnahme bilden alle Meerbewohnenden Vögel, die bis herunter zu den kleinsten Arten auch mit dem stärksten Sturme den Kampf aufnehmen.

Die großen Fliegekünstler des hohen Meeres, mit dem Albatros an der Spitze, gehen in ihrer Vorliebe für den Wind sogar so weit, dass sie jene Gegenden, welche sich durch

-106-

häufige Windstillen auszeichnen, überhaupt meiden, und sich vorwiegend in solchen Breiten und solchen Meeren aufhalten, die durch regelmäßige stärkere Winde ausgezeichnet sind. Der Albatros namentlich versteht mit seinen langen und schmalen, fast säbelförmigen Flügeln sogar den Orkan zu bemeistern. Sein schwerer Körper segelt mit seinem schlank gebauten Flugapparat auf dem Sturme ruhend dahin. Nur wenig dreht und wendet er die Flügel, und der Sturm trägt ihn gehorsam, wohin er ihn tragen soll, ob mit dem Sturm oder ihm entgegen. Die Bewegung mit und gegen den Sturm unterscheidet sich durch weiter nichts als durch die Geschwindigkeit.

Man kann den Albatros sehr gut und andauernd beobachten, denn er bleibt in gewissen Gegenden, wie am Kap der guten Hoffnung, ein sehr beständiger Begleiter der Schiffe, und als Liebling der Schiffer, die sich au seinen majestätischen Bewegungen erfreuen, umspielt er das Schiff mit großer Zutraulichkeit.

Mein Bruder sah ihn oft mit erstaunlicher Sicherheit in schräger Stellung Spielräume der Takelung durchsegeln, die eigentlich seiner großen Klafterbreite nicht Raum genug boten. Man stelle sich vor, welche Gewandtheit dazu gehört, mit der Geschwindigkeit des Sturmes und der Geschwindigkeit der großen Dampfer der Australienlinie die eigene Geschwindigkeit so zu kombinieren, dass solch ein glatter Schwung, den der große Vogel sich gibt, ihn ungestraft zwischen Rahen und Taue hindurchführt.

Diese Kunststücke sind für den Albatros aber noch Nebensache; denn was er eigentlich will, drücken seine grünlichen Augen deutlich genug aus. Diese spähen ununterbrochen nach einem Leckerbissen, welchen das mütterliche Meer nicht bieten kann. Und so verstehen es diese Vögel denn auch, noch eine vierte Bewegung gleichzeitig zu verfolgen, um ihrer Fressgier zu frönen, nämlich die vom Schiffe ihnen zugeworfenen Küchenabfälle aus der Luft aufzufangen und sich gegenseitig abzujagen.

-107-

Sehr auffallend und charakteristisch ist noch das von uns vielfach beobachtete Auffliegen der schwimmenden Seevögel bei stärkerem Winde. Hier kann man noch deutlicher als bei dem sich in der Luft tummelnden Vogel die nackte Hebewirkung des Windes erkennen; denn oft war ich aus unmittelbarer Nähe ein Augenzeuge, wie die Möwen mit ausgebreiteten, aber vollkommen stillgehaltenen Flügeln vom Wind senkrecht von der Wasserfläche abgehoben wurden und ohne Flügelschlag ihren Flug fortsetzten. Hierbei muss jedoch ein Wind herrschen, dessen Geschwindigkeit ich auf mindestens 10 m schätze.

Unter solchen Beobachtungen wird man natürlich dahin gedrängt, den Wind direkt zu den Messungen des Luftwiderstandes heranzuziehen. Zwar bietet die Ausführung derartiger Versuche mehr Schwierigkeiten als die andere schon besprochene Methode, aber offenbar müssen sich die an den Vögeln im Winde auftretenden Erscheinungen so in reinerer Form darstellen, als wenn man diese durch eine Reihe von Schlussfolgerungen aus den Versuchen in Windstille erst ableitet. Es muss sich dann auch zeigen, ob dem Winde Eigenschaften innewohnen, welche noch besonders zur Kraftersparnis beim Fliegen beitragen können. Jedenfalls aber kann man die Gewissheit hierüber durch nichts besser erlangen, als wenn man vogelflügelförmige Flächen direkt der Einwirkung des Windes aussetzt und die entstandenen Luftwiderstandskräfte in i Ist.

32. Der Luftwiderstand des Vogelflügels im Winde gemessen.

Zu diesen Versuchen kann man sich eines Apparates bedienen, wie er in Fig. 45 und 4G angegeben ist. Fig. 45 zeigt die Anwendung beim Messen des horizontalen Winddruckes,

-108-

während Fig. 46 angibt, wie die vertikale Hebewirkung des Windes bestimmt wird. In beiden Fällen ist die zu untersuchende Fläche, deren Querschnitt ab ist, an einem doppelarmigen Hebel o m c befestigt, der durch ein Gegengewichte ausbalanciert wird, so dass er bei Windstille mit der Fläche in jeder Lage stehen bleibt.

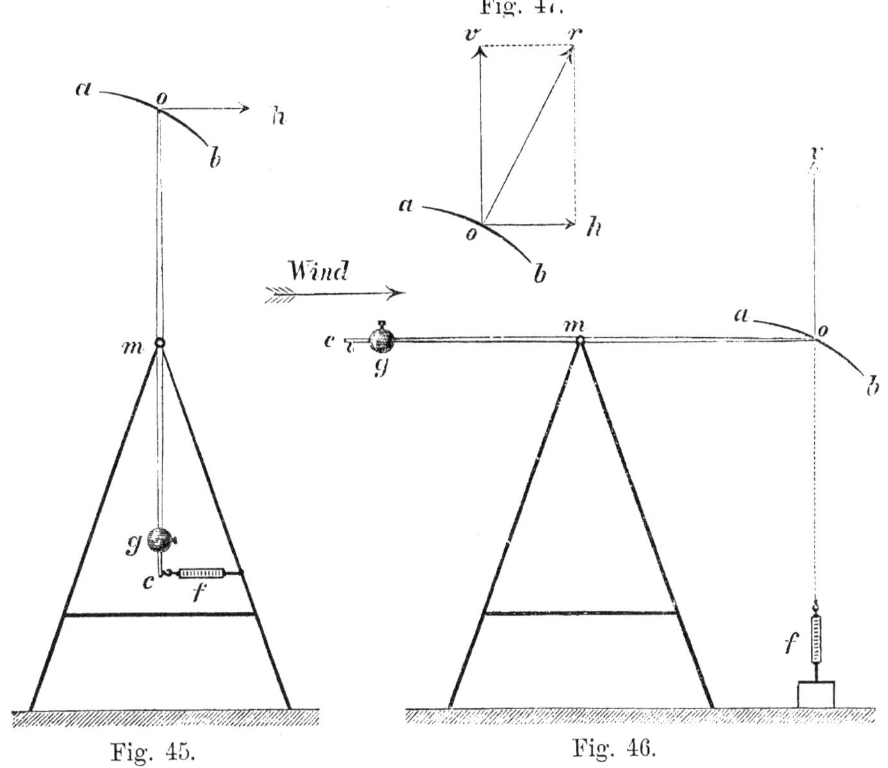

Wenn nun der Wind auf die Fläche ab in Fig. 45 drückt, so sucht derselbe den Hebel mit einer Kraft o h um den Punkt m zu drehen. Macht man om = mc, so kann man an einer leichten in c angebrachten Federwaage f direkt die Kraft o h ablesen, o h ist die horizontale Komponente des auf die Fläche ausgeübten Winddruckes.
Ganz analog wird nun nach Fig. 46 durch die Federwaage f die vertikale Winddruckkomponente o v direkt gemessen.

-109-

Man hat aber dafür zu sorgen, dass die Federwaage stets so eingestellt wird, dass die Schwankungen des Hebels o m c wie vorher um die vertikale, so jetzt um die horizontale Mittellage erfolgen.

Fig. 47 zeigt, wie durch Zusammensetzen von oh und ov die Resultante o r sich bilden lässt, welche dann die genaue Größe und die wirkliche Richtung des auf die Fläche ab ausgeübten Winddruckes angibt. Die zusammengehörigen Flächen ab in den 3 Figuren müssen zum Horizont gleich gerichtet sein und die gemessenen Kräfte auf dieselbe Windgeschwindigkeit sich beziehen.

Zum Messen der Windgeschwindigkeit kann man sich eines Apparates nach Fig. 48 bedienen. Derselbe besteht aus einer, mittelst leichter Holzrahmen und Papierbespannung hergestellten Tafel F, die auf einer Stange i k leicht verschiebbar mit dem runden Teller t verkuppelt ist.

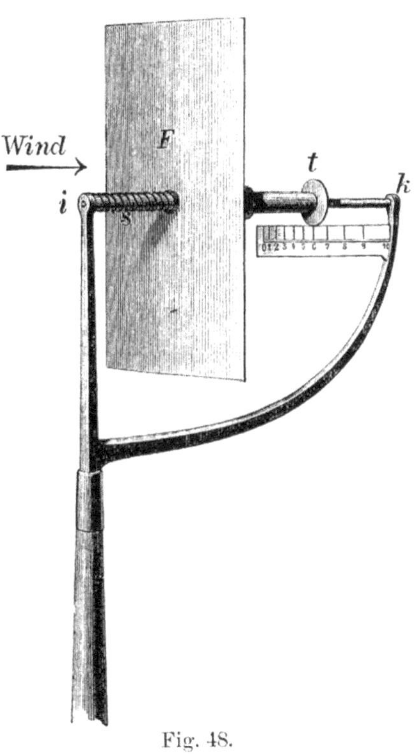

Fig. 48.

Die Tafel F hängt mittelst der Spiralfeder s mit i zusammen. Wenn nun die Tafel F vom Wind getroffen wird, dehnt sich die Spiralfeder s aus, und die Tafel verschiebt sich. In gleichem Maße verschiebt sich aber auch der Teller t über einer Skala, und diese Letztere ist so eingerichtet, dass man an der Stelle, wo t gerade sich befindet, ohneweiteres die augenblickliche Windgeschwindigkeit ablesen kann.

-110-

Nach der Größe der Fläche F kann man leicht den Winddruck berechnen, der bei den verschiedenen Windgeschwindigkeiten entstehen muss. Ferner kann man für diesen Winddruck als Zugkraft die Federreckung bestimmen, also auch für jede Windgeschwindigkeit die Stellung des Tellers t ermessen. Auf diese Weise lässt sich die Skala mit ausreichender Genauigkeit anfertigen.

Bei den von uns angewendeten Windmessern war $F = {}^1/_{10}$ qm.

Dieser Windmesser muss in der Nähe der Apparate Fig. 45 und 46 aufgestellt werden, um in jedem Augenblick die herrschende Windgeschwindigkeit in der Nähe der zu untersuchenden Fläche kennen zu lernen.

Am besten werden derartige Versuche von 3 Personen ausgeführt, von denen die eine die Windgeschwindigkeit abliest, die zweite Person die Federwaage beobachtet, und die dritte Person die aufgerufenen Zahlen notiert.

Die Windgeschwindigkeit schwankt fast in jeder Sekunde, bleibt aber doch zuweilen für mehrere Sekunden konstant. Bei solchen gleichmäßigen Perioden hat der Windbeobachter die Geschwindigkeit aufzurufen, und der Beobachter der Federwaage wird dann leicht den zugehörigen Winddruck angeben können. Wenn dann größere Reihen von Messungen erst für die eine, dann für die andere Komponente angestellt und notiert sind, kann man durch die Mittelwerte brauchbare Zahlen erhalten, und schließlich aus den gemessenen horizontalen und vertikalen Komponenten für die verschiedenen Flächenneigungen den wirklichen Luftwiderstand konstruieren.

Die ersten derartigen Versuche mit den beschriebenen Apparaten wurden von uns im Jahre 1874 angestellt und zwar mit seitlich zugespitzten Flächen von ${}^1/_4$ qm Inhalt, die eine Höhlung von ${}^1/_{12}$ der Breite besaßen.

Als Versuchsfeld diente die weite baumlose Ebene zwischen Charlottenburg und Spandau, welche später zur Rennbahn benutzt wurde.

-111-

Zur Kontrolle dieser Versuche unternahmen wir im Herbst 1888 mit den Flächen von der Form der Fig. 38 nochmals Messungen des Winddruckes und zwar auf der ebenfalls ganz freien Ebene zwischen Teltow, Zehlendorf und Lichterfelde, unweit der Kadettenanstalt.

Die Resultate der beiden Versuchsperioden stimmten trotz der Ungleichheit in der Größe und Verschiedenheit in der Konstruktion der angewendeten Apparate gut überein.

Das Verhältnis der Luftwiderstände für die einzelnen Neigungen der Fläche gegen den Horizont ist auf Tafel Y Fig. 1 analog wie früher angegeben und zwar für die günstigste Wölbung von $^1/_{12}$ der Flügelbreite.

Fig. 2 auf Tafel V gibt wieder die Abweichungen der Luftwiderstandsrichtungen zur Normalen der Fläche an.

Da derselbe Maßstab wie früher gewählt wurde, so lässt sich mit den früheren Diagrammen ein Vergleich anstellen. Außerdem ist das Diagramm von Tafel IV punktiert eingezeichnet, woraus man sieht, wie stark diese Messung im Winde von der Messung an Flächen, welche in Windstille rotieren, abweicht.

Der größte Unterschied findet sich bei den kleineren Winkeln und namentlich beim Winkel Null. Wie man sieht, wird eine horizontal ausgebreitete gewölbte Fläche durch den Wind gehoben und nicht zurückgedrückt. Auf diesen Fall, der ohne weiteres eine Erklärung für das Segeln der Vögel abgibt, wird später näher eingegangen werden.

Zunächst kommt es auf eine Erklärung an, inwiefern ein so großer Unterschied im Luftwiderstand entstehen kann, wenn man einmal eine Fläche mit gewisser Geschwindigkeit rotieren lässt, das andere Mal dieselbe Fläche unter gleichem Winkel einem Wind von derselben Geschwindigkeit entgegenhält.

Es sollen nun in folgendem einige Experimente Erwähnung finden, welche hierüber den nötigen Aufschluss geben werden.

-112-

33. Die Vermehrung des Auftriebes durch den Wind,

Wenn man bei den zuletzt angeführten Versuchen die vertikalen Luftwiderstandskomponenten nach Fig. 46 messen will, und die Fläche a b in der Richtung des Hebels c m a nach Fig. 49 angebracht hat und, durch g abbalanciert, sich selbst im Winde überlässt, so stellt der Hebel sich nicht horizontal, sondern die Fläche wird, indem sie etwas auf und nieder schwankt, merklich gehoben, und ihre mittlere Stellung liegt

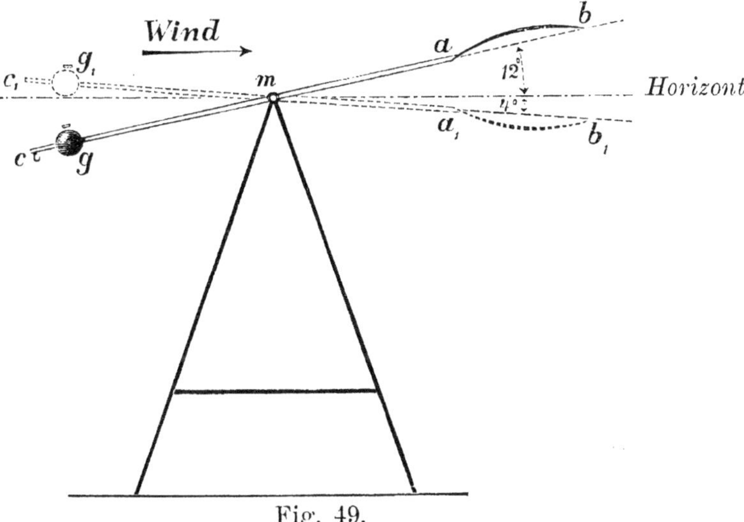

Fig. 49.

etwa um 12° über dem Horizont. Will man die Fläche herunterziehen bis dieselbe mit dem Hebel horizontal steht, so muss man eine verhältnismäßig große Kraft anwenden, die etwa halb so stark ist, als der Luftwiderstand der Fläche quer gegen den Wind betragen würde.
In der Lage c m a b hat also die Fläche keinen Winddruck nach oben oder unten, oder wenigstens gleich viel Druck nach oben und unten; denn der Wind stellt sich selbst die Fläche in diese Lage ein.
Wenn man nun die Fläche ab umkehrt und mit der Höhlung nach oben anbringt, so entsteht die punktierte Lage

-113-

c1 m a1 b1, d. h. der Hebel senkt sich an dem Ende, welches die Fläche trägt, aber nicht auch wieder um 12° unter den Horizont, sondern im Mittel nur um cirka 4°.

Hieraus folgt, dass eine Fläche ohne Wölbung, also eine ebene Fläche, in der Richtung des Hebels angebracht, sich im Winde so einstellen muss, dass der Winkel a m a1 halbiert wird.

Diesen Versuch haben wir denn auch wiederholt ausgeführt. Es stellte sich dabei in der Tat die ebene Fläche in die beschriebene mittlere Lage, indem, wie bei Fig. 50, der

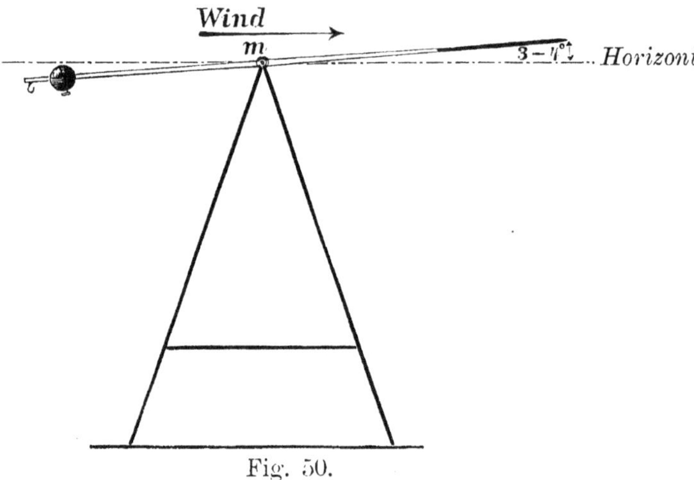

Fig. 50.

Hebel mit der Fläche um 3 - 4° gehoben vom Winde eingestellt wurde. Wiederum war hierbei ein Auf- und Niederschwanken sichtbar, es ließ sich jedoch die mittlere Neigung deutlich genug erkennen.

Hiernach ist es klar, weshalb im Winde sich so starke Auftriebe, oder so starke liebende Komponenten ergeben; denn der Wind hat eine solche Wirkung, als sei er schräg aufwärts gerichtet, und das muss notwendigerweise die Hebewirkung sehr vermehren.

Der Apparat nach Fig. 50 bildet gewissermaßen eine Windfahne mit horizontaler Achse. Eine solche Windfahne in der Nähe von Gebäuden aufgestellt gibt Aufschluss über

-114-

die bedeutenden Schwankungen des Windes nach der Höhenrichtung. An solchen Orten wechselt die aufsteigende Windrichtung mit der sinkenden sehr stark, so dass die Schwankungen oft mehr wie 90° betragen. Auf weiten kahlen Ebenen hingegen ist die Windrichtung nach der Höhe viel beständiger, wenn auch ein immerwährendes geringes Schwanken, oberhalb und unterhalb von einer gewissen Mittellage, erkennbar bleibt. Diese Mittellage befindet sich bei etwa 3,5° über dem Horizont.

Seltsamerweise zeigt sich fast keine Veränderung in dieser Erscheinung, wenn man den Apparat Fig. 50 auf etwas steigendem oder etwas fallendem Terrain aufstellt, wenn nur die Versuchsebene im großen und ganzen horizontal liegt. Unter anderem konnten wir noch die genannte Steigung der 4 m über dem Erdboden befindlichen Windfahne feststellen, wenn das Terrain auf mehr als 200 m Länge unter 5° in der Windrichtung abfiel. Unsere zahlreichen Versuche bewiesen uns, dass die genannte Eigentümlichkeit der Windwirkung mit großer Beständigkeit auftritt. Weder die Windrichtung und Windstärke noch die Jahreszeit oder Tageszeit riefen unserer Erfahrung nach eine wesentliche Abweichung in der beobachteten Windsteigung hervor.

Hervorgerufen wird diese Eigenschaft der Luft höchst wahrscheinlich dadurch, dass die Windgeschwindigkeit nach der Höhe beträchtlich zunimmt. Wenn auf freiem Felde z. B. der Windmesser 1 m über der Erde 4 m Windgeschwindigkeit zeigt, so gibt er oft in 3 m Höhe schon 7 m sekundliche Geschwindigkeit des Windes.

Auf die Erklärung über die Entstehung dieser steigenden Windrichtung kommt es hier eigentlich nicht an. Für die Theorie des Vogelfluges und die Flugtechnik genügt die Tatsache, dass die Winde eine solche Wirkung auf die Flugflächen ausüben, als besäßen sie eine aufsteigende Richtung von 3 - 4°. Um noch mehr Gewissheit über dieses für die ganze Flugfrage höchst wichtige Faktum zu erlangen, bauten wir einen

-115-

Apparat wie Fig. 51, der 5 Windfahnen mit horizontalen Achsen in Höhen von 2, 4, 6, 8 und 10 m übereinander trug. Die früher beobachtete Windsteigung von 3 - 4° zeigten alle 5 Windfahnen. Die Lage derselben war jedoch nicht immer parallel, sondern die Fahnen schwankten manchmal einzeln und manchmal gleichzeitig, aber verschieden stark mit ihren Richtungen.

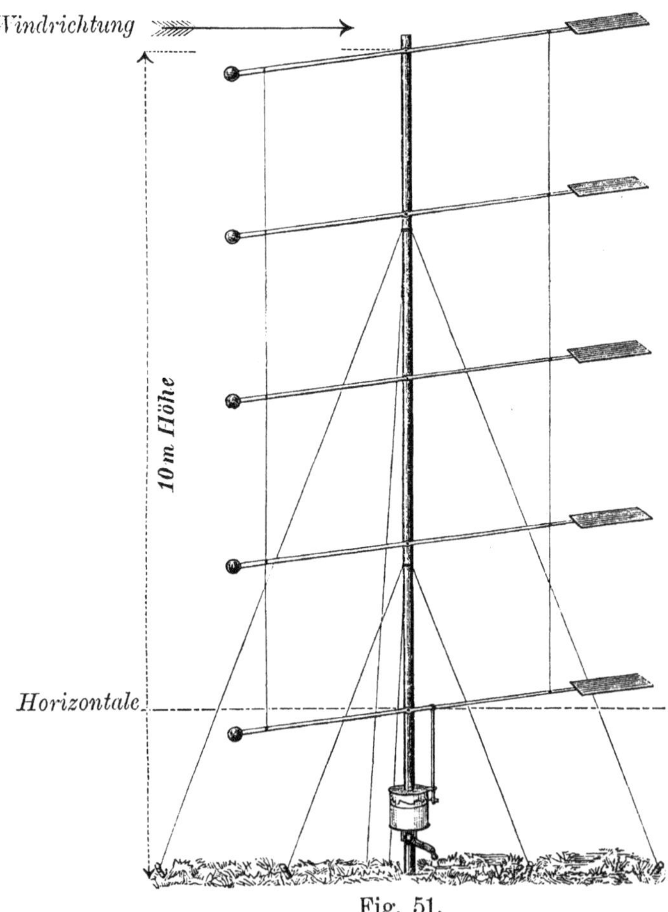

Fig. 51.

Um eine einheitliche Wirkung zu erhalten, verbanden wir die Hebel der Windfahnen beiderseits von ihren Drehpunkten in gleichen Abständen mit feinen Drähten, wie auch in Fig. 51

-116-

angedeutet, und zwangen dieselben dadurch untereinander parallel zu bleiben. Hierdurch erhielten wir die mittlere Windsteigung bis zu 10 m Höhe über dem Erdboden.

Auch diese mittlere Windrichtung nach der Höhe schwankte um die Mittellage von 3 - 4° Steigung unaufhörlich auf und nieder.

Um nun über die wahre Mittellage durch diese Schwankungen keinem Irrtum anheim zu fallen, haben wir durch den Wind selbst eine Reihe von Diagrammen über seine steigende Richtung aufzeichnen lassen.

Aus der Fig. 51 ist leicht ersichtlich, wie die zu diesem Zweck getroffene Einrichtung in Wirkung trat. Der unterste Windfahnenhebel verpflanzte durch eine leichte Stange die gemeinsame Bewegung der Windfahnen auf einen Zeichenstift. Letzterer bewegte sich nach der wechselnden Windsteigung' daher auf und nieder. Wenn man nun einen mit Papier bespannten Zylinder, auf dem die Spitze des Zeichenstiftes mit leichtem Druck ruhte, gleichmäßig drehte, so erhielt man eine Wellenlinie auf dem Papier. Um den Grad der Schwankungen der Hebel zu erkennen, wurden zuförderst die Hebel nach der Wasserwaage eingestellt, und der Papierzylinder einmal herumgedreht. Dadurch zeichnete der Stift eine gerade Linie vor, welche die Lage markierte, in welcher die Hebel horizontal standen, wo also der Wind bei freier Beweglichkeit der Hebel genau horizontal wehen musste.

Auf diese Weise ergaben sich Diagramme, aus denen sich die mittlere Windsteigung genau ermitteln ließ. Fig. 3 auf Tafel V zeigt eine solche durch den Wind selbst gezeichnete Wellenlinie für die Dauer von einer Minute. Man sieht, dass der Zeichenstift sich meistens über der Horizontalen bewegte und im ganzen zwischen +10° und -5° schwankte. Die größten von uns beobachteten Schwankungen, die aber seltener eintraten, lagen zwischen 16° über und 9° unter der Horizontalen.

Die Diagramme, welche wir erhielten, zeigten alle gewisse gemeinsame Merkmale. Für den Zeitraum von einer Minute

-117-

ergab sich aus allen fast derselbe mittlere Wert von 3,3°. In jeder ganzen Minute steigt auch der Zeichenstift einige Male, wenn auch nur für kurze Zeit, unter die Horizontale. Innerhalb einer Minute wiesen alle erhaltenen Kurven fast die gleiche Zahl von Gipfelpunkten auf und zwar cirka 20 Maxima und 20 Minima. Auf eine steigende und fallende Tendenz der Kurve kommen also durchschnittlich 3 Sekunden. Nur ausnahmsweise bleibt die Windsteigung etwa 6 - 8 Sekunden annähernd konstant.

Man erkennt hieran übrigens deutlich, mit welchen Schwierigkeiten man bei den Messungen des Luftwiderstandes im Winde zu kämpfen hat, und dass nur durch recht zahlreiche Versuche gute Mittelwerte sich bestimmen lassen.

Es sei noch erwähnt, dass uns bei diesen Versuchen besonders auffiel, dass die Windfahnen sich meistens hoben, wenn wir an der Erde am Fuße des Gestelles sitzend wenig Wind verspürten, wo also anzunehmen war, dass die Differenz in den Windgeschwindigkeiten nach der Höhe verhältnismäßig groß sein musste. Wenn dagegen der Wind an der Erde stärker blies, bewegten sich die Windfahnen meistens stärker abwärts. Es ist jedoch besonders zu betonen, dass beides nicht immer zutraf, und sich daher auch nicht ohne weiteres eine Gesetzmäßigkeit daraus ableiten lässt.

Die Zunahme des Windes nach der Höhe muss notwendigerweise mit einer die ganze Luftmasse mehr oder weniger erfüllenden rollenden Bewegung begleitet sein; denn es ist nicht denkbar, dass sich Luftschichten von verschiedenen Geschwindigkeiten geradlinig übereinander fortschieben, ohne durch die entstehende Reibung auch bei ganz stetiger Zunahme der Windgeschwindigkeiten nach der Höhe sich gegenseitig in ihren Bewegungsrichtungen zu beeinflussen. Die Tendenz zu rollenden Bewegungen muss cykloidische Wellenlinien als Bahnen der Luftteile zur Folge haben, die durch die Unebenheiten der Erdoberfläche namentlich in der Nähe der letzteren unregelmäßig gestaltet werden, und nur in größeren Perioden einen gleichmäßigen Charakter bewahren können.

-118-

In der Reibung der dahin streichenden Luft an der Erdoberfläche, an dem Temperaturunterschied und Druckausgleich, welche den Wind immer zwingen, dorthin zu wehen, wo Anhäufungen der Atmosphäre nötig sind, müssen wir das beständige Schwanken in der Höhenrichtung des Windes um eine gewisse über dem Horizont liegende Mittellage, sowie die den Auftrieb verstärkende Windwirkung erblicken.

Schließlich möchten wir noch die Ansicht vertreten, dass die Linie, welche der, den hohen, freistehenden Fabrikschornsteinen entströmende Rauch in der windigen Luft beschreibt, ebenfalls ein treffendes Bild von der Luftbewegung und ihrer steigenden Richtung angibt, wenn auch der Einwand hörbar werden wird, dass die heißen Schornsteingase diese Steigung hervorrufen. Dieser durch Wärme hervorgerufene Auftrieb kann doch wohl nur in unmittelbarer Nähe des Schornsteins wirksam sein und sich nicht auf Kilometer weite Strecken ausdehnen.

Um den genaueren Zusammenhang aller dieser in diesem Abschnitt erwähnten Erscheinungen mit ihren mutmaßlichen Ursachen genauer zu erforschen und eine wirkliche Gesetzmäßigkeit erkennen zu können, ist es jedenfalls nötig, die Untersuchungen viel weiter auszudehnen und namentlich neben den Schwankungen der Windsteigung auch die Schwankungen der seitlichen Windrichtung und die sich stets verändernde Windstärke und deren Zunahme nach der Höhe mit in Betracht zu ziehen und gleichzeitig zu messen.

Es wäre sehr wünschenswert, wenn nach dieser Richtung hin recht ausführliche Versuche gemacht würden, die nicht nur für die Flugtechnik, sondern wohl auch für die Meteorologie die größte Wichtigkeit hätten.

-119-

34. Der Luftwiderstand des Vogelflügels in ruhender Luft nach den Messungen im Winde.

Wir können nun annehmen, dass im Durchschnitt bei den Versuchen, welche das Diagramm Tafel V ergaben, der Wind durchschnittlich eine aufsteigende Richtung von wenigstens 3° hatte. Wenn wir daher vergleichen wollen, wie sich die Resultate der Messungen im Winde zu denen am Rotationsapparat verhalten, so müssen wir bei den Messungen im Winde die Neigung der Fläche nicht zum Horizont messen, sondern zur Windrichtung, das heißt, wir müssen die Winkel zum Horizont stets noch um 3° vermehren. Tut man dieses, so erhält man das Diagramm Tafel VI, Fig. 1, bei dem ebenfalls zum Vergleich die entsprechende Linie von Tafel IV punktiert angedeutet ist.

Jetzt erst kann man erkennen, welcher Unterschied zwischen diesen beiden Methoden der Messung bestehen bleibt; und zwar hat man die Abweichungen auf die Fehlerquellen zurückzuführen, die der Rotationsapparat mit sich bringt und die früher schon besprochen sind. Hiernach stellt Tafel VI den Luftwiderstand dar, welcher entsteht, wenn eine vogelflügelförmige Fläche geradlinig in ruhender Luft bewegt wird. Diese Widerstände, ebenso wie diejenigen, welche vom Winde verursacht werden, sind auf Tafel VII in ihren Verhältnisgrößen durch die obersten Linien eingetragen. Auch hier erkennt man, wie stark der Widerstand durch die Flächenwölbung vermehrt wird. Aber nicht die Größe des Luftwiderstandes allein ist maßgebend für die Beurteilung der Wirkung, sondern eigentlich noch mehr die Richtung des Luftwiderstandes.

Jetzt kann man aber auch wieder aus Fig. 1 auf Tafel VI einen Vergleich der Luftwiderstandsrichtungen herbeiführen und die stets horizontal ausgebreitete gewölbte Fläche ab nach den Richtungen 0°-90° abwärts bewegt denken.

Fig. 2 auf Tafel VI enthält dann die Luftwiderstandslinien so gezeichnet, wie sie zur Fläche ab wirklich gerichtet sind,

-120-

wenn die gewölbte Fläche in ruhender Luft geradlinig sich bewegt, während die im Winde gemessenen Widerstandswerte zu Grunde gelegt sind.

35. Der Kraftaufwand beim Fluge in ruhiger Luft nach den Messungen im Winde.

Auch die beim Vorwärtsfliegen in ruhiger Luft eintretende Kraftersparnis lässt sich wie früher berechnen und ergibt die Werte, welche in Fig. 2 auf Tafel VI bei den betreffenden Winkeln der mittleren Bewegungsrichtung der Flügel verzeichnet sind, und welche wieder in Vergleich gestellt sind mit der Arbeit A, die ohne Vorwärtsfliegen nötig ist.

Jetzt zeigt sich die geringste Arbeitsleistung, wenn die Flügel sehr schnell vorwärts und langsam abwärts sich bewegen, also bei verhältnismäßig schnellem Fluge.

Selbst wenn man den Luftwiderstand des Vogelkörpers mit berücksichtigt, erhält man kaum $^1/_{10}$ von derjenigen Arbeitsleistung, die beim Fliegen auf der Stelle nötig ist. Nachdem nun aber die Abwärtsbewegung der Flügel sehr langsam geworden ist, w7ird sich der Nutzen, der durch die Schlagwirkung entsteht, bedeutend verringern.

Nach Abschnitt 18 beträgt das Minimum der Arbeit beim Fliegen auf der Stelle für den Menschen 1,5 HP. Bei teilweisem Fortfall der Vorteile der Schlagwirkung würde sich aber wohl die doppelte Leistung, also 3 HP ergeben, und diese 3 HP müsste man nach Tafel VI als die Arbeit A ansehen. Man erhielte dann bei einem Fluge, bei dem die Flügel durchschnittlich unter einem Winkel von 3° sich abwärts bewegen, für den Menschen die erforderliche mechanische Leistung von 0,3 HP.

Dieses wäre nun aber ein Kraftaufwand, den der Mensch bei einiger Übung sehr wohl längere Zeit zu leisten vermag.

-121-

Wenn daher der Flugapparat, dessen man sich bedienen müsste, eine recht günstige Form hätte und bei etwa 15 - 20 qm Flugfläche nicht über 10 kg wöge, so wäre es wohl denkbar, dass damit in ruhiger Luft horizontal bei großer Geschwindigkeit geflogen werden könnte.
Was aber mit einem solchen Apparate auch ohne Flügelschläge sicher ausgeführt werden könnte, wäre ein längerer schwach abwärts geneigter Flug, der immerhin des Lehrreichen und Interessanten genug bieten möchte.

36. Überraschende Erscheinungen heim Experimentieren mit gewölbten Flügelflächen im Winde.

Wer die Diagramme auf Tafel V und VI betrachtet und sich dessen bewusst ist, was uns zum Fliegen Not tut, dem wird die Tragweite der eigentümlichen Wirkung des Windes auf vogelflügelähnliche Flächen nicht entgehen. Eine trockene, nüchterne Darstellung, wie solche Diagramme sie geben, verschafft aber schwer den richtigen Eindruck, wie ihn derjenige hat, der solche, ein gewisses auffallendes Gesetz enthaltenden Linien entstehen sah. Da nun die in diesen Diagrammen ausgedrückte Gesetzmäßigkeit des Luftwiderstandes geradezu den Schlüssel für viele Erscheinungen beim Vogelfluge bietet, so ist es von Wichtigkeit, die besonders auffallenden Wahrnehmungen bei den, diesen Diagrammen zu Grunde liegenden Versuchen näher hervorzuheben.
Wer solche Versuche selbst vornimmt, der wird viele Eindrücke empfangen, die sich durch einfache Zahlenangaben und graphische Darstellungen nicht wiedergeben lassen, denn Kraftwirkungen, von denen man nicht bloß sieht und hört, sondern die man selbst sogar fühlt, prägen sich der Vorstellung in Bezug auf ihre Bedeutung für die verfolgten Ziele ungleich deutlicher ein.   Und so ist es denn im höchsten Grade lehr-

-122-

reich, selbst mit richtig geformten größeren Flugflächen im Winde zu operieren. Allen denen aber, die hierzu keine Gelegenheit haben, diene folgendes zum besseren Verständnis.

Als wir zuerst mit derartigen leicht gebauten Flächenformen in den Wind kamen, wurde in uns die Ahnung von der Bedeutung der gewölbten Flügelfläche sofort zur Gewissheit. Schon beim Transport solcher größerer Flügelkörper nach der Versuchsstelle macht man interessante Bemerkungen. Man ist befriedigt, dass der Wind kräftig bläst, weil die Messungen um so genauer werden, je größer die gefundenen Zahlenwerte sich herausstellen, aber der Transport der Versuchsflächen über freies Feld hat bei starkem Wind seine Schwierigkeiten. Die Flächen sind beispielsweise aus leichten Weidenrippen zusammengesetzt und beiderseits mit Papier überspannt. Man muss also schon behutsam mit ihnen umgehen. Der Wind schleudert aber in so unberechenbarer Weise mit den Flächen herum, drückt sie bald nach oben, bald nach unten, dass man nicht weiß, wie man die Flächen halten soll. Aber schon auf dem ersten Gang zur Versuchsstelle ergibt sich eine unfehlbare Praxis für den leichten Transport. Man findet, dass eine solche flügelförmig gewölbte Fläche, welche mit der Höhlung nach oben so schwer zu tragen war, als wenn sie mit Sand gefüllt wäre, nach der Umkehrung, wo also die Höhlung nach unten liegt, vom Winde selbst sanft gehoben und getragen ward. Wenn man dann nur eine flache Hand leicht auf die Fläche legt und letztere am Aufsteigen verhindert, sowie nebenbei die horizontale Lage sichert, so schwimmt die Versuchsfläche förmlich auf dem Winde, und wenn die Fläche etwa 0,5 qm groß ist, so kann man bei starkem Wind noch einen Teil des eigenen Armgewichtes mit von der Fläche tragen lassen.

Jetzt, wo die Diagramme vor uns liegen, ist es ja ein Leichtes, die Hebewirkung eines etwa

10 m schnellen Windes auf eine solche Fläche auszurechnen. Nehmen wir als Hebedruck nur den halben Druck der normal getroffenen Fläche an, so erhalten wir bei 10 m Windgeschwindigkeit bei dieser

-123-

0,5 qm großen Fläche den Luftwiderstand L = $^1/_2$ · 0,13 · 0,5 · 100 = 3,25 kg. Wenn nun die Fläche selbst 1,25 kg wiegt, so muss man dieselbe noch mit 2 kg herunterdrücken, damit sie nicht vom Winde hochgehoben wird. Man fühlt, wie die Fläche auf dem Winde schwimmt und braucht nicht einmal Sorge zu tragen, dass der Wind die Fläche in seiner Richtung mit sich reifst; denn der Luftwiderstand ist senkrecht nach oben gerichtet und ein Zurückdrücken der wohlgeformten Fläche von einer Wölbung gleich $^1/_{12}$ der Breite findet nicht statt, was denjenigen, welcher mit solchen Wahrnehmungen noch nicht vertraut ist, in nicht geringem Grade überraschen muss. Man sagt sich unwillkürlich, dass diese Flugfläche nur entsprechend größer zu sein brauchte, um ohne weiteres mit derselben absegeln zu können, wenn man statt der Fläche von 0,5 qm etwa eine solche von 20 qm hätte. Freilich ward man ja auch an die Gleichgewichtsfrage erinnert und gewahrt, dass doch eine erhebliche Übung noch hinzukommen muss, um so große Flächen im Winde sicher dirigieren zu können.

Wenn dann das Gerüst mit dem beweglichen Versuchshebel Fig. 46 aufgestellt ist, und man befestigt zunächst die Fläche so, dass ihre Ränder in der Richtung des Hebels liegen, so dass also bei horizontaler Hebelstellung die Fläche auch horizontal ausgebreitet ist, so fühlt man schon bei schwachem Wind, dass die Fläche das Bestreben hat, sich zu heben; denn durch das Gegengewicht ist ihr eigenes Gewicht abbalanciert.

Lässt man dann die Fläche los, so hebt sich das Hebelende mit der Fläche wesentlich höher, dieselbe Erscheinung wie im Abschnitt 33 besprochen.

Zu Hause im geschlossenen, windstillen Raum hat man das Gegengewicht so befestigt, dass die Versuchsfläche gerade ausbalanciert wird, und der Hebel in jeder Lage im Gleichgewicht bleibt, wobei das so genannte indifferente Gleichgewicht herrscht. An eine Täuschung ist hierbei also nicht zu denken.

Während der nun folgenden Kraftmessungen stellen sich alle jene großen Unterschiede ein gegen die beim Experimen-

-124-

tieren mit ebenen Flächen gefundenen Resultate. Wie man schon durch das Gefühl über die an der gewölbten Fläche auftretenden Vergrößerungen des Winddruckes überrascht wird, so hat man erst recht Grund zur Verwunderung über die Hebewirkung des Windes, wenn die Vorderkante der Fläche bedeutend tiefer liegt als die Hinterkante.

Diese Hebekraft hört, wie wir aus dem Diagramm Tafel V gesehen haben, erst auf, wenn die Sehne des Querschnittbogens der Fläche gegen den Wind um 12° abwärts gerichtet ist, wo der Uneingeweihte doch sicher annehmen würde, dass hier der Wind die Fläche schon stark herabdrücken müsste. Nachdem man dann die Messung der vertikalen Komponenten des Winddruckes ausgeführt hat, stellt man den Hebel vertikal, um auch die horizontalen Drucke zu bestimmen nach Fig. 45.

Mit der wagerechten Flächeneinstellung nach Fig. 52 beginnend, wird einem sofort wieder eine neue Überraschung zu teil; denn gegen alle Voraussetzung bleibt der Hebel mit dem oben befindlichen großen Versuchskörper selbst im starken Sturm senkrecht stehen, nur wenig um

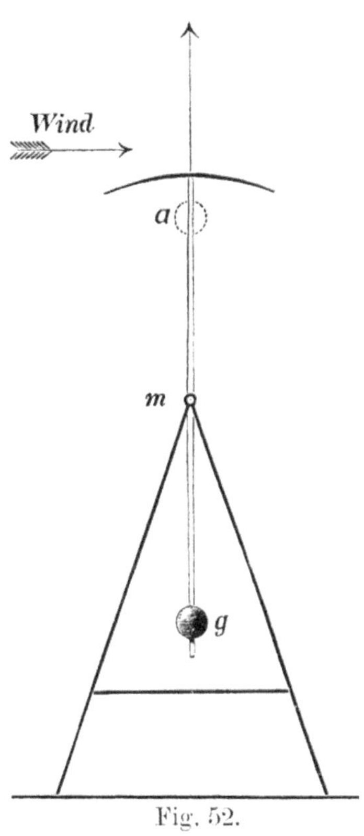

Fig. 52.

diese Mittellage hin und her schwankend. Die Projektion der Fläche nach der Windrichtung beträgt einschließlich der Flächendicke über $\frac{1}{10}$ ihrer ganzen Grundfläche und dennoch schiebt der Wind die Fläche nicht zurück, indem der Hebel bei schwachen Pendelbewegungen die vertikale Lage behauptet.

Erstaunt hierüber bringt man den Hebel absichtlich aus der Mittellage heraus, sowohl mit dem Wind als gegen den Wind und findet, dass die Versuchsfläche immer wieder nach

-125-

dem höchsten Paukte wandert, der Hebel sich also immer wieder senkrecht stellt. Die Fläche kann also nicht bloß in der höchsten Lage bleiben, sie muss sogar diese Lage behalten und befindet sich daher nicht im labilen, sondern im stabilen Gleichgewicht. Um diesen Eindruck noch zu verstärken, kann man irgend einen schweren Körper, z. B. einen Stein a (bei unseren Versuchen 2 kg) unter der Fläche am Hebel befestigen, so dass das obere Hebelende tatsächlich schwerer wird wie das untere, aber auch dann noch bleibt die Fläche oben in stabiler Lage, wenn mit dem hinzugefügten Gewicht bei gewisser Windstärke eine gewisse Grenze nicht überschritten wird.
Wenn, wie hier, die Diagramme Tafel V vorliegen, ist die Erklärung dieser Erscheinung nicht schwer. Man sieht aus diesen Kraftaufzeichnungen, dass bei einer Flächenneigung von Null Grad gegen den Horizont der Winddruck normal zur Fläche, also senkrecht steht, dass aber bei negativen Winkeln, wenn also die Fläche gegen den Wind abwärts gerichtet ist, der Winddruck schiebend auf die Fläche wirkt. Die Stellung Fig. 53 wird daher einen Winddruck x ergeben, der die Fläche zur Mittelstellung zurücktreibt; Ruft man aber künstlich die Stellung Fig. 54 hervor, so entsteht bei Winkeln bis zu 30° ein Luftwiderstand y der von der Normalen zur Fläche nach der Windseite zu liegt, den Hebel also um seinen Drehpunkt m nach links dreht, und die Fläche dem Wind entgegen zieht. Es kann also weder die Stellung Fig. 53 noch die Stellung Fig. 54 verbleiben, sondern beide Stellungen werden sich von selbst wieder ändern, bis die senkrechte Mittelstellung Fig. 52 entsteht, wo der Winddruck bei wagerechter Flächenlage senkrecht hebend gerichtet ist.
Diese Erscheinung, von der man vorher keine Ahnung haben konnte, charakterisiert nun am deutlichsten die Befähigung der Schwachgewölbten Flugflächen zum Segeln, das heilst zu einem Fluge, der ohne Flügelbewegung und ohne wesentliche dynamische Leistung seitens des fliegenden Körpers vor sich geht.

-126-

Die zuletzt betrachtete Flugfläche würde sich ohne weiteres hochheben, wenn sie nicht am Hebel befestigt wäre, und wenn man ihre horizontale Lage sichern könnte, was natürlich am besten durch ein lebendes Wesen geschehen würde, dem diese Fläche als Flügel diente.

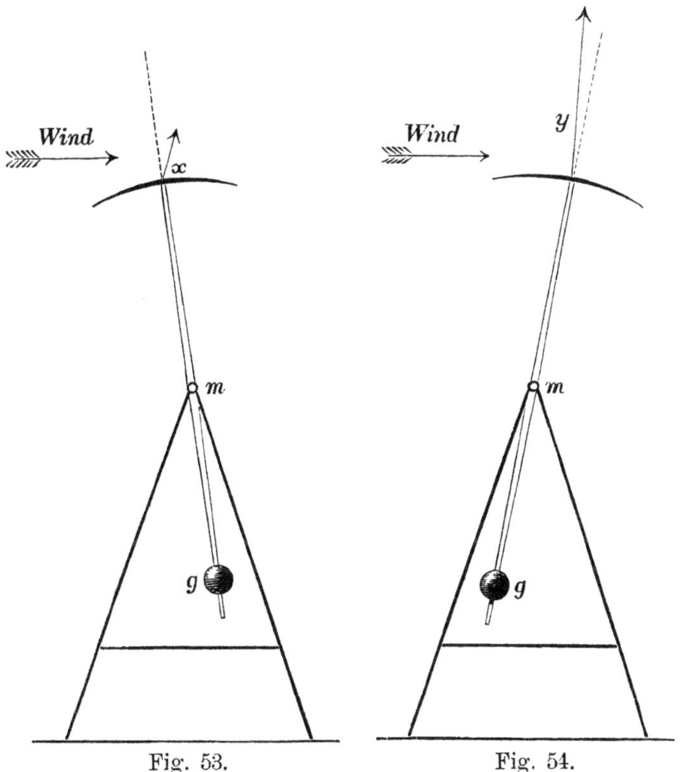

Fig. 53.   Fig. 54.

Die segelnden Vögel können nun aber nicht nur auf dem Winde ruhend in der Luft still stehen, wie wir dies häufig am Falken beobachten, wenn er Beute suchend, weder sinkend noch steigend, weder rückwärts noch vorwärts gehend, fast unbeweglich die Erdoberfläche durchmustert, sondern sie bewegen sich auch segelnd gegen den Wind, nicht nur kreisend, sondern auch geradlinig. Oft bemerkten wir bei diesen zuletzt erwähnten Experimenten, wobei wir nach den das Segeln

-127-

ermöglichenden Kraftwirkungen suchten, wie Raub- oder Sumpfvögel in segelndem Fluge hochoben im Blauen über unseren Apparaten dem Winde entgegen schwebten. Unsere Messungen Uelsen uns nun zwar keinen Zweifel darüber, dass es Flugflächen gibt, welche im Winde senkrecht gehoben und nicht in der Windrichtung zurückgedrückt werden. Die Vögel belehrten uns aber darüber, dass es auch Flugflächen geben muss, welche wenigstens in höheren Luftregionen dem Winde segelnd entgegengezogen werden müssen, bei denen in der Ruhelage zur Erde also ein Winddruck auftreten muss, der nicht bloß senkrecht steht, sondern noch etwas gegen den Wind ziehend wirkt, um den Luftwiderstand des Vogelkörpers dauernd zu überwinden.

Diese Erscheinung ist natürlich erst recht nur aus einer aufsteigenden Windrichtung zu erklären. Die regelrechte Untersuchung hierüber wird man aber wohl erst anstellen können, wenn man imstande ist, den Luftdruck frei unter den eigenen Flügeln zu fühlen.

Was in diesem Abschnitt von den Flügelflächen gesagt ist, gilt aber auch teilweise für alle anderen gewölbten Flächen, welche dem Winde ausgesetzt sind. Wir werden hierbei an manche Erscheinung des täglichen Lebens erinnert, w7o die seltsame Wirkung des Windes an gewölbten Flächen sich auffallend markiert.

Die auf freiem Platze im Winde zum Trocknen auf der Leine hängende Wäsche belehrt uns ebenso wie die an horizontaler Stange wehende Fahne, dass alle nach oben gewölbten Flächen einen starken Auftrieb im Winde erfahren und trotz ihres Eigengewichtes gern über die Horizontale hinaussteigen. Das kleine Bildchen Fig. 55 wird manchen an einen oft gehabten Anblick erinnern.

Aber auch die Technik macht, wenn auch häufig unbewusst vielfach Anwendung von den aerodynamischen Vorteilen der Flächenwölbungen. Sowohl die Segel der Schiffe wie die Flügel der holländischen Windmühle verdanken einen großen

-128-

Teil ihres Effektes der Wölbung ihrer Flächen, welche sie entweder von selbst annehmen oder die ihnen künstlich gegeben wird.

Nachdem wir gesehen haben, welche gewaltigen Unterschiede sich einstellen, wenn eine vom Winde schräg unter spitzem Winkel getroffene Fläche nur wenig aus der Ebene sich durchwölbt, so ist es erklärlich, dass man nur schwache Annäherungen an die Wirklichkeit erhalten kann, wenn man die Segelleistung der Schiffe unter Annahme ebener Segel berechnet, und dass man sich nicht wundern darf, wenn der Segeleffekt derartige Berechnungen weit übertrifft.

Fig. 55.

Auch das immerwährende Flattern der Fahnen an vertikaler Stange im starken Winde ist auf die genannten Eigenschaften gewölbter Flächen zurückzuführen.

Die steife Wetterfahne aus Blech stellt sich ruhig in die Windrichtung. Nicht so die Fahne aus Stoff. Während Fig. 56 die Oberansicht der Wetterfahne angibt, flattert die Stofffahne in großen Wellenwindungen hin und her. Die Erklärung ist folgendermaßen zu denken: Bei der Fahne aus Stoff bildet sich ein labiles Verhältnis, denn die geringste entstehende Wölbung nach einer Seite verstärkt den Winddruck

-129-

nach dieser Seite eben auf Grund der uns jetzt bekannten Eigenschaften gewölbter Flächen, wodurch die Wölbung sich vergrößert und Fig. 57 als Grundriss der Fahne entsteht, bis der Winddruck bei a so groß wird, dass die Wölbung durchgeklappt wird, und Fig. 58 daraus sich formt. Dieses Hin- und Herklappen der Wölbung von rechts nach links ruft das Flattern der Fahnen hervor und ihre immer gleichen Wellenbewegungen.

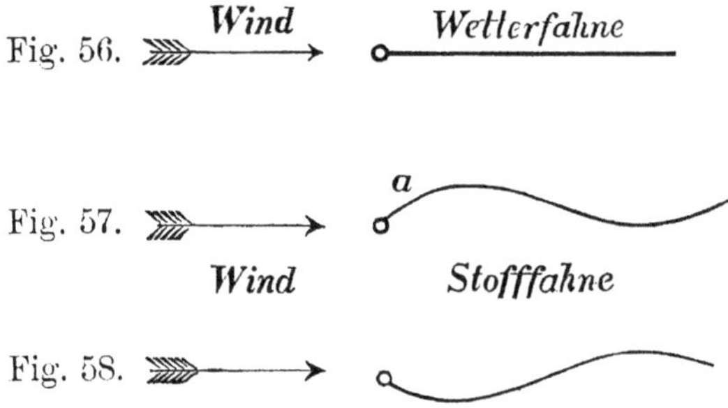

An dieser Stelle kann auch hierauf aufmerksam gemacht werden, dass man jedem Boomerang, dessen Querschnitt bei den käuflichen Exemplaren die leicht herstellbare Form nach Fig. 59 hat, ungleich leichter fliegend machen kann, wenn man die Flächen nach Fig. 60 wirklich aushöhlt; denn Fig. 59 ist nur eine unvollkommene Annäherungsform zu Fig. 60. Endlich finden wir, dass die Natur auch im Pflanzenreich den Vorteil gehöhlter Flügel

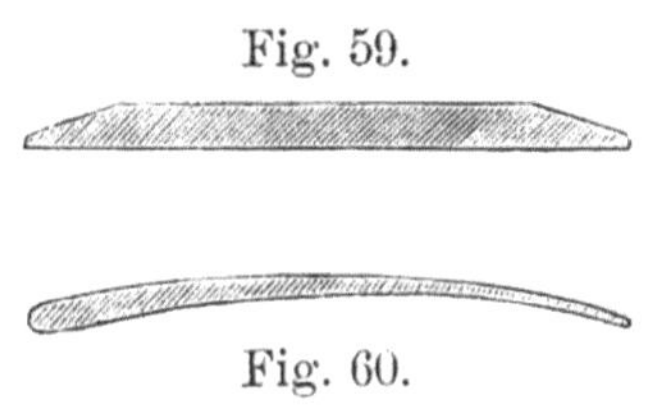

ausnützt, indem sie die geflügelten Samen vieler Gewächse auf leicht gewölbten Schwingen im Winde dahinsegeln Lässt.

Die hier für die Erscheinungen in der Luft angeführten Versuche mit gewölbten Flächen dürften nun vielleicht nicht weniger interessant und ergiebig mit geeigneten analog geformten Körpern im Wasser sich ausführen lassen. Schon im kleinsten Maßstab, sagen wir in der gefüllten Kaffeetasse,

-130-

kann man sich hierüber schon einigen Eindruck verschaffen, wenn man fühlt, wie der seitlich hin und her bewegte Teelöffel das deutlich erkennbare Bestreben hat, nach der Richtung seiner Wölbung hin auszuweichen.

Also auch in den tropfbaren Flüssigkeiten erfahren die gewölbten Flächen nach der Richtung ihrer Sehne bewegt einen stärkeren nach der Seite der Wölbung zu liegenden Druck, und man kann annehmen, dass auch die an die Fig. 30 in Abschnitt 25 angeknüpften Betrachtungen in gewissem Grade für die Bewegungen im Wasser zutreffen. Sollte nun nicht die Theorie der Schiffsschraube auch noch eine Lücke darin enthalten, dass diese Querschnittswölbung nicht genügend gewürdigt ist?

37. Über die Möglichkeit des Segelfluges.

Die im letzten Abschnitt beschriebenen und von uns vielfältig ausgeführten Versuche zeigen, dass der Luftwiderstand gewölbter Flächen Eigenschaften besitzt, mit Hülfe deren ein wirkliches Segeln in der Luft sich ausführen Lässt. Der segelnde Vogel, ein Drachen ohne Schnur, er existiert nicht bloß in der Phantasie, sondern in der Wirklichkeit.

Vielleicht ist es nicht jedem, der für die Vorgänge beim Vogelfluge Interesse hat, vergönnt gewesen, große segelnde Vögel so genau zu beobachten, dass die Überzeugung von der Arbeitslosigkeit eines solchen Fluges tiefe Wurzeln schlagen konnte, und doch gibt es jetzt wohl schon sehr viele Beobachter, die davon durchdrungen sind, dass hier in dem anstrengungslosen Segeln der Vögel eine allerdings höchst wunderbare, aber doch unumstößliche Tatsache obwaltet.

Wie schon erwähnt, gehören zu den Vögeln, welche das Segeln ohne Flügelschlag verstehen, vor allem die Raubvögel, Sumpfvögel und die Meerbewohnenden Vögel. Es ist damit

-131-

nicht ausgeschlossen, dass auch noch viele andere Vogelarten, deren Lebensweise sie nicht zum Segeln veranlasst, dennoch die Fähigkeit zum Segeln besitzen. Ich wurde einst sehr überrascht, eine große Schar Krähen schön und andauernd in beträchtlicher Höhe kreisen zu sehen, während ich früher glaubte, dass der eigentliche Segelflug der Krähe unbekannt sei.

Die Ausübung des Segelns ist bei den einzelnen Vogelarten aber etwas verschieden.

Die Raubvögel bewegen sich meist kreisend und in der Regel mit dem Winde abtreibend, das heißt, die Kreise schließen sich nicht, sondern bilden in Kombination mit der Windbewegung cykloidische Kurven. Es hat den Anschein, als wenn diese Form des Segelns die am leichtesten ausführbare sei, denn alle Vögel, welche überhaupt segeln können, verstehen sich auf diese Segelart.

Es ist nicht ganz ausgeschlossen, dass dergleichen Segelbahnen durch ihre etwas schräge Lage die Geschwindigkeitsdifferenz des Windes in verschiedenen Höhen beim Tragen der Vögel zur Mitwirkung bringen, und dass dadurch dieses Kreisen das Segeln etwas erleichtert. Jedenfalls ist aber die Höhendifferenz und somit der Unterschied in den Windgeschwindigkeiten nicht beträchtlich genug, um darauf allein das Segeln zu basieren. Wir wissen vielmehr, dass der Auftrieb des Windes in Vereinigung mit den vorzüglichen Widerstandseigenschaften gewölbter Flugflächen allein imstande ist, die Hebung der Vögel ohne Flügelschlag zu bewirken.

Dass das Kreisen beim Segeln mehr Nebensache sein muss, wird auch dadurch schon bewiesen, dass von den Vögeln auch sehr viel ohne Kreisen gesegelt wird. Was sollen wir denn vom Falken sagen, der minutenlang unbeweglich im Winde steht? Dieses Stillstehen mag wohl seine besonderen Schwierigkeiten haben, denn viele Vögel, die hierauf sich verstehen, gibt es sicher wenigstens unter den Landvögeln nicht. Der Falk verfolgt hierbei offenbar den Zweck, möglichst unauffällig von oben das Terrain nach Beute zu durchspähen; denn oft sahen wir ihn plötzlich aus solcher Stellung niederstoßen.

-132-

Die kreisende Segelform wird von den anderen Raubvögeln auch wohl angewendet, um eine vollkommene Absuchung ihres Jagdreviers zu bewirken. Auch diese Vögel sieht man plötzlich das Kreisen unterbrechen und auf die Beute herabstürzen.

Die Sumpfvögel scheinen das Kreisen namentlich anzuwenden, um erst eine größere Höhe zu erreichen. Zum Segeln gehört Wind von einer gewissen Stärke, der sich oft erst in höheren Luftregionen findet. Und da scheinbar das Kreisen eine Erleichterung beim Segeln bietet, lässt es sich auch schon bei einer etwas geringeren Windstärke ausführen. Hat der Sumpfvogel nun die genügende Höhe erreicht, so sieht man ihn häufig segelnd geradeaus streichen, genau seinem Ziele zu. Bei Störchen kann man diese Bewegungsform sehr häufig beobachten. Alle diese Künste aber verstehen die an der Küste und auf offenem Meere lebenden Segler. Bei diesen Vögeln scheint die Flügelform ganz besonders zum Segeln geeignet zu sein. Sie können außer dem Kreisen daher auch jede andere Bewegung segelnd ausführen, und auch diese Vögel sieht man zuweilen in der Luft stillstehend den Wind zum Tragen ausnützen.

Zu allen diesen Bewegungen gehört eigentlich keine besondere motorische Leistung, sondern nur das Vorhandensein richtig geformter Flügel und die Geschicklichkeit oder das Gefühl, die Flügelstellung dem Winde anzupassen.

Es ist wahrscheinlich, dass die von uns angewendeten Versuchsflächen, wenn sie auch das Kriterium der zum Segeln erforderlichen Eigenschaften enthielten, dennoch lange nicht alle jene Feinheiten besaßen, die der vollendete Segelflug erheischt. Die Reihe der aufklärenden Versuche darf daher auch noch lange nicht als abgeschlossen betrachtet werden. So viel geht aber aus den angeführten Experimenten hervor, dass es sich wohl der Mühe lohnt, auf dem betretenen Wege weiter zu forschen, um schließlich das Ideal aller Bewegungs-Formen, das anstrengungslose, freie Segeln in der Luft nicht

-133-

bloß am Vogel zu verstehen und als möglich zu beweisen, sondern schließlich auch für den Menschen zu verwerten.

Fragen wir uns noch einmal, worauf wir die Möglichkeit des Segelns zurückzuführen haben, so müssen wir in erster Linie die geeignete Flügelwölbung dafür ansehen; denn nur solche Flügel, deren Querschnitte senkrecht zu ihrer Längsachse die geeignete Wölbung zeigen, erhalten eine so günstige Luftwiderstandsrichtung, dass keine größere geschwindigkeitsverzehrende Kraftkomponente sich einstellt. Aber es muss noch ein anderer Faktor hinzutreten; denn ganz reichen die Eigenschaften der Fläche allein nicht aus, um dauerndes Segeln zu gestatten. Es muss ein Wind von einer wenigstens mittleren Geschwindigkeit wehen, welcher dann durch seine aufsteigende Richtung die Luftwiderstandsrichtung so umgestaltet, dass der Vogel zu einem Drachen wird, der nicht nur keine Schnur gebraucht, sondern sich sogar frei gegen den Wind bewegt.

Es sollen an dieser Stelle noch einige Experimente Erwähnung finden, welche auch geeignet sind, Aufschluss hierüber zu gewähren.

Wir haben uns mehrfach Drachen hergestellt, welche nicht bloß in der Flugflächenkontur sondern auch in dem gewölbten Flügelquerschnitt der Vogelflügelform ähnlich waren. Derartige Drachenflächen verhalten sich anders wie der gewöhnliche Papierdrachen.

Schon die gewöhnlichen Papierdrachen selbst haben je nach ihrer Konstruktion verschiedene Eigenschaften.

Zunächst sei erwähnt, dass ein Drachen mit Querstab a in Fig. 61 nicht so leicht steigt als ein Drachen ohne solchen Querstab. Die Seitenansicht der Drachen gibt hierüber Aufschluss. Ein Drachen mit steifem Querstab a wird nach Fig. 62, von der Seite gesehen, zwei einzelne Wölbungen zeigen, während Fig. 63 einen Drachen ohne Querstab, von der Seite gesehen, zeigt. Bei letzterem bildet sich rechts und links vom Längsstab nur eine und zwar eine größere Wölbung, die dem Drachen eine viel vorteilhaftere Gestalt verleiht, weil sich jede

-134-

Hälfte der einheitlichen Vogelflügelwölbung mehr nähert. Der Unterschied in der Wirkung zeigt sich darin, dass der letztere Drachen bei derselben Schnurlänge und derselben Windstärke höher steigt als der Drachen Fig. 62. Es kommt dies daher, dass der Drachen Fig. 63 sich unter einen flacheren Winkel

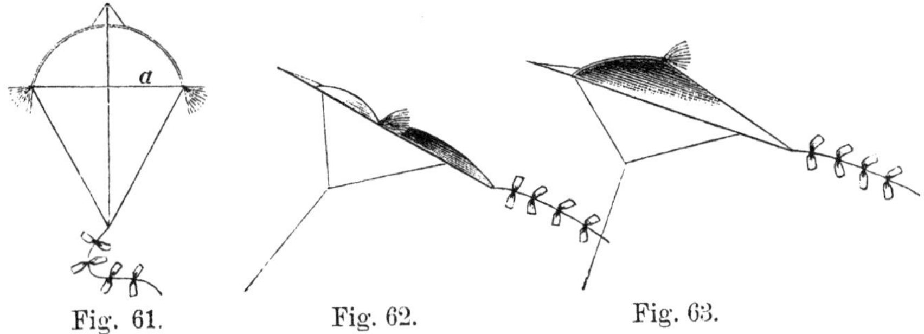

Fig. 61.   Fig. 62.   Fig. 63.

zum Horizont stellt als der Drachen Fig. 62, weil bei Fig. 63 die Hebewirkung des Windes gegenüber der forttreibenden Wirkung größer ist als bei Fig. 62.
Der Wölbung ihrer Flügel verdanken übrigens auch die japanischen Drachen ihre vorzügliche Steigekraft.

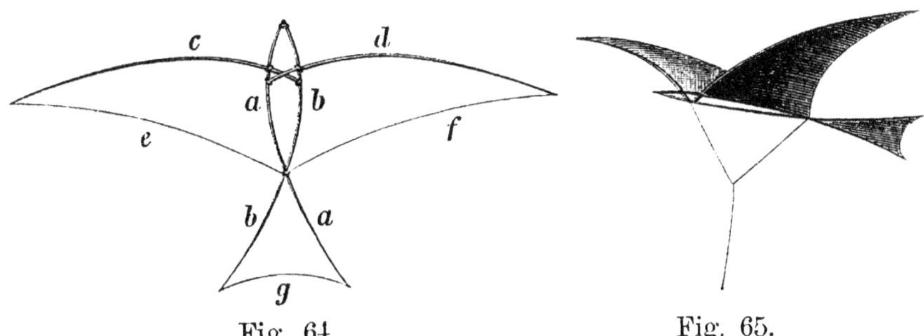

Fig. 64.   Fig. 65.

Will man, dass die Hebewirkung noch vorteilhafter gegenüber der forttreibenden Wirkung auftrete, so muss man dem Drachen auch die zugespitzte Kontur der Vogelflügel geben. Wir führten solche Drachen in der Weise aus, wie in Fig. 64 gezeichnet ist. a, b, c und d sind untereinander befestigte Weidenruten, und die Fläche besteht aus Schirting mit Schnureinfassung bei e, f und g.

-135-

Ein solcher Drachen stellt sich mit geblähten Flügeln fast horizontal nach Fig. 65, und die haltende Schnur steht unter dem Drachen fast senkrecht.

Man kann aber noch mehr erreichen, wenn man die Flügel solcher Drachen in fester Form ausführt, so dass man auf die Wölbung der Flächen durch den Wind nicht angewiesen ist. Man muss dann nach der Querrichtung der Flügel gekrümmte leichte Rippen einfügen, durch welche die Bespannung zur richtigen Wölbung gezwungen wird.

Einen solchen Drachenapparat Fig. 66 hatten wir durch zwei Schnüre a und b so befestigt, dass wir die Drachenneigung in der Luft beliebig ändern konnten, je nachdem wir

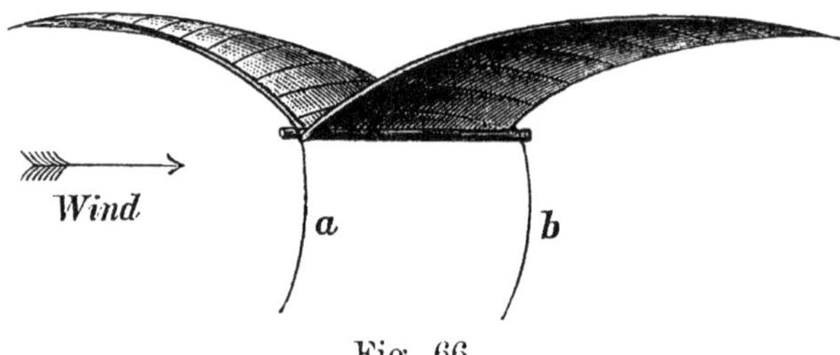

Fig. 66.

Schnur a oder Schnur b anzogen. Brachte man nun durch Anziehen von a den Apparat in horizontale Lage, so schwebte derselbe ohne zu sinken vorwärts gegen den Wind. Es war aber nicht möglich, dieses Schweben dauernd zu unterhalten; denn durch das Vorwärtsschweben wurden die haltenden Schnüre schlaff, wie auch in Fig. 66 angedeutet, und die geringste Windänderung störte die Gleichgewichtslage. Nur einmal konnten wir, bei zufällig längerer Periode gleichmäßigen Windes, ein längeres freies Schweben gegen den Wind beobachten. Der Vorgang dabei war folgender:

Wir hatten den Drachenkörper wiederholt zum freien Schweben gebracht, bis er aus der Gleichgewichtslage kam und vom Wind zurückgedrängt wurde. Während eines dieser Versuche dauerte das Schweben gegen den Wind jedoch länger an, so dass wir uns veranlasst sahen, die Schnüre loszulassen.

-136-

Der Drachen flog dann ohne zu fallen gegen den Wind, der etwa 6 m Geschwindigkeit hatte ₁ indem er uns, die wir so schnell als möglich gegen den Wind liefen, überholte. Nach Zurücklegung von etwa 50 m verfing sich indessen eine der nachgeschleiften Schnüre in dem die Ebene bedeckenden Kraut, so dass die Gleichgewichtslage gestört wurde, und der Flugkörper herabfiel.

Von diesem Versuche, der im September des Jahres 1874 auf der Ebene zwischen Charlottenburg und Spandau stattfand, sind wir heimgekehrt mit der Überzeugung, dass der Segelflug nicht bloß für die Vögel da ist, sondern dass wenigstens die Möglichkeit vorhanden ist, dass auch der Mensch auf künstliche Weise diese Art des Fluges, die nur ein geschicktes Lenken, aber kein kraftvolles Bewegen der Fittige erfordert, hervorrufen kann.

38. Der Vogel als Vorbild.

Dass wir uns die Vögel zum Muster nehmen müssen, wenn wir danach streben, die das Fliegen erleichternden Prinzipien zu entdecken, und demzufolge das aktive Fliegen für den Menschen zu erfinden, dieses geht aus den bisher angeführten Versuchsresultaten eigentlich ohne weiteres hervor.

Wir haben gesehen, dass beim wirklichen Vogelfluge so viele auffallend günstige, mechanische Momente eintreten, dass man auf die Möglichkeit des freien Fliegens wohl ein für allemal verzichten muss, wenn man diese günstigen Momente nicht auch benutzen will.

Unter dieser Annahme ist es am Platze, noch einmal etwas näher auf die besonderen Erscheinungen beim Vogelfluge einzugehen.

Selbstverständlich werden wir uns, wenn wir die Vögel als Vorbild nehmen, nicht nach denjenigen Tieren richten, bei

-137-

denen, wie bei vielen Luftvögeln, die Flügel fast anfangen rudimentär zu werden. Auch kleinere Vögel, wie die Schwalben, obwohl wir deren Meisterschaft und Gewandtheit im Fliegen bewundern müssen, gewähren uns nicht das vorteilhafteste Beobachtungsobjekt. Sie sind zu winzig und ihre ununterbrochene Jagd auf Insekten erfordert zu viele unstäte Bewegungen.

Will man eine Vogelart herausgreifen, welche in besonderem Maße geeignet ist, als Lehrmeisterin zu dienen, so können wir z. B. die Möwen als solche bezeichnen.

An der Meeresküste hat man die ausgiebigste Gelegenheit, diese Vögel zu beobachten, welche, da sie wenig gejagt werden, große Zutraulichkeit zum Menschen besitzen und am Beobachter in fast greifbarer Nähe vorbeifliegen. Wenige Armlängen nur entfernt in günstiger Beleuchtung unterscheidet man jede Wendung ihrer Flügel und kann, mit den eigentümlichen Erscheinungen des Luftwiderstandes am Vogelflügel vertraut, nach und nach einige Rätsel ihres schönen Fluges entziffern. Was aber für die Möwen gilt, gilt mehr oder weniger auch für alle anderen Vögel und für alle fliegenden Tiere überhaupt.

Wie aber fliegt die Möwe? Gewöhnlich ist die Luft an der See bewegt, und meistens hat daher die Möwe Gelegenheit, sich segelnd in der Luft fortzubewegen, nur dann und wann mit einigen Flügelschlägen nachhelfend, selten kreisend, bald rechts oder links umbiegend, bald steigend, bald sinkend, den Kopf geneigt und immer mit den Augen die futterspendende Wasserfläche durchsuchend.

Die Flügelschläge mit den schlanken, schwach gewölbten Schwingen lassen auf den ersten Blick eine auffallende Bewegungsart erkennen. Diese Flügelschläge erhalten nämlich dadurch ein besonders sanftes und elastisches Aussehen, dass eigentlich nur die Flügelspitzen sich wesentlich auf und nieder bewegen, während der breitere, dem Körper naheliegende Armteil der Flügel nur wenig an diesem Flügelausschlage

-138-

teilnimmt, und ein Bewegungsbild in die Erscheinung tritt, wie Fig. 67 zeigt.

Weist uns aber nicht wiederum die Möwe hier einen Weg, auf dem wir abermals zu einer Flugerleichterung, zu einer Kraftersparnis gelangen? Ist aus dieser Bewegungsform nicht sofort herauszulesen, dass die Möwe mit den wenig auf und nieder bewegten Armteilen ihrer Flügel ruhig weiter segelt, während die nur aus Schwungfedern bestehenden, leicht drehbaren Flügelhände die verlorene Vorwärtsgeschwindigkeit ergänzen? Es ist die Absicht unverkennbar, den dem Körper naheliegenden breiteren Flügelteil bei wenig Ausschlag und

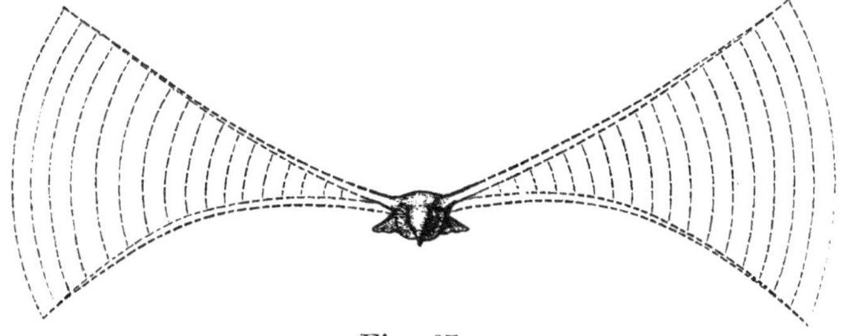

Fig. 67.

wenig Arbeitsleistung zum Tragen zu verwenden, während die schmalere Flügelspitze bei wesentlich stärkerem Ausschlag die vorwärts ziehende Wirkung in der Luft besorgt, um dem Luftwiderstand des Vogelkörpers und der etwa noch vorhandenen hemmenden Luftwiderstandskomponente am Flügelarm das Gleichgewicht zu halten.

Wenn dieses feststeht, so muss man in dem Flugorgan des Vogelflügels, das um das Schultergelenk als Drehpunkt sich auf und nieder bewegt, das durch seine Gliederung eine verstärkte Hebung und Senkung sowie eine Drehung der leichten Flügelspitze bewirken lässt, eine höchst sinnreiche, vollkommene Anordnung bewundern.

Der Armteil des Flügels ist schwer, er enthält Knochen, Muskeln und Sehnen, er setzt daher jeder schnelleren Bewegung eine größere Trägheit entgegen. Dieser breitere Flügel-

-139-

teil ist aber zum Tragen wohl geeignet, weil er nahe am Körper liegend durch den kürzeren Hebelarm des Luftwiderstandes ein kleineres, den ganzen Flügelbau weniger beanspruchendes Biegungsmoment ergibt. Die Flügelhand dagegen ist federleicht, weil sie eigentlich fast nur aus Federn besteht. Sie ist nicht an einem schnellen Heben und Senken gehindert. Der durch sie verursachte Luftwiderstand würde aber, wenn er dem größeren Flügelausschlag entsprechend zunähme, sowohl eine unvorteilhaft starke Beanspruchung der Flügel, als auch einen großen Arbeitsaufwand verursachen. Es ist eben zu vermuten, dass die Funktion der Flügelspitzen weniger in

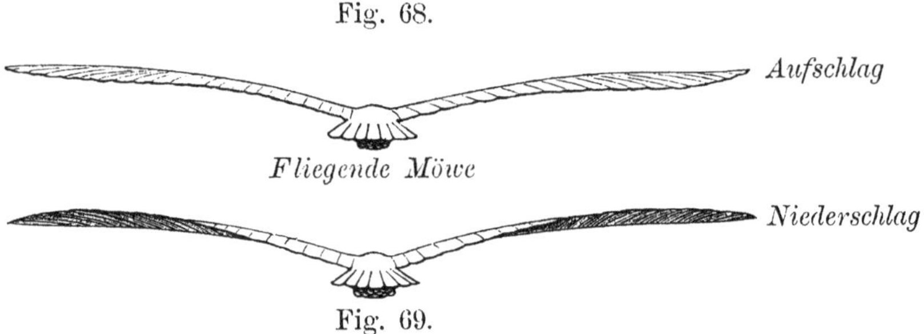

der Erzeugung eines größeren hebenden als vielmehr eines kleineren, aber vor allen Dingen vorwärts ziehenden Luftwiderstandes besteht.
Und in der Tat, die Beobachtung hinterlässt hierüber keinen Zweifel; man braucht nur bei Sonnenschein die Möwen zu beobachten und wird an den Lichteffekten die wechselnde Neigung der Flügelspitzen deutlich wahrnehmen, die ein förmliches Aufblitzen bei jedem Flügelschlag hervorruft. Es bietet sich ein veränderliches Bild, wie die 2 Figuren 68 und 69 es zeigen, an denen einmal die Flügelstellung beim Aufschlag, das andere Mal beim Niederschlag angegeben ist. Die von uns fortfliegende Möwe zeigt uns beim Aufschlag Fig. 68 die Oberseite ihrer Flügelspitzen hell von der Sonne beschienen, während wir beim Niederschlag Fig. 69 die schattige Höhlung von hinten erblicken. Offenbar geht also die Flügelspitze mit

-140-

gehobener Vorderkante herauf und mit gesenkter Vorderkante
herunter, was beides auf eine ziehende Wirkung hindeutet.
Auch die an uns vorbeieilende Möwe wird dem geübten Beobachter
verraten, welche Rolle die Flügelspitzen bei den Flügelschlägen
spielen.
Fig. 70 zeigt eine Möwe beim Flügelniederschlag von der Seite
gesehen. Nach der Spitze zu hat der Flügel den nach vorn geneigten
Querschnitt a c b. Der absolute Weg dieser Flügelstelle hat die
Richtung cd, und ce ist der entstandene

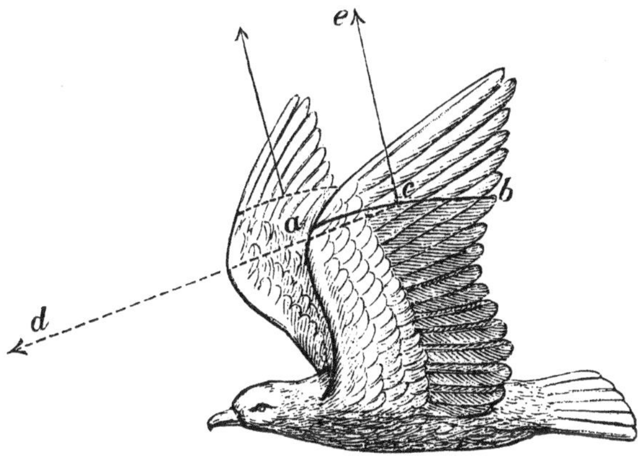

Fig. 70.

Luftwiderstand. Man sieht, wie letzterer außer der hebenden
gleichzeitig eine vorwärtsziehende Wirkung erhält.
Ob aber der Flügel beim Aufschlag in allen Teilen eine ähnliche Rolle
übernimmt, also zum Vorwärtsziehen dient, ist nicht ein für allemal
ausgemacht. Wäre dieses der Fall, so könnte es unbedingt nur auf
Kosten einer gleichzeitig niederdrückenden Wirkung geschehen.
Vielleicht geschieht es in stärkerem Grade dann, wenn es dem Vogel
um ganz besondere Schnelligkeit zu tun ist.
Im übrigen kann der Aufschlag auch bei solcher Neigung vor sich
gehen, dass ein Druck weder von oben noch von unten kommt; und
endlich kann der Aufschlag so geschehen, dass noch eine Hebung
daraus hervorgeht. Im letzteren Falle tritt der bemerkenswerte
Umstand ein, dass bei einem solchen

-141-

Fluge alle Flügelteile während der ganzen Flugdauer hebend wirken, und welch günstigen Einfluss dies auf die Arbeitsersparnis ausübt, haben wir früher gesehen.

Allerdings wird der Aufschlag viel weniger Hebung hervorbringen als der Niederschlag, es erwächst aber auch schon ein Vorteil für den Vogel, wenn beim Aufschlag nur so viel Widerstand von unten entsteht, als zur Hebung des Flügels und Überwindung seiner Massenträgheit erforderlich ist, so dass der Vogel beim Heben der Flügel so gut wie keine Kraft anzuwenden braucht.

Hierbei ist es noch denkbar, dass beim vorwärtsfliegenden Vogel der Luftwiderstand sich am aufwärts geschlagenen und windschief gedrehten Flügel, wenn eine verstärkte Hebung des Handgelenkes hinzutritt, so verteilt, dass ein hebender Druck am Flügelarm entsteht, während die

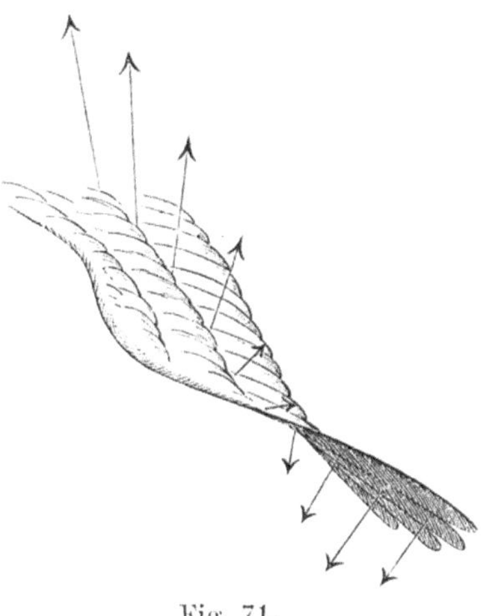

Fig. 71.

Flügelspitze Widerstände erfährt, welche, schräg nach vorn und unten gerichtet, ziehend wirken, wie in Fig. 71 angedeutet ist. Die schädlichen, abwärts drückenden Bestandteile des Widerstandes an der Spitze werden dann durch die nach oben gerichteten Widerstände am Armteil desselben Flügels überwunden und unschädlich gemacht. In dieser Weise kann man sich vorstellen, dass beim Ruderflug während des Aufschlages der Flügel noch eine teilweise Hebung erfolgt, während keine Hemmung der Fluggeschwindigkeit eintritt, oder womöglich noch ein kleiner nach vorn gerichteter Treibedruck übrigbleibt.

Dass übrigens die vorwärtsfliegenden Vögel auch während des Flügelaufschlages den Luftwiderstand hebend auf sich

-142-

einwirken lassen, beweist ein einfaches Reckenexempel, indem man vergleicht, wie viel der "Vogel in seiner Flugbahn mit seinem Schwerpunkte sich heben und senken würde, wenn er nur durch Niederschlagen der Flügel sich höbe gegenüber der Hebung und Senkung, welche beim fliegenden Vogel in der Tat festgestellt werden kann.

Eine große Möwe hebt und senkt sich auch in Windstille beim Ruderfluge kaum um 3 cm, obwohl sie bei ihren $2^{1}/_{2}$ Flügelschlägen pro Sekunde sich bei jedem Doppelschlag etwa um 10 cm heben und senken müsste.

Die Schlangenlinie in Fig. 72 gibt ein Bild vom absoluten Wege des Schwerpunktes einer Möwe, welche von links nach rechts fliegend nur durch die Niederschläge der Flügel eine

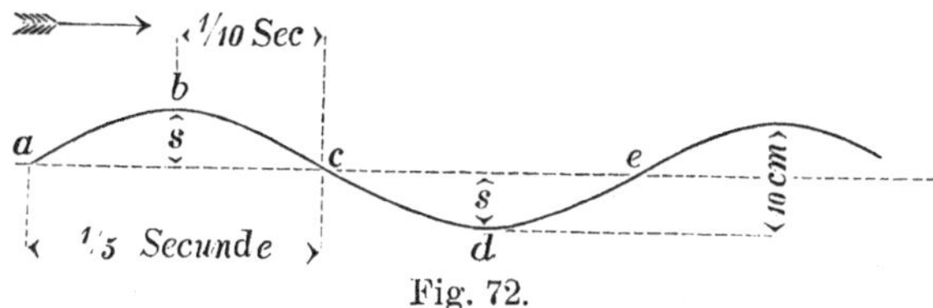

Fig. 72.

Hebung hervorruft, während der Aufschlag ohne wesentlichen Widerstand vor sich geht.

Rechnet man eine gleiche Zeitdauer zum Heben und Senken der Flügel, so kommt $^{1}/_{5}$ Sekunde zum Auf- und $^{1}/_{5}$ Sekunde zum Niederschlag.

In a beginnt die Möwe die Flügel zu heben; ihre vorher erlangte aufwärts gerichtete Geschwindigkeit verzehrt sich unter dem Einfluss ihres Gewichtes und verwandelt sich in ein Sinken. Der Möwenschwerpunkt beschreibt einfach die Wurfparabel abc, während die Flügelhebung vollendet wird. Von a bis b und von b bis c braucht die Möwe je $^{1}/_{10}$ Sekunde. Dem Gesetz der Schwere folgend, die jeden Körper in t Sekunden den Weg $s = ^{1}/_{2} \cdot g\, t^{2}$ zurücklegen lässt, wo g die Beschleunigung der Schwere gleich 9,81 m bedeutet, wird auch die Möwe in $^{1}/_{10}$ Sekunden um den Weg $s = ^{1}/_{2} \cdot 9,81 \cdot ^{1}/_{100} =$ cirka 0,05m

-143-

in oder um 5 cm fallen. Der Bogen abc ist also 5 cm hoch.

Jetzt kehrt sich das Spiel um, und die Flügel schlagen herunter, den doppelten Luftwiderstand des Möwengewichtes erzeugend, so dass als Hebekraft das einfache Möwengewicht übrig bleibt. Der Schwerpunkt beschreibt daher den gleichen, jetzt nur nach unten liegende, Bogen cde, der ebenfalls um 5 cm gesenkt ist. Die ganze Hebung und Senkung betrüge also zusammen 10 cm, wie behauptet wurde.

Etwas anders wird zwar der Ausfall der Rechnung, wenn der Flügelaufschlag schneller erfolgt als der Niederschlag; aber selbst, wenn die Aufschlagzeit nur $^2/_5$ der Doppelschlagperiode ausmacht, erhält man immer noch über 6 cm Hub des Schwerpunktes. Man kann daher wohl auf eine Hebewirkung während des Flügelaufschlages schließen, wenn sich die Beobachtung mit der Rechnung decken soll.

Wir müssen aber diese Eigentümlichkeit der Flügelschlagwirkung wiederum als ein Moment zur vorteilhaften Druckverteilung auf den Flügel und somit als einen Faktor zur Erleichterung beim Fliegen ansehen.

Dieser Vorteil erwächst den Vögeln, wie allen fliegenden Tieren also daraus, dass ihre Flügel eine auf und nieder pendelnde Bewegung machen, deren Ausschlag allmählich von der Flügelwurzel bis zur Spitze zunimmt.

Auf diese Weise beschreibt nun jeder Flügelteil in der Luft einen anderen absoluten Weg. Die Teile nahe am Körper haben fast keine Hebung und Senkung und im wesentlichen beim normalen Ruderfluge nur Horizontalgeschwindigkeit, sie werden daher eine ähnliche Funktion verrichten, wie beim eigentlichen Segeln der Vögel der ganze Flügel verrichtet, und dem entsprechend wird die Lage dieser Flügelteile eine solche sein, dass ein möglichst hebender Luftdruck von unten auf ihnen ruht, ohne eine allzu große hemmende Kraftkomponente zu besitzen. Die dennoch stattfindende Hemmung des Vorwärtsfliegens, namentlich auch durch den Vogelkörper hervorgerufen, wird dadurch aufgehoben, dass beim Nieder-

-144-

schlag die Flügelenden in ihrem mehr abwärts geneigten absoluten Wege selbst eine nach vorn geneigte Lage annehmen und einen schräg nach vorn gerichteten Luftwiderstand erzeugen, der groß genug ist, die gewünschte Vorwärtsgeschwindigkeit aufrecht zu erhalten. Während nun beim Flügelaufschlag die nahe dem Körper gelegenen Teile fortfahren, beim Durchschneiden der Luft tragend zu wirken, werden die mehr Ausschlag machenden Flügelteile, deren absoluter Weg schräg aufwärts gerichtet ist, eine solche Drehung erfahren, dass dieselben möglichst schnell und ohne viel Widerstand zu finden in die gehobene Stellung zurückgelangen können. Wir haben uns demnach die von den einzelnen Flügelteilen beschriebenen schwachen und stärkeren Wellenlinien wie in der Fig. 73 angegeben zu denken, während die einzelnen Flügelquerschnitte dabei Lagen annehmen und Luftwiderstände erzeugen, wie sie in dieser Figur eingezeichnet sind. Hierbei ist angenommen, dass beim Aufschlag alle Flügelteile hebend mitwirken.

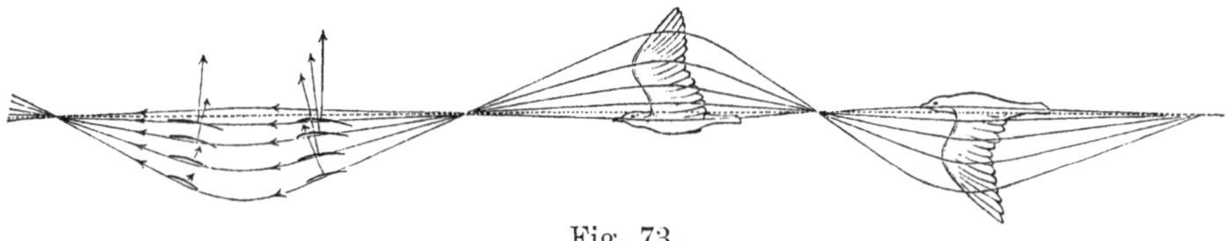

Fig. 73.

Die Mittelkraft dieser Luftwiderstände muss so groß und so gerichtet sein, dass einmal dem Vogelgewicht und zweitens dem Luftwiderstand des Vogelkörpers das Gleichgewicht gehalten wird.
Um dies hervorzurufen, muss sich also der Vogelflügel beim Auf- und Niederschlag drehen, an der Wurzel fast gar nicht, in der Mitte wenig, an der Spitze viel.
Die Drehung wird vor sich gehen beim Wechsel des Flügelschlages. Während dieses Umwechselns der Flügelstellung, wobei immer eine gewisse Zeit vergehen wird, findet vielleicht, namentlich an den Flügelenden, wo viel Drehung

-145-

nötig ist, ein geringer Verlust statt. Dieser Verlust beim Hubwechsel wird um so geringer sein, je schmaler die Flügel sind. Als Beispiel sei der Albatros erwähnt, dessen Flügelbreite nur etwa $^1/_8$ der Flügellänge beträgt.

Bei Vögeln mit breiten Flügeln, wie bei den Raub- und Sumpfvögeln, hat die Natur daher auch wohl aus diesem Grunde die Gliederung der Schwungfedern herausgebildet, so dass der geschlossene Flügelteil nur ganz schwache Drehungen zu machen braucht, während die stärkeren Drehungen von jeder Schwungfeder allein ausgeführt werden.

Die Rolle der ungeteilten Flügelspitzen der Möwen übernehmen also bei den Vögeln mit ausgebildetem Schwungfedermechanismus wahrscheinlich die einzelnen Schwungfedern selbst. Zu dem Ende müssen, was auch der Fall ist, die Schwungfedern einzelne, schmale, gewölbte Flügel bilden, und sich genügend drehen können, sie dürfen sich daher nicht gegenseitig überdecken.

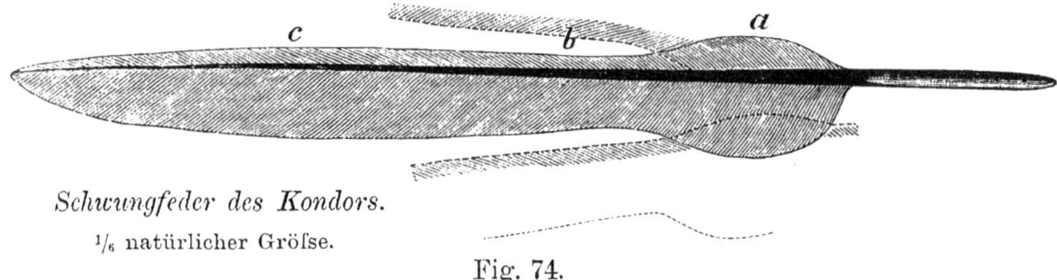

Schwungfeder des Kondors.
$^1/_6$ natürlicher Gröfse.
Fig. 74.

Wer die Störche beim Fliegen aufmerksam beobachtet hat, wird ein solches Spiel der Schwungfedern bestätigen können, indem beim wechselnden Auf- und Niederschlag der Durchblick durch die gespreizten Fingerfedern bald frei, bald verhindert ist.

Wie zweckbewusst die Natur hierbei zu Werke ging, zeigt die Konstruktion derartiger Schwungfedern und die scharfe Trennung des geschlossenen Flügelteils von demjenigen Teil, der sich in einzelne drehbare Teile gliedert.

Zunächst sehen wir dies an Fig. 74, an der in $^1/_6$ Maßstab gezeichneten Schwungfeder des Kondors.

-146-

In der Nähe ihres Kieles ist die Fahne der Feder 75 mm breit und hat bei a den Querschnitt Fig. 75, der wohl geeignet ist, die nächste Feder von unten dicht zu überdecken und eine sicher geschlossene Fläche zu bilden.

Der längere vordere Teil der Feder hat beiderseits viel schmalere Fahnen und zwar ist die Feder bei b 48 mm und bei c 55 mm breit. Der Querschnitt dieses schmaleren, einen gesonderten Flügel bildenden Teiles ist nach Fig. 76 geformt und hier im natürlichen Maßstabe dargestellt, um ein genaues Bild seiner parabolischen Wölbung geben zu können, und zwar im belasteten Zustande, wo der Kondor kreisend auf der Luft ruhend gedacht ist. Dergleichen Schwungfederfahnen sind übrigens so stark, dass, obwohl eine stärkere Längsverbiegung der Feder eintritt, der Fahnenquerschnitt sich nur sehr wenig verändert.

Wenn man eine solche Schwungfeder nach Abschnitt 27, Fig. 36 behandelt, so findet man eine vom Kiel anfangende und bis zum Ende der Feder zunehmende Torsion derselben, die davon herrührt, dass die hintere Fahne bedeutend breiter, etwa 6mal so breit ist als die vordere. Diese Verdrehung der Feder steht aber im vollkommenen Einklang mit ihrer Funktion, Luftwiderstände zu erzeugen, die vorwärtsziehend wirken.

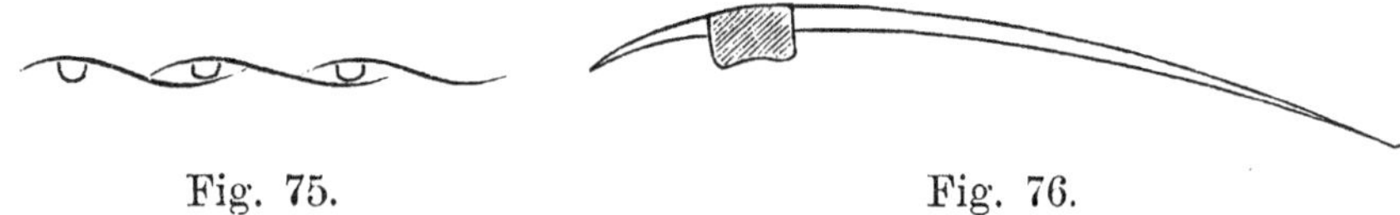

Fig. 75.   Fig. 76.

Wir sehen hier, dass jede einzelne eigentliche Schwungfeder einen kleinen getrennten Flügel für sich bilden soll, der imstande ist, seine zweckdienlichen gesonderten Bewegungen und namentlich gesonderte Drehungen auszuführen.

Am deutlichsten lässt dies der in den Figuren 77 und 78 sowohl beim Auf- als auch beim Niederschlag gezeichnete Querschnitt durch den Schwungfedermechanismus des Kondors erkennen.

-147-

Besonders auf die getrennte Wirkung der Schwungfedern hindeutend
ist auch noch ihr Breiterwerden nach der Spitze zu anzusehen (siehe
Punkt c Fig. 74). Dieses hat offenbar nur bessere Flächenausnützung
bei vollkommen freier Drehung zum Zweck bei diesen radial
stehenden Federn.

Querschnitt durch einen Schwungfeder-Mechanismus.

Was zur Ausführung dieser einzelnen Federdrehungen den Vögeln an
Sehnen und Muskeln fehlt, und was das Fester- und Loserlassen der
Häute, in denen der Federkiel steckt, an Drehung nicht
hervorzubringen vermag, wird möglicherweise dadurch ersetzt, dass
jede Schwungfeder nach vorn eine schmale, nach hinten aber eine
breite Fahne hat. Die Natur macht nichts ohne besondere Absicht. Die
Konstruktion dieser Schwungfedern deutet offenbar auf ihre
Verwendung hin, nach welcher sie als die Auflösung eines größeren,
breiten , geschlossenen Flügels in mehrere einzelne schmale, leichter
drehbare Flügel anzusehen sind, welche sich aber nicht überdecken
dürfen, damit die hinteren breiteren Fahnen, wenn nicht durch
willkürliche Muskelkraft, so doch durch den auf der breiten hinteren
Fahne ruhenden Luftdruck beim Niederschlag nach oben
durchschlagen können. Es ist dies ein Hauptmerkmal der
Schwungfedereinrichtung bei allen größeren Raub- und Sumpfvögeln,
welches auch wohl schwerlich anders gedeutet werden kann.

Wir können dieses Thema nun nicht verlassen, ohne noch einmal auf
einen Vogel zurückzukommen, welcher gleichsam zum Beispiel für
den Menschen geschaffen zu sein

-148-

scheint, welcher als einer der größten Vögel unseres Erdteiles auch alle Künste des Fliegens versteht, ein Vogel, den wir in seinem Naturzustande, in der vollen Freiheit seiner Bewegungen beobachten können, wie keinen anderen. Ich meine den Storch, der alljährlich in unsere Ebenen aus seiner, tief im Innern Afrikas gelegenen, zweiten Heimat zurückkehrt, der auf unseren Häusern geboren wird, auf unseren Dächern seine Jugendtage verlebt und über unseren Häuptern von seinen Eltern im Fliegen unterrichtet wird.

Fast möchte man dem Eindrucke Raum geben, als sei der Storch eigens dazu geschaffen, um in uns Menschen die Sehnsucht zum Fliegen anzuregen und uns als Lehrmeister in dieser Kunst zu dienen; fast hört man's, als rief er die Mahnung uns zu:

> „0, sieh', welche Wonne hier oben uns blüht,
> Wenn kreisend wir schweben im blauen Zenith,
> Und unter uns dehnt sich gebreitet
> Die herrliche, sonnenbeschienene Welt,
> Umspannt vom erhabenen Himmelsgezelt,
> An dem nur dein Blick uns begleitet!
>
> Uns trägt das Gefieder; gehoben vom Wind
> Die breiten, gewölbten Fittiche sind;
> Der Flug macht uns keine Beschwerde;
> Kein Flügelschlag stört die erhabene Ruh'.
> 0, Mensch, dort im Staube, wann fliegest auch du?
> Wann löst sich dein Fuß von der Erde?
>
> Und senkt sich der Abend, und ruhet die Luft,
> Dann steigen wir nieder im goldigen Duft,
> Verlassen die einsame Höhe.
> Dann trägt uns der Flügelschlag ruhig und leicht
> Dem Dorfe zu, ehe die Sonne entweicht;
> Dann suchen wir auf deine Nähe.
>
> So siehst du im niedrigen Fluge uns zieh'n
> Im Abendrot über die Gärten dahin.

-149-

Zum Neste kehren wir wieder.
Auf heimischem Dache dann schlummern wir ein,
Und träumen von Wind und von Sonnenschein,
Und ruh'n die befiederten Glieder.

Doch treibt dich die Sehnsucht, im Fluge uns gleich
Dahinzuschweben, im Lüftebereich
Die Wonnen des Flug's zu genießen,
So sieh unsern Flügelbau, miß unsre Kraft,
Und such aus dem Luftdruck, der Hebung uns schafft,
Auf Wirkung der Flügel zu schließen.

Dann forsche, was uns zu tragen vermag
Bei unserer Fittige mäßigem Schlag,
Bei Ausdauer unseres Zuges!
Was uns eine gütige Schöpfung verlieh'n,
Draus mögest Du richtige Schlüsse dann zieh'n,
Und lösen die Rätsel des Fluges.

Die Macht des Verstandes, o, wend sie nur an,
Es darf dich nicht hindern ein ewiger Bann,
Sie wird auch im Fluge Dich tragen!
Es kann deines Schöpfers Wille nicht sein,
Dich, Ersten der Schöpfung, dem Staube zu weih'n,
Dir ewig den Flug zu versagen!"

Was treibt denn den Storch sonst, die Nähe des Menschen zu suchen? Den Schutz des Menschen braucht er nicht; er hat keinen Feind aus dem Tierreiche zu fürchten, und Marder sowie Katzen, die seiner Brut schaden könnten, finden sich auf den Dächern mehr als in der Wildnis. Aber auch diese werden sich hüten, ihn zu stören; denn seine Schnabelhiebe würden sie töten oder wenigstens ihres Augenlichtes berauben. Sein schwarzer Stammesbruder, der seinen menschenfreundlichen Zug mit ihm nicht teilt, trotzdem er in der Gefangenschaft ebenso zahm wird, lässt ihm auch genug Bäume des Waldes übrig, auf denen er seinen Horst fest und sicher aufschlagen könnte. Es ist also keine Wohnungsnot, die ihn

-150-

zwingt, zu den Bäumen oder Dächern der Dörfer und Städte seine Zuflucht zu nehmen. Sollte die Stimme, der Gesang des Menschen es sein, was ihn anzieht, seine Nähe aufzusuchen, oder hat er vielleicht Freude an des Menschen Wirken und Schaffen? Wer könnte jemals sicheren Aufschluss hierüber geben, ohne die eigentümliche Sprache des Storches zu verstehen?

Jedenfalls reicht diese Freundschaft und dieses Zusammenleben zwischen Storch und Mensch in die sagenhafte Vorzeit zurück; uns aber bleibt nichts anderes übrig, als darüber erfreut zu sein, dass es, sei es durch Klugheit, Zufall oder Aberglauben, so gekommen ist, dass einer der größten Vögel und vorzüglichsten Flieger selbst den Menschen aufsucht, und gerade dann, wenn der herrliche Himmel der warmen Jahreszeit uns in seine Räume lockt, den Anblick seiner Fittiche mit ihren weichen, schönen Bewegungen zu unserem Fliegestudium darbietet.

Aber die große Stadt zieht den Storch nicht an, in den stillen Dörfern fühlt er sich am wohlsten, und dort zeigt er sich gegen den Menschen, der ihn stets schonte, sehr zutraulich. So sieht man ihn ganz dicht bei den Feldarbeitern Nahrung suchen. Im hohen Kornfeld, das für ihn so manche Leckerbissen verbirgt, kann er weder gehen noch von demselben wieder auffliegen, darum leistet er den Schnittern Gesellschaft, um dicht hinter ihnen die frei gewordene Fläche nach Ungeziefer abzusuchen. Er weiß, dass unter den Kartoffelsäcken die Mäuse sich gern verbergen, und wenn die Säcke mit den Frühkartoffeln auf den Wagen geladen werden, passt er gut auf, und manche Feldmaus wandert dabei in seinen Kropf. Angesichts dieser nützlichen Beschäftigung würde der Landmann ein Tor sein, den Storch nicht zu hegen und zu pflegen, wo er nur kann. Diese praktischen Gesichtspunkte verschaffen dem Landbewohner nun aber auch das Vergnügen, seinen Freund als prächtigen Flieger täglich über sich zu sehen.

Es ist wirklich kein Wunder, wenn die Landleute, über

-151-

deren Haus und Hof in jedem Sommer ein großes Fliegen dieser 2 m klafternden Vögel beginnt, ein reges Interesse für die Fliegekunst an den Tag legen. Aber der Landmann fürchtet, für einen Windbeutel gehalten zu werden, wenn jemand erfährt, dass er sich mit einer so brotlosen Kunst abgibt. Und dennoch ist der Verfasser aus keinem anderen Stande so oft als aus diesem angegangen worden, leichte Betriebsmaschinen zu einem verschämt geheim gehaltenen Zweck zu konstruieren.

Gewährt nun schon die Beobachtung des eigentlich wilden Storches, wenn er diesen Namen überhaupt verdient, viel Anregendes, so ist der Umgang mit ganz gezähmten Störchen erst recht interessant und lehrreich. Der junge aus dem Nest genommene Storch lässt sich mit Fleisch und Fisch leicht aufkröpfen und gewöhnt sich sehr an seinen Pfleger; er erreicht einen hohen Grad von Zutraulichkeit und weicht der liebkosenden Hand seines Herrn nicht aus.

Die Flugübungen solcher jung gezähmter Störche geben Anlass zu den mannigfaltigsten Betrachtungen. Der Jungen Wohnstätte ist von den Dächern entfernter Dörfer in den Garten verlegt, dem sie durch Vertilgung von Ungeziefer sehr nützlich sind. Mehr wie einen jungen Storch erlangt man übrigens selten aus einem Nest, das gewöhnlich vier Junge enthält, denn die Besitzer von Storchnestern hängen mit inniger Liebe an ihrem Hausfreund auf dem Dache und lassen meist um keinen Preis irgendwelche Störung der Storchfamilie zu. Man muss es daher schon als eine ganz besondere Vergünstigung betrachten, wenn man ein einziges Junges aus dem Neste nehmen darf. Die Beschaffung mehrerer junger Störche kann daher auch nur aus mehreren Nestern, sogar meist nur aus mehreren Dörfern geschehen. Dies ist aber auch dann nötig, wenn man Paarungen der gezähmten Störche beabsichtigt, weil der Storch die Inzucht hasst, und die Geschwister niemals Paarungen untereinander eingehen.

Im Garten oder Park also wachsen die zahmen Jungen

-152-

heran und der große Rasenplatz dient als Versuchsfeld für die Flugübungen.

Zunächst wird die grüne Fläche des Morgens nach Insekten und Schnecken abgesucht, und mancher Regenwurm, der noch von seinem nächtlichen Treiben her mit dem spitzen Kopfe aus der Erde hervorlugt, wird von den scharfen Augen selbst im tiefsten Grase erspäht, mit der Schnabelspitze langsam hervorgezogen, damit er nicht abreißt, und mit Appetit in den Schlund geworfen. Dann aber beginnt das Studium des Fliegens, wobei zunächst die Windrichtung ausgekundschaftet wird. Wie auf dem Dache, so werden auch hier alle Übungen gegen den Wind ausgeführt. Aber der Wind ist hier nicht so beständig wie auf dem Dache und daher die Übung schwieriger. Zuweilen ruft ein stärkerer, von einer geschützten Seite anwehender Wind Luftwirbel hervor, die bald von hier, bald von dort anwehen. Dann sieht es lustig aus, wie die übungsbeflissenen Störche mit gehobenen Flügeln herumtanzen und nach den Windstößen haschen, die bald von vorn, bald von hinten, bald von der Seite kommen. Gelingt ein so versuchter kurzer Aufflug, dann erschallt sofort freudiges Geklapper. Bläst der Wind beständig von einer freien Seite über die Lichtung, dann wird ihm hüpfend und laufend entgegengeflogen, Kehrt gemacht, und gravitätisch wieder an das andere Ende des Platzes stolziert, um von neuem den Anflug gegen den die Hebung erleichternden Wind zu versuchen.

So werden die Übungen täglich fortgesetzt. Zuerst gelingt bei einem Aufsprung nur ein einziger Flügelschlag; denn bevor zum zweiten Schlage ausgeholt ist, stehen die langen, vorsichtig gehaltenen Beine schon wieder auf dem Boden. Sowie aber diese Klippe erst überwunden ist, wenn der zweite Flügelschlag gemacht werden kann, ohne dass die Beine aufstoßen, wenn der Storch also beim zweiten Heben der Flügel den Boden nicht erreichte, dann geht es mit Riesenschritten vorwärts; denn die vermehrte Vorwärtsgeschwindigkeit erleichtert den Flug, so dass auch bald drei, vier und mehr Flügelschläge

-153-

bündig hintereinander in einem Satze ausgeführt werden können; unbeholfen, ungeschickt, aber nie unglücklich, weil stets vorsichtig.

Der Storch aber, den man bei niedrigem, langsamem Fluge an den durch Bäume geschützten überwindigen Stellen für einen Stümper hielt, erlangt sofort eine Sicherheit und Ausdauer im Fluge, sobald er über die Baumkronen sich erheben kann und den frischen Wind unter den Flügeln verspürt. Daran merkt man so recht, was der Wind den Vögeln ist, indem auch die jungen Störche gleich durch den Wind verführt werden, die anstrengenden Flügelschläge zu sparen und das Segeln zu versuchen.

Durch diese unerwartete Vervollkommnung im Fluge der jungen Störche, habe ich einst meine drei besten Flieger verloren; denn ich glaubte an eine so schnelle Entwickelung nicht, als eine nur dreitägige Reise mich von Haus rief und gab daher keine Anweisung, die Störche eingesperrt zu halten, obwohl die Zeit des Abzuges nahte. Bei meiner Rückkehr musste ich denn auch leider erfahren, dass durch den höheren Flug und die zufällig eingetretenen windigen Tage diese drei jungen Störche, die vorher den Eindruck machten, als hätten sie die größten Anstrengungen bei ihren kleinen niedrigen Flügen, dass diese Tiere plötzlich ausdauernde Flieger geworden, und schon am 31. Juli von anderen vorüberziehenden Störchen zur Mitreise verführt worden seien.

Auf die an die Meinen gerichtete Frage, warum denn der hohe Flug der Störche, von dem sie doch zuerst abends wieder in den Stall zurückkehrten, keine Veranlassung gegeben habe sie vorsichtig eingeschlossen zu halten, erhielt ich die Antwort: "Hättest du gesehen, wie schön unsere Störche geflogen sind, wie sie sich in den letzten Tagen in der Luft wiegend höher und höher erhoben, du hättest es selbst nicht übers Herz gebracht, sie eingesperrt zu halten und an diesen herrlichen Bewegungen zu hindern, nach denen ihr bittender Blick aus ihren sanften schwarzen Augen verlangte."

Wir aber wollen am Storch, mit dem unsere Einleitung

-154-

begann, und der so oft als Beispiel uns diente, später noch eine Rechnung durchführen, welche zeigen wird, in welcher natürlichen Weise sich die Hebewirkungen beim Fliegen entwickeln, wenn diejenigen Momente Berücksichtigung finden. welche hier als die Flugfähigkeit fördernd aufgestellt sind, wenn also die durch Messungen ermittelte Flügelwölbung in Rechnung gezogen wird, und diejenigen Luftwiderstandswerte zur Anwendung gelangen, welche solche gewölbten Flügelflächen bei ihrer Bewegung durch die Luft wirklich erfahren.

Durch die Kenntnis der Luftwiderstandserscheinungen an flügelförmigen Körpern sind wir imstande, wenigstens einigermaßen den Zusammenhang zwischen den Ursachen und Wirkungen beim Vogelfluge zu erklären. Wir können aus den Formen und Bewegungen der Vogelflügel diejenigen Kräfte konstruieren, welche tatsächlich imstande sind, den Vogel mit den Bewegungen, die er nach unseren Wahrnehmungen ausführt, in der Luft zu tragen und seine Fluggeschwindigkeit aufrecht zu erhalten. Wir haben gesehen, wie den Vögeln die längliche, zugespitzte oder in Schwungfedern gegliederte Form ihrer Flügel hierbei zustatten kommt. Wir haben ferner gesehen, dass das Auf- und Niederschlagen der Flügel, welches eigentlich in einer Pendelbewegung besteht, die von Drehbewegungen um die Längsachse begleitet ist, dass diese Flügelbewegung, sobald es sich nebenbei um ein schnelles Vorwärtsfliegen handelt, die größere Tragewirkung der Flugfläche nicht etwa auf die mit starkem Ausschlag versehenen Flügelspitzen verlegt, sondern dass gerade den breiteren, nahe dem Körper gelegenen Flügelteilen, welche wenig auf und nieder gehen, der Hauptanteil zum Tragen des Vogels zufällt.

Die Natur entfaltet gerade in diesen Bewegungsformen des Vogelflügels eine Harmonie der Kräftewirkungen, welche uns so mit Bewunderung erfüllen muss, dass es uns nur nutzlos erscheinen kann, wenn auf anderen Wegen versucht wird zu erreichen, was die Natur auf ihrem Wege so schön und einfach erzielt.

-155-

39. Der Ballon als Hindernis.

Während man für die Lösung der Flugfrage den wissenschaftlich
gebildeten und praktisch erfahrenen Mechaniker als den eigentlich
Berufenen bezeichnen muss, beschäftigt das Fliegeproblem fast
ausnahmslos alle Berufsklassen. Die außer-ordentliche Tragweite,
welche die Erfindung des Fliegens haben muss, wird von jedermann
erkannt, jedermann sieht täglich an den fliegenden Tieren die
Möglichkeit einer praktischen Fliegekunst, auch hat sich bis jetzt kein
Forscher gefunden, welcher mit überzeugender Schärfe nachweisen
könnte, dais keine Hoffnung für die Nachbildung des Fliegens durch
den Menschen vorhanden sei. Unter solchen Umständen ist es
natürlich, dass das Interesse für die Flugfrage diese Ausdehnung
annehmen muíste. Auffallend aber bleibt es, dass gerade die
Berufenen diesem Problem gegenüber sich kühler und indifferenter
verhalten, als alle jene, welchen es schwerer wird, das zu
durchschauen, was der Vogel macht, wenn er fliegt.
Die Betätigung der technischen Kreise für die Flugfrage ist eine laue
und der Wichtigkeit der Sache selbst nicht entsprechende. Während
auf allen technischen Gebieten eine ausgebildete Systematik blüht,
herrscht in der Flugtechnik die größte Zerfahrenheit; denn der
Meinungsaustausch ist schwach, und - fast jeder Techniker vertritt
über das Fliegen seine gesonderte Ansicht.
Die Schuld hieran, wie überhaupt an dem kümmerlichen Standpunkt
der Flugfrage, trägt vielleicht nicht zum geringsten die Erfindung des
Luftballons. So sonderbar es klingen mag, so ist es doch nicht ganz
müßig, sich die Frage vorzulegen, was für einen Einfluss es auf das
eigentliche Fliegeproblem gehabt hätte, wenn der Luftballon gar nicht
erfunden worden wäre.
Abgesehen davon, dass es bei den Fortschritten der Wissenschaft
überhaupt nicht denkbar wäre, dass nicht irgend ein Forscher den
Auftrieb leichter Gase in einem Ballon zur An-

-156-

wendung gebracht hätte, kann man dennoch erwägen, wie es um die aerodynamische Flugfrage heutigen Tages stände, wenn die Aerostatik bei der Luftschifffahrt gar nicht zur Geltung gekommen wäre.

Ehedem hatte man nur den Vogel als Vorbild, da aber stellte plötzlich der erste Ballon die ganze Flugfrage auf einen anderen Boden. Wahrhaft berauschend muss es gewirkt haben, als vor einem Jahrhundert der erste Mensch sich wirklich von der Erde in die Lüfte erhob. Es kann nicht überraschen, wenn alle Welt glaubte, dass die Hauptschwierigkeit nun überwunden sei, und es nur geringer Hinzufügungen bedürfe, um den Aerostaten, der so sicher die Hebung in die Luft bewirkte, auch nach beliebigen Richtungen zu dirigieren und so zur willkürlichen Ortsveränderung ausnützen zu können.

Kein Wunder also, dass alles Streben auf dem Gebiet der Aeronautik dahin ging, nun den Ballon auch lenkbar zu machen, und dass namentlich auch die technisch gebildeten Kreise lebhaft diesen Gedanken verfolgten. Man klammerte sich an das vorhandene, greifbare, sogar bestechende Resultat und dachte natürlich nicht daran, die als außerordentliche Errungenschaft erkannte Hebekraft des Luftballons so leicht wiederaufzugeben. Wie verlockend war es nicht, nach diesem jahrtausendelangen Suchen endlich die Gewissheit zu erhalten, dass auch der Luftozean seine Räume uns erschließen musste. Dieses neue Element nun auch für die freie Fortbewegung zu gewinnen, konnte ja nicht mehr schwer sein. Es schien, als ob es nur noch an einer Kleinigkeit läge, um das große Problem der Luftschifffahrt vollends zu lösen.

Diese Kleinigkeit hat sich inzwischen aber als die eigentliche, und zwar als eine unüberwindliche Schwierigkeit erwiesen; denn wir überzeugen uns immer mehr und mehr, dass der Ballon das bleiben wird, was er ist, - „ein Mittel, sich hoch in die Luft zu erheben, aber kein Mittel zur praktischen und freien Luftschifffahrt".

Jetzt, wo diese Einsicht immer mehr Boden gewinnt, wo also der Ballontaumel seinem Ende sich naht, kehren wir

-157-

eigentlich mit der Flugfrage zu dem alten Standpunkte zurück, den sie vor der Erfindung des Ballons eingenommen hat, und unwillkürlich drängt sich uns die Frage auf, wie viel die Fliegekunst hätte gefördert werden können, wenn die Aufmerksamkeit nicht hundert Jahre von ihr abgelenkt worden wäre, und wenn jene außerordentlichen Mittel des Geistes wie des Geldbeutels, welche in die Lenkbarkeit des Luftballons hineingesteckt wurden, ihr hätten zu gute kommen können.

In Zahlen lassen sich solche Fragen nicht beantworten, aber jener Überzeugung können wir uns nicht verschließen, dass ohne den Luftballon die Energie in Verfolgung der Ziele der eigentlichen Aviatik jetzt ungleich größer sein würde, weil erst durch die Enttäuschungen, welche der Luftballon herbeiführte, dieser leidige Skeptizismus um sich griff, der die eigentlich Berufenen der Fliegeidee so sehr entfremdete, und dass auf diesem Forschungsgebiet, wo fast jeder systematisch ausgeführte Spatenstich Neues zu Tage fördern muss, manches erschlossen sein würde, über das wir uns jetzt noch in vollkommener Unwissenheit befinden.

Wir dürfen wohl somit annehmen, dass der Ballon der freien Fliegekunst eigentlich nicht genützt hat, wenn man nicht so weit gehen will, den Luftballon geradezu als einen Hemmschuh für die freie Entwicklung der Flugtechnik anzusehen, weil er die Interessen zersplitterte und diejenige Forschung, welche dem freien Fliegen dienen sollte, auf eine falsche Bahn verwies.

Diese falsche Richtung ist aber hauptsächlich darin zu erblicken, dass man einen allmählichen Übergang suchte von dem Ballon zu der für schnelle, freie Bewegung in der Luft geeignete Flugvorrichtung. Der Ballon blieb immer der Ausgangspunkt und zerstörte durch sein schwerfälliges Volumen jeden Erfolg.

Es gibt nun einmal kein brauchbares Mittelding zwischen Ballon und Flugmaschine. Wenn uns noch etwas zum wirklichen freien Fliegen verhelfen kann, so ist es kein allmählicher Übergang vom Auftrieb leichter Gase zum Auftrieb

-158-

durch den Flügelschlag, sondern ein Sprung von der Aerostatik zurück zur reinen Aviatik.

Lassen wir dem Ballon sein Wirkungsfeld, welches überall da ist, wo es sich darum handelt, einen hohen Umschauposten in Form des gefesselten Ballons zu errichten, oder in hoher Luftreise sich mit dem Winde dahin wehen zulassen! Die Zwecke der Flugtechnik aber sind andere. Die Luftschifffahrt im eigentlichen Sinne kann uns nur nützen, wenn wir schnell und sicher durch die Luft dahin gelangen, wohin wir wollen und nicht dahin, wohin der Wind will.

In der Erreichung dieses Zieles hat der Ballon uns doch wohl nur gestört.

Dieser störende Einfluss wird aber aufhören, und man wird es um so ernster nehmen mit den Aufgaben, die zu lösen sind, da nicht nur vieles, sondern fast alles nachzuholen bleibt.

Auch die Techniker werden sich einigen und aus ihrer vornehmen Reserve heraustreten; denn es ist heute unverkennbar, dass sich gegenwärtig das Interesse wieder mehr und mehr dem aktiven Fliegen zuwendet, und so haben wir denn auch diesen Zeitpunkt für geeignet gehalten, dasjenige, was wir an Erfahrungen auf diesem Gebiet gesammelt haben, der Öffentlichkeit zu übergeben.

40. Berechnung der Flugarbeit.

Es soll nun an einem größeren Vogel die Berechnung seiner Flugarbeit unter Anwendung der in diesem Werke niedergelegten Anschauungen durchgeführt werden. Wir erhalten dadurch ein Beispiel für die praktische Benutzung der Luftwiderstandswerte vogelflügelähnlicher Körper, deren Bekanntmachung ein Hauptzweck dieses Werkes ist.

Über die Diagramme ist noch im allgemeinen zu sagen, dass bei den zu Grunde liegenden Versuchen besondere Sorg-

-159-

falt auf die Bestimmung der Widerstände bei den kleineren Winkeln verwendet ist, indem in der Nähe von Null Grad in Abständen von $1^{1}/_{2}°$ die Messungen vorgenommen wurden.

Um den Flug auf der Stelle bei windstiller Luft handelt es sich hier nicht, derselbe ist bereits im Abschnitt 18 durch Beispiele erläutert. Derselbe kann auch von dem hier als Beispiel dienenden Storch nicht ausgeführt werden, ebenso wenig wie derselbe jemals vom Menschen in Anwendung gebracht werden wird.

Was wir hier zu untersuchen haben, ist die Luftwiderstandswirkung beim Segelflug und die Kraftanstrengung beim Ruderflug. Für diese beiden Arten des Fliegens kommen aber nur kleinere Winkel der Flächenneigung gegen die Bewegungsrichtung der Flügel zur Anwendung.

Als Beispiel ist der Storch gewählt, weil kein anderer ebenso großer Vogel und ebenso gewandter Flieger eine gleich gute Beobachtung gestattet.

Der Flügel Fig. 1 auf Tafel VIII ist einem unserer zu Versuchszwecken gehaltenen Störche entnommen und zwar einem weißen Storch, während als Muster für die Mitte der Figur 35 auf Seite 89 ein schwarzer Storch diente. Bei letzterem zählt man 8 eigentliche Schwungfedern an jedem Flügel, der weiße Storch hingegen, der uns jetzt beschäftigen wird, hat deren nur 6.

Die Flügelkontur ist hergestellt durch Ausbreiten und Nachzeichnen des lebenden Storchflügels, und auf Tafel VIII auf $^{1}/_{6}$ Maßstab verkleinert.

Der zu dieser Abmessung verwendete Storch wog 4 kg; seine beiden Flügel hatten zusammen eine Fläche von 0,5 qm.

Es fragt sich nun zunächst, bei welchem Wind dieser Storch ohne Flügelschlag segeln kann.

Nach Tafel V erfährt eine passend gewölbte Flügelfläche horizontal ausgebreitet einen normal nach oben gerichteten Luftdruck, welcher nach Tafel VII gleich 0,55 von demjenigen Druck ist, den eine normal getroffene ebene Fläche von gleicher

-160-

Größe erhält. Der auf den segelnden Vogel wirkende hebende
Luftdruck braucht nur genau gleich seinem Gewichte zusein; hier also
gleich 4 kg.

Nennen wir die erforderliche Windgeschwindigkeit   so entwickelt
sich dieses aus der Gleichung $4 = 0{,}55 \cdot 0{,}13 \cdot 0{,}5 \cdot v^2$ woraus folgt
$v = 10{,}6$.

Der Storch kann also bei einer Windgeschwindigkeit von 10,6 m
segelnd auf der Luft ruhen, vorausgesetzt, dass seine Flügel ebenso
vorteilhaft wirken, als unsere Versuchsflächen; da sie aber offenbar
besser wirken, so können wir das Minimum seines Segelwindes wohl
auf 10 m Geschwindigkeit abrunden. Die Flügel werden hierbei
annähernd horizontal aasgebreitet sein. Wie schon im Abschnitt 37
erwähnt, müssen beim wirklichen Vogelflügel auch noch insofern
günstigere Verhältnisse obwalten, als der Luftdruck noch eine kleine
treibende Komponente erhalten muss, die nicht bloß genügt, den
Winddruck auf den Körper des Storches aufzuheben, sondern welche
diesen Körper noch gegen den Wind treiben kann. Wir haben Störche
beobachtet, welche ohne Flügelschlag und ohne zu sinken, auch ohne
zu kreisen mit wenigstens 10 m Geschwindigkeit gegen den Wind von
10 m anflogen. Der Körper dieser Störche erfuhr also einen
Widerstand, der einer Geschwindigkeit von 20 m entsprach.

Wenn der Storch behaglich auf einem Beine steht, wo die angelegten
Flügel seinen Umfang vergrößern und die Federn ihn lose umgeben,
dann ergibt die Messung einen Querschnitt des Körpers von 0,032 qm.
Ein gewaltiger Unterschied in der Form aber tritt ein, wenn der Storch
die Flügel ausbreitet und die Federn sich glatt an den Körper anlegen,
dann sieht der mit ausgestrecktem Hals, Schnabel und Füßen fliegende
Storch aus wie ein dünner Stock zwischen den mächtigen Flächen
seiner Schwingen. Dann bleibt für den Körper nur ein Querschnitt von
0,008 qm übrig, der überdies durch Schnabel und Hals nach vorn, wie
durch den Schwanz nach hinten eine äußerst vorteilhafte Zuspitzung
erfährt. Durch diese günstige Form dürfte der Luftwiderstand des
größten Quer-

-161-

Schnittes einen Verminderungskoeffizienten von V_4 erfahren und der Widerstand des Körpers nach der Flugrichtung sich daher auf $W = {}^1/_4 \cdot 0,13 \cdot 0,008 \cdot 20^2 = 0,104$ kg berechnen.

Segelt der Storch also gegen den Wind mit 10 m absoluter Geschwindigkeit, so muss ihn der Druck unter seinen Flügeln noch mit cirka 0,1 kg vorwärts treiben; der Winddruck muss daher bei seiner hebenden Komponente von 4 kg eine treibende Komponente von 0,1 kg besitzen, er muss also um den Winkel a r c tg ${}^1/_{40}$ = cirka 1,5° vor der Normalen liegen.

Es ist nicht unwahrscheinlich, dass sich dieser kleine, spitze Treibewinkel bei recht sorgfältiger experimenteller Ausführung auch noch feststellen ließe, nachdem wir bereits durch den Versuch den Widerstand des Windes in die Normale hineinbekommen haben.

Der Storch ist aber nicht gezwungen, genau gegen den Wind zu segeln; die aufsteigende Komponente der Windgeschwindigkeit kommt ihm nach jeder Richtung zu gute und gibt ihre lebendige Kraft zum vollkommenen Segeleffekt an ihn ab, wenn er nur um cirka 10 m die ihn umgebende Luft des Segelwindes überholt.

Die aufsteigende Windrichtung, die das Segeln ermöglicht, ist aber nicht immer gleich, sondern, wie wir gesehen haben, schwankt dieselbe beständig auf und nieder. (Siehe Fig. 3 auf Tafel V.) Diese Schwankungen sind nun jedenfalls nicht nur bis zu einer Höhe von 10 m, bis wie weit wir sie maßen, vorhanden, sondern erstrecken sich sicher auch bis in Höhen, in denen die Vögel ihren dauernden Segelflug ausüben. Darum aber sehen wir die segelnden Vögel beständig mit den Flügeln drehen und wenden, und in jedem Augenblick eine neue günstigste Stellung ausprobieren, sowie ihre eigene Geschwindigkeit der wechselnden Windgeschwindigkeit anpassen.

Es ist wahrscheinlich, dass das Kreisen der Vögel ebenso mit den Perioden in der Windneigung und Windgeschwindigkeit im Zusammenhange steht, als mit der Geschwindigkeitszunahme des Windes nach der Höhe.

-162-

Kein Wunder ist es, dass die Vögel auch die feinsten Unterschiede in der Luftbewegung fühlen, denn ihre ganze Oberfläche ist für dieses Gefühl in Tätigkeit. Ihre lang und breit ausgestreckten Flügel bilden einen empfindlichen Fühlhebel, und namentlich in den Häuten, aus denen die Schwungfedern hervorwachsen, wird das feinste Gefühl sich konzentrieren, wie in unseren Fingerspitzen.
Während also beim eigentlichen Segeln die Geschicklichkeit die Hauptrolle spielt, ist die Flugarbeit selbst theoretisch gleich Null.
Wenn der Mensch jemals dahin gelangen sollte, die herrlichen Segelbewegungen der Vögel nachzuahmen, so braucht er dazu also weder Dampfmaschinen noch Elektromotore, sondern nur eine leichte, richtig geformte und genügend bewegliche Flugfläche, sowie vor allem die gehörige Übung in der Handhabung. Auch dem Menschen muss es in das Gefühl übergegangen sein, dem jedesmaligen Wind durch die richtige Flügelstellung den größten oder vorteilhaftesten Hebedruck abzugewinnen. Vielleicht gehört hierzu weniger Geschicklichkeit als auf hohem Turmseil ein Gericht Eierkuchen zu backen, wenigstens wäre die Geschicklichkeit hier auch nicht schlechter angewandt; und auch viel gefährlicher dürfte das Unternehmen nicht sein, mit kleineren Flächen anfangend und allmählich zu großen übergehend, das Segeln im Winde zu üben.
Unsere Künstler auf dem Seil sind übrigens zuweilen nicht ganz unerfahren in den Vorteilen, die ihnen der Luftwiderstand bieten kann. Vor einigen Jahren sah ich in einem Vergnügungslokal am Moritzplatz in Berlin eine junge Dame auf einem Drahtseil spazieren, welche sich mit einem riesigen Fächer beständig Kühlung zuwehte. Auf den Unbefangenen machte es den Eindruck, als sei die Produktion durch die Handhabung des Fächers erst recht schwierig, worauf auch der Applaus hindeutete. Demjenigen aber, welcher sich mit der Ausnutzung des Luftwiderstandes beschäftigt hat, konnte es nicht entgehen, dass jene Dame den graziös geführten

-163-

Fächer einfach benutzte, um ununterbrochen eine unsichtbare seitliche Stütze in dem erzeugten Luftwiderstand sich zu verschaffen und so die Balance leichter aufrecht zu halten.

Wenn nun bei unserem Storch, der Wind die Geschwindigkeit von 10 in nicht erreicht, und die Differenz in den lebendigen Kräften der anströmenden verschieden schnellen Luft durch Lavieren und Kreisen sich nicht so weit ausnützen lässt, dass das arbeitslose Segeln allein zur Hebung genügt, so muss zu den Flügelschlägen gegriffen werden und die eigene Kraft einsetzen, wo die lebendige Kraft des Windes nicht ausreicht; dann muss künstlich der hebende Luftwiderstand erzeugt werden.

Gehen wir nun gleich zu dem äußersten Falle über, wo die helfende Windwirkung ganz fortfällt, wo also der Storch, wie so oft beim Nachhausefliegen an schönen Sommerabenden, gezwungen ist, bei Windstille sich ganz auf die aktive Leistung seiner Fittige zu verlassen. Es treten dann die Widerstandswerte von Tafel VI in Wirkung.

Der ganze Fliegevorgang nimmt jetzt aber eine andere Gestalt an. Der vorher beim Segeln vorhandene gleichmäßige Hebedruck trennt sich in zwei verschiedene Hälften, von denen die eine beim Aufschlag, die andere beim Niederschlag wirkt.

Eine allgemeine Gleichung für den Ruderflug entwickeln zu wollen, wäre nutzlos, weil die Luftwiderstandswerte, welche hier zur Anwendung kommen, sich nicht in Formeln zwängen lassen, und weil sich hier offenbar auf vielen verschiedenen Wegen ein gutes Resultat erzielen lässt. Wir haben schon gesehen, wie ungleichartig die Funktion des Flügelaufschlages auftreten kann, und wie mehrere dieser Wirkungsarten von Vorteil sein können, wenn nur der Niederschlag der Flügel danach eingerichtet wird. Maßgebend für die Wahl der Bewegungsart der Flügel wird auch die zu erreichende Geschwindigkeit sein.

Greifen wir auch hier nun den Fall heraus, den der Storch bei ruhigem Ruderfluge in windstiller Luft ausführt. Es sind

-164-

dann zunächst noch mehrere Faktoren in die Rechnung einzuführen und zwar:

1. Die Fluggeschwindigkeit.
2. Die Zahl der Flügelschläge pro Sekunde.
3. Die Zeiteinteilung für Auf- und Niederschlag.
4. Die Größe des Flügelausschlages.
5. Die Neigung der einzelnen Flügelprofile gegen die zugehörigen absoluten Wege.

Die 4 ersten dieser Faktoren lassen sich durch die einfache Beobachtung annähernd feststellen, über den 5. Faktor kann aber kaum die Momentphotographie Aufschluss geben, und man tut daher gut, hierbei durch Versuchsrechnungen die günstigsten Neigungen des Flügels zu ermitteln.

Es kommt natürlich vor allen Dingen darauf an, denjenigen Fall herauszufinden, wo die geringste motorische Leistung erforderlich ist. Es ist aber anzunehmen, dass der Storch bei gewöhnlichem Ruderfluge sich diejenigen Flugverhältnisse heraussucht, unter denen er eine Minimalarbeit zu leisten hat. Er wird auch diejenige Fluggeschwindigkeit wählen, welche keine besondere Vergrößerung der Arbeit mit sich bringt. Da wir nun wissen, dass der Flug auf der Stelle so anstrengend ist, dass der Storch ihn überhaupt nicht ausfuhren kann, während mit zunehmender Fluggeschwindigkeit die Arbeit sich zunächst vermindert, wobei aber, wenn eine gewisse Schnelligkeit überschritten wird, wieder eine Zunahme der Arbeit sich einstellen muss, indem die auf das Durchschneiden der Luft kommende Leistung im Kubus der Fluggeschwindigkeit wächst, so muss irgendwo ein Minimal wert der Arbeit bei einer gewissen mittleren Geschwindigkeit liegen oder es müssen, was sehr wahrscheinlich ist, zwischen weiteren Grenzen der gewöhnlichen Fluggeschwindigkeit der Vögel Arbeitsquantitäten erforderlich sein, die dem Minimaiwert sehr nahe kommen.

Der Storch legt nun bei Windstille etwa 10-12 m pro Sekunde zurück; denn er hält ungefähr gleichen Schritt mit mäßig schnell fahrenden Personenzügen. Der Storch macht

-165-

dabei 2 doppelte Flügelschläge in jeder Sekunde, und bei dieser langsamen Bewegung kann man das Zeitverhältnis der Auf- und Niederschläge durch einfache Beobachtung schon erkennen; man kann annehmen, dass die Zeiten sich verhalten wie 2:3, dass also $^2/_5$ der Zeit eines Doppelschlages zum Aufschlag und $^3/_5$ zum Niederschlag verwendet werden.

Der 4. Faktor, der Flügelausschlag, lässt sich als einfacher Winkel nicht angeben; denn vom Storch gilt auch das früher von der Möwe im Abschnitt 38 Gesagte, er bewegt die Flügelspitzen in viel größerem Winkel als die Armteile. Hier könnte allerdings die Photographie gute Dienste leisten zur Kontrolle, ob der Ausschlag, der hier nach Figur 2 auf Tafel VIII bei der Rechnung zu Grunde gelegt ist, ungefähr die richtige Form hat. Diese Figur 2 ist einfach nach dem Anblick niedergezeichnet, den der Storch in seiner Ansicht von vorn oder hinten beim Fluge darbietet.

Nach diesen Wahrnehmungen kann man die Bewegungsform der Storchflügel annähernd zusammensetzen.

Es soll nun zunächst untersucht werden, ob sich mit Hilfe der uns jetzt bekannten Luftwiderstandswirkungen der Nachweis führen lässt, dass der Storch mit seinen Flügelschlägen sich im Fluge halten kann, und dann, wie viel Arbeit er dabei leisten muss.

Zu dem Ende denken wir uns den Flügel Fig. 1 auf Tafel VIII in 4 Teile geteilt. A ist der zum Oberarm und B der zum Unterarm gehörige Flügelteil. C ist die geschlossene Handfläche und D sind die Flächen der Fingerfedern. Die Dimensionen dieser einzelnen Teile nebst ihren Flächengrößen sind in Zeichnung angegeben.

Wir wollen nun annehmen, dass jeder der Teile B, C und D eine gleichmäßige Geschwindigkeit habe, und der spezifische Widerstand ihrer Mittelpunkte a, b, c und d gleichmäßig über jedes der betreffenden Flächenstücke verteilt sei.

In Fig. 2 sehen wir den Flügelausschlag mit den Hüben für a, b, c und d in $^1/_{20}$ Maßstab. Das Auf- und Niederschwingen der Flügel wird eine, die gesamte Massenschwingung

-166-

neutralisierende, entgegengesetzte Hebung und Senkung des Storchkörpers zur Folge haben. Da der Flügelaufschlag aber auch erheblich zum Tragen mitwirkt, so brauchen wir weiter keine Hebung und Senkung des Storches zu berücksichtigen. Bei dem mäßigen Ausschlag und der Kürze des Oberarmes wird der Schwingungsmittelpunkt für beide Seiten des Storches in die Nähe des Punktes a fallen. Die Fläche A macht daher annähernd eine geradlinige und bei dem hier zu betrachtenden horizontalen Fluge auch eine horizontale Bahn. Demgegenüber sei zunächst der Ausschlag von b gleich 0,12 m, von c gleich 0,44 und von d gleich 0,88 m, auf dem Bogen gemessen.

Wenn der Storch zwei Flügelschläge in 1 Sekunde auf 10 m verteilt, so kommt er beim einmaligen Heben und Senken der Flügel 5 m vorwärts, und zwar 2 m beim Aufschlag, 3 m beim Niederschlag. Trägt man diese Strecken nebeneinander in $^1/_{50}$ Maßstab auf und entnimmt entsprechend verkleinert aus Fig. 2 die Hübe der einzelnen Flügelteile, so erhält man in Fig. 3 auf Tafel VIII die absoluten Wege, welche von a, b, c und d in der Luft beschrieben werden. Die punktierte Linie ist der Weg der Flügelspitzen.

Jetzt bleibt noch übrig, die Neigung der Flügelelemente gegen ihre absoluten Wege zu bestimmen und denjenigen Fall herauszusuchen, der solche Widerstände gibt, dass der Storch zunächst damit fliegen kann und dann auch möglichst wenig Arbeit gebraucht.

Um diese Versuchsrechnung auszuführen, kommt man am schnellsten zum Ziel, wenn man für die Flächenstücke A, B, C und D sowohl beim Aufschlag, als beim Niederschlag für eine Anzahl spitzer Winkel über Null und unter Null die Widerstände als hebende und treibende Komponenten ausrechnet und als Tabellen zusammenstellt. Dann erhält man den nötigen Überblick für die Wahl der Winkel, welche die vorteilhaftesten Wirkungen geben, und kann durch kurze Zusammenstellungen leicht ein brauchbares Resultat herausfinden.

Als Beispiel soll der Widerstand des Flügelstückes C beim Niederschlag berechnet werden, wenn dasselbe gegen seinen

-167-

Luftweg vorn um 3° gehoben ist. Die Fläche C hat 0,076 qm Inhalt. Tafel VII gibt den hier anzuwendenden Koeffizienten bei 3° auf 0,55 an. Die Geschwindigkeit ist durch die schräge Lage des Weges auf 10,1 m vermehrt, und daher erhält der Widerstand die Größe:

$0{,}55 \cdot 0{,}13 \cdot 0{,}076 \cdot 10{,}1^2 = 0{,}554$ kg.

Tafel VI gibt uns die Richtung dieses Widerstandes. Wenn die Fläche sich um 3° vorn angehoben horizontal bewegte, würde der Luftdruck nach Fig. 1 Tafel VI um 3° nach rückwärts stehen. Die Fläche C bewegt sich aber um $8\frac{1}{2}°$ schräg abwärts, wodurch die Widerstandsrichtung um $8\frac{1}{2}° - 3 = 5\frac{1}{2}°$ nach vorn geneigt wird. (Siehe Fig. 5 auf Tafel VIII.) Man erhält hierdurch neben der liebenden Komponente von $0{,}554 \cdot \cos 5\frac{1}{2}° = 0{,}551$ kg die treibende Komponente von $0{,}554 \cdot \sin 5\frac{1}{2}° = 0{,}053$ kg.

In dieser Weise sind nun die beiden untenstehenden Tabellen für Auf- und Niederschlag ausgerechnet. Die Zahlen bedeuten die Luftwiderstandskomponenten in Kilogrammen für die entsprechenden Neigungswinkel. Wo die horizontalen Komponenten treibend ausfielen, wurden dieselben als positiv, die hemmenden Komponenten dagegen als negativ bezeichnet.

Aufschlag.

	A		B		C		D	
	vert. Komp.	horiz. Komp.	vert. Komp.	horiz. Komp.	vert. Komp.	horiz. Komp.	vert. Komp.	horiz. Komp.
+ 9°	0,634	— 0,066						
+ 6°	0,555	— 0,044	0,610	— 0,079				
+ 3°	**0,436**	— **0,023**	0,479	— 0,049	0,523	— 0,145		
0°	0,317	— 0,019	**0,348**	— **0,040**	0,395	— 0,112	0,260	— 0,130
— 3°	. . .	. . . .	0,216	— 0,034	**0,235**	— **0,077**	0,155	— 0,089
— 6°	. . .	. . . .	. . .	. . . .	0,135	— 0,070	0,064	— 0,052
— 9°	. . .	. . . .	. . .	. . . .	. . .	. . . .	— **0,015**	— **0,033**

(wegen der Schlagwirkung und Verkürzung)   × 1,0   × 1,0

-168-

Niederschlag.

	A		B		C		D	
	vert. Komp.	horiz. Komp.	vert. Komp.	horiz. Komp.	vert. Komp.	horiz. Komp.	vert. Komp.	horiz. Komp.
$+ 9°$	0,634	$-$ 0,066	0,690	$-$ 0,048	0,808	$+$ 0,026	0,504	$+$ 0,086
$+ 6°$	**0,555**	$-$ **0,044**	**0,610**	$-$ **0,024**	0,707	$+$ 0,044	0,442	$+$ 0,088
$+ 3°$	0,436	$-$ 0,023	0,479	$-$ 0,008	**0,551**	$+$ **0,053**	0,350	$+$ 0,082
$0°$	0,317	$-$ 0,019	0,348	$-$ 0,010	0,404	$+$ 0,034	**0,260**	$+$ **0,060**
$- 3°$	. . .	. . . .	0,216	$-$ 0,016	0,252	$+$ 0,008	0,180	$+$ 0,030
$- 6°$	. . .	. . . .	. . .	. . . .	0,150	$-$ 0,025	0,078	$-$ 0,001
$- 9°$	. . .	. . . .	. . .	. . . .	. . .	. . . .	0,011	$-$ 0,037
(wegen der Schlagwirkung)					$\times$ 1,75		$\times$ 2,25	

Ein brauchbares Verhältnis stellt sich nun z. B. heraus, wenn beim Aufschlag die Flächen A unter +3°; B unter 0°; C unter - 3° und D unter - 9° geneigt sind, während dieselben beim Niederschlag entsprechend unter + 6°; + 6°; + 3° und 0° sich gegen die absoluten Wege einstellen, welche Werte in den Tabellen hervorgehoben sind.
Bei den Flächenteilen C und D wird man eine Widerstandsvergrößerung durch die Schlagbewegung nicht vernachlässigen dürfen; es ist aber zu berücksichtigen, dass beim Aufschlag die Flügel etwas verkürzt und zusammengezogen werden. Während man daher beim Aufschlag die Werte der Tabelle benutzt, wird es nicht zu hoch gegriffen sein, wenn man beim Niederschlag für C etwa das 1,75 fache und für D das 2,25 fache der Tabellenwerte rechnet und dann gleichzeitig die durch den Flügelausschlag eintretenden Kraftverkürzungen vernachlässigt.
Dieses berücksichtigend erhält man dann die beiden folgenden Summen für einen Flügel:

-169-

<table>
<tr><td colspan="3" align="center">beim Aufschlag</td><td colspan="3" align="center">beim Niederschlag</td></tr>
<tr><td></td><td align="center">Vertikal-
druck</td><td align="center">Horizontal-
druck</td><td></td><td align="center">Vertikal-
druck</td><td align="center">Horizontal-
druck</td></tr>
<tr><td align="center">A</td><td align="center">0,436</td><td align="center">— 0,023</td><td align="center">A</td><td align="center">0,555</td><td align="center">— 0,044</td></tr>
<tr><td align="center">B</td><td align="center">0,348</td><td align="center">— 0,040</td><td align="center">B</td><td align="center">0,610</td><td align="center">— 0,024</td></tr>
<tr><td align="center">C</td><td align="center">0,235</td><td align="center">— 0,077</td><td align="center">C</td><td align="center">0,964</td><td align="center">+ 0,092</td></tr>
<tr><td align="center">D</td><td align="center">— 0.015</td><td align="center">— 0,035</td><td align="center">D</td><td align="center">0,585</td><td align="center">+ 0,135</td></tr>
<tr><td align="center">kg</td><td align="center">1,004</td><td align="center">— 0,175</td><td align="center">kg</td><td align="center">2,714</td><td align="center">+ 0,160</td></tr>
</table>

für 2 Flügel:

<table>
<tr><td align="center">kg</td><td align="center">2,008</td><td align="center">— 0,368</td><td align="center">kg</td><td align="center">5,428</td><td align="center">+ 0,360</td></tr>
</table>

Zieht man den Hebedruck beim Aufschlag von dem Storchgewicht ab, so bleiben 4 - 2,008 = 1,992 kg übrig, die den Storch während der Zeit des Aufschlages niederdrücken.

Da wir auf Seite 161 gesehen haben, dass der Storchkörper beim Segeln bei 20 m relativer Luftgeschwindigkeit 0,1 kg Widerstand verursacht, so erfährt er jetzt bei 10 m ungefähr 0,025 kg. Dies kommt aber beim Heben der Flügel zu der hemmenden Komponente noch hinzu, und es ergibt sich die aufhaltende Kraft:

0,368 + 0,0250 = 0,393 kg.

Der Storch wird also, solange er die Flügel hebt, mit 1,992 kg niedergedrückt und mit 0,393 kg gehemmt. Dies muss nun der Niederschlag unschädlich machen. Da derselbe aber $^3/_2$ mal so lange dauert, so braucht während seiner Zeit nur ein Hebedruck von $^2/_3$ · 1,992 = 1,328 kg und ein Treibedruck von $^2/_3$ · 0,393 = 0,262 kg zu wirken.

Indem man nun aber vom hebenden Widerstand beim Niederschlag das Storchgewicht, und vom treibenden Druck

-170-

den Widerstand des Storchkörpers abzieht, erhält man während der Niederschlagszeit den

Hebedruck 5,428 - 4 = 1,428 kg und den Treibedruck 0,360 - 0,025 = 0,335 kg, welche beide noch etwas größer sind, als erforderlich war.

Der Storch kann also unter diesen Bewegungsformen horizontal bei Windstille fliegen.

In den Figuren 4 und 5 auf Tafel VIII sind die hier ausgerechneten Flügeldrucke sowohl beim Auf- als beim Niederschlag in richtigen Verhältnissen eingezeichnet, unter Angabe der Profilneigungen und Wegrichtungen an den. entsprechenden Stellen. Bei den Schwungfedern ist der Querschnitt einer solchen Feder in natürlicher Größe und richtig geneigt angegeben.

Der Storch kann aber nun nicht bloß bei den gewählten Verhältnissen fliegen, sondern es lassen sich noch viele andere Kombinationen der Flügelneigungen heraussuchen, bei denen das Fliegen möglich ist. Die gewählte Art wird aber annähernd das Minimum der Arbeit geben.

Beim Aufschlag braucht der Storch keine Arbeit zu leisten; denn die Flügel geben nur dem von unten wirkenden Drucke nach. Wenn der Flügel beim Aufschlag in seinen Gelenken wie eine elastische Feder nach oben durchgebogen würde, so dass er den nach unten ziehenden Sehnen und Muskeln beim Niederschlag zu Hülfe käme, so könnte derselbe sogar zu einer Aufspeicherung der Arbeit verwendet werden, und in gewissem Grade ist dieses beim natürlichen Flügel auch wohl der Fall. Diese theoretisch gewonnene Arbeit erhält man, wenn man die hebenden Drucke mit ihren Wegen multipliziert. Für einen Aufschlag gibt

$$
\begin{array}{lllll}
\text{die Fläche } A & \text{die Arbeit} & 0{,}0 & & \\
\text{-} \qquad \text{-} \quad B & \text{-} \qquad \text{-} & 0{,}348 \times 0{,}12 & = & 0{,}0417 \text{ kgm} \\
\text{-} \qquad \text{-} \quad C & \text{-} \qquad \text{-} & 0{,}235 \times 0{,}44 & = & 0{,}1034 \quad \text{-} \\
\text{-} \qquad \text{-} \quad D & \text{-} \qquad \text{-} & -0{,}015 \times 0{,}88 & = & -0{,}0132 \text{ -} \\
\hline
 & & & & +\,0{,}1319 \text{ kgm.}
\end{array}
$$

-171-

Theoretisch ließe sich für beide Flügel ein Arbeitsgewinn von 2 · 0,1319 = 0,2638 kgm bei einem Aufschlag erzielen, der sich in einer Sekunde verdoppelt auf 2 · 0,2638 = 0,5276 kgm.
Beim Niederschlag sind aufzuwenden an Arbeiten für die Fläche:

$$
\begin{aligned}
A \ \text{die Arbeit} \ & 0{,}0 \\
B \ - \quad - \ & 0{,}610 \times 0{,}12 = 0{,}0732 \ \text{kgm} \\
C \ - \quad - \ & 0{,}964 \times 0{,}44 = 0{,}4241 \quad - \\
D \ - \quad - \ & 0{,}585 \times 0{,}88 = 0{,}5148 \quad - \\
\hline
& \qquad\qquad\qquad\quad 1{,}0121 \ \text{kgm.}
\end{aligned}
$$

Jeder Niederschlag verursacht also für beide Flügel die Arbeit 2 · 1,0121 kgm, und da 2 Niederschläge pro Sekunde erfolgen, so erhält man als Flugarbeit für den Storch bei windstiller Luft 2 · 2 · 1,01 = 4,04 kgm, wenn man die, theoretisch als Arbeitsgewinn anzusehende Aufschlagsarbeit nicht abzieht. Würde man aber einen Teil der letzteren in Abzug bringen, so ließe sich diese Arbeit des Storches beim Ruderfluge in Windstille auf cirka 4 kgm abrunden.
Noch etwas vorteilhafter stellt sich das Arbeitsverhältnis heraus, wenn der Storch die Flügelarme noch weniger auf und nieder bewegt, wie z. B. in Fig. 2 auf Tafel VIII punktiert angedeutet, wenn also der Punkt b etwa nur 0,06 m, c nur 0,26 m und d den verhältnismäßig großen Hub 0,76 m erhält. Es ergeben sich dann die analog wie früher gebildeten nachstehenden Tabellen:

Aufschlag.

	A		B		C		D	
	vert. Komp.	horiz. Komp.	vert. Komp.	horiz. Komp.	vert. Komp.	horiz. Komp.	vert. Komp.	horiz. Komp.
+ 9°	0,634	− 0,066						
+ 6°	0,555	− 0,042	0,610	− 0,063				
+ 3°	**0,436**	− **0,023**	**0,479**	− **0,037**	0,560	− 0,102		
0°	0,317	− 0,019	0,348	− 0,030	0,408	− 0,087	0,240	− 0,105
− 3°	. . .	. . . .	0,216	− 0,028	**0,250**	− **0,059**	0,148	− 0,072
− 6°	. . .	. . . .	. . .	. . . .	0,131	− 0,057	**0,072**	− **0,055**
− 9°	. . .	. . . .	. . .	. . . .	. . .	. . . .	− 0,016	− 0,042

(wegen der Schlagwirkung und Verkürzung)   × 1,0   × 1,0

-172-

Niederschlag.

	A		B		C		D	
	vert. Komp.	horiz. Komp.	vert. Komp.	horiz. Komp.	vert. Komp.	horiz. Komp.	vert. Komp.	horiz. Komp.
$+9°$	0,634	− 0,066	0,690	− 0,060	0,808	− 0,014	0,505	+ 0,071
$+6°$	0,555	− 0,042	0,610	− 0,036	0,707	+ 0,006	0,442	+ 0,077
$+3°$	**0,436**	− **0,023**	**0,479**	− **0,017**	**0,555**	+ **0,019**	**0,346**	+ **0,069**
$0°$	0,317	− 0,019	0,348	− 0,015	0,404	+ 0,010	0,250	+ 0,048
$−3°$	. . .	. . . .	0,216	− 0,019	0,252	− 0,003	0,132	+ 0,020
(wegen der Schlagwirkung)					× 1,55		× 2,15	

Wenn dann beim Aufschlag die Flächenneigung für A gleich +3°, für
B gleich 3°, für C gleich - 3° und für D gleich - 6° ist, und beim
Niederschlag entsprechend die Neigungen
+3°, +3°, +3° und +3° angenommen werden, dann ergeben sich die
Widerstandssummen:

	beim Aufschlag			beim Niederschlag	
	Vertikaldruck	Horizontaldruck		Vertikaldruck	Horizontaldruck
A	0,436	− 0,023	A	0,436	− 0,023
B	0,479	− 0,037	B	0,479	− 0,017
C	0,250	− 0,059	C	0,860	+ 0,029
D	0,072	− 0,055	D	0,744	+ 0,148
kg	1,237	− 0,174	kg	2,519	+ 0,137

und für beide Flügel:

kg	2,474	− 0,348	kg	5,038	+ 0,274

Hiernach wird der Storch beim Aufschlag, unter Berücksichtigung
seines Gewichtes und seines Körperwiderstandes, mit 1,526kg
niedergedrückt und mit 0,373kg gehemmt.

-173-

Der Niederschlag muſs daher geben:

$$\tfrac{2}{3} \cdot 1{,}526 = 1{,}017 \text{ kg Hebedruck und}$$

$$\tfrac{2}{3} \cdot 0{,}373 = 0{,}248 \text{ kg Treibedruck,}$$

er erzeugt aber

$$5{,}038 - 4 = 1{,}038 \text{ kg Hebedruck und}$$

$$0{,}274 - 0{,}025 = 0{,}249 \text{ kg Treibedruck,}$$

der Storch kann daher unter diesen Bewegungsformen auch fliegen.

Die theoretisch gewonnene Arbeit beim Aufschlag ist

$$\text{für die Fläche } A \text{ gleich } 0{,}0$$
$$-\ \ -\ \ -\ \ B\ \ -\ \ 0{,}479 \times 0{,}06 = 0{,}0287 \text{ kgm}$$
$$-\ \ -\ \ -\ \ C\ \ -\ \ 0{,}250 \times 0{,}26 = 0{,}0650\ \ -$$
$$-\ \ -\ \ -\ \ D\ \ -\ \ 0{,}072 \times 0{,}76 = \underline{0{,}0547\ \ -}$$
$$0{,}1484 \text{ kgm.}$$

Der Niederschlag verbraucht dagegen:

$$\text{für die Fläche } A \text{ die Arbeit } 0{,}0$$
$$-\ \ -\ \ -\ \ B\ \ -\ \ -\ \ 0{,}479 \times 0{,}06 = 0{,}0287 \text{ kgm}$$
$$-\ \ -\ \ -\ \ C\ \ -\ \ -\ \ 0{,}860 \times 0{,}26 = 0{,}2236\ \ -$$
$$-\ \ -\ \ -\ \ D\ \ -\ \ -\ \ 0{,}744 \times 0{,}76 = \underline{0{,}5654\ \ -}$$
$$0{,}8177 \text{ kgm.}$$

Die Niederschlagsarbeit pro Sekunde ist jetzt $4 \cdot 0{,}8177 = 3{,}2708$ kgm, während der Aufschlag theoretisch $4 \cdot 0{,}1484 = 0{,}5936$ kgm gewinnen lässt. Eine teilweise Ausnutzung dieser gewonnenen Arbeit würde für den Storch unter dieser Flugform die Leistung von 3,2 kgm erforderlich machen, die also noch etwas geringer ist, als die zuvor bei stärkerer Flügelbewegung berechnete.

Die schädliche, hemmende Wirkung der Flügelspitzen beim Aufschlag lässt sich noch dadurch vermindern, wie auch die Praxis der Vögel es lehrt, dass die äußeren Flügelteile in einem nach oben gekrümmten bogenförmigen Wege, welcher der Flügel Wölbung entspricht, aufwärts durch die Luft gezogen werden. Wenn die Flächenteile C und D auf diese Weise den denkbar geringsten Widerstand beim Aufschlag erhalten, berechnet sich die Flugarbeit nur auf 2,7 kgm.

-174-

Durch diese Rechnungen erhalten wir Einblicke in die kraftsparenden Funktionen beim Ruderfluge. Wir sehen die Flugarbeit einem Minimum sich nähern, welches eintritt, wenn der gröbste Teil des Flügels unter vorteilhaftester Neigung horizontal die Luft durchschneidet und die Flügelspitzen durch großen Ausschlag die ziehende Wirkung hervorrufen.

Der extreme Fall würde eintreten, wenn die ganze Flugfläche stillgehalten, und durch einen besonderen Propeller das Vorwärtstreiben besorgt würde. Die kleinste Arbeit ergäbe sich dann, wenn die Tragefläche diejenige Neigung hätte, bei welcher verhältnismäßig die geringste hemmende Komponente entstände, und dies ist nach Tafel VI die Neigung von +3°.

Eine solche richtig gewölbte Tragefläche um 3° vorn angehoben und horizontal bewegt, würde einen Luftwiderstand geben, der um 3° hinter der Normalen liegt; und wenn derselbe gerade das Gewicht G des fliegenden Körpers tragen kann, wäre seine hemmende Komponente gleich $G \cdot tg\ 3°$. Dieser hemmende Widerstand müsste durch eine Treibevorrichtung überwunden werden und zwar mit der Fluggeschwindigkeit v. Dieses wäre aber die einzige bei solchem Fluge zu verrichtende Arbeit in Größe von $v \cdot G \cdot tg\ 3° =$ 0,0524 $\cdot$ v $\cdot$ G. Die Geschwindigkeit v hängt von der Größe der Tragefläche ab. Unter Berücksichtigung des Verminderungskoeffizienten für die Neigung von 3°, welcher in diesem Falle nach Tafel VII gleich 0,55 ist, würde v sich ergeben aus der Gleichung G =

$0,55 \cdot 0,13 \cdot F \cdot v^2$. Man erhielte $v = 3,74 \cdot \sqrt{\dfrac{G}{F}}$. Für ein Verhältnis von $^G/_F$ wie beim Storch gleich 8, wäre v = 10,58.

Zur Überwindung des hemmenden Widerstandes wäre dann die Arbeit 0,0524 $\cdot$ 10,58 $\cdot$ G $\cdot$ 0,55 G aufzuwenden. Wenn nun der hierzu benutzte Propeller kein Gewicht hätte und 100 % Nutzeffekt besäße, so würde ein Körper, der auch 4 kg schwer wäre wie der Storch, 0,55 $\cdot$ 4 = 2,2 kgm an Arbeit pro Sekunde leisten müssen. Diesem theoretischen Minimalwerte haben wir uns aber schon beträchtlich genähert durch die voran-

-175-

gehenden Berechnungen, und müssen wir daher annehmen, dass es nicht viel bessere Bewegungsformen für die Kraftersparnis beim Ruderfluge in windstiller Luft geben wird.

Wenn es noch Faktoren zur Kraftersparnis beim Fluge bei Windstille gibt, so können diese nur darin bestehen, dass die Luftwiderstandswerte bei Verfeinerung der Flügelform noch vorteilhafter ausfallen, und namentlich noch günstiger gerichtet sind.

Wir haben schon bei Betrachtung der Segelbewegung auf Seite 127 gesehen, dass die Vögel vermöge ihrer vorzüglichen Flügelform mit Luftwiderständen arbeiten, die noch mehr nach vorn sich neigen, als wir es nachzuweisen imstande waren. Wir mussten annehmen, nach Seite 161, dass die Widerstände bei gewissen kleinen Neigungswinkeln noch um etwa $1^1/_2°$ mehr nach vorn gerichtet sind. Bei der Flächenneigung von 3° würde demzufolge der Widerstand nicht um 3°, sondern nur um $1^1/_2°$ hinter der Normalen liegen. Die Folge hiervon aber wäre eine Verminderung der hemmenden Komponente auf die Hälfte, und mit dieser Komponente ist die Flugarbeit direkt proportional. Die mechanische Leistung des Storches reduzierte sich dadurch von 2,7 kgm auf 1,35 kgm. Es ist auch möglich, dass das Profil der Flügel senkrecht zur Bewegungsrichtung sowohl beim Segeln als auch beim Ruderfluge noch zur Kraftverminderung beiträgt. Die Untersuchung dieser Einwirkung ebenso wie die genaue Feststellung, inwieweit die Widerstandsvergrößerung durch Schlagwirkung beim Ruderfluge stattfindet, würde darauf hinauslaufen, Apparate zu bauen und zu versuchen, die überhaupt die genauen Formen und Bewegungen der Vögel haben. Es hieße dies also, durch den praktischen Umgang mit Flugapparaten noch die letzten, feinsten Unterschiede in den Luftwiderstands Wirkungen herauszufinden und daran wird es nicht fehlen, wenn die wahren Grundlagen dazu erst gegeben sind.

Um von den für den Storch berechneten Arbeitsgrößen auf den Flugapparat des Menschen zu schließen, können wir sagen, dass der Mensch, der mit Apparat etwa 20mal so viel

-176-

wiegt als ein Storch, beim Ruderfluge in Windstille mindestens 20 · 1,35 = 27 kgm oder 0,36 HP gebraucht, vorausgesetzt, dass seine Flugfläche 10 qm beträgt und alle beim Vogelfluge beobachteten Vorteile eintreten.

Im Abschnitt 35 wurde der Kraftaufwand für den Flug des Menschen bei Windstille auf 0,3 HP berechnet. Dort war aber eine größere Flugfläche zu Grunde gelegt und der Flügelaufschlag mit seinen Widerständen überhaupt vernachlässigt. Jene Berechnung hatte also nur theoretisches Interesse, während wir hier, wo sich 0,36 HP als Leistung ergibt, bereits die in Wirklichkeit auftretenden Unvollkommenheiten und schädlichen Einflüsse berücksichtigt haben. Auch diese Leistung könnte vorübergehend noch vom Menschen ausgeübt werden, ein derartiges Fliegen hätte aber, so interessant wie es sein würde, wenig praktische Bedeutung. Da nicht anzunehmen ist, dass durch Vergrößerung der Flügel bessere Verhältnisse sich erzielen lassen, so dürfen wir hiermit den Satz aussprechen, dass der Mensch unter den günstigsten Bewegungsformen bei Anwendung des Ruderfluges in Windstille wenigstens 0,36 HP zum Fliegen gebraucht und daher mit Hülfe seiner eigenen Muskelkraft nicht dauernd zu einem solchen Fluge befähigt ist.

Um diesem Fluge bei Windstille eine praktische Bedeutung zu verschaffen, müssten wir bestrebt sein, leichte Motore mit zur Verwendung zu bringen.

Aber die Windstille ist zum Nutzen der freien Fliegekunst sehr selten. Was die Ballontechniker zur Demonstration der Lenkbarkeit ihrer Luftschiffe so nötig gebrauchen, aber so selten haben, nämlich eine möglichst unbewegte Luft, das findet sich besonders in höheren Luftschichten nur ganz ausnahmsweise. Wir haben also im allgemeinen mit dem Winde und nicht mit der Windstille zu rechnen.

Zwischen diesen beiden bereits berechneten Grenzen der mechanischen Arbeit, die einmal gleich Null ist, wenn ein Segelwind von mindestens 10 m herrscht, und ihren größten Wert beim Ruderfluge in Windstille erhält, liegen nun alle

-177-

jene Kraftaufwände, die bei Winden zwischen 0 m und 10 m Geschwindigkeit zum Fliegen erforderlich sind.

Die aufsteigende Richtung des Windes ist durchschnittlich bei allen Windstärken dieselbe. Die von den Winden an die Flugkörper abgegebene zur Arbeitsersparnis beitragende lebendige Kraft wird daher einfach proportional dem Quadrat ihrer Geschwindigkeit sein. Da wir nun wissen, dass bei einem Flügelverhältnis zum Körpergewicht, wie es der Storch hat, und wie es der Mensch auch für sich wohl anwenden könnte, ein Wind von 10 m Geschwindigkeit die Arbeit zu Null macht, so spart ein Wind von

1 m	2 m	3 m	4 m	5 m	6 m	7 m	8 m	9 m	Geschwin-digkeit
0,01	0,04	0,09	0,16	0,20	0,36	0,49	0,64	0,81	der Flug-arbeit.

Legen wir für den Menschen 27 kgm als sekundliche Arbeit bei Windstille zu Grunde, so ergeben sich bei

Wind von	1 m	2 m	3 m	4 m	5 m	6 m	7 m	8 m	9 m	
die Arbeiten	26,7	25,9	24,6	22,7	20,3	17,3	13,8	9,7	5,1	kgm

Man sieht, dass für Winde zwischen 6 und 9 m Geschwindigkeit, die man nur mit „frische Brise" zu bezeichnen pflegt, so geringe Arbeitswerte sich ergeben, dass selbst dann, wenn einige Verhältnisse viel ungünstiger als angenommen eintreten würden, noch eine so geringe Leistung übrigbleibt, dass der Mensch durch seine physische Kraft sehr wohl imstande sein müsste, einen geeigneten Flugapparat wirkungsvoll in Tätigkeit zu setzen.

41. Die Konstruktion der Flugapparate.

Der vorige Abschnitt zeigte uns den rechnungsmäßigen Zusammenhang der Flugtätigkeit mit der Flugwirkung am Vogelflügel. Die hier in Betracht gezogenen Verhältnisse ent-

-178-

sprechend vergrößert, müssen uns auf Formen und Dimensionen solcher Apparate führen, deren sich der Mensch beim freien Fluge zu bedienen hätte.

Wir betrachten es nun nicht als unsere Aufgabe, durch sensationelle Bilder Eindrücke hervorzurufen, sondern überlassen es der Phantasie jedes Einzelnen, sich auszumalen, wie der Mensch unter Innehaltung der hier entwickelten Prinzipien fliegend in der Luft sich ausnehmen würde. Statt dessen wollen wir aber kurz noch einmal die Gesichtspunkte zusammenstellen, nach denen die Konstruktion der Flugapparate zu erfolgen hätte, wenn die in diesem Werke veröffentlichten Versuchsresultate berücksichtigt werden, und die demzufolge entwickelten Ansichten richtige sind.

Es würden sich dann folgende Sätze ergeben:

1. Die Konstruktion brauchbarer Flugvorrichtungen ist nicht unter allen Umständen   abhängig von der Beschaffung starker und leichter Motore.

 2. Der Flug auf der Stelle bei ruhender Luft kann vom Menschen durch eigene Kraft   nicht bewirkt werden, derselbe erfordert unter den allergünstigsten Verhältnissen   mindestens   1,5   PS.   Der Ruderflug bei Windstille, und zwar mit wenigstens 10 m Fluggeschwindigkeit, kann bei einem Kraftaufwand von 0,27 PS vom Menschen vorübergehend ohne Motor bewirkt werden.

3. Bei Wind von mittlerer Stärke genügt die physische Kraft des Menschen, um einen geeigneten   Flugapparat   wirkungsvoll   in Bewegung zu setzen, wenn eine genügende Fluggeschwindigkeit innegehalten wird.

4. Bei Wind von über 10 m Geschwindigkeit ist der anstrengungslose Segelflug mittelst geeigneter Trageflächen vom Menschen aus-führbar.

5. Ein Flugapparat, der mit möglichster Arbeitsersparnis wirken soll, hat sich in Form   und Verhältnissen genau den Flügeln der gut-fliegenden größeren Vögel anzuschließen.

6. Als Flügelgröße ist pro Kilogramm Gesamtgewicht $^1/_{10}$ - $^1/_8$ qm Flugfläche zu   wählen.

7. Tragfähige Apparate, hergestellt aus Weidenruten mit Stoff-bespannung, bei 10 qm   Tragefläche lassen sich bei einem Gewicht von cirka 15 kg anfertigen.

-179-

8. Ein Mensch mit einem solchen Apparate im Gesamtgewicht von circa 90 kg besäße pro Kilogramm $^1/_9$ qm Flugfläche, was dem Flugflächenverhältnis der größeren Vögel entspricht.

9. Sache des Versuches wird es sein, ob die breite Form der Raub- und Sumpfvogelflügel mit gegliederten Schwungfedern, oder die langgestreckte und zugespitzte Flügelform der Seevögel als vorteilhafter sich herausstellt.

10. In kurzer, breiter Ausführung würden die Flügel eines Apparates von 10 qm Tragefläche eine Klafterbreite von 8 m bei 1,6 m größter Breite nach Fig. 79 erhalten.

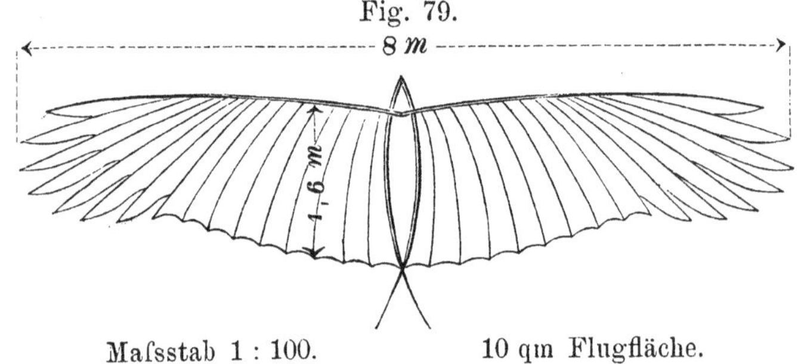

Fig. 79.

11. Bei Anwendung einer schlanken Flügelform ergäbe eine Flugfläche von 10 qm nach Fig. 80 eine Klafterbreite von 11 m bei einer größten Breite von 1,4 m.

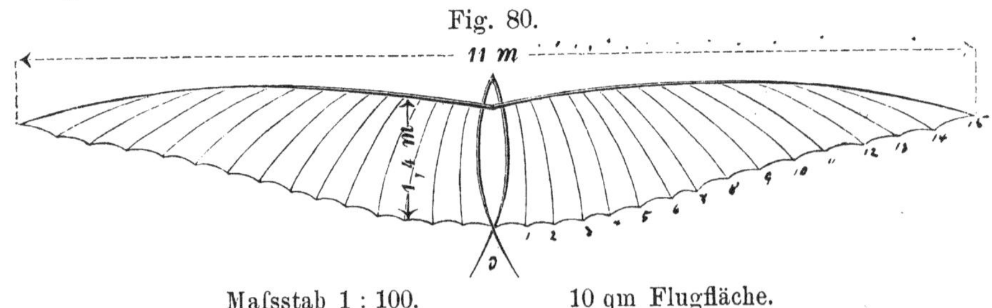

Fig. 80.

12. Die Anwendung einer Schwanzfläche hat für die Tragewirkung untergeordnete Bedeutung.

13. Die Flügel müssen im Querschnitt eine Wölbung besitzen, die mit der Höhlung nach unten zeigt.

-180-

14. Die Pfeilhöhe der Wölbung hat nach Maßgabe der Vogelflügel ungefähr $^1/_{12}$ der Flügelbreite an der betreffenden Querschnittstelle zu betragen.

15. Durch Versuche wäre festzustellen, ob für größere Flügelflächen etwa schwächere oder stärkere Wölbungen vorteilhafter sind.

16. Die Tragerippen und Verdickungen der Flügel sind möglichst an der vorderen Kante derselben anzubringen.

17. Wenn möglich, so ist dieser verdickten Kante noch eine Zuschärfung vorzusetzen.

18. Die Form der Wölbung muss eine parabolische sein, nach der Vorderkante zu gekrümmter, nach der Hinterkante zu gestreckter.

19. Die beste Wölbungsform für größere Flächen wäre durch Versuche zu ermitteln und derjenigen Form der Vorzug zu geben, deren Widerstände für kleinere Neigungswinkel sich am meisten nach der Bewegungsrichtung hinneigen.

20. Die Konstruktion muss eine Drehung des Flügels um seine Längsachse ermöglichen, die am besten ganz oder teilweise durch den Luftdruck selbst bewirkt wird. An dieser Drehung haben am stärksten die Flügelenden teilzunehmen.

21. Beim Ruderfluge erhalten die nach der Mitte zu liegenden breiteren Flügelteile möglichst wenig Hub und dienen ausschließlich zum Tragen.

22. Das Vorwärtsziehen zur Unterhaltung der Fluggeschwindigkeit wird dadurch bewirkt, dass die Flügelspitzen oder Schwungfedern mit gesenkter Vorderkante abwärtsgeschlagen werden.

23. Der breitere Flügelteil hat im Ruderfluge auch beim Aufschlag möglichst tragend mitzuwirken.

24. Die Flügelspitzen sind beim Aufschlag mit möglichst wenig Widerstand zu heben.

25. Der Niederschlag muss wenigstens $^6/_{10}$ der Dauer eines Doppelschlages betragen.

-181-

26.   An dem Auf- und Niederschlag brauchen nur die Enden der Flügel teilzunehmen. Der nur tragende Flügelteil kann wie beim Segeln unbeweglich bleiben.

27.   Wenn nur die Flügelspitzen auf und nieder bewegt werden, darf dieses nicht mit Hilfe eines Gelenkes geschehen, weil der Flügel sonst einen schädlichen Knick   erhielte, vielmehr muss der Ausschlag der Spitzen mit allmählichem Übergang sich   bilden.

28.   Zur Hervorrufung der Flügelschläge durch die Kraft des Menschen müssten vor   allem   die   Streckmuskeln   der   Beine verwendet werden, und zwar nicht gleichzeitig   sondern abwechselnd, aber möglichst so, dass der Tritt jedes einzelnen Fußes einen   Doppelschlag zur Folge hat.

29. Der Aufschlag könnte durch den Luftdruck selbst bewirkt werden.

30. Die Aufschlagsarbeit des Luftdruckes wäre möglichst in solchen federnden Teilen   aufzusammeln, dass dieselbe beim Niederschlag wieder zur Wirkung kommt und dadurch   an   Niederschlagsarbeit gespart wird.

Dieses wären einige der Hauptgesichtspunkte, welche man unter Anwendung der hier niedergelegten Theorien zu befolgen hätte.

Wenn man mit solchen Flügeln nun aber in den Wind kommt, so können wir aus eigener Erfahrung darüber berichten, dass schwerlich jemand die Hebewirkung des Windes sich so stark vorgestellt haben wird, wie er dann zu verspüren Gelegenheit hat.

Ohne vorherige Übung reicht eben die menschliche Kraft gar nicht aus, mit solchen Flügeln im Winde zu operieren. Das erste Resultat wird daher das sein, dass der wohlberechnete und leicht gebaute Apparat nach dem ersten kräftigen Windstoß zertrümmert wieder nach Hause getragen wird.

-182-

Aus diesem Grunde empfiehlt es sich, zunächst für derartige Windwirkungen das Gefühl zu schärfen, und die Gewandtheit in der stabilen Handhabung der Flügel an kleineren Flächen zu üben. Erst wenn dann die Behandlung der Luft und des Windes mittels geeigneter Flächen durch den persönlichen Umgang mit diesen Elementen uns genügend in Fleisch und Blut übergegangen sein wird, können wir an die Herbeiführung eines wirklich freien Fluges denken. Mit diesem Fingerzeig wollen wir diesen Abschnitt schließen.

Der Geschicklichkeit der Konstrukteure bleibt es nun überlassen, den im Streben nach Wahrheit gefundenen Fliegeprinzipien durch die Erfindung anwendbarer Flügelbauarten mit vorteilhaften Bewegungsmechanismen einen praktischen Wert zu verleihen.

Wenn sich unser hierauf bezügliches Material noch wesentlich vermehrt haben wird, werden wir vielleicht später einmal Gelegenheit haben, auch dieses der Öffentlichkeit zu übergeben.

42. Schlusswort.

Werfen wir nun einen Rückblick auf das in diesem Werke zur Darstellung Gebrachte, so heben sich darin eine Anzahl aus Versuchen hergeleiteter Sätze ab, welche in direktem Zusammenhang mit der Beantwortung der Flugfrage stehen, indem sie sich auf die einzelnen Faktoren beziehen, aus denen die beim Fluge erforderliche Anstrengung sich zusammensetzt.

Die Einsicht von der Richtigkeit dieser Sätze erfordert nur ein Verständnis der einfachsten Begriffe der Mechanik, wie es überhaupt ein Vorzug der wichtigsten Momente der Fliegekunst ist, dass dieselben vom mechanischen Standpunkte höchst einfacher Natur sind, und eigentlich nur die Lehre vom Gleich-

-183-

gewicht und Parallelogramm der Kräfte zur Anwendung kommt. Trotzdem liefert die flugtechnische Literatur den Beweis, wie außerordentlich leicht Irrtümer und Trugschlüsse in der mechanischen Behandlung des Flugproblems sich einschleichen, und dies gab die Veranlassung, hier so elementar wie nur irgend möglich die mechanischen Vorgänge des Fluges zu zerlegen.

Wenn auf der einen Seite hierdurch die Diskussion über dieses immer noch etwas heikle Thema wesentlich erleichtert wird, so hegt der Verfasser andererseits auch noch die Hoffnung, dass dadurch nicht bloß der Fliegeidee, sondern auch der Mechanik als der unumgänglichen Hilfswissenschaft neue Freunde geworben werden, indem der eine oder der andere Leser die Anregung erhält, sich mit dem notwendigsten Handwerkszeug des theoretischen Mechanikers vertraut zu machen, oder die Erinnerung an alte Bekannte aus der Studienzeit wieder aufzufrischen.

Die Flugfrage muss doch nun einmal anders behandelt werden als andere technische Themata. Sie nimmt eben, wie schon angedeutet, durch ihren eigenartigen Interessentenkreis eine gesonderte Stellung ein. Dem Geistlichen, dem Offizier, dem Arzt und Philologen, dem Landwirt wie dem Kaufmann kommt es schwer in den Sinn, sich dem speziellen Studium etwa der Dampfmaschinen, des Hüttenwesens oder der Spinnereitechnik zu widmen; alle wissen, dass diese Fächer in guten Händen sind und überlassen diese Sorgen vertrauensvoll den Fachleuten, aber in der Flugtechnik finden wir sie alle wieder vertreten, darin möchte jeder sich nützlich betätigen und durch einen glücklichen Gedanken den Zeitpunkt näher rücken, wo der Mensch zum freien Fluge befähigt wird.

Die Flugtechnik kann eben auch noch nicht als ein eigentliches Fach angesehen werden, auch weist sie noch nicht jene Reihe von Vertretern auf, der man mit einem gewissen Vertrauen entgegenkommen könnte. Es liegt dies an der noch herrschenden Unsicherheit und in dem Mangel jedweder Systematik; es fehlt der Flugtechnik die feste Grundlage, auf

-184-

welche sich unbedingt jeder stellen muss, der sich mit ihr beschäftigt. Dieses Werk soll sich daher auch nicht nur an gewisse Fachkreise wenden, sondern –

> „An jeden, dem es eingeboren,
> Dass sein Gefühl hinauf und vorwärts dringt,
> Wenn über uns, im blauen Raum verloren,
> Ihr schmetternd Lied die Lerche singt,
> Wenn über schroffen Fichtenhöhen
> Der Adler ausgebreitet schwebt,
> Und über Flächen, über Seen
> Der Kranich nach der Heimat strebt."

Dieses als Erklärung dafür, dass unser Buch sich an alle wendet, und dass in den ersten Abschnitten der Versuch gemacht wird, das Fliegeinteresse, welches jeder mitbringt, der dieses Buch überhaupt zur Hand nimmt, in ein Interesse für diejenige Wissenschaft mit hinüberzuspielen, ohne deren Verständnis der größte Teil jener hohen Reize verloren geht, welche in der Beschäftigung mit dem Fliegeproblem liegen.

Es ist dann in diesem Werke der trostlose Standpunkt gekennzeichnet, den die Flugtechnik einnimmt, solange sie nur ebene Flugflächen in das Bereich ihrer Betrachtungen zieht.

Es ist aber auch gezeigt, dass selbst in den Fällen, wo die Vorteile der Flügelwölbung in den Hintergrund treten, wo also kein Vorwärtsfliegen in der umgebenden Luft stattfindet, dennoch die Flugarbeit nicht nach der gewöhnlichen Luftwiderstandsformel berechnet werden kann, sondern dass es sich bei den Flügelschlägen um eine andere Art von Luftwiderstand handelt, der schon bei viel geringeren Geschwindigkeiten die erforderliche Größe erreicht, also auch ein niedrigeres Arbeitsmaß zu seiner Überwindung benötigt.

Ich konnte sehr handgreifliche Versuche hierüber anführen, die außer Zweifel lassen, dass die Schlagbewegungen einen Luftwiderstand geben, der mit anderem Maße gemessen werden

-185-

muss, als wenn eine Fläche sich mit gleichmäßiger Geschwindigkeit im Beharrungszustande durch die Luft bewegt.

Es wurde dann gezeigt, dass auch das Vorwärtsfliegen allein der Schlüssel des Fliegeproblems nicht sein kann, solange hierfür nur ebene Flügelflächen in Rechnung gezogen werden.

Endlich wurde an der Hand von Versuchsergebnissen der Nachweis zu führen versucht, dass das eigentliche Geheimnis des Vogelfluges in der Wölbung der Vogelflügel zu erblicken ist, durch welche der natürliche geringe Kraftaufwand der Vögel beim Vorwärtsfliegen seine Erklärung findet, und durch welche in Gemeinschaft mit den eigentümlichen hebenden Windwirkungen das Segeln der Vögel überhaupt nur verstanden werden kann.

Alles dieses fanden wir am natürlichen Vogelfluge, alle diese Eigenschaften der Form wie der Bewegungsart können wir aber niemals hervorrufen, ohne uns direkt an den Vogelflug anzulehnen.

Wir müssen daher den Schluss ziehen, dass die genaue Nachahmung' des Vogelfluges in Bezug auf die aerodynamischen Vorgänge einzig und allein für einen rationellen Flug des Menschen verwendet werden kann, weil dieses höchst wahrscheinlich die einzige Methode ist, welche ein freies, schnelles und zugleich wenig Kraft erforderndes Fliegen gestattet. Vielleicht tragen die hier zum Ausdruck gelangten Gesichtspunkte dazu bei, die Flugfrage auf eine andere Bahn und in ein festes Geleise zu bringen, so dass die weitere Forschung ein Fundament gewinnt, auf dem ein wirkliches System sich aufbauen lässt, durch welches die Erreichung des erstrebten Endzieles möglich ist.

Der Grundgedanke des freien Fliegens, um den wir uns gar nicht mehr streiten, ist doch einfach der, dass

> „der Vogel fliegt, weil er mit geeignet geformten Flügeln in geeigneter Weise die ihn umgebende Luft bearbeitet".

-186-

Wie diese geeigneten Flügel beschaffen sein müssen, und wie solche Flügel zu bewegen sind, das sind die beiden großen Fragen der Flugtechnik.

Indem wir beobachten, wie die Natur diese Fragen gelöst hat, und indem wir die ebene Flugfläche für den Flug größerer Wesen als ungeeignet verwerfen, fühlen wir jenen Alp nach und nach verschwinden, der uns vor der Beschaffung der zum Fliegen erforderlichen motorischen Kraft zurückschrecken machte. Wir werden gewahr, wie durch den gewölbten Naturflügel die Flugfrage sich ablöst von der reinen Kraftfrage und mehr in eine Frage der Geschicklichkeit sich verwandelt.

In der Kraftfrage können Zahlen Halt gebieten, doch die Geschicklichkeit ist unbegrenzt. Mit der Kraft stehen wir bald einmal vor ewigen Unmöglichkeiten, mit der Geschicklichkeit aber nur vor zeitlichen Schwierigkeiten.

Schauen wir auf zu der Möwe, welche drei Armlängen über unserem Haupte fast regungslos im Winde schwebt! Die eben untergehende Sonne warf den Schlagschatten der Kante ihres Flügels auf die schwach gewölbte, sonst hellgraue, jetzt rot vergoldete Unterfläche ihrer Schwingen. Die leichten Flügeldrehungen erkennen wir an dem Schmaler- und Breiterwerden dieses Schattens, der uns aber auch gleichzeitig eine Vorstellung gibt von der Wölbung, die der Flügel hat, wenn die Möwe mit ihm auf der Luft ruht.

Dies ist der körperliche Flügel, den Goethe vermisste, als er den Faust seufzen ließ:

„Ach, zu des Geistes Flügeln wird so leicht Kein körperlicher Flügel sich gesellen!"

Ja, nicht so leicht wird es sein, diesen Naturflügel nun auch mit allen seinen kraftsparenden Eigenschaften für den Menschen brauchbar auszuführen, und wohl noch weniger leicht mag es sein, den Wind, diesen unstäten Gesellen, der so gern die Früchte unseres Fleißes zerstört, mit körperlichen Flügeln, die uns nicht angebogen sind, zu meistern. Aber

-187-

dennoch für möglich müssen wir es halten, dass uns die Forschung und die Erfahrung, die sich an Erfahrung reiht, jenem großen Augenblick näher bringt, wo der erste frei fliegende Mensch, und sei es nur für wenige Sekunden, sich mit Hülfe von Flügeln von der Erde erhebt und jenen geschichtlichen Zeitpunkt herbeiführt, den wir bezeichnen müssen als den Anfang einer neuen Kulturepoche.

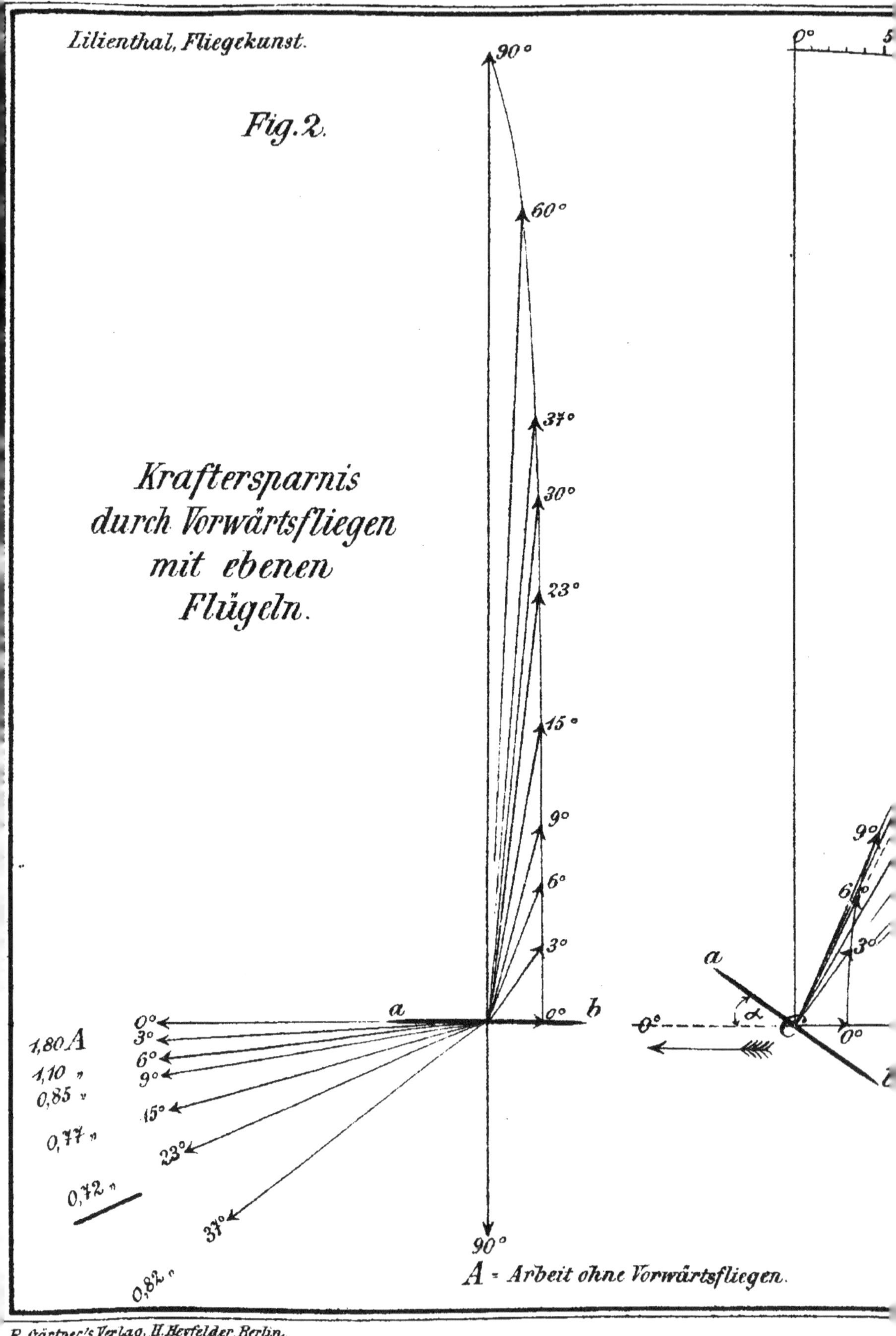

Lilienthal, Fliegekunst.
Fig.2.
Krafterspanis
durch Vorwärtsfliegen
mit ebenen
Flügeln.
90°
60°
37°
30°
23°
15°
9°
6°
3°
0°
0° b
a
1,80 A
1,10 "
0,85 "
0,77 "
0,72 "
0,82 "
0°
3°
6°
9°
15°
23°
37°
90°
A = Arbeit ohne Vorwärtsfliegen.
0°
5
9°
6°
3°
a
α
C
0°
0°
R. Gärtner's Verlag, H. Heyfelder, Berlin.

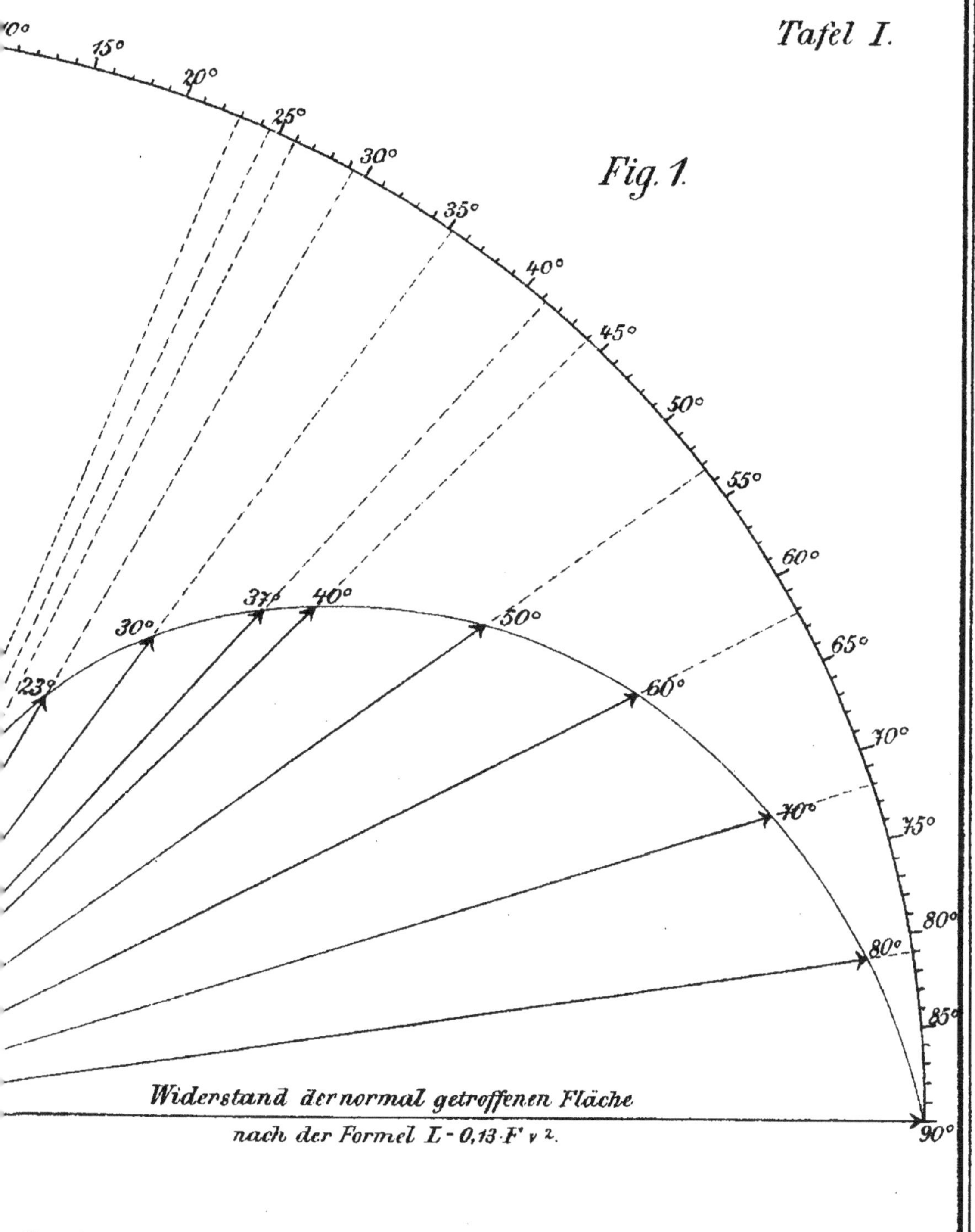

Luftwiderstand ebener, geneigter Flächen.

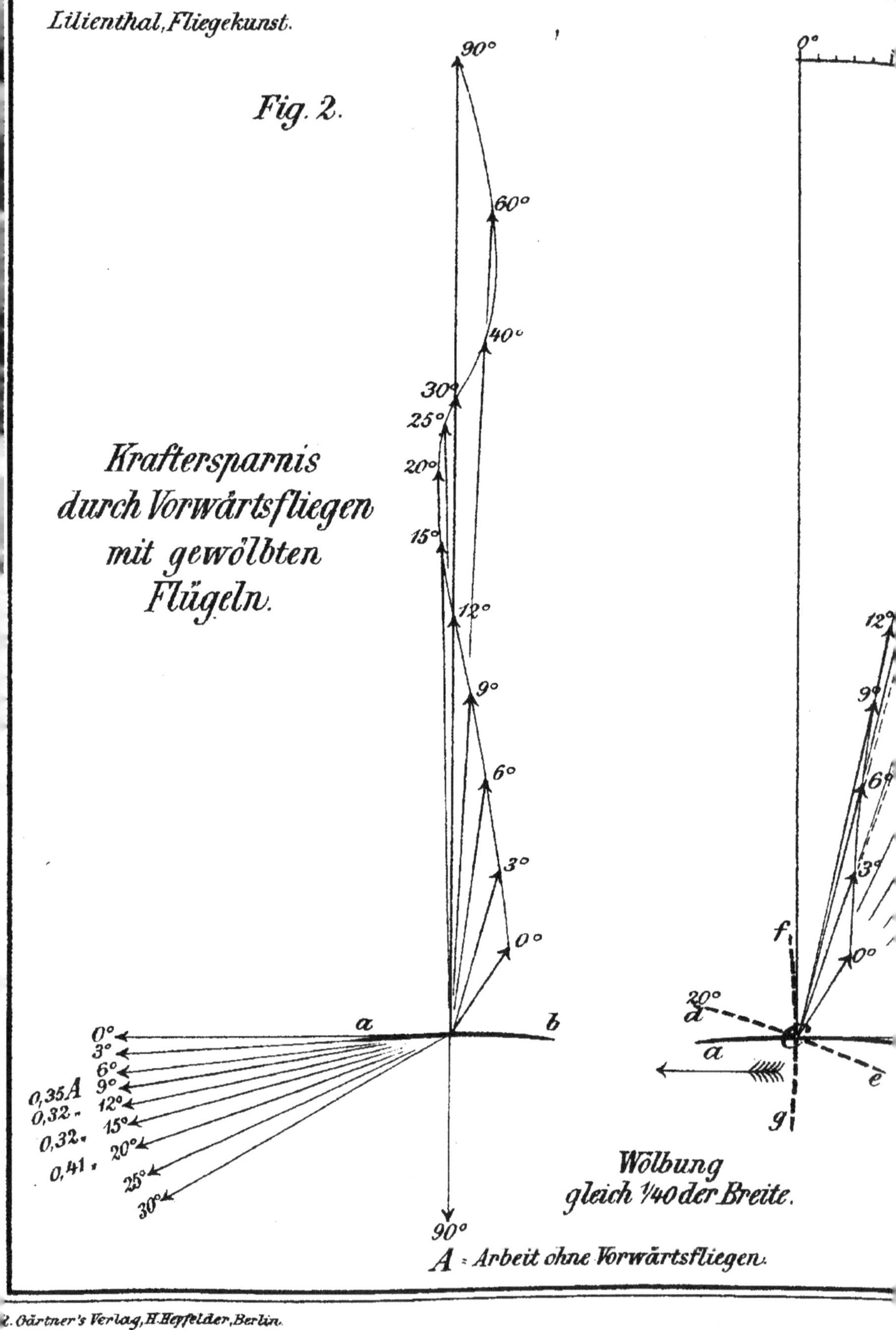

Lilienthal, Fliegekunst.
Fig. 2.
Kraftersparnis
durch Vorwärtsfliegen
mit gewölbten
Flügeln.
90°
60°
40°
30°
25°
20°
15°
12°
9°
6°
3°
0°
a
b
0°
3°
6°
9°
0,35 A   12°
0,32 „   15°
0,32 „   20°
0,41 „   25°
30°
90°
A = Arbeit ohne Vorwärtsfliegen.
0°
12°
9°
6°
3°
0°
f
20°
d
a
e
g
Wölbung
gleich 1/40 der Breite.

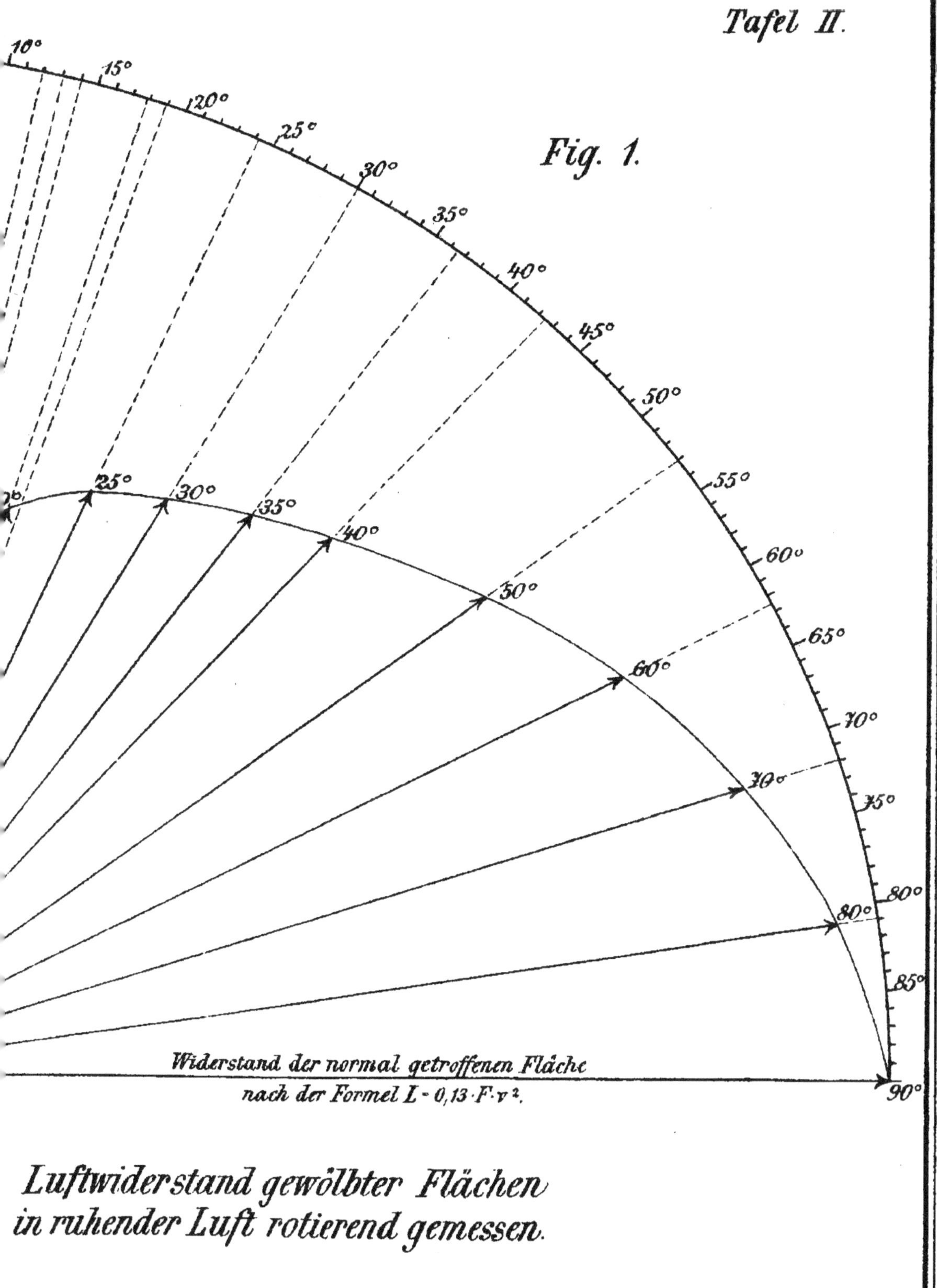

Luftwiderstand gewölbter Flächen
in ruhender Luft rotierend gemessen.

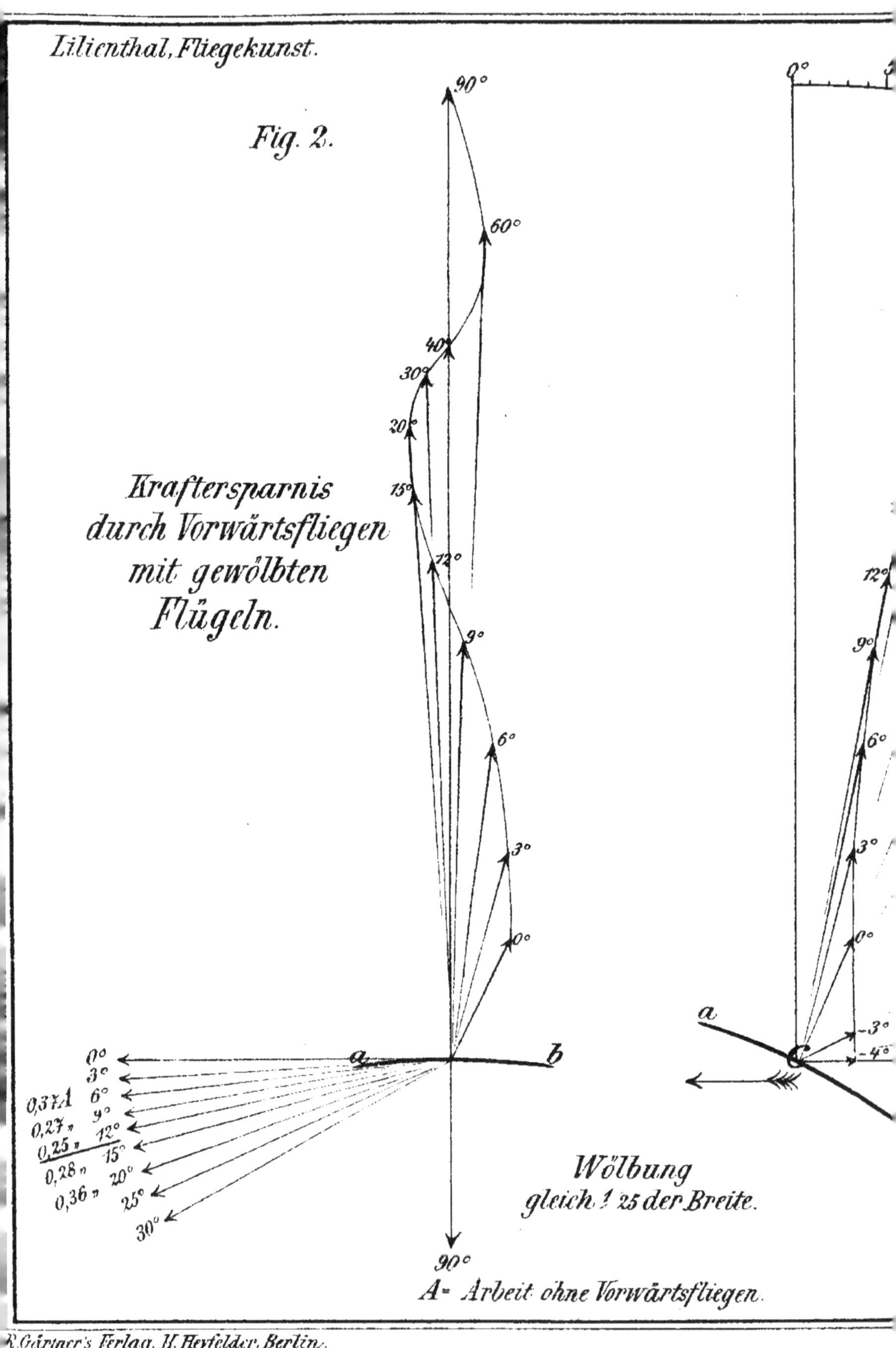

Lilienthal, Fliegekunst.
Fig. 2.
Kraftersparnis
durch Vorwärtsfliegen
mit gewölbten
Flügeln.
90°
60°
40°
30°
20°
15°
12°
9°
6°
3°
0°
a
b
0°
3°
6°
9°
12°
15°
20°
25°
30°
0,37 A
0,27 „
0,25 „
0,28 „
0,36 „
90°
A = Arbeit ohne Vorwärtsfliegen.
Wölbung
gleich 1/25 der Breite.
0°
12°
9°
6°
3°
0°
-3°
-4°
a
c
R.Gärtner's Verlag. H.Heyfelder, Berlin.

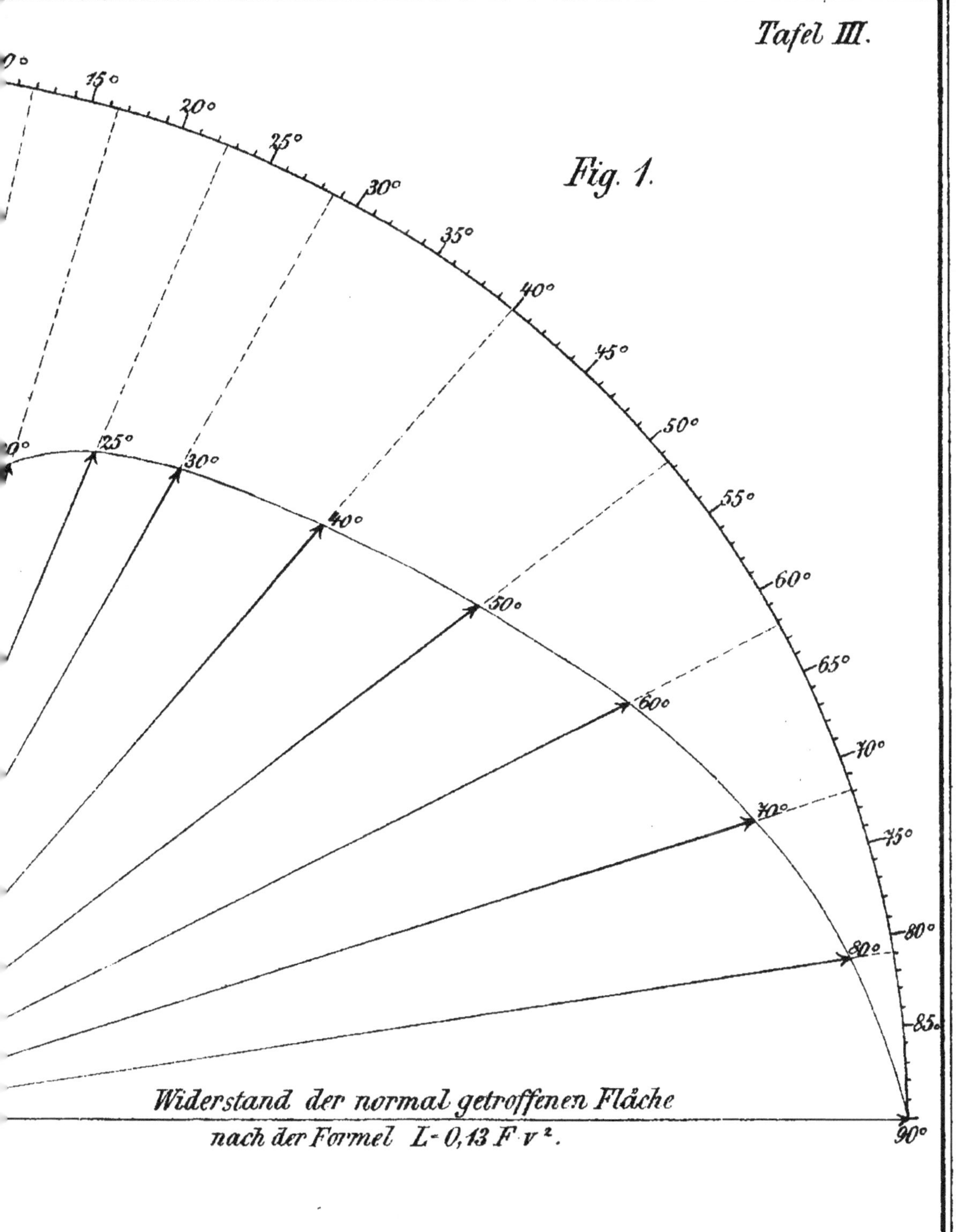

Tafel III.
Fig. 1.
0°
15°
20°
25°
30°
35°
40°
45°
50°
55°
60°
65°
70°
75°
80°
85°
90°
0°
25°
30°
40°
50°
60°
70°
80°
Widerstand der normal getroffenen Fläche
nach der Formel L = 0,13 F · v².
Luftwiderstand gewölbter Flächen
in ruhender Luft rotierend gemessen.
Kgl. Hofsteindr. Ad. Engel, Berlin, S.W.

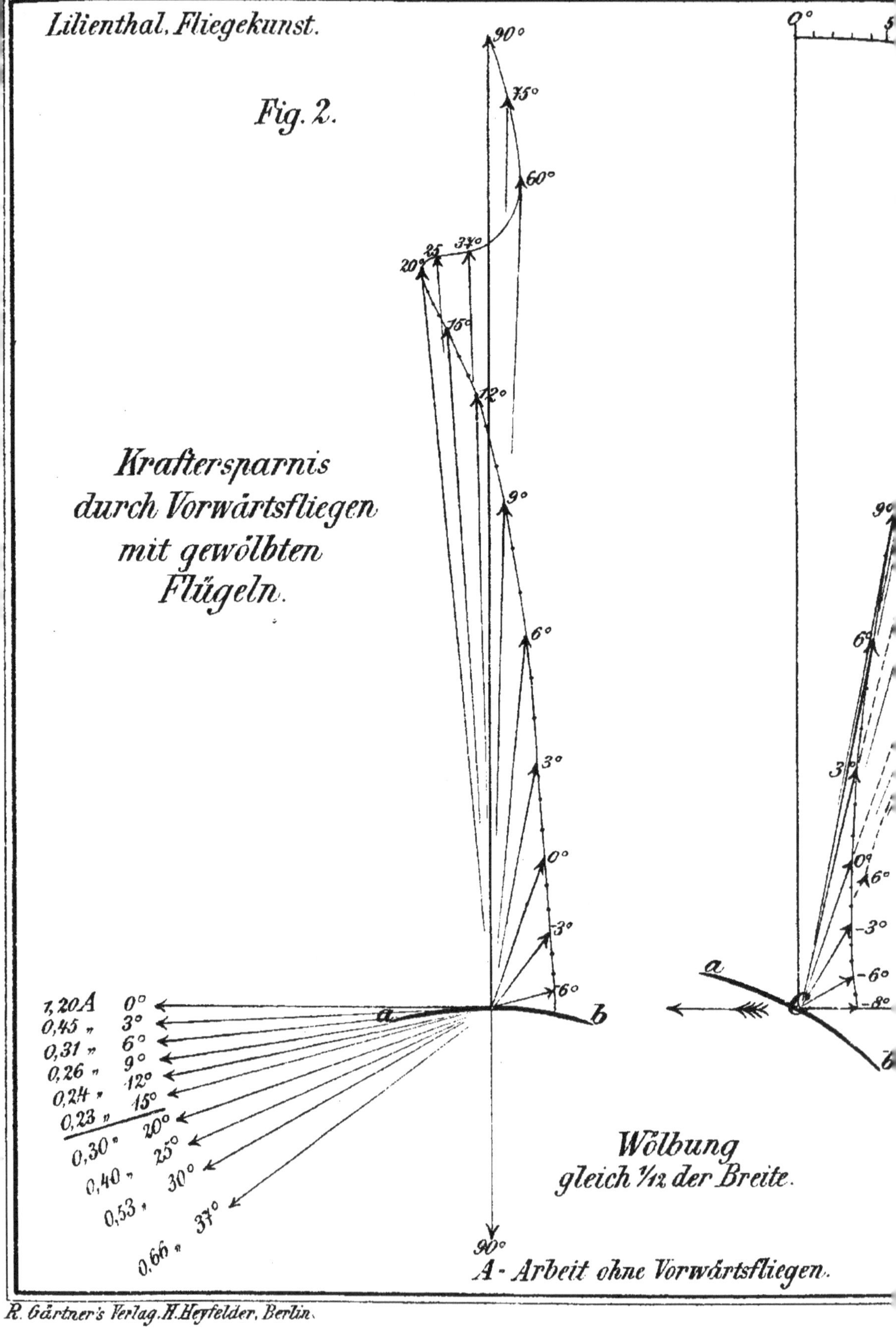

Lilienthal, Fliegekunst.
Fig. 2.
Krafterfparnis durch Vorwärtsfliegen mit gewölbten Flügeln.
1,20 A   0°
0,45 „   3°
0,31 „   6°
0,26 „   9°
0,24 „   12°
0,23 „   15°
0,30 „   20°
0,40 „   25°
0,53 „   30°
0,66 „   37°
Wölbung gleich 1/12 der Breite.
A - Arbeit ohne Vorwärtsfliegen.
R. Gärtner's Verlag. H. Heyfelder, Berlin.

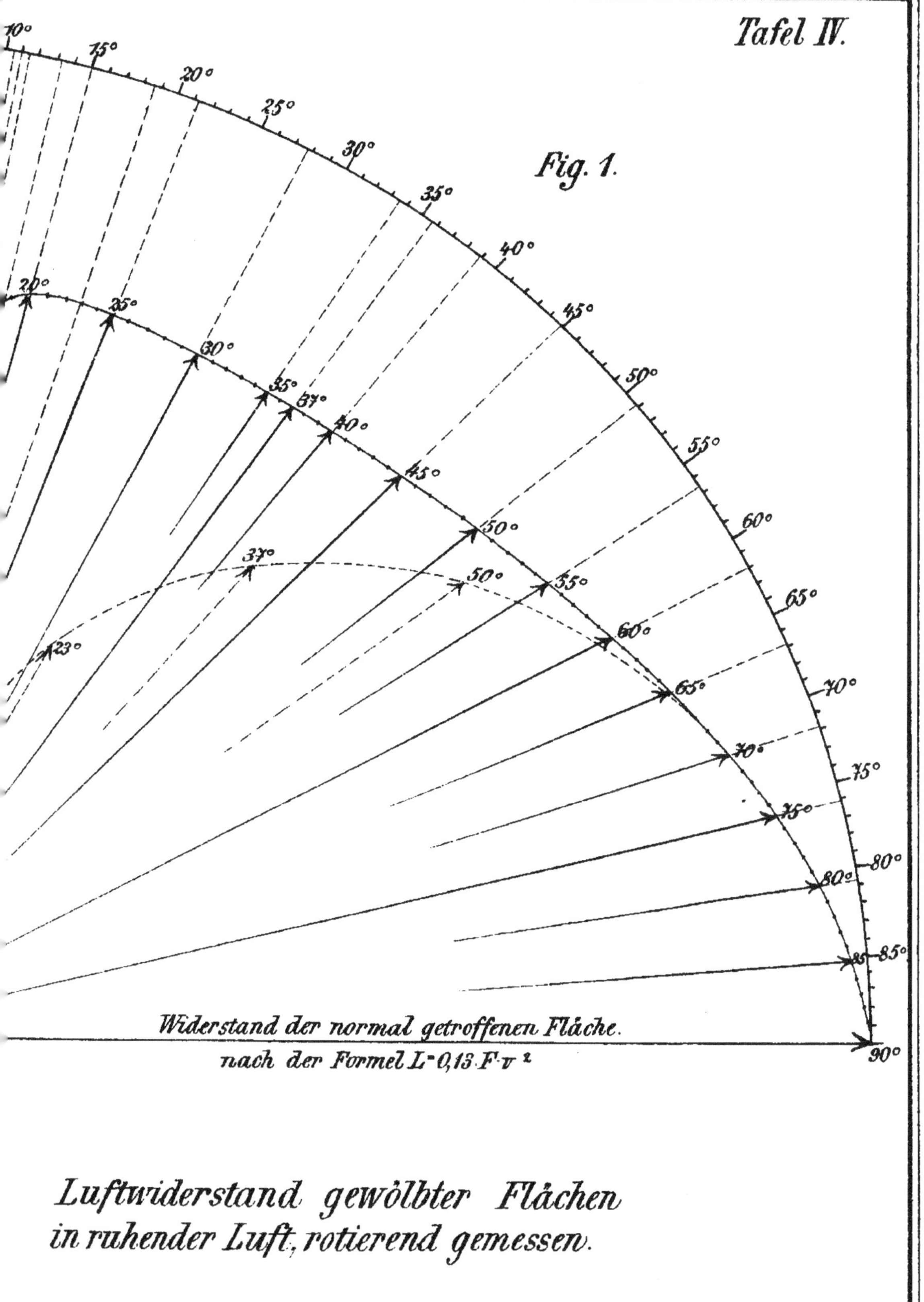

Luftwiderstand gewölbter Flächen
in ruhender Luft, rotierend gemessen.

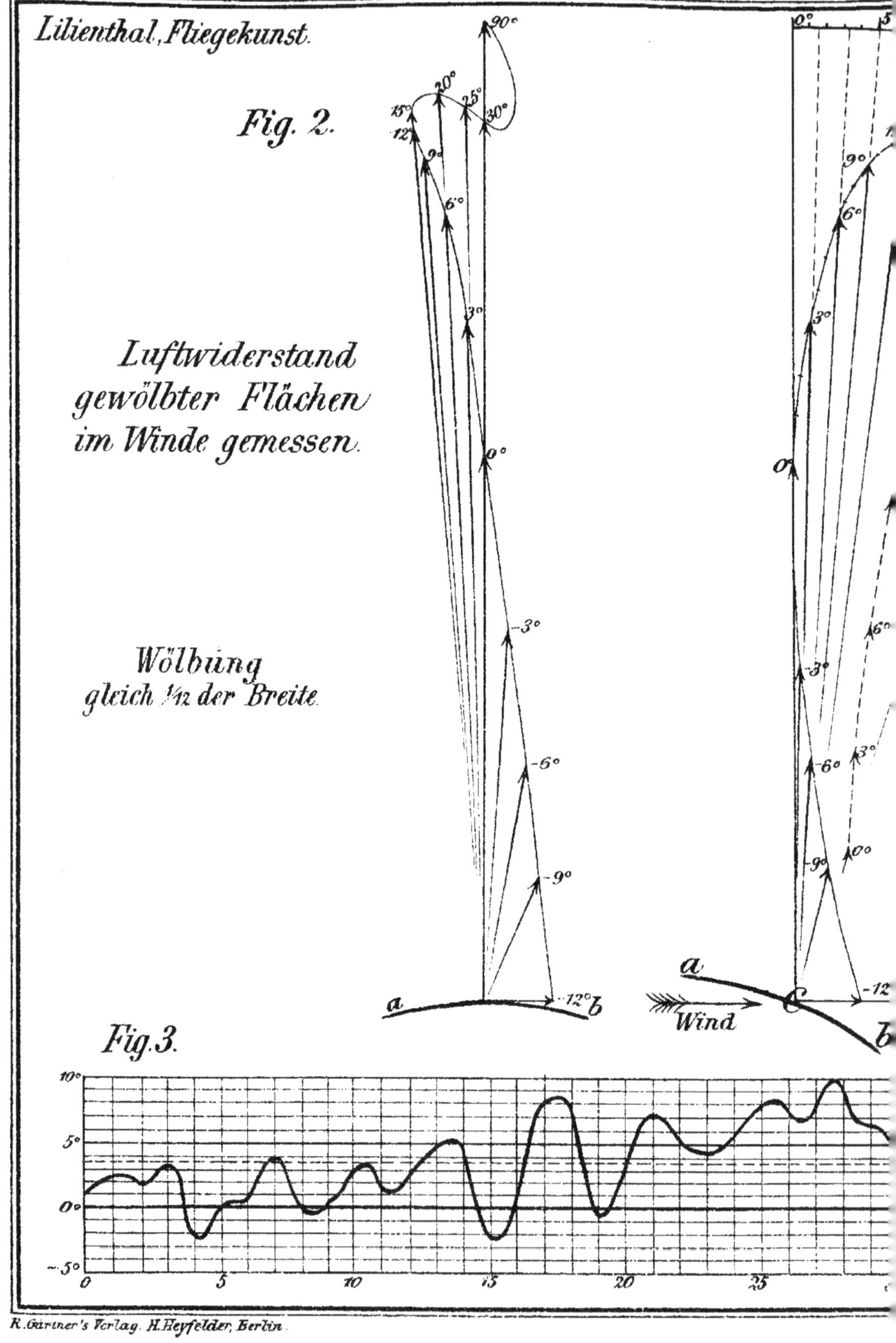

Lilienthal, Fliegekunst.
Fig. 2.
Luftwiderstand
gewölbter Flächen
im Winde gemessen.
Wölbung
gleich 1/12 der Breite.
90°
20°
25°
30°
15°
12°
9°
6°
3°
0°
-3°
-6°
-9°
-12°
a
b
0°
9°
6°
3°
0°
-3°
-6°
-9°
-12°
a
c
b
Wind
Fig.3.
10°
5°
0°
-5°
0
5
10
15
20
25
R. Gärtner's Verlag. H. Heyfelder, Berlin.

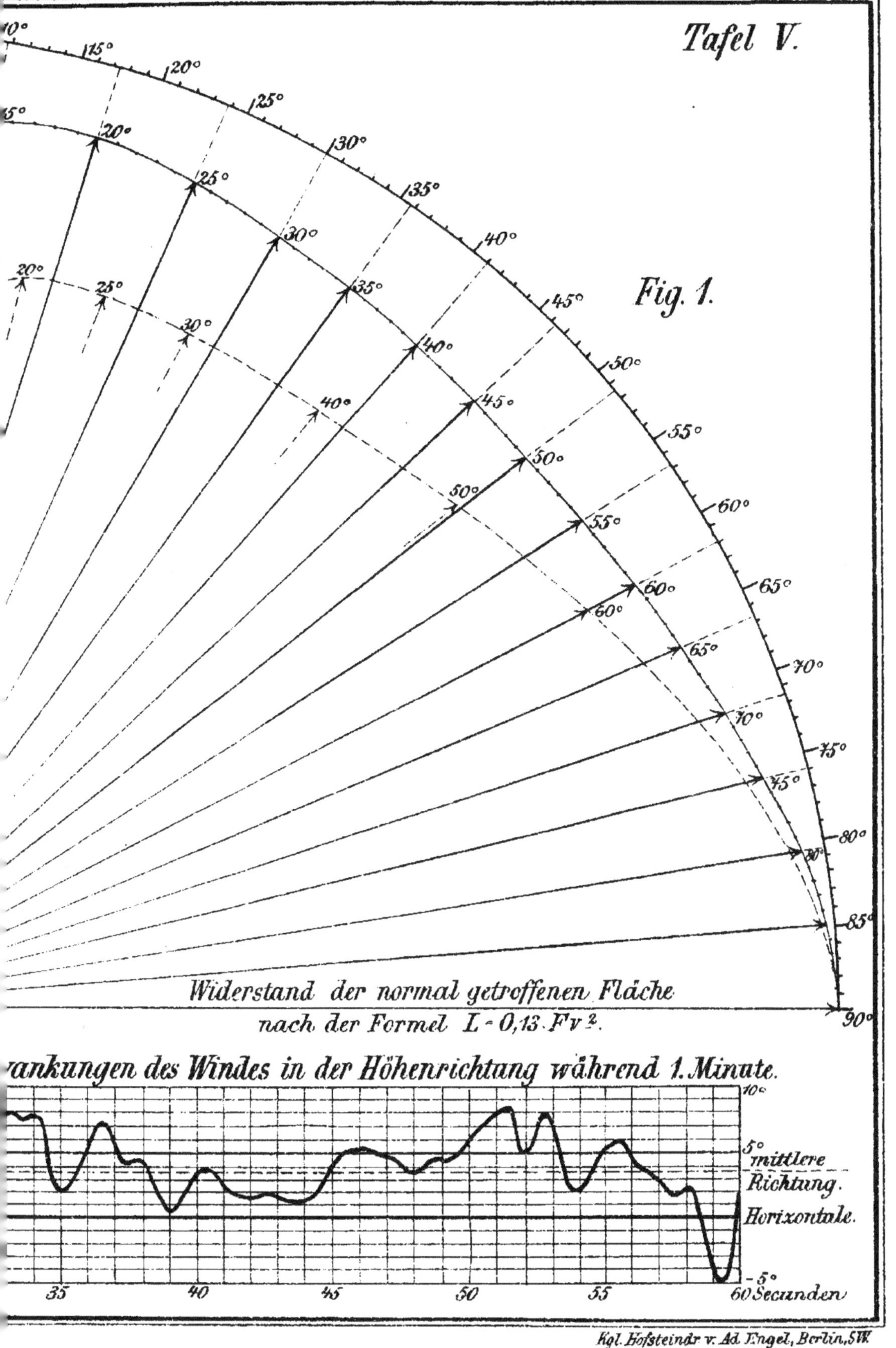

Tafel V.
Fig. 1.
Widerstand der normal getroffenen Fläche
nach der Formel L = 0,13 . F v².
...ankungen des Windes in der Höhenrichtung während 1. Minute.
10°
5°
mittlere
Richtung.
Horixontale.
-5°
35   40   45   50   55   60 Secunden
Kgl. Hofsteindr. v. Ad. Engel, Berlin, SW.

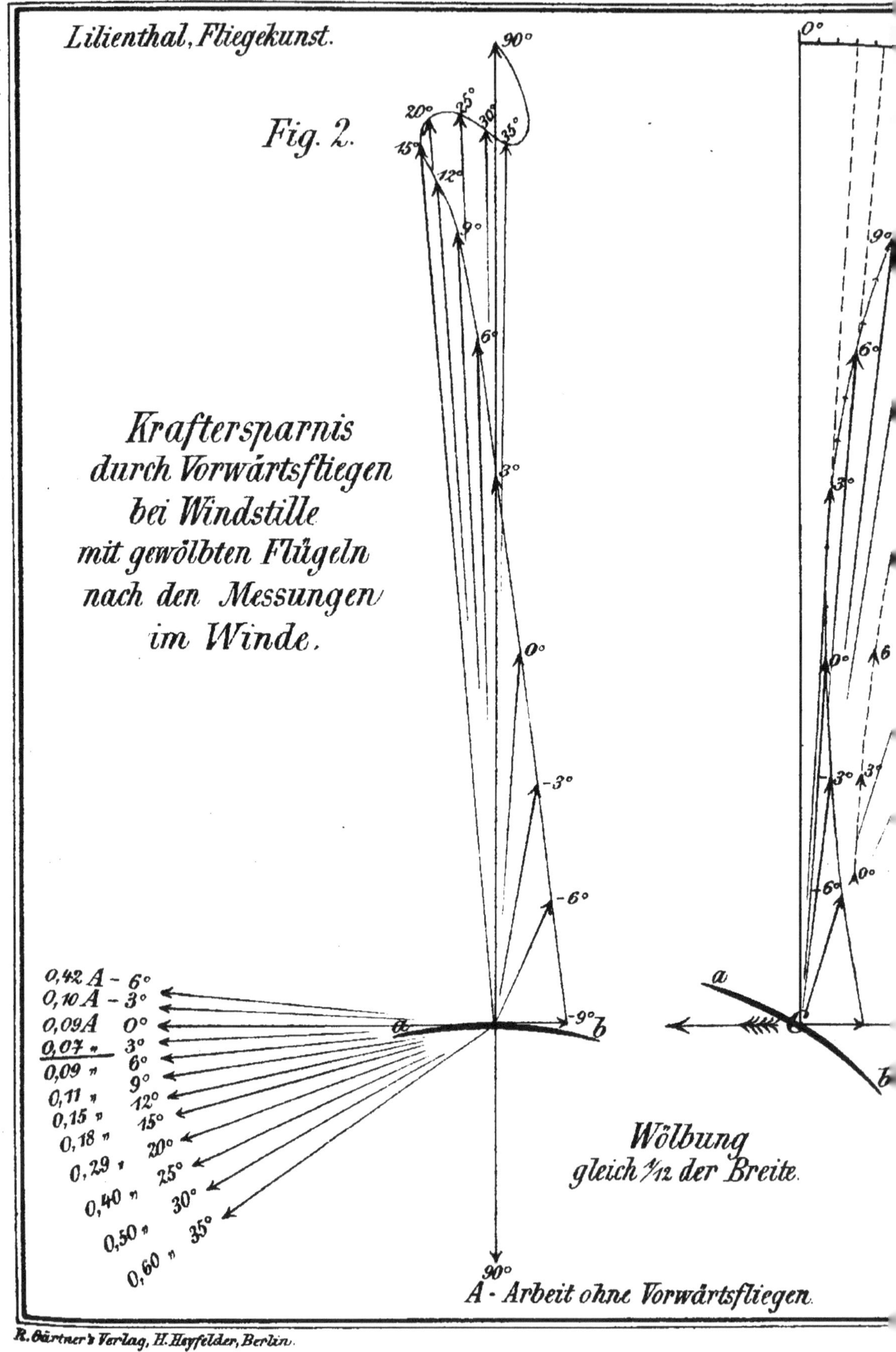

Lilienthal, Fliegekunst.
Fig. 2.
Kraftersparnis
durch Vorwärtsfliegen
bei Windstille
mit gewölbten Flügeln
nach den Messungen
im Winde.
90°
20° 25° 30° 35°
15°
12°
9°
6°
3°
0°
-3°
-6°
-9°
90°
0,42 A - 6°
0,10 A - 3°
0,09 A 0°
0,07 „ 3°
0,09 „ 6°
0,11 „ 9°
0,15 „ 12°
0,18 „ 15°
0,29 „ 20°
0,40 „ 25°
0,50 „ 30°
0,60 „ 35°
a
b
Wölbung
gleich 1/12 der Breite.
A - Arbeit ohne Vorwärtsfliegen.
0°
9°
6°
3°
0°
-3°
-6°
a
b
R. Gärtner's Verlag, H. Heyfelder, Berlin.

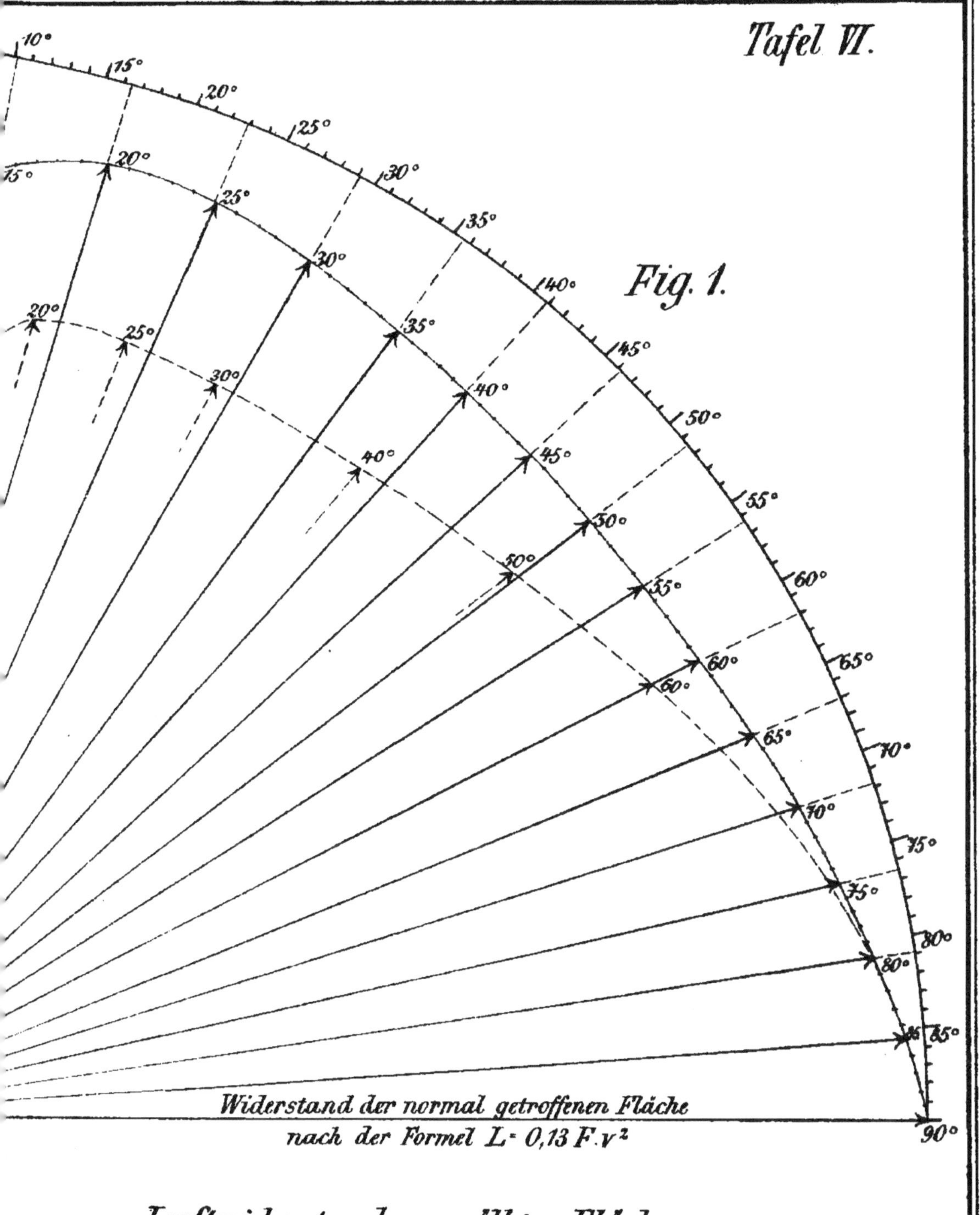

Luftwiderstand gewölbter Flächen
nach den Messungen im Winde,
aber ohne den verstärkten Auftrieb des Windes.

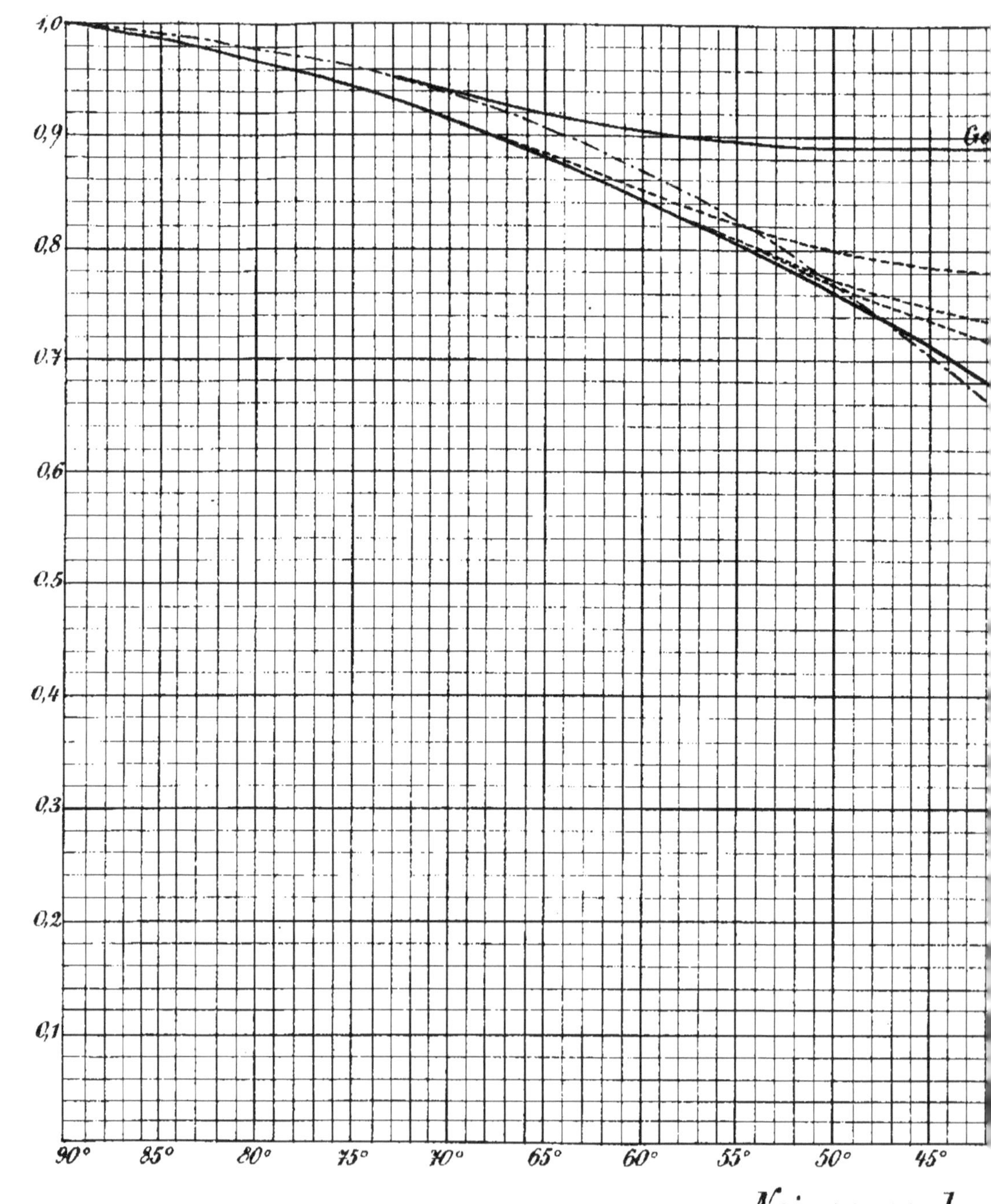

R. Gärtner's Verlag H. Heyfelder, Berlin.

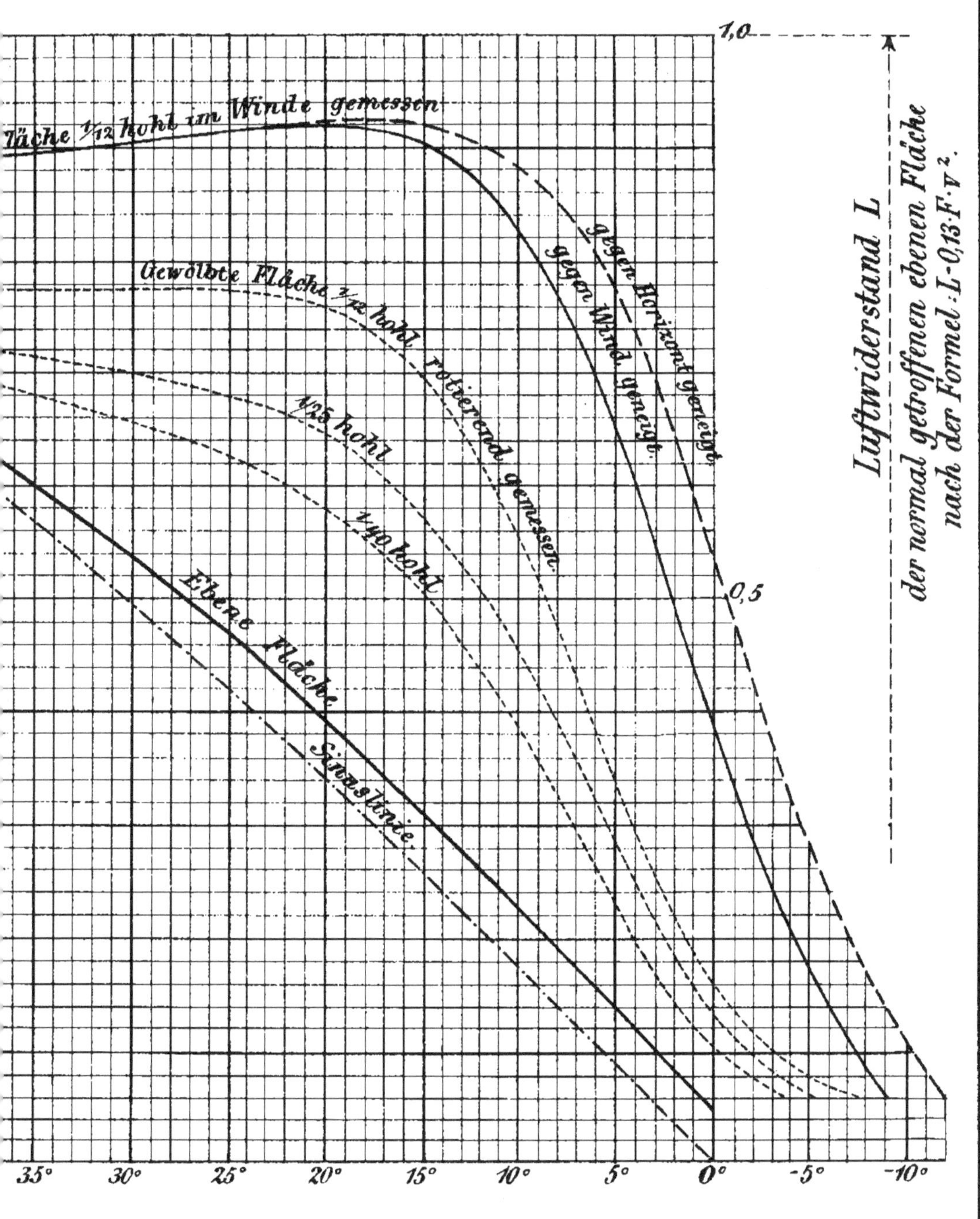
...twiderstand normal getroffener Flächen.
Fläche 1/12 hohl im Winde gemessen
Gewölbte Fläche 1/12 hohl, rotierend gemessen
1/25 hohl
1/40 hohl
Ebene Fläche
Schräglinie
gegen Horizont geneigt.
gegen Wind geneigt.
Luftwiderstand L
der normal getroffenen ebenen Fläche
nach der Formel: L=0,13·F·v².
1,0
0,5
35°   30°   25°   20°   15°   10°   5°   0°   -5°   -10°
en.

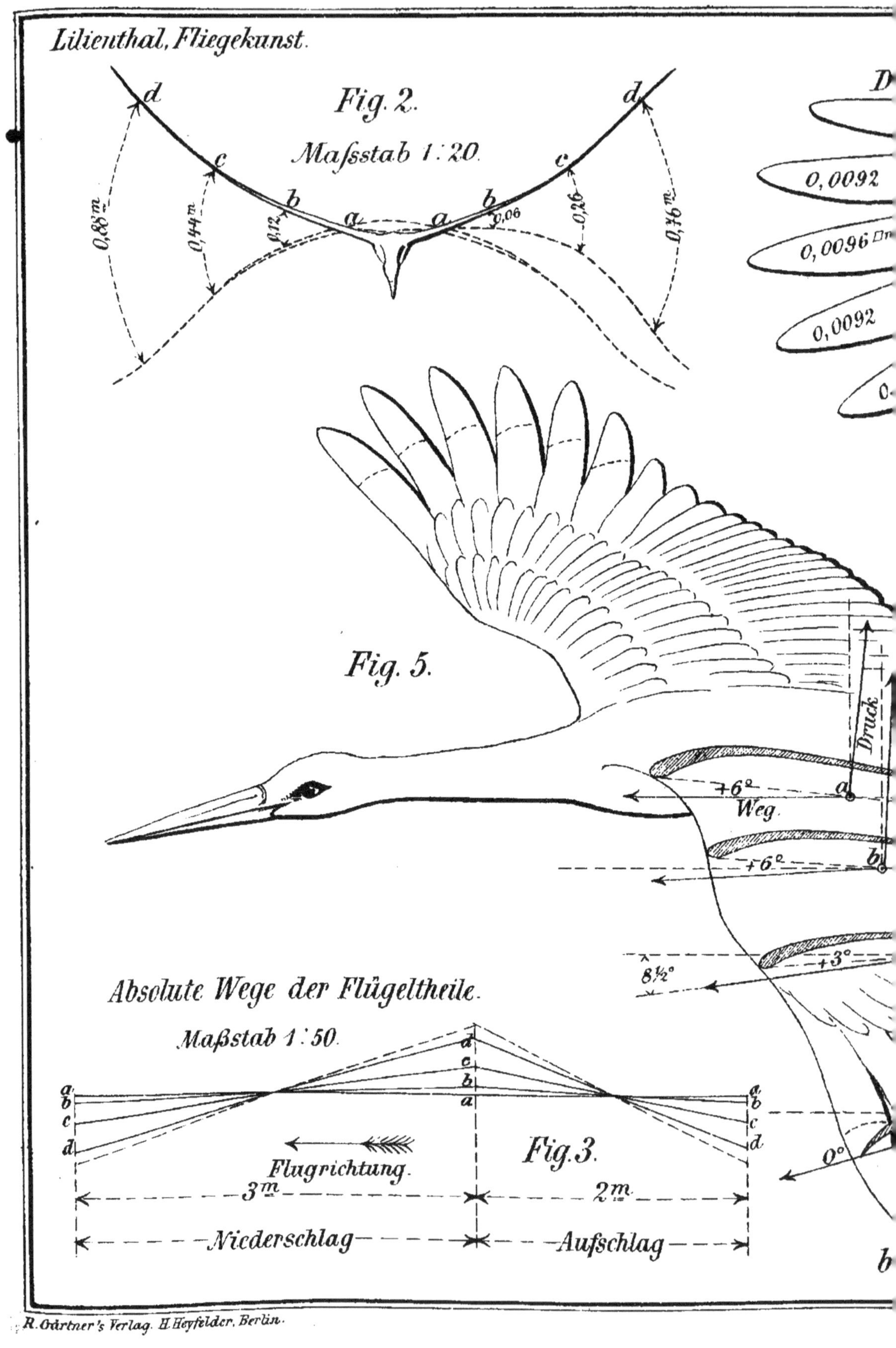

Lilienthal, Fliegekunst.
Fig. 2.
Maßstab 1:20.
0,88ᵐ
0,44ᵐ
0,12
0,06
0,26
0,16ᵐ
d
c
b
a
a
b
c
d
D
0,0092
0,0096
0,0092
Fig. 5.
Druck
Weg
+6°
+6°
+3°
8½°
a
b
Absolute Wege der Flügeltheile.
Maßstab 1:50.
a
b
c
d
a
c
b
a
a
b
c
d
Flugrichtung.
3ᵐ
2ᵐ
Fig. 3.
Niederschlag
Aufschlag
0°
b
R. Gärtner's Verlag. H. Heyfelder, Berlin.

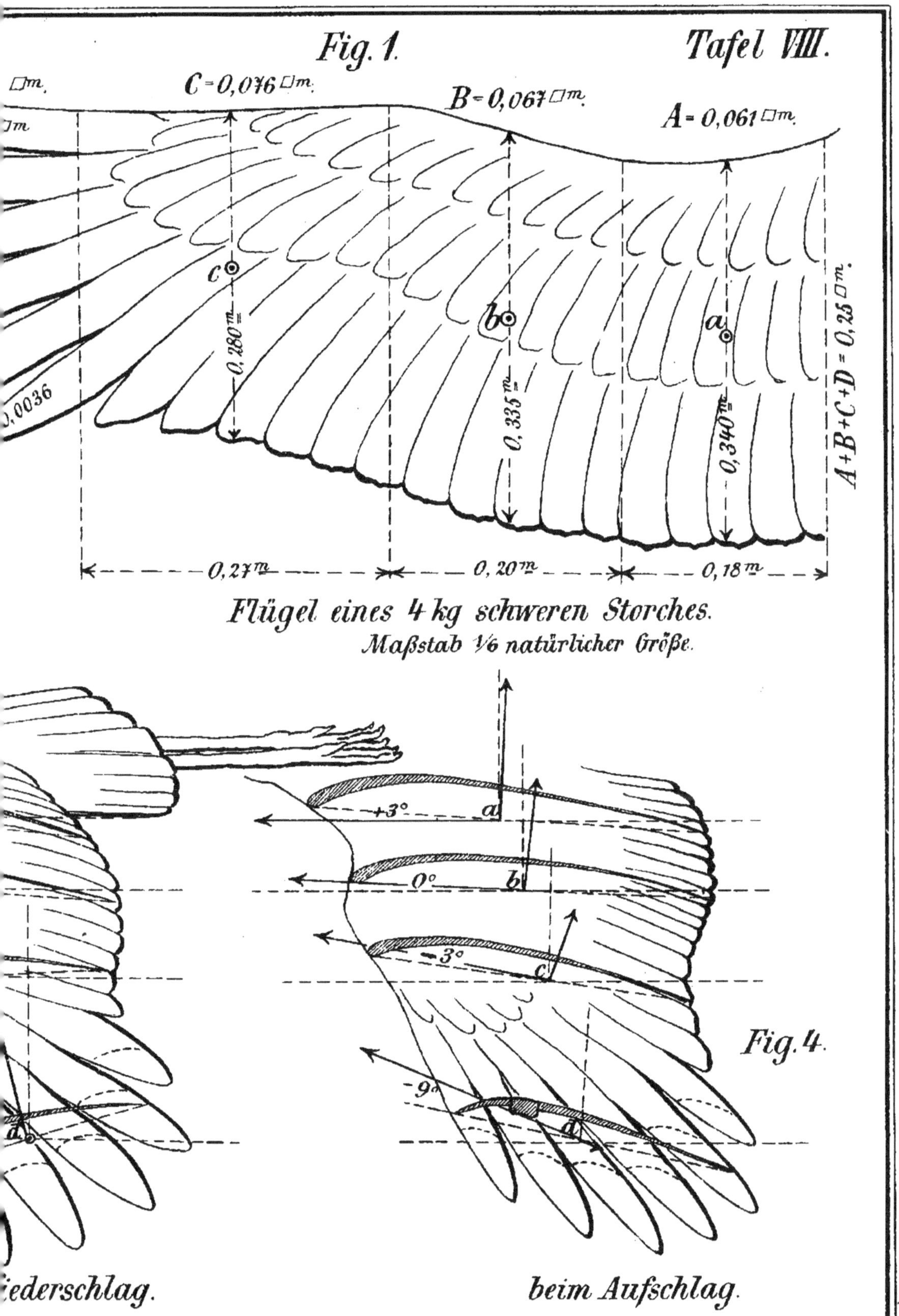

Fig. 1.
Tafel VIII.
C = 0,076 □m.
B = 0,067 □m.
A = 0,061 □m.
□m.
0,0036
c
b
a
0,280 m
0,335 m
0,340 m
A+B+C+D = 0,25 □m.
0,27 m
0,20 m
0,18 m
Flügel eines 4 kg schweren Storches.
Maßstab ⅙ natürlicher Größe.
+3°
0°
−3°
−9°
a
b
c
d
Fig. 4.
Niederschlag.
beim Aufschlag.
Kgl. Hofsteindr. Ad. Engel. Berlin. SW.

Veröffentlichungen über Otto Lilienthal (Auswahl)

Gerhard Halle: „Otto Lilienthal. Der erste Flieger." Berlin und Düsseldorf 1936/1956/1976

Karl-Dieter Seifert: „Otto Lilienthal. Mensch und Werk." Neuenhagen 1961

Werner Schwipps: „Lilienthal. Die Biografie des ersten Fliegers." Berlin 1979 und Gräfelling 1986

Stephan Nitsch: „Vom Sprung zum Flug. Der Flugtechniker Otto Lilienthal." Berlin 1991

Werner Heinzerling/Helmut Trischler (Hrsg.): „Otto Lilienthal. Flugpionier – Ingenieur – Unternehmer. Der vollständige zeichnerische und fotografische Nachlass." Gütersloh und München 1991

Jutta Wegener/Rolf Gevelmann: „Otto Lilienthal" Berlin 1991

Karl-Dieter Seifert/Michael Waßermann: „Otto Lilienthal. Leben und Werk" Hamburg 1992

Manuela Runge/Bernd Lukasch: „Erfinderleben. Die Brüder Otto und Gustav Lilienthal." Berlin 2005/2007

Siglen

OL Otto-Lilienthal-Museum Anklam, das Archiv ist unter museumnet.lilienthal-museum.de zugänglich. In vielen Fällen sind die referenzierten Dokumente als Digitalisate verfügbar.

DM Deutsches Museum München

DRP Kaiserliches Patentamt, Patentschrift

DT Deutsches Technikmuseum Berlin

VF Lilienthal, Otto: „Der Vogelflug als Grundlage der Fliegekunst. Ein Beitrag zur Systematik der Flugtechnik. Auf Grund zahlreicher von O. und G. Lilienthal ausgeführter Versuche bearbeitet von Otto Lilienthal, Ingenieur und Maschinenfabrikant in Berlin.", 1. Auflage Berlin 1889, R. Gaertners Verlagsbuchhandlung

FK „Otto Lilienthal's Flugtechnische Korrespondenz", herausgegeben und mit Anmerkungen versehen von Werner Schwipps im Auftrag des Lilienthal-Museums Anklam, 1993

B. Lukasch (Hrsg.), *Otto Lilienthal,*
DOI 10.1007/978-3-642-41812-9, © Springer-Verlag Berlin Heidelberg 2014

id   digitale Identifikationsnummer im online-Archiv des Otto-Lilienthal-Museum: museumnet.lilienthal-museum.de

PR   „Prometheus. Illustrirte Wochenschrift über Fortschritte der angewandten Naturwissenschaften.", Verlag von Rudolf Mückenberger, Berlin, 1. Jg. 1890 (Oktober 1889 bis September 1890), Jahrgangsanfang ist jeweils der Oktober des Vorjahres

ZL   „Zeitschrift für Luftschiffahrt u. Physik der Atmosphäre", Hrsg.: „Deutscher Verein zur Förderung der Luftschiffahrt", W. H. Kühl's Antiquariats-Buchhandlung, Berlin W., Titel ab 1886, davor: „Zeitschrift des Deutschen Vereins zur Förderung der Luftschifffahrt", 1. Jg.: 1882

Personenverzeichnis

Wright, Orville und Wilbur, 7, 8, 9, 10, 44, 46,
47, 50, 51, 59, 71, 72, 82, 83, 84, 85,
91, 92, 98

Z
Zeppelin, Ferdinand Graf von, 85